Errantes.
La estrella perdida

Errantes. La estrella perdida

© del texto: C.R Coria
© diseño de cubierta: Equipo Mirahadas
© corrección del texto: Equipo Mirahadas

© de esta edición:
Servicios de autoedición Mirahadas, 2024
Editorial Mirahadas, 2024
Avda. San Francisco Javier, 9, 6ª, 24
Edificio Sevilla 2
41018 - SEVILLA - España
Tlfns: 912.665.684
info@mirahadas.com
www.mirahadas.com

Impreso en España
Primera edición: noviembre, 2024

ISBN: 978-84-10412-33-0
Depósito legal: SE 1848-2024

Errantes.
La estrella perdida

C.R Coria

mirahadas

A los soñadores que se niegan a despertar,
los errantes que abrazan lo desconocido,
y los narradores que tejen magia a partir de palabras —
Este libro es para ustedes.

Índice

PRÓLOGO

[Todas las radios de la ciudad emiten el mismo chirrido sordo de estática. De pronto, se oye una voz y reanuda la entrevista]

—*Como he dicho antes, tenemos que evolucionar como especie. De otra forma nos extinguiremos al igual que el resto de la vida en la Tierra.*

—*No me mal entienda, visir, no envidio su trabajo y tampoco creo que haya alguien mejor para hacerlo. El rey lo eligió personalmente. Pero muchos piensan, incluyéndome, que quizás el destino por fin nos ha alcanzado.*

—*La situación es...*

—*El taladro de los Soler y las revueltas mineras.*

—*Por favor, entienda que...*

—*El incendio de la Universidad y por supuesto, el rumor de que las últimas abejas han muerto.*

—*Hay muchos rumores bajo los Domos, Sr. Novar. ¿Pero se puede distinguir cuáles son verdad y cuáles no?*

—*Usted, el visir de Solaria. Me preocuparía que no supiera la respuesta.*

—*Y usted es el periodista más famoso. ¿No es ese su trabajo?*

[Se oyen risas de la audiencia]

—*Sé perfectamente que hay una crisis en Solaria...*

—*«Crisis». ¿Así es como le llama usted, visir? Algunos lo llaman: El Segundo Evento Negro.*

[Las risas se apagan. La estática toma la entrevista y corta el programa de radio durante unos segundos]

—*¡Demonios! ¿Alguien puede asegurarse que no se pierda otra vez? Lo siento mucho, visir, las ondas de radio se comportan raro.*

—*No estoy aquí Sr. Novar, para dar mentiras reconfortantes como el resto de los senadores, ni para ocultarme detrás del Trono de Vapor como el visir del rey.*

—*¿Entonces por qué está aquí?*

—*Podemos verlo en las calles, lo leemos en los periódicos y lo oímos en la radio. El taladro de mi familia ha alimentado el miedo y la ira de toda Solaria, y la punta de esa flecha es el Sindicato Minero. Miles de voces que quieren un cambio y una mejor vida para ellos y sus hijos bajo los Domos.*

—*Perdóneme, visir, pero el Sindicato Minero ha sido responsable de actos de terror, ataques bomba, robos y hasta homicidios. Incluso llaman a una revolución en contra del rey. Usted, el visir de Solaria, ¿apoya esta revolución?*

—*Por supuesto que no.*

—*Desde mi asiento pareciera que sí.*

—*Bueno, desde el mío todo parece más claro…*

—*¿Tan claro como la brutal opresión de su padre contra los mineros que los ha radicalizado? ¿Tan claro como la grotesca riqueza de los Magnates y la miseria absoluta del Domo Norte? ¿O tan claro como la apatía de la Corona ante la gente que muere de hambre y frío?*

—*Es gracioso cómo hace un momento parecía atacarme por apoyar a los mineros, y ahora parece un partidario, Sr. Novar.*

—*Como dijo, visir, soy un periodista. Lo único que me interesa es mostrarle a la gente de Solaria la verdad. Toda la verdad.*

—*¿Sin importar las consecuencias?*

—*La verdad es acendrada.*

—*Ahí es donde se equivoca Sr. Novar. La verdad tiene un defecto: es lo más costoso en este mundo errante. Puede costarte el amor de tu familia y amigos, puede quitarte el sueño e ilusiones. La verdad puede destruir vidas y ser tan abrumadora que no sabes qué hacer con ella.*

—*Usted es el visir de Solaria, el más cercano al rey Ilúson y el hijo mayor del hombre más rico de la ciudad, si me permite: Sóren Soler, probablemente tú eres la persona con mayor influencia bajo los Domos. ¿Estás diciéndome que tienes miedo a que la gente conozca la verdad?*

[Sóren Soler suspira al micrófono, regresa la estática y se pierde el programa de radio]

CAPÍTULO I

«MÁS ALLÁ DEL CRISTAL»

La suave cadencia de la radio y la estática apenas se oía en aquella habitación, llena de herramientas y máquinas a medio construir. El vapor corría y chillaba dentro de las tuberías de cobre que pintaban el techo y las paredes, alimentando ese rítmico golpe de los engranes que giraban lento, pero seguro, como si todo ese lugar estuviera dentro de un reloj gigante.

Aurora Soler o Aury, como lo prefería, oía atenta la entrevista en la radio, mientras la luz roja y azul del soldador irradiaba sobre su careta de hierro. Vestía un mono grasiento, testigo de innumerables experimentos y esfuerzos mecánicos. Sus manos, llenas de grasa, mugre y callos, contaban la historia de una joven inventora plenamente comprometida con su oficio.

Esa mañana trabajaba en un pequeño pájaro de latón y cobre color negro. Intrincadamente elaborado, que se asemejaba más a un cuervo común en tamaño y forma. Con una sonrisa casi malévola, los ágiles dedos de la chica moldearon el metal hasta que las esmeraldas como ojos brillaron.

—¡No te muevas, pájaro tonto! —le ordenó Aury, cuando el animal abrió el pico ennegrecido y las alas adornadas con grabados ornamentados.

Aury se levantó la careta, exponiendo su piel clara y ojos turquesas rodeados de una constelación de pecas cafés perdidas entre el hollín. Se limpió el sudor que caía por la frente, añadiendo más suciedad a su piel, pintándose como un payaso deprimido.

Con precisión, ajustó las plumas formadas por pequeñas placas metálicas superpuestas, que imitaban la textura y la iridiscencia de las plumas reales. Luego usó una pequeña llave para apretar los engranajes y tornillos. El pequeño pájaro de hierro recuperó gradualmente su antigua gloria con las alas enderezadas.

—Listo, pajarraco —dijo la chica de catorce años con los puños en la cintura, orgullosa de otro trabajo bien hecho.

Los engranes y ruedas giraron perfectamente, como una pareja de baile bien entrenada. El pájaro dio brinquitos sobre la mesa casi bailando. Luego la miró con sus brillantes ojos esmeraldas y le chilló impaciente, sacando una pequeña nube de vapor de su pico.

—¡No, Céfiro! Te encanta pelearte con el gato del vecino, pájaro tonto. —El animal gorjeó molesto como si Aury exagerara—. Un día te va a arrancar la cabeza, pero está bien. Si te mueres allá tú. —Aury fue a la ventana y su amigo salió volando como tapón de sidra en navidad.

«Pájaro tonto», pensó desde la ventana.

Se sentó en el borde, admirando los edificios de estilo victoriano que subían poco a poco hasta el gigantesco domo de cristal, reforzado con un intrincado armazón de hierro. Céfiro dio volteretas sobre las calles adoquinadas, entre las lámparas de gas, los tranvías y a través de los engranajes tan grandes como casas. El vapor salía de una miríada de tuberías de cobre, liberándose al aire con un silbido rítmico, y proyectando una niebla de ensueño hasta el rincón más profundo de esa majestuosa ciudad abovedada.

—Está más sucia que un cerdo en un corral.

—¡Rayos! Me asustaste —exclamó la chica, incorporándose desde la ventana.

—Pero no tanto como usted con esa cara llena de mugre —dijo el autómata de hierro, con su voz gruesa y de casi dos metros de alto.

—¡No te burles, lata vieja!

Cogsworth era su nombre y muy apropiado para él. Iba vestido con un uniforme de mayordomo perfectamente confeccionado. Llevaba un monóculo en el ojo derecho, un chaleco oscuro, una implacable camisa blanca y guantes de cuero que desprendían un aire de formalidad. Todo adornado con botones y engranajes de latón.

El vapor dentro de Cogsworth movió los engranes, tubos y poleas que tenía en lugar de órganos. Mojó un pañuelo con el agua de una jarra y fue por Aury como uno va por un gato que no quiere bañarse.

—¿Ya reparó a Céfiro? —preguntó, tallando con fuerza la grasa que tenía adherida al rostro.

—Sí… Sí, el tonto está volando… ¡Oye, me vas a arrancar la piel!

Cogsworth se rindió, murmurando sarcásticamente, que necesitaba una lija de metal para extirpar esa cantidad de grasa. Mientras Aury se sobaba la mejilla frente a su reflejo en una lámina de cobre, dijo segura de sí:

—Céfiro ya está bien. Qué bueno, lo reparé antes de ir al mirador. Si no, se iba a estar quejando durante semanas. Pájaro tonto.

La cara esculpida de Cogsworth con un cuidado y gran bigote cambió, gracias a sus diminutas, pero bien marcadas facciones en el hierro. El vapor chilló fuera de su espalda y el enorme autómata se enderezó. Claramente no le agradaba lo que acababa de oír.

—No soy un experto en cosas vivas o quizás interesantes, señorita Aury. Pero puedo asegurarle, que no hay nada más allá del Domo.

—Lo sé —aprobó desanimada, con los ojos en la radio que seguía echando estática—. Pero es la primera vez de Kelden y de Kara. Llevan una semana pidiéndome que los acompañe. ¡Ya sé! ¿Por qué no vienes con nosotros? Estoy segura de que el aire fresco le hará bien a tus engranes de amargura.

—Mis engranes están bien, señorita Aury. Además, hay mucho que hacer aquí —afirmó, revisando su reloj de bolsillo con su monóculo—. Su madre está emocionada por la ópera de esta noche y su hermana Elina está probándose el vestido que usará. Ella sí entiende que la grasa de motor no es el nuevo negro.

—¡Oye! No seas grosero.

—La señorita Elina es buena para vestirse y verse como una persona decente, mientras que usted… —miró la habitación llena de máquinas y aparatos con la pinta de una fábrica pequeña— es buena en construir y reparar cosas. Algo que yo y el pequeño de Céfiro agradecemos desde nuestro… bueno, lo que sea que tengamos en el pecho bombeando vapor.

Aury echó el rostro hacia atrás, llena de orgullo, agarrándose el overol pintado de grasa como si fuera toda una capitana de la industria.

Cogsworth, por su lado, fue por una bandeja con una jarra con chocolate caliente y un panecillo.

—No quiero que salga con el estómago vacío. Ande. Está tan delgada que siento se me va a desmayar.

Aury ignoró la burla y se echó el panecillo a la boca. Dejó que el vapor de la taza pasara lentamente por entre sus dedos, hasta su rostro. Ahí, Cogsworth notó la manos de Aury: feas, llenas de callos, golpes, moretones y con curitas para tapar las heridas. Gentilmente, Cogsworth le tomó de las manos y dijo:

—Debe tener más cuidado, señorita Aury. Estas no son las manos de una princesa.

Aury quitó las manos y exclamó:

—¡No soy una princesa!

—¿Entonces qué es? —preguntó—. No diga que es una mecánica o a su madre le dará un infarto.

—Quizás por fin se le reviente el corsé. —Se rio imaginando la escena. Luego, pensó un segundo y miró a su mayordomo sin saber qué responder.

El enorme autómata le limpió con delicadeza el bigote de chocolate, destellando con una sonrisa las esmeraldas en sus ojos. A pesar de la tosca y fría naturaleza del hierro, Aury sintió el cálido dedo de su mayordomo contra su piel. El vapor en su interior corría como sangre en las venas y para ella, Cogsworth estaba tan vivo como cualquier otro.

—La belleza de la juventud, señorita Aury, es poder buscar las respuestas que queramos.

Céfiro regresó a la ventana y le chilló a Aury exigiendo atención. Aury pasó sus manos por el metal como si lo acariciara, y Céfiro restregó su pico contra ella en agradecimiento. Luego, brincó hasta la cabeza de Aury y extendió las alas orgulloso.

—Hazte a un lado —le ordenó Cogsworth, mientras le ayudaba a Aury a quitarse el overol lleno de grasa de motor. Lo reemplazó por un abrigo cómodo, pero elegante.

Aury se amarró su cabello corto de color rojo en una pequeña cola de caballo. Tomó unas gafas de protección de cobre y las afianzó sobre la coronilla, como una pequeña muestra de su verdadera personalidad.

Antes de marcharse, Cogsworth la detuvo y dijo:

—Por favor, tenga mucho cuidado allá afuera, señorita Aury. La situación de la ciudad es precaria, por decir lo menos.

Aury se despidió con un abrazo y luego bajó por una trampilla hacia su cuarto, donde estaba su cama y un ropero elegante. De ahí fue al pasillo. Pasó por el estudio de su padre, donde lo oyó gritar al teléfono del otro lado de la puerta. Su padre siempre había sido un hombre tosco y directo y poco amable. Lo mejor era mantenerse alejado de él.

Dejó atrás los gritos y llegó a la biblioteca llena de lámparas amarillas, tapizada de libros y relojes y engranes colgando del techo. Estatuas y un gran globo terráqueo, que servía para guardar una pequeña radio, adornaban el lugar.

Sentado junto a la chimenea, estaba Kelden Soler, su hermano menor de apenas ocho años. Al igual que el resto de su familia, con cabello rojo, piel clara y ojos turquesas. Aquella mañana llevaba puesto sus grandes anteojos de costumbre, que lo hacían parecer un pequeño telescopio con piernas mientras leía en el sofá ridículamente grande.

—Funciona, cosa tonta. Quiero oír a Sóren —refunfuñaba Kara Soler, su hermana menor de cinco años, golpeando la radio muerta con su paleta.

Cuando Aury entró, sus hermanos exclamaron, asombrados de verla vestida como una persona más o menos decente. Por un segundo creían que iba a salir con su atuendo de conductor de tren, semidesnuda y cubierta de hollín.

—Puedo arreglarme cuando quiero —se defendió Aury, evitando que Kara destrozara la radio a patadas.

En ese momento intervino una chica que iba bajando por unas escaleras:

—Como si eso fuera posible —exclamó burlándose—. Sus pecas de plátano viejo son imposibles de ocultar.

Era Elina Soler, su hermana de diecisiete años y la versión opuesta a Aury en prácticamente todo. Más alta, de cabello liso y sedoso que caía hasta sus caderas como una cascada de fuego. Poseía una figura reluciente debajo de vestido negro, hermoso y de espalda descubierta.

—¿Acaso no tienes un corsé donde asfixiarte? —gruñó Aury.

—¿Y tú no tienes grasa que limpiar?

Kara dio un paso al frente, lamiendo la enorme paleta con toda su lengua y exclamó como juez de lucha:

—Si se van a pelear, dense de una vez.

—No quiero arriesgarme a que manches mi vestido nuevo, mecánica de segunda —dijo Elina, lanzando un gesto de asco a su hermana llena de tierra.

Luego, dio unos giros para elevar el vestido, tanto que casi se le veía la ropa interior.

—¿No es muy corto? —preguntó Kelden, por fin apartando la vista de su libro.

—¡Por supuesto que no! —exclamó su hermana, golpeando el aire con ambos puños—. Hoy es mi debut en la ópera de Víctor Woodward como prima ballerina. Pero eso no es lo mejor. Saldré con Ranlyn MacCormont. Es el hijo del mayor socio de papá y es muy guapo. ¡Tan guapo! —suspiró, sintiendo cómo le temblaban las piernas—. Debo de llamar su atención, ¿saben? —terminó con una sonrisa pícara.

—¿Por qué no mejor te pones un cinturón y ya? —gruñó Aury de nuevo.

—¿No tienes amigos que construir?

—¿Y tú no tienes un desorden alimenticio que tratar?

Céfiro gorjeó listo para la pelea.

Aunque a Kara le fascina ver y hacer pelear a sus hermanas, Kelden sabía que podían pasar horas gritándose. Eran como perros y gatos y sabía que jamás saldrían de ahí. Así que cerró su libro e intervino como mejor sabía hacerlo:

—Ya, Aury. Llevo una semana pidiéndote que me lleves al mirador. Estoy enfermo, ¿lo recuerdas, verdad? —Dio un brinquito fuera del sillón y sacó adelante su exoesqueleto de hierro, adherido a sus piernas.

Kelden había nacido con un problema en la columna y no podía caminar y mantenerse erguido por cuenta propia.

—Mi cuerpo está mal. Mis pulmones, mi corazón… cualquier momento puede ser el último.

Todas sus hermanas giraron los ojos, cansadas de oír siempre la misma excusa.

—¡Usas este truco diez veces al día! —exclamó Elina.

—No te vas a morir, hipocondríaco —siguió Aury—. Yo mismo revisé tu traje y está bien.

—Tal vez. —Se rio pícaramente—. ¿Pero de verdad quieres tentar al destino? Por favor, Aury, ya quiero ir al mirador. Quiero ver qué hay más allá del cristal.

Al igual que el resto de las familias más ricas, los Soler vivían en los últimos pisos de un rascacielos del Domo Central. El máximo símbolo de poder y dinero en Solaria.

Bajaron por el elevador hasta el *lobby*, y ya en la calle, los esperaban cinco autómatas de la Guardia de Hierro. Tan altos como Cogsworth, con el vapor moviendo engranajes y músculos de cobre, encendiendo sus ojos de rubíes. Vestían un traje negro de policía y cascos redondos, más un arma de fuego en su cintura. Eran mucho más intimidantes y hablaban lo mínimo y necesario, como una máquina cualquiera. Era difícil creer que estaban relacionados con su querido y sarcástico mayordomo.

Los escoltaron a un hermoso carruaje elaborado con latón pulido y rica madera de caoba. Su curvilíneo cuerpo estaba adornado con intricadas volutas y filigranas. Encima tenía un techo de cristal abovedado, desde el cual la celosía de arcos y paneles de vidrio formaban un dosel elegante. Las grandes ruedas, adornadas con radios y engranes decorativos, estaban equipadas con mecanismos de vapor que le permitían moverse con gracia y potencia.

Pero lo realmente sorprendente, eran los caballos mecánicos, con movimientos tan sutiles y reales que era fácil ignorar su aleación de hierro y cobre. Los caballos bufaron, expulsando vapor de sus articulaciones y hocicos, y listos para partir.

—¿Aury, alguna vez has ido al Domo Sur? —le preguntó Kelden, mientras los autómatas conducían a los caballos y el carruaje tomaba velocidad por la ciudad, emitiendo una sinfonía rítmica de vapor saliente, tintineo de engranajes y el suave ruido de las ruedas contra las calles adoquinadas.

—Solo una vez con Sóren —contestó, mientras jugaba con Céfiro, a quien le gustaba brincar de una pierna a otra mientras ella trataba de quitarla—. Él me llevó por primera vez al mirador.

—¿Y cómo es?

—¿Por qué me lo preguntas? ¿De hecho para qué quieres ir a verlo? —preguntó confundida—. Estoy segura de que ya has visto fotos y leído tus libros.

—Yo no he leído nada —intervino Kara orgullosa con una mano arriba.

—En efecto —siguió Kelden, acomodándose sus anteojos como todo buen académico—. Pero nada como un testimonio de primera plana.

—¿Por qué no me cuentas lo que has leído y te digo qué tanto es cierto?

Contento de poder mostrar todo lo que sabía, Kelden se acomodó los anteojos y se aclaró la garganta, como un profesor a punto de dar clase:

—Primero se construyó el Domo Norte. —Kara se tiró en el asiento lista para morir de aburrimiento—. Luego el Domo Central, luego el Este, Oeste y por último el Domo Sur. Al igual que los otros domos laterales mide cuatrocientos setenta y dos metros de diámetro y medio kilómetro de alto, mientras que el Domo Central mide el doble. En el Domo Sur se encuentra la sede de la Iglesia Eterna, y también es el único que posee un mirador hacia lo que hay más allá del cristal...

—¡Eres un mentiroso! —exclamó Kara con el dedo arriba, con la única intención de molestar a su hermano mayor—. La Iglesia Eterna dice que no es así. Ellos dicen que el Dios Constructor y Rose Bella hicieron primero el Domo Central. Y que gracias a eso sobrevivimos al Evento Negro.

—¡Esas son tonterías, Kara! Un Dios no tiene nada que ver con los Domos. En la Universidad Argenta hay registros…

—Ya se quemaron —se burló, picándose la nariz, haciendo a su pobre hermano pintarse de rojo—. Incluso Sóren cree en la Iglesia Eterna y el Dios Constructor.

Por fortuna, el carruaje se detuvo frente a la estación de trenes, posponiendo su pelea.

La estación Gran Engrane era un majestuoso edificio de arquitectura victoriana, y relucientes ventanales de cobre, alrededor de un gigantesco reloj que marcaba el mediodía.

Adentro, esperaba una sinfonía de engranajes metálicos, vapor silbante y el ruido sordo de las locomotoras al partir.

Todo el lugar estaba lleno de gente que iba y venía, hombres y mujeres de alta sociedad con hermosos trajes y sombreros de copa, vestidos grandes y llamativos. Cafés, restaurantes y puestos de periódicos se sumaban al bullicio de la estación.

En las paredes y postes de luz, había anuncios vendiendo un sinfín de productos novedosos: uno de ellos vendía un sombrero de copa humeante, otro prometía intercambiar los brazos y piernas por unos de hierro, y otro, vendía maquillaje, para ocultar las llagas producidas por la Sífilis Rosa.

Aury y sus hermanos pasaron junto a un niño que vendía periódicos. Era pequeño, tanto en tamaño como en edad, un poco más joven que Kelden. Su ropa vieja y rota, contrastaba seriamente con la riqueza de la estación. Llevaba una playera y pantalón grises con un sombrero de tela, zapatos desgastados y guantes completamente rotos. En su mano un periódico que se titulaba: «EL HOMBRE DE NIEVE».

—¡Extra! ¡Extra! ¡Se detectan cambios en el Volcán Ébano! ¡Podría despertar! ¡Profesores de la Universidad Argenta advierten el peligro del taladro de los Soler! ¡Extra! ¡Extra! ¡Una explosión en el Domo Norte! ¡Trece muertos y treinta heridos! ¡Terrorismo bajo el Domo! ¡Lea todo acerca del tema! ¡El Hombre de Nieve a solo dos unidades! ¡Llévatelo por solo dos unidades!

Para su sorpresa fueron recibidos por el mismo Jefe de Estación. Un hombre grande de edad con un bigote muy llamativo, sombrero de copa, abrigo azul eléctrico y gafas de cobre. Los estaba esperando.

—Su hermano Sóren me informó de su llegada hace unas horas.

«¿De verdad?», se preguntó Aury. No sabía que Sóren estaba al tanto de ellos, pero no le sorprendió. Sóren siempre había sido un hermano sobreprotector, a pesar de nunca estar en casa desde que empezó a trabajar para el mismo rey. Aury se quedó tranquila al pensar, que incluso desde lejos, Sóren los cuidaba.

—Nos pidió que preparásemos todo para su partida. Su propio vagón de primera clase, todos los libros que deseen. —Sonrió al pequeño Kelden—. Y todos los dulces también.

—Me gusta que sepan hacer su trabajo —agregó Kara, frotándose las manos como un villano.

—Y para la señorita Aurora, por supuesto —siguió el Jefe de Estación—. Una mirada a la nueva locomotora.

A Aury no le gustaba llamar la atención, ni ser tan expresiva como sus hermanos. De hecho, no le gustaba convivir con las personas. Prefería estar en casa reparando su máquinas y dándose martillazos en los dedos a conversar con alguien que no conocía, pero oír eso, le llenó los ojos de luz y no pudo ocultar su alegría.

Con un ademán, el Jefe de Estación los invitó a que lo siguieran. Brincaron a toda la gente en fila y cruzaron los torniquetes hacia un cavernoso techo abovedado con elaborados candelabros suspendidos. Más allá esperaban los andenes, extendiéndose bajo el toldo de la estación.

—¡No puede ser! —exclamó Aury emocionada—. ¿Ya vistes, Kelden?

—Sí, Aury, es un tren.

—Pero no es cualquier tren. —Lo tomó de los hombros y lo hizo mirar las enormes ruedas tractoras, las barras de equilibrio de suspensión y las ballestas donde cada rueda se apoyaba de la caja del buje—. ¿No es sorprendente? Es el nuevo modelo. Es tan rápido que puede cruzar los túneles en tres horas y media.

—No sé cómo te gustan esas cosas.

—Me gusta reparar y construir, así como a ti te gusta leer.

—Sí, pero tú eres una niña. Mamá dice que eso te hace rara.

—¿Y eso qué tiene que ver? —se defendió Aury con las manos en la cintura—. Tú eres un niño y no digo nada porque te guste dormir con una muñeca.

—¡Aury! —exclamó avergonzado y se cubrió la cara de vergüenza—. Es un muñeco terapéutico diseñado para ayudar en los trastornos del sueño.

—Sigue mintiéndote —se burló Kara.

Antes de permitirles subir, el Jefe de Estación hizo un comentario que no le agradó a nadie.

—Saldremos en 45 min a 1h estimados Soler.

—¡Imposible! —exclamó Kara con un gesto frío y directo.

—No quiero esperar una hora —dijo Kelden—. Partamos ahora mismo.

—Disculpe, pero falta que aborde la segunda y tercera clase. Le aseguro que…

—¡Dije que no! —declaró Kara molesta.

—Por favor, partamos de una vez —pidió Aury—. Tenemos que llegar temprano a casa. No hay problema, ¿verdad?

El Jefe de Estación miró a toda la gente pasando por los torniquetes, haciendo fila en el andén. Con un sonrisa falsa aceptó y los hermanos Soler subieron al andén con aire de derecho, seguidos por su séquito de autómatas.

Un murmullo silencioso se extendió entre la multitud cuando sus ojos se posaron en los niños. Era una mezcla de asombro y resentimiento. Cuando el reloj de la estación anunció la inminente salida del tren todos se prepararon para abordar. Pero el maquinista de la locomotora, un caballero digno con traje hecho a la medida les abrió la puertas únicamente a Aury y a sus hermanos. La puerta se cerró con un ruido metálico y el motor cobró vida.

Enfadados, la multitud de pasajeros se dio cuenta de que los habían dejado atrás. El silbido de vapor de la locomotora emitió un sonido triunfal y resonante, y empezó a salir de la estación.

Los asistentes y el mismo Jefe de Estación, que inicialmente estaban haciendo reverencias a los niños, de repente, se encontraron entre la multitud furiosa. Compartiendo su desprecio hacia los Soler. La situación empeoró, pero fueron solo los autómatas de la Guardia de Hierro, vigilantes en su deber de mantener el orden, quienes lograron mantener una apariencia de paz.

Mientras la gran locomotora se alejaba, el resentimiento de la multitud persistía en el aire ahogado por el vapor de la estación. La gente se quedó en silencio, con un aire de desafío compartido entre ellos, un recordatorio de que no todos los engranajes de Solaria giraban igual para todos. Algunos lo hacían en beneficio de la élite privilegiada.

La estación Gran Engrane resumió su sinfonía de ruidos metálicos, silbidos y estruendos, pero el recuerdo de los Soler persistió, avivando aún más las llamas de la revolución que latía en sus calles.

Ubicado bajo la inmensa extensión de cristal, el mirador estaba diseñado para que la gente pudiera ver a través del Domo y tocarlo, si querían. La base de los Domos estaba protegida por un fuerte muro, evitando que algún borracho o loco estrellara su carruaje contra el vidrio.

Al acercarse, Kelden pudo ver la plataforma circular, construida íntegramente con acero pulido y elegante, lleno de binoculares y zonas cómodas para descansar. Durante meses leyó sobre lo que había del otro lado, todas esas maravillas y horrores que obligaron al poco restante de la humanidad, a refugiarse bajo cúpulas de cristal.

Y así, las interminables horas de espera, por fin terminaron en una completa y absoluta… decepción.

—¡¿Esto es todo?! —chilló.

—¿No es lo que esperabas? —preguntó Aury.

—¡No! —exclamó enojado—. Yo quería ver ruinas de viejas ciudades entre la nieve, cementerios con estatuas de hielo hasta el horizonte, y océanos congelados llenos de barcos fantasma.

—Esas cosas solo están en tus libros, sabelotodo —se burló Kara.

Frente a los niños Soler, más allá del cristal, no había nada más que una lluvia de nieve, cayendo desde un cielo negro y sin luz sobre una tundra de hielo que se extendía hasta donde alcanzaba la vista.

—Bueno, supongo que era de esperarse —siguió Kelden, acomodándose los anteojos.

—¿De qué hablas? —le preguntó Aury.

—Allá afuera hace tanto frío que la piel y la sangre se congelan al instante, el acero es tan frágil como el cristal e incluso el oxígeno empieza a caer como nieve. ¿Se imaginan?

—¿Cogsworth podría aguantar?

—No —suspiró—. Su cuerpo le permite soportar temperaturas extremas, pero no tan extremas. Los autómatas podrían aguantar unas horas, pero no más. No creo que haya un material en la Tierra capaz de soportar algo así.

—Porque el Dios Constructor creó los Domos —habló Kara—. La Iglesia Eterna dice que…

—¡Tonterías!

—¿Entonces de dónde salieron, niño listo?

—Nosotros los construimos después del Evento Negro. ¿Quién más?

Aury se acercó al borde y tocó la delgada lámina de cristal con su mano.

Estaba tibio. Alzó la vista hacia la gigantesca cúpula que los protegía de morir congelados, y que, al mismo tiempo, la hizo sentir tan pequeña.

—Son impresionantes. No sé quién los construyó, pero me gustaría saber cómo lo hizo.

—La raza humana sobrevive sin el Sol, Aury. ¡Eso es lo impresionante! —exclamó Kelden con los brazos arriba—. El Evento Negro mandó a la Tierra hacia el cosmos, convirtiéndola en un planeta errante. Y aun así logramos sobrevivir. ¡Y por mil años!

—Un planeta sin estrella —susurró Kara, pegando el rostro contra el cristal tratando de ver algo, pero la luz de Solaria apenas se arrastraba unos metros sobre la nieve—. Esas son mentiras —agregó con el índice arriba y muy segura de sí—. La Iglesia Eterna dice que el Evento Negro fue un castigo divino que…

—¡Tonterías!

—Tú eres el tonto.

—¡Claro que no! ¡Aury! —le chilló a su hermana pidiendo ayuda.

Aury tomó a Kelden de la mano y lo llevó a unos binoculares para salvarlo de la burla de Kara.

—¿Para qué? Si no hay nada que ver.

—¡Ay! ¿Dónde está tu curiosidad científica? —Kelden se acomodó los anteojos y miró a través de los binoculares—. ¿Ves algo?

—Ah… no. No, espera, ¡sí veo algo!

—¿En serio? —preguntó Aury emocionada.

—¡Sí! Solo nieve y más… sí, justo como lo pensé, más nieve.

Aury le pegó en la cabeza y vio ella misma por los binoculares. Kelden estaba en lo cierto. No se podía ver nada en el horizonte. Ni siquiera se podía oír el rugido de la tormenta fuera del Domo. Estaba por rendirse, cuando contra toda lógica, vio una silueta blanca a lo lejos, y pudo jurar que la vio caminar.

—¡Kelden! ¡Kelden! ¡Vi algo!

—Sí, claro —dijo sin ánimos—. Inventa tus propios chistes.

—¡Es en serio, tonto! —Pegó a Kelden con tal fuerza a los binoculares que casi le tira los anteojos—. Mira hacia allá. Vi algo blanco moverse.

—Es imposible, Aury, ya te lo dije. Nada puede sobrevivir allá afuera.

—Pero…

—Ya hay que irnos —chilló Kara aburrida—. Tenemos que regresar temprano, ¿recuerdan? La ópera del gran violinista —se burló con sarcasmo.

Dejaron el mirador y regresaron al tren.

Fue una lástima. De haber esperado un poco más, Aury hubiera visto a la misteriosa criatura que estaba a punto de dejar marcados sus cuatro dedos con nieve y sangre sobre el cristal. Y tal vez, solo tal vez, de alguna forma evitar la desgracia que estaba a punto de azotar a su familia, a la ciudad entera, y hasta al mismo planeta.

CAPÍTULO II

«EL LADRÓN»

Entre todos los edificios de esa extraña ciudad, destacaba uno como aguja de luz en un pajar negro. Era brillante y lleno de ventanas acomodadas alrededor de un gran símbolo de color rojo: 光 (leyéndose como hikari o luz en japonés). Bone subió al tejado del edificio con un café, y la ametralladora en la espalda. Su turno iba empezando y era mala señal que ya estuviera agotado.

—¿El bebé otra vez? —preguntó su amigo Agile al verlo bostezar.

—Parece un reloj suizo ese niño. Llora en punto cada hora.

—Te dije que tener hijos era muy mala idea, en especial, aquí abajo.

Agile hizo énfasis en esas últimas palabras. Luego levantó el arma y por la mira juzgó la ciudad a sus pies; a la gente en ropa brillante, caminando por las calles a merced de los grandes edificios.

—Todos estamos encerrados, aquí abajo —siguió Agile—, y las paredes de roca no se harán más grandes.

—Tú sí que eres un aguafiestas —se quejó su amigo—. Vaya forma de alentar a un nuevo padre.

—Mictlán te pagó para tener un hijo, ¿cierto? Nunca confíes en una Corporación… aquí abajo —cómo le fascinaba a Agile recalcar esas palabras, tal y como si quisiera que nadie las olvidara. En especial él.

—No actúes tan superior, Agile. Necesitamos la pyrocita. Todos en esta asquerosa ciudad estamos ahogados en deudas, además, ¿quién no quiere hijos?

—Aquí abajo, solo los locos.

—Siempre es lo mismo contigo. «Aquí abajo esto... Aquí abajo aquello». Déjame decirte que aquí abajo no solo sobrevivimos del Evento Negro, sino que creamos a una mejor vida.

—Lo dudo.

Casi a la par, el inmensurable muro de roca a la distancia, como las paredes en una caja de cartón que le daban forma a la ciudad, se sacudió violentamente. Fue demasiado pequeño como para preocuparlos, pero lo suficientemente grande como para no pasar desapercibido.

—Tan tranquilo como la caverna lo quiera —dijo Bone con una burla nerviosa.

—Tan tranquilo como la caverna lo quiera —siguió Agile, admirando los edificios de obsidiana oscura, creciendo del suelo como estalagmitas, y otros del techo hacia abajo cual murciélagos de metal. Algunos tan grandes tocando dos extremos de la caverna y otros unidos por avenidas, puentes y callejones con apartamentos y tiendas. Espectaculares gigantes de color neón y la ropa fosforescente de los miles de personas, daban vida a esa majestuosa ciudad subterránea en algún lugar de la corteza terrestre, conocida como Naica Negra.

Bone dio un trago a su café y antes de bajar el vaso, una figura negra, como si se tratara de un monstruo, cayó sobre Agile noqueándolo al instante. Pasó tan rápido, que Bone apenas pudo reaccionar. Tiró su café al piso y levantó su arma hacia aquella bestia con un casco negro y traje de cuero con líneas rojas fosforescentes en las articulaciones que la asemejaban más a un demonio.

Sin pensarlo, Bone apretó el gatillo y aquella figura giró sobre el suelo, se escabulló de un lado a otro en sincronía perfecta a las balas, y con una agilidad casi sobrehumana, evadió cada una de ellas hasta desaparecer nuevamente en la oscuridad.

—Agile, Agile. ¡Agile! —le chilló. El miedo crecía rápidamente y el incesante ruido de la ciudad: el rugido de los Núcleos de Magma, los espectaculares gigantes y las animaciones en 3D opacaban sus disparos.

Estaba por dar la alarma cuando un pequeño aparato voló desde la oscuridad hasta su cabeza. Se adhirió a su piel como un insecto redondo y parpadeante. Un segundo después lanzó una descarga eléctrica. Bone soltó el grito cuando su Panel Cerebral se llenó de estática.

—¡Muéstrate! —exigió mostrando valentía, pero dando pasos vacilantes hacia la puerta.

El edificio vecino venía desde el techo de la caverna. Toda su fachada era una pantalla de alta resolución que dejó atrás los extraños comerciales de costumbre, para crear a una ballena gigante que fingía nadar entre los edificios de Naica Negra. Movía las aletas y la cola, su piel estaba plagada de detalles e incluso había una chispa blanca en sus enormes ojos, como si fuera mucho más allá de un simple holograma en tres dimensiones. La ballena pareció nadar con fuerza hacia la superficie, siguiendo la fachada del edificio hasta terminar con un majestuoso salto acompañado del chapoteo del agua. Solo el neón azul de su cuerpo delataba que no se trataba de un animal, y fue su luz la que reveló al monstruo de Hikari abrazado a la antena del techo, como la gárgola de catedrales antiguas observando desde lo más alto.

Bone no lo vio. Seguía asustado moviendo el rifle de un lado a otro sin molestarse en levantar la mirada. Ya casi estaba en la puerta cuando un par de cables de acero, tan veloces como un rayo, se enredaron sobre su rifle. Bone trató de mantenerlo en sus manos, pero lo perdió. En ese momento, su miedo se apoderó de él y corrió los últimos metros. Pudo sentir que el demonio lo acechaba y a solo unos centímetros de la manija, los mismos cables envolvieron sus pies tirándolo contra el piso.

—Por favor —rogó cubriéndose el rostro ante el rifle que le apuntaba—, tengo... tengo una familia... un hijo. —Pero no funcionó.

El monstruo alzó el arma, decidido a matarlo cuando una voz susurrante lo hizo cambiar de idea: «Eres muchas cosas, Daren, pero no un asesino». Bone pudo ver la duda en su cuerpo y pensó que era su oportunidad, trató de quitarle el arma, pero su enemigo fue mucho más veloz y lo noqueó de golpe.

—¿Por qué estás aquí? —preguntó el monstruo, cuando el pequeño motor retrajo los cables de alta velocidad hasta el riel en sus muñecas.

De la oscuridad del tejado apareció una chica de cabello rizado de color rojo como el fuego, piel clara con una enorme sonrisa que iba en contra de su amable apariencia, pues en la comisura de sus labios se ocultaba algo siniestro.

—*Debo asegurarme de que no hagas nada estúpido* —contestó la chica.

—¿No te mordiste la lengua? Tú eres la experta en hacer cosas estúpidas.

—*Daren, por favor... No hagas esto.*

—Tengo que terminar este trabajo —afirmó guardando las alas en su traje planeador con apariencia de ardilla voladora.

—*¿Cómo terminaste el último?*

Daren se molestó por estas palabras como si le hubieran echado ácido en el pecho y gritó:

—¡Yo soy el mejor ladrón en esta maldita caverna! ¡Ahora déjame en paz, niña estúpida! —Y decidió ir a la puerta, protegida bajo un cerrojo electrónico.

Daren tiró del cable quirúrgicamente insertado en su muñeca, unido directamente al Panel Cerebral. La chica se paró a su lado cuando este dudó en introducir la punta USB en la cerradura.

—*Una vez que te conectes no habrá marcha atrás.*

Daren ni siquiera se molestó en mirarla y se conectó. Pudo sentir la corriente eléctrica correr dentro de él, veloz y sin detenerse hasta la base de su cerebro. El Panel Cerebral mostró el programa de la cerradura, todos los códigos y nódulos como miles de datos alfabéticos y numéricos.

—Veamos, ¿dónde estás? —dijo moviendo la mano en el aire, abriéndose camino entre el código hasta llegar a una especie de juego: seis carriles con números que debía girar hasta dar con la combinación correcta.

—*13-22-5-19-21-1* —le susurró la chica de cabello rojo como si pudiera ver lo mismo que él.

—Ese no es el código —siguió Daren aún con esa extraña sensación eléctrica en su cuerpo. Jamás le había agradado el Panel Cerebral, pero no podía negar que era útil—. ¿Erasmo dijo que era 17-5-19-4-16-14?

—*¿Me estás preguntando o diciendo? Solo tienes un intento y...*

—¡Cierra la boca!

—*¿O era 8-5-19-9-4-16? No, creo que terminaba en 1.*

—¡Solo tratas de confundirme!

La chica se acercó a su oído haciéndolo sentir sumamente incómodo. Daren casi pudo imaginar su piel contra la suya, el aroma a roble de su cabello rojo y su calor. Sintió cómo su corazón se aceleraba y sus pulmones se hacían pesados con cada respiro. La chica se mojó los labios y susurró suavemente:

—*No, Daren... a diferencia de ti... solo trato de salvar tu vida.*

Algo tenía aquella misteriosa chica, que sus palabras se abrían camino con facilidad entre la dura coraza de Daren, como si estuviera hecho de pastel y su voz fuera un cuchillo de acero al rojo vivo. La incomodidad de Daren se convirtió rápidamente en rabia y borró todo rastro de duda.

Movió los rieles en el Panel Cerebral: 3-16-12-5-19-1. Apretó el botón «ACEPTAR» que flotaba frente a él y al hacerlo los números se pintaron de verde. El cerrojo se abrió y luego la puerta lo dejó pasar hacia las entrañas de la Corporación Hikari.

—*Daren... por favor* —insistió la chica, pero el ladrón le cerró la puerta en la cara.

Eran las escaleras de emergencia y le esperaban más de cien pisos hasta el fondo. Enredó sus cables de alta velocidad en el barandal y luego se aventó al vacío, como si fuera un simple juego para él. Detuvo el motor y tiró de los cables para dar una voltereta en el aire, y aterrizar como un superhéroe frente a la puerta del piso 56.

Hubiera hecho algún comentario sarcástico y egoísta, de no ser por el dolor en su pierna derecha que protestó de golpe. «Maldito accidente», pensó sobándose alrededor de lo que parecía un perdigón de hierro enterrado entre sus músculos.

—*Eso no fue un accidente* —susurró la chica de cabello rojo bajando tranquilamente las escaleras.

—No fue mi culpa.

—*Nunca dije que fuera tu culpa, idiota. Solo dije que esa bala no está ahí por accidente.*

Ignoró el dolor, así como la mirada inquisidora de la chica y cruzó la puerta hacia un laberinto de pasillos. Las luces neón blancas y las paredes tan finas, hacían parecer que todo estaba hecho cristal reluciente y futurista. Y Daren resaltaba como un lobo entre las ovejas con su traje de cuero negro y rojo.

El Panel Cerebral mostró el plano de Hikari: cada piso, habitación y escalera, pero la mayoría estaba oculta tras la estática. Únicamente resaltaba el piso 56 y la ruta marcada como una sucesión de puntos amarillos. «Vaya, Erasmo en verdad se esforzó en esta información», se burló para sí. Era muy poco, pero Daren podía trabajar con eso.

Cuidadosamente dobló en una esquina y siguió adelante por la ruta marcada en el Panel Cerebral, hasta toparse con una puerta protegida por dos guardias. Sus armaduras eran fuertes y no podía ignorar sus rifles. Tampoco estaban distraídos como los guardias del techo y no había espacio para sorprenderlos. Estudió el mapa y regresó al ducto del aire acondicionado. El Panel Cerebral mostraba estática, pero Daren sabía que era su mejor opción. Ágilmente trepó por las paredes, quitó la trampilla y encontró la forma de pasar por detrás de los guardias, hacia una sala de vigilancia repleta de monitores.

Quitó la reja para bajar. Se acercó al guardia que roncaba, sentado en el escritorio. «Esto es demasiado fácil». La piel sintética y las placas de metal en la palma de su mano se abrieron, exponiendo el Implante de Electrochoque que le había comprado al Doc. Boost unos días atrás. «Espero que no haya sido pirata», pensó Daren antes de amordazar al guardia, poniendo su mano derecha justo en su boca. La corriente se activó y el pobre hombre sintió cómo la electricidad le entraba desde la boca hasta su cerebro. No faltó mucho para que quedara inconsciente, pero Daren sintió cada voltio de la descarga y poco faltó para que gritara groserías.

—¡Maldita sea! —chilló sacudiendo el brazo—. Ese doctor es un desgraciado. Pagué una buena cantidad de pyrocita por esta «Cyber» y me dio una versión pirata.

—*Mentiroso, si aún ni le pagas* —dijo la chica recargada en la puerta.

—¡Pero planeaba hacerlo! ¡Eso cuenta!

—*Boost nunca te ha dado un «Cyber» pirata* —le corrigió.

—O quizás me instaló una versión antigua. Cuando salga de aquí voy a ir a darle una vuelta. ¿Cómo se atreve? —Daren pateó al guardia inconsciente fuera de la silla y se sentó frente a los monitores—. Ahora, ¿en qué estábamos?

La chica se acercó mirando fijamente a Daren y luego dijo:

—*Las «Cyber» nunca han funcionado contigo. Es como si tuvieras algo dentro que compite con el programa.* —Y miró la bala enterrada en su pierna.

Daren la miró de reojo y siguió tecleando.

—Erasmo tenía razón —dijo en voz baja y sorprendido como si hubiese sido una reacción involuntaria, más que por cuenta propia—. Las cámaras del techo están rotas.

—*No entiendo cómo puedes confiar en él.*

—No confío en él —se exaltó.

—*Sí, claro* —su sarcasmo era evidente—. *Estás aquí en las entrañas de una Corporación haciendo su trabajo sucio, mientras que él...*

—¡No hago el trabajo sucio de nadie! —su enojo iba en aumento.

—*Lo hicimos por años. Los tres...* —se burló de nuevo, pero con una pizca de tristeza en su voz, como la perla oculta en la ostra.

—Erasmo tiene algo que yo quiero, y él quiere algo de Hikari. No confío en él. Solo son negocios. ¡Lo encontré! —exclamó ante la enorme puerta de metal que iba de pared a pared, como la bóveda impenetrable de un banco.

Conectó su terminal USB al monitor y extrajo la ruta de acceso. El Panel Cerebral ahora mostraba la ubicación de esa extraña puerta. Daren tocó el mapa en el aire con ambos dedos índice y los separó a la par agrandando la imagen.

—Sí, puedo llegar por aquí. No puedo creer lo fácil que es esto.

—*Yo no haría negocios con él* —intervino la chica, continuando con la conversación.

Daren no soportó sus palabras y gritó encolerizado:

—¡No! *¡Tú hiciste algo peor con él! ¿O acaso ya olvidaste quitarte la ropa?* —La chica bajó la mirada triste y Daren regresó al ducto de ventilación.

Se arrastró varios metros hasta salir por otro pasillo, lejos de la entrada. Una vez más, la fortuna le sonreía pues no había nadie cerca. Más adelante estaba la bóveda de acero con pistones tan gruesos, que parecían aguantar una explosión nuclear.

—*Veamos si el informante de Erasmo tenía razón* —agregó la chica acercándose al panel que pedía una marca biométrica para abrirse. De su ropa, Daren sacó un guante de tela negra brillante. Al ponérselo, brillaron las yemas de los dedos y apareció un holograma con una huella dactilar sintética. Puso la mano en el escáner biométrico y un haz de luz barrió las huellas falsas.

Después de unos segundos, la puerta se abrió en un tono solemne como las cámaras de los antiguos faraones. Del otro lado, esperaba una habitación cubierta de láseres azules danzantes, con un movimiento tan azaroso y complicado.

—*¿Estás demente?* —preguntó la chica al ver que Daren estiraba las piernas, la cabeza y se tronaba los dedos.

—¿Recuerdas que solíamos practicar?

—*Y recuerdo que éramos pésimos.*

—Tal vez tú. Yo soy el mejor ladrón de la caverna.

—*No* —dijo la chica muy segura de sí—. *Tú eres un ladrón de segunda.*

Daren se molestó por estas palabras, pero no impidió que se metiera a bailar con esa decena de láseres erráticos. No había forma de saber sus movimientos y, aun así, Daren lo hizo magistralmente, alzando las piernas, dando un brinco, tirándose al piso seguido de saltos triples, solo para aterrizar con una mano y evitar el láser que acosaba como una sierra de luz. Ya estaba casi del otro lado cuando su pierna derecha lo traicionó de nuevo. Aquel fuerte dolor le dobló los músculos y el rayo tocó su piel.

Lo más preocupante es que no sonó la alarma. Las luces acendradas de color plateado se apagaron, y en su lugar, los pasillos se pintaron rojo, pero sin ruido. En Naica Negra las Corporaciones funcionaban como pequeños países independientes, con sus propios guardias y reglas únicamente debajo del Colegio de Megaproyectos de Ingeniería (CMPI) y la Policía de Zafiro; y Hikari era una de las tres más grandes. Estaba claro que no se molestarían en llamar a la policía; y que haría su propia justicia.

—*¡Eres un idiota!* —le gritó la chica desde la entrada—. *Ahora sí, tenemos que irnos. ¡Ya!*

—No —protestó abriéndose camino entre el dolor—. Ya casi lo consigo.

La puerta de la bóveda comenzó a cerrarse, amenazando con atraparlo dentro. La chica miró a su espalda y luego regresó al chico más allá del campo de láseres, donde esperaban servidores de computadora.

—¡Daren, no! —le gritó cuando este conectó su terminal USB.

La puerta ya iba a medio camino cuando Daren empezó a navegar entre el *firewall* y una centena de archivos. Movió la información con su mano buscando el que necesitaba, pero era mucho más difícil de lo que creyó.

—Vamos, ¿dónde estás maldito?

—*¡Daren, necesitamos irnos!* —La puerta ya estaba por cerrarse y los pistones se oían cada vez más cerca uno del otro.

—¡Cierra la boca, mujer! —le gritó Daren para que lo dejara concentrarse—. Vamos donde… ¡Ahí estás!

Extrajo el archivo a una pequeña memoria y borró la información original del servidor. Pero cuando regresó la mirada, los pistones chocaron entre sí, las cerraduras se afianzaron y la puerta se cerró por completo.

—¿Cómo diablos vamos a salir de aquí?

—*¡A mí no me preguntes! ¡Tú eres el ladrón! ¿Recuerdas?*

Las luces se apagaron y se oyó un ligero siseo en las paredes. De inmediato, su Panel Cerebral arrojó la señal de «EMERGENCIA». Un gas grisáceo, definitivamente tóxico, salía a chorro por los ductos de ventilación.

—*Vas a morir por idiota* —lo regañó otra vez la chica.

—Dime algo que no sepa. —Y tomó tanto aire como pudo.

Afuera de la bóveda, un muro de guardias tomó posición con los rifles arriba. Las luces rojas seguían brillando sobre el pasillo y el comandante se aproximó a la puerta. Levantó el puño al momento en que los pistones se relajaban y las cerraduras se abrían.

—Activen máscaras —dio la orden y el casco militar adquirió una tonalidad naranja—. Ya debe estar dormido. Sea quien sea, lo quiero vivo. ¿Entendieron?

—¡Sí, señor! —cantaron a la par y el jefe bajó el puño con un movimiento concluyente.

Entraron en formación y con el rifle arriba. Vieron la plataforma de los láseres apagada y los servidores al fondo, pero sin rastro de nadie.

—La bóveda está vacía señor —dijo uno de los guardias.

—¡Imposible! Debe estar aquí en algún lado.

Todos apuntaban sus rifles al piso y nadie se molestó en mirar arriba. Hasta que uno de ellos escuchó un pequeño quejido. Levantó la mirada y encontró el ladrón flotando desde el techo, agarrado de los cables de alta velocidad, cada uno clavado en una pared como un gimnasta de aros.

El traje del ladrón se encendió, pintando sus articulaciones de rojo al igual que su casco, y como una bestia endemoniada cayó del cielo. Tiró al guardia e inmediatamente usó su Implante de Electrochoque para noquearlo.

Los gritos llenaron la habitación y rápidamente todos apuntaron sus armas hacia el centro. Daren se puso de pie lentamente, dejando retumbar la electricidad que corría por el «Cyber» instalado en su palma. Quizás era la oscuridad, quizás eran los gritos de su compañero o lo malvado que se veía el ladrón, que olvidaron las órdenes de su comandante y todos abrieron fuego al mismo tiempo.

Daren apagó las luces en su traje desapareciendo en el gas, y las balas brillantes volaron por todas direcciones. «¡¿Qué está pasando?!» y se oyó de nuevo la descarga eléctrica. «¡No veo nada en esta mierda!» gritó uno antes que se callara repentinamente. «¡Es un demonio!» dijo otro antes que la bala de su compañero le diera.

—¡Alto el fuego! ¡Alto el fuego, idiotas! —gritó el comandante.

Regresó la mirada a la puerta y vio al ladrón parado junto al panel biométrico. Pudo oír su pequeña risa y bajo su casco, vio la malvada sonrisa en la comisura de sus labios.

—No soy un ladrón de segunda —dijo Daren a la chica de cabello rojo, cuando la puerta se cerró justo en la cara del soldado.

—*Suficiente de esto, Daren. Ya tienes lo que quieres, salgamos de aquí. No hay necesidad de ser... cruel.*

—Todo en Naica Negra es cruel.

Por los altavoces habló una mujer muy molesta llamando a toda la seguridad de Hikari. Casi al instante, se oyó la estampida de guardias que venía por el pasillo y Daren huyó en dirección contraria.

Dio vuelta en una esquina y se topó con tres guardias que le cerraron el paso. Frenó de golpe y antes de poder reaccionar, uno de ellos lo tomó del pecho, pero Daren dio un salto y a la par usó su Implante de Electrochoque para liberarse. El segundo guardia fue contra él con una macana eléctrica, que se estrelló contra el muro cuando Daren la evadió. Saltó a la pared y se impulsó para dar un rodillazo. El tercero se quedó atrás, asustado como si tuviera a un monstruo frente a él.

—*Déjalo* —le susurró la chica. Pero Daren estaba harto de ella. O quizás se sentía invencible en ese momento, o quizás una extraña combinación de todo.

Activó el Implante de Electrochoque para asustar a su oponente aún más, y cuando dio el salto, la bala enterrada en su pierna protestó. El agudo y lacerante dolor lo hizo encorvar y el guardia aprovechó para estrellarlo contra el muro. Luego lo tomó del cuello y de un puñetazo le descubrió el rostro.

—Tú... Tú —masculló relajando la mano—. No eres un monstruo. Solo eres un niño.

El adolescente de apenas diecisiete años lo miró directamente. Sufría de una extraña mutación que le daba a su ojo derecho un tono rojo brillante y el otro negro, alrededor de su piel curiosamente morena y poco habitual en Naica Negra.

Daren aprovechó su asombro para darle una patada en la entrepierna y liberarse. «Soy mucho más que eso».

Un muro de guardias llegó al pasillo, guiados por una mujer de rasgos asiáticos y con lentes redondos. Abrieron fuego pues ya no les importaba agarrarlo con vida. Daren casi tropezó al evadir las balas, usó sus cables de alta velocidad para saltar sobre ellos y tomó otra ruta de escape hacia la ventana más próxima.

—*Debes estar bromeando* —le dijo la chica.

—No sería la primera vez, vamos, ¡corre!

La mujer asiática lanzó un pequeño dispositivo justo cuando Daren atravesó el cristal, pocos metros abajo del símbolo de Hikari (□). Los guardias sacaron sus armas por la ventana y dispararon contra él sin temor a vaciar sus cartuchos. Daren disparó los cables en su muñeca hacia la antena de un edificio colgante, y se columpió sobre la luz neón de la ciudad. El motor retrajo los cables y le dio el impulso para aterrizar victorioso sobre una casa.

—¡Y Erasmo dijo que era imposible! —rugió orgulloso.

—*¿Y ahora qué?* —le preguntó la chica al salir de las sombras.

—Ahora, tendré mi venganza.

Alzó la memoria que contenía los secretos corporativos y fue ahí cuando se oyó el pitido del rastreador en su ropa. Casi al instante, tres helicópteros plateados de estilo futurista aparecieron en el aire. Una intensa luz de color blanco salió de ellos y apuntaron hacia el chico.

—¡Esta es la Policía de Zafiro! —dijo un hombre en voz alta—. ¡Híncate y pon los brazos detrás de tu cabeza o abriremos fuego!

—*¿Ahora qué, «ladrón de segunda»?* —se burló la chica.

CAPÍTULO III

«LOS SUSURROS ENTRE LA BRUMA»

La Tundra Eterna era una desolada extensión oscura y fría, donde la naturaleza había desatado una furia jamás vista por la humanidad. Era una tormenta de proporciones mitológicas, una tempestad que parecía decidida a borrar todo rastro de vida. Bajo la luz del Sol, el terreno que una vez fue verde y frondoso, cubierto de montañas o arena, con lagos y mares, en su ausencia se había transformado en un mundo monocromático de blanco, donde los vientos cortantes esculpían dunas y crestas heladas. La visibilidad se reducía casi a cero y el aire gélido era tan frío que parecía detener el tiempo.

Era fácil pensar que la vida se había esfumado por completo, pero en medio de esa vorágine tormentosa, tres rayos de luz carmesí se abrían camino en la oscuridad. Lentos, pero seguros, atados a una sola línea tirando de un pesado trineo en la retaguardia. Batallaban contra la nieve hasta sus rodillas con la tormenta a su alrededor, rugiéndoles como si de una bestia hambrienta se tratara.

—Por f-f-favor hay que p-p-parar —tartamudeó el más pequeño de los tres con una voz mecánica tan débil, que apenas se oyó a través del viento.

—¡No! —gritó el más grande.

—¡Erneq tiene razón, padre! —insistió el tercero.

—¡Por las Auroras Perdidas que no vamos a parar!

Llevaban días bajo la tormenta y el cansancio, la falta de sueño, de calor y de comida, todo llevó al pequeño Erneq al límite. No pudo más y cayó sobre la nieve, rendido, como si suplicara al cielo por un poco de calor. Su padre sintió el tirón de la cuerda que los unía y regresó a su hijo, molesto le gritó que se levantara. Con una mano sobre la rodilla, Erneq trató de ponerse de pie, pero la tormenta lo apaleaba como un mal ganador que sigue golpeando a su enemigo en el suelo. Su duro padre alzó el brazo como si fuera un capataz y, rápidamente, Ituko, el hermano mayor de Erneq, se puso en medio.

—¡Ya basta! ¡Todos estamos cansados!

—Si paramos, morimos Ituko —exclamó el padre. Luego miró a su hijo menor y le preguntó—: ¿Cuál es la primera regla de la tormenta?

—¿L-L-La t-tormenta s-susurra…? —dudó.

No era la respuesta correcta y su padre le gritó molesto. Preguntó una vez más y la lengua de Erneq se atoró detrás de sus dientes. Ituko trató de ayudarlo, darle la respuesta, pero su duro padre se mantuvo firme. Quería que Erneq respondiera y lo juzgó al decir:

—Tu querías estar aquí, muchacho. Quieres ser un cazador, ¿no es así? ¡Solo hay cinco reglas, no es difícil recordarlas todas! ¡Contéstame, Demonio Blanco! ¿Cuál es la maldita primera regla de la tormenta?

«Demonio Blanco», pensó Erneq con el rostro hacia la nieve, temeroso de ver a su padre a la cara. Esa frase. Esa frase otra vez. El corazón de Erneq bombeó con fuerza, como si quisiera arrojar la respuesta a través de su pecho y contestó:

—Sigue caminando y m-m-mantente c-caliente.

Esa era la primera norma. Pero su padre lo levantó como un oso sacudiendo el pescado que acababa de atrapar, tratando de romperle los huesos para dejarlo dócil y listo para comer. «No vamos a detenernos», dijo con su mirada silenciosa y siguieron avanzando.

Erneq sintió el peso de la nieve contra él, como si fueran un par de garras que lo sujetaban de las piernas, obligándolo avanzar lento hasta detenerse. Era una sensación horrible, pero su padre tenía razón. Él quería estar ahí, quería ser un cazador y tenía que seguir moviéndose, aunque su pequeño y débil cuerpo tuviera otros planes.

Respiró profundo y el aire entró por las válvulas mecánicas en su rostro, filtrando el aire helado y calentándolo lo suficiente para sus pulmones. Extrañamente, esto lo debilitó aún más, como si su cuerpo se hubiera olvidado de lo que era el calor, rechazándolo como un órgano defectuoso. «Sigue caminado y mantente caliente». Se dijo a sí mismo para darse fuerza y luego dio una pisada y luego otra.

Amarok, el duro padre de Erneq e Ituko marcaba la marcha, abriendo camino en la oscuridad como el filo de un machete, apoyado en la luz carmesí de sus ojos y la pequeña lámpara en su mano. No parecía existir nada más que oscuridad frente a ellos, hasta que de pronto, en el horizonte apareció una extraña estructura sin forma.

Amarok sacó una pistola de bengalas y disparó contra el cielo. La esfera ardiente se elevó varios metros, y como una pequeña estrella iluminó el camino hasta esa extraña meta en el horizonte. Pero la tormenta estaba hambrienta y no permitía la luz. La aborrecía. En pocos segundos devoró la pequeña esfera devolviendo las tinieblas.

A medida que se acercaban, aquella estructura fue ganando detalles como un rompecabezas tomando sentido con cada pieza. Después de un par de horas, que para Erneq se sintieron como días, aquella misteriosa silueta entre la tundra por fin reveló su identidad. Aquí, la curiosidad se mezcló con desesperación, obligando a la pequeña familia a aproximarse más rápidamente.

Era una cúpula de cristal a medio construir. Sus dimensiones eran inmensurables y estaba hecha de un cristal esmerilado, lo que aumentaba la belleza surrealista de la escena, como si una pieza del futuro hubiera chocado con su terrible presente.

Amarok lanzó otra bengala y notaron que bajo el Domo-Incompleto, yacía una ciudad envuelta por el velo oscuro y gélido de la tundra. Las calles que alguna vez fueron bulliciosas y llenas de gente ahora eran ríos congelados, bordeados por edificios cubiertos de hielo y nieve, alzándose como gigantes espectrales con sus ventanas mirando fijamente al abismo.

Amarok lanzó otra bengala mientras entraban en aquel misterioso lugar, donde el tiempo se había detenido por completo. La única evidencia de que alguna vez vivió alguien en esa desolada metrópolis, eran las máquinas humanoides que cargaban vigas de acero y paneles de cristal hacia las grúas que habían fallado en terminar el Domo.

—Igual que siempre —susurró Amarok, pasando cerca de una esas máquinas sin energía, devorada por el hielo como un mosquito dentro del ámbar.

—Siempre autómatas —siguió Ituko.

—¿D-D-Dónde está la g-g-gente? —tartamudeó Erneq, resaltando ese preocupante detalle. Esperaba encontrar personas congeladas en el hielo, como contaban los Ancianos, pero no, en aquella ciudad solo había oscuridad y los sirvientes que fallaron a sus amos.

Mientras más se internaban entre las calles, Erneq, con sus ojos inocentes y llenos de curiosidad, tiró de la mano aguantada de padre. Pero el corazón de Amarok permaneció frío y la apartó de golpe rehusándose a aceptarlo. Erneq bajó la mirada, pero Ituko llegó a su ayuda y le dio el valor de seguir adelante.

Erneq pudo ver las cafeterías con las mesas preparadas para clientes que nunca vendrían y las máquinas de café congeladas a mitad de preparación. Los árboles, si es que aún quedaban, eran meras siluetas bajo las pesadas cargas de nieve. En una librería con libros abiertos y con las páginas suspendidas mientras las volteaban. Parecía que la ciudad se había congelado en medio de su vida cotidiana.

—¿Cuándo a-a-aparecerán las Auroras P-P-P...? —La lengua de Erneq se enredó entre sus dientes, y el chico tartamudo golpeó molesto.

—Tranquilo —le dijo Ituko—. Visualiza la palabra y respira. Ella saldrá por cuenta propia.

—¿Cuándo a-a-aparecerán las Auroras Perdidas?

—Esta es tu iniciación, la misma que hice hace años y que nuestro padre aún más años atrás. Tarde o temprano nuestros Ancestros nos enseñarán el camino.

Erneq pasó junto a un aparador de una tienda, cuyo cristal escarchado aún permitía ver su reflejo. Sus ojos carmesí brillaron profundamente sobre su traje, dándole una apariencia endemoniada a él y al resto de su familia. El orgullo de su tribu estaba diseñado para soportar las gélidas temperaturas de la Tundra Eterna, una maravilla del arte e ingeniería construido de un misterioso material que le daba una belleza etérea, igual al cielo nocturno estrellado.

—Pudiste quedarte en casa aprendiendo de los herreros, caliente y gordo —se burló Ituko—. Incluso pudiste cantar para los Ancianos. Todos saben que no tartamudeas cuando cantas...

—¡Quiero ser un cazador! —exclamó Erneq—. Como tú y mi p-p-padre y su h-h-hermano antes de que m-muriera. —Erneq miró a su padre caminar solo y sin molestarse en regresar la mirada a sus hijos. Parecía un lobo alfa guiando a la manada, buscando algo en la oscuridad—. Q-Quiero ser f-f-f-fuerte y r-r-respetado y m-morir bajo la tormenta si es n-n-necesario.

—¿Eso es lo que crees que significa ser un cazador? —preguntó Ituko con fuerza—. A la tormenta no le importa nada de eso, hermanito. La tormenta está hambrienta y devora a todos, nobles o mentirosos, fuertes y débiles por igual. ¿Quieres saber qué significa ser un cazador? Significa ser más inteligente que los monstruos que se ocultan en la oscuridad.

A Erneq le pareció curioso que dijera eso. Ituko era grande y fuerte, y fácilmente podía tirar del trineo él solo sin siquiera sudar o morirse frío.

—¿Más i-i-inteligente q-q-que los bandidos?

—Ellos son animales que sobreviven en la tormenta, pero no viven en ella como nosotros. Ellos roban, ultrajan y matan a cualquiera que encuentren. No siguen los Tabúes de nuestra gente. Sí, ellos son peligrosos y debes evadirlos, pero no hablo de ellos.

Erneq sabía a qué se refería Ituko. Tragó saliva asustado antes de hablar:

—Los s-s-susurros.

—No los escuches. No los sigas. No les tengas lástima.

En el corazón de la ciudad dos colosales torres gemelas se alzaban a solo centímetros del cristal del Domo-Incompleto. La primera torre, a merced de la tormenta, era un monolito glacial, cubierta de hielo con la fachada venida a menos y tan frágil que parecía inclinarse hacia su hermana. La segunda torre, por su parte, debajo de una fracción del Domo-Incompleto, estaba más protegida, con su superficie aún de concreto frío, ventanas y puertas visibles. Un puente elevado las conectaba y parecía que ambas se estrechaban la mano, con una mitad congelada y la otra no.

Pero había algo más en esas misteriosas torres. Algo que llamó mucho la atención de Erneq. Era un letrero de tela, ahora congelada y tan tiesa como un cadáver, advirtiendo desde la entrada: «Susurros adentro». Cadenas de hielo las mantenía cerradas y tablas, muebles e incluso basura se apilaban asegurándose que se mantuvieran así.

—Pasaremos la noche en la otra —ordenó Amarok dirigiéndose a la torre más frágil cubierta de hielo.

Amarok extendió su mano para abrir la puerta chirriadora, revelando un interior espeluznante. La luz roja de sus ojos iluminó débilmente el pasillo, proyectando largas sombras que parecían bailar en aquel aire frío y fantasmal. Uno que era más cálido, como si hubiera estado atrapado durante años lejos de la tormenta, pero uno que cargaba una extraña aura maligna que los obligó a avanzar con cautela.

Dejaron el trineo en el *lobby* y tomaron sus cosas. «Las Ciudades Congeladas esconden muchos peligros», repitió Erneq para sí las enseñanzas de los Ancianos. Subieron cautelosamente una escalera estrecha y desvencijada, y cada escalón crujía bajo peso, resonando por todo el edificio. «Sombras, espíritus y monstruos que no debes despertar ni escuchar», siguió Erneq. Debían tener cuidado de no precipitarse y caer al abismo debajo, pues con cada paso venía una sensación de perdición inminente. «De todos estos males, los susurros entre la bruma son los peores. Tratarán de seducirte, de hacerte sentir uno de ellos y arrastrarte a la oscuridad».

El edificio gimió y protestó, como si estuviera a punto de derrumbarse bajo el peso de la familia. Las paredes estaban agrietadas y la escarcha se había colado por los huecos. Cuando llegaron al siguiente piso, el suelo frente a ellos cedió repentinamente, enviando una lluvia de escombros y nieve que se estrelló contra la tierra. Erneq tropezó hacia los brazos de Ituko, quien por poco también perdió el equilibrio.

—¡Enfócate, muchacho! —le regañó su padre—. ¡No quiero que tu maldición se lleve a tu hermano también! ¿Es eso lo que quieres?

—Lo s-s-siento, padre —se disculpó el pequeño Erneq, con el corazón palpitante y agradecido con Ituko por salvarlo.

Amarok examinó sus alrededores y sus ojos rojos se posaron en una puerta maltrecha. Con un gesto decidido condujo a sus hijos hacia allí. Dentro del apartamento, encontraron un modesto pero bienvenido respiro del caos exterior.

Los sillones de la sala de estar, la cocina e incluso las fotos en las paredes, se encontraban bajo la capa de hielo. Erneq no pudo evitar preguntarse cómo era la vida de las personas que estuvieron ahí. Un retrato familiar llamó su mirada y de inmediato un sentimiento de tristeza se apoderó de él. Quizás por envidia al no tener una foto como la de ellos, quizás la nostalgia por su hogar o el hecho de que jamás conoció a su madre.

—Muchacho, prepara la tienda —le ordenó Amarok al pequeño Erneq absorto en la fotografía.

—S-S-S-Sí p-p-p...

—¡Deja de tartamudear y habla, Demonio Blanco!

—Sí, padre, l-l-lo siento.

Erneq sacó de sus cosas una tela metálica de color negro y estrellada, muy parecida a su hermoso traje. Primero, colocó el esqueleto de la tienda y después puso la tela. Lo había hecho ya tantas veces que no le tomó más de diez minutos. Entraron y se acomodaron alrededor de un cubo color ámbar con rejillas en cada cara que dejaba ver un riel en su interior.

Amarok expuso un engranaje adherido a su pecho. Lo levantó, lo giró tres veces y como cerraduras en una puerta, las articulaciones del traje se relajaron. Después se quitó la máscara con las válvulas a la altura de la boca, y dejó a la luz un hombre de tez morena y ojos grises ligeramente rasgados, facciones toscas, con una gran nariz cuadrada, ojos prominentes y labios secos. Soltó su cabello amarrado en la punta de la coronilla y cayó hasta sus hombros, dando la apariencia de un león viejo y amargado de melena canosa.

Erneq pudo sentir la mirada de su padre e hizo lo posible para ignorarla. Se quitó el traje. La diferencia entre el muchacho tartamudo y Amarok era abismal. Erneq de apenas ocho años era albino con el cabello, las cejas y las pestañas blancas como la nieve misma, a excepción de sus ojos: el izquierdo de color rojo brillante y el otro blanco, sin pupilas, como un bola de nieve entre su cráneo. «Demonio Blanco» parecía ser un apodo apropiado para él.

A diferencia de Erneq, Ituko era un joven de diecisiete años, de piel morena con ojos grises rasgados al igual que su padre. Era alto, fornido y bien parecido con brazos, manos y piernas fuertes. El nombre «Ituko» significaba gran cazador y era apropiado para alguien como él.

Sacaron un hornillo y una bolsa con muchas esferas marrón pulidas hasta el más mínimo detalle, con una apariencia casi vítrea. Las pusieron dentro y las encendieron fácilmente con un pedernal. Así calentaron una olla con hielo hasta derretirlo.

—¿Saben u-una cosa? Aún no puedo acostumbrarme a calentar m-mi comida con estas c-c-c-cosas. —Erneq esperaba una pequeña risa que calmara la situación, pero nadie dijo nada. Así que sacó una caja llena de sobres—. ¿De qué q-quieres hermano?

Ituko se sobó el mentón examinando lo sobres. Sabía que debía elegir bien y con un sonrisa pícara dijo:

—Quiero uno de pollo en salsa verde.

—¡Vaya! —exclamó Erneq sorprendido—. Sí que t-te gusta vivir a-al límite. Yo quiero una de c-camarones en z-z-zarzamora ahumada y un toque de perejil.

—Eso es muy específico. —Se rio.

En realidad, esos sobres no tenían sabor. Todos contenían la misma porción de proteínas, carbohidratos, vitaminas y minerales esenciales. Supuestamente, un sobre al día era suficiente para mantener a un hombre sano y en movimiento, pero sabían horrible y nunca les quitaba el hambre. Cada comida le atribuían en juego un sabor diferente en su imaginación, para hacerlo divertido y ligeramente comestible.

Erneq le entregó la caja a su papá con la vista en el suelo y sin decir nada. Se sirvieron el agua hirviendo en tasas y vertieron el contenido de sus sobres, hasta formar una sopa marrón para nada apetitosa que emitía un olor rancio.

Fue en ese momento, mientras se acercaban a comer bajo la pequeña luz, cuando un repentino silencio se apoderó del edificio. Entonces aparecieron: débiles y espeluznantes susurros que parecían emanar de las sombras.

—I-I-Ituko… —Buscó Erneq a su hermano con voz temblorosa con la cuchara llena de sopa a medio camino.

—Ignóralos. Piensa que es el viento, nada más.

Pero los susurros persistieron, haciéndose más fuertes y lúgubres. Parecían venir de todas partes a su alrededor, como si seres invisibles rondaron en los rincones oscuros de la tienda. Las voces sonaban angustiadas como los lamentos de almas perdidas, quejándose, llorando y expresando enojo.

—No les temas —le dijo Ituko, tratando de consolar a Erneq.

—No les t-t-t-temo. Me siento mal por ellos. Están s-sufriendo y… —Erneq pareció estirar la mano hacia la salida cuando su padre exclamó:

—¡No lo hagas, muchacho! —le regañó con un tono fuerte, como si tratara de apagar los llantos que volaban en la tormenta—. Eso es lo que quieren, causar empatía y lástima y hacer que bajes la guardia.

—Pero esos s-susurros…

—¡Suficiente! ¿Cuál es la segunda regla de la tormenta?

—Ignora l-l-los susurros, pues la t-tormenta e-está h-hambrienta y t-todo quiere devorar-r.

Amarok dio un trago a su sopa y dijo:

—Nosotros somos los Saranik. Nuestra familia y nuestra tribu ha vivido en la tundra cientos de generaciones antes del Evento Negro. Conocemos el frío y la oscuridad mejor que nadie y cuando la humanidad perdió su estrella nosotros sobrevivimos gracias a luz de nuestros Ancestros. ¿Por qué es así, muchacho? ¡Debes saber estas cosas si quieres ser un cazador! ¡Responde!

Erneq dejó la sopa en el suelo, tragó saliva, preparándose para mirar a su padre a los ojos. «Visualiza la palabra. Visualiza la palabra y no tartamudees», le suplicó a su torpe lengua para que cooperara.

—D-D-Después del Evento Negro s-s-se apagaron las auroras b-boreales y las Cinco T-T-T-T…

—¡¿Cinco qué?!

—¡Las Cinco Tribus quedaron solas en la oscuridad! Pero n-nuestra obediencia h-h-hacia los Tabúes y r-r-respeto a los Ancianos las trajo d-d-de nuevo.

—Correcto —dijo Amarok de mala gana, aun hablando fuerte para que no pudieran oír las voces de afuera—. Las Auroras Perdidas, como las llamamos, son la luz de nuestros antepasados que, con su bello juego de pelota, nos salvaron y mostraron el camino en la Tundra Eterna hasta un nuevo hogar.

Afuera de su tienda oyeron la voz de un hombre. No pudieron entender lo que decía, rara vez podían entenderlos pues hablaban más con sonidos guturales y gritos de emoción en lugar de palabras. Erneq lo imaginaba en el departamento, arrastrando su cuerpo congelado mientras lloraba. Fue hacia Ituko y su hermano puso su brazo sobre él para protegerlo. Algo que molestó mucho a Amarok, y el duro padre exclamó:

—No deberías estar aquí. Eres pequeño y débil sin contar la maldición que traes contigo.

Erneq bajó la mirada avergonzado y guardó silencio. Ituko, por su parte, miró con rabia pues odiaba que su padre tratara así a su hermano.

—Rogaste y rogaste como un perro hasta que los Ancianos te permitieron hacer el ritual de iniciación. Bien. Mañana subiremos a la cima del edificio y veremos qué tan decidido estás a convertirte en cazador.

—¿P-P-Por qué subir? —preguntó el chico con interés, aún sin mirar a su padre—. El edificio e-e-está débil.

—No te preocupes, hermanito —respondió Ituko de golpe, afianzando su brazo sobre Erneq—. Mientras más cerca estemos, cielo, más probable es que nos oigan. —Hizo esto para asegurar que su padre se diera cuenta de que iba a protegerlo. Incluso de él.

Molesto, Amarok gruñó:

—Encuentra la luz de las Auroras Perdidas y el tesoro que yace bajo ellas, muchacho. Quizás así enmiendes el pecado de tu nacimiento. Ignoren los susurros y vayan a dormir.

Terminaron la cena y su padre e Ituko cayeron dormidos de golpe. «Solo ignóralos, solo ignóralos», se repetía Erneq por los susurros entre la tormenta que no lo dejaban en paz, como si el dolor de esas tétricas voces fuera suyo. Sacó con mucho cuidado una vieja fotografía con los dobleces bien marcados y los bordes rotos. Era su madre, viva y sonriendo un par de años antes de que naciera Erneq.

Su nombre era Qana o «nieve cayendo». Su cabello era plateado, largo y peinado cuidadosamente para revelar un rostro pálido con ojos negros. Ella también era un Demonio Blanco como él y eso lo unía a ella, a pesar de nunca haberla conocido.

Detrás de la fotografía estaba una canción de cuna y le gustaba imaginar que su madre se la cantaba antes de dormir.

CANCIÓN
«Los susurros entre la bruma»
Es hora de dormir,
mi pequeño tesoro
por el sueño déjate seducir
y abraza este coro.
La oscuridad está allá afuera
entre la bruma y la tormenta.
No oigas los susurros
ni sus oscuros trucos.
Es hora de dormir,
mi pequeño tesoro.
A los susurros les encanta mentir
y causar azoro.
Por eso no los debes escuchar,
por eso los debes ignorar
o a ti te llamarán
y a ti te llevarán.
Es hora de dormir,
mi pequeño tesoro.
Escucha mi susurro
y déjate pervertir
por mis dulces palabras
y esta canción
que entre la bruma estoy
a la espera de tu amor.

La tormenta creció y con ella los susurros en el viento, como si los cadáveres congelados despertaran de uno en uno acechando en la oscuridad.

CAPÍTULO IV

«CUATRO REGALOS DE AMATISTA»

[Estática acompañada de voces indescifrables hasta que aparece la voz de Félix Novar]

Las señales de radio están fallando, pero les aseguro que estamos trabajando en ello. En otras noticias, el Sindicato Minero y la Universidad Argenta piden que se detenga el taladro de Geo-Sol, mientras el número de arrestos en el Domo Norte sigue en aumento, con la bajada en alimentos y medicinas por falta de energía. El debate continúa en la Cámara de Vapor sobre si apagar o no el taladro.

Para mi sorpresa, nuestro visir acaba de anunciar que hoy a las 4 p. m. el rey Néstor Azaría Umbrich Serkan de Ilúson, cuyo nombre es tan largo como su vida en el Trono de Vapor, dará una rueda de prensa para tratar de forma inmediata, los problemas alrededor del taladro. No se vayan que esto es «Radio Sobreviviente: ¡El Corazón de Solaria!».

Cogsworth ascendió por la escalera de caracol, con su pesado paso resonando en el edificio. Sus movimientos eran medidos y deliberados, con cada articulación y engranaje trabajando en perfecta armonía. Frenó de golpe en el último escalón y los engranes chirriaron suavemente, ante el hombre a unos pasos de él.

Era su porte elegante, serio y maduro lo que más resaltaba. Una curiosa combinación para alguien tan joven, pensaban algunos. Era Sóren Soler, a quien llamaban: «El Prodigio bajo el Domo». Sumamente apuesto, alto, mentón alargado, cabello rizado de color rojizo y ojos azules. Cogsworth había cuidado de él desde que nació y recordaba la extraña calma, y actitud firme con la que se manejaba. Una que no solo mostraba amabilidad, sino una inteligencia que no llegaba a menudo. Curiosamente, en aquel momento, al pie de las escaleras, era la primera vez en veintisiete años que Sóren Soler parecía otra persona.

—¡Estoy tan orgullosa de ti! —exclamó la mujer a su lado.

Era su madre, Miriam Soler. De casi cincuenta años, poseía un aspecto demacrado, casi fantasmal por los kilos de maquillaje pálido en todo el cuerpo. Su larga nariz, rostro sin cachetes y pómulos caídos, la hacían parecer una fea bruja con sus facciones huesosas fríamente marcadas.

—Tu padre y yo estamos orgullos de ti, Sóren. Mi Prodigio bajo el Domo.

—Por fin entiendo lo que debo hacer —respondió con sinceridad y una extraña sonrisa, casi surreal—. Lamento mucho no haberme dado cuenta antes.

—Tonterías —replicó su madre, acomodándole felizmente el corbatín en su cuello—. Ya es tiempo de que Solaria esté en otras manos. Tus manos, hijo mío.

Sóren le regaló esa misma y extraña sonrisa, y luego dijo con seriedad:

—Tus ojos, madre.

Miriam sacó una polvera con espejo. Los iris azules estaban siendo reemplazados por rayos violetas, y pudo sentir un horrible hormigueo subir por sus tobillos.

—Anda, ve. Yo me encargaré de todo. Como siempre lo he hecho.

Sin decir nada más, Miriam se perdió por una puerta dejándolo solo. Sóren aún no se percataba que Cogsworth observaba al final de las escaleras y suspiró agobiado.

—¡Amo Sóren! Qué sorpresa —por fin exclamó el mayordomo, llamando su atención—. No sabía que vendría a casa.

—Cogsworth. Fue algo inesperado. Vine a ver a mi padre para discutir algo con él. —Regresó la mirada a la puerta a su espalda y luego miró al suelo, como si él mismo no pudiera creer lo que había pasado.

Cogsworth se percató de la extraña aura a su alrededor y le preguntó:

—¿Todo bien, amo Sóren? Sé que su padre puede ser alguien... difícil.

—Cruel es la palabra correcta, Cogsworth —lo corrigió—. Él y mi madre la ocultan bajo sus máscaras. Pero suficiente de mí. ¿Cómo has estado? ¿Has tenido sueños últimamente?

Las minúsculas facciones en el rostro del autómata se relajaron, y no sonrió más, porque sus músculos de hierro no lo dejaban.

—¡Sorprendentemente sí, amo Sóren! Todas las noches desde la actualización que hizo a mi motor de vapor. Desde esa vez me siento mucho más... yo. Como si hubiera... nacido.

—¿Qué sueñas, si puedo preguntar?

Cogsworth pensó un momento con una mano en el mentón y dijo:

—No siempre es claro, pero sé que son los señoritos. Usted y sus hermanos. Sueño con protegerlos. Sueño que, si no estoy a su lado, nadie más lo estará. Algo tonto, ¿no lo cree, amo Sóren?

—Para nada, mi viejo amigo —contestó tranquilamente.

—¿Usted sueña, amo Sóren? —preguntó Cogsworth con sumo interés.

—Últimamente... solo pesadillas, me temo.

Preocupado, Cogsworth se acercó a Sóren y dijo:

—Mucha gente lo llama «El Prodigio bajo el Domo» y, aunque creo que el apodo es certero, no significa que tenga que hacer todo solo. Estoy aquí para usted, amo Sóren, si mi humilde cuerpo de hierro o consejo sirven de algo.

Sóren le sonrió amablemente.

—Para ser honesto, sí hay algo. —Sacó cuatro paquetes envueltos en papel—. Son regalos de... mi padre. —Cogsworth notó esa curiosa pausa antes de hablar, pero no le dio mayor importancia—. Son regalos para mis hermanos.

—Su padre no es el tipo de hombre que dé regalos —aclaró Cogsworth, impresionado por el gesto—. Me pregunto qué serán.

—Me temo que ya estaban cerrados cuando me los aventó a la cara. ¿Podrías asegurarte de que Aurora y los demás los reciban antes de ir a la Ópera?

El rostro de hierro de Cogsworth se endureció. Era claro que no le agradaba la idea.

—No ha venido a casa en un largo tiempo, amo Sóren. Todos los señoritos lo echan de menos, sobre todo Aurora. ¿Sabía que oye cada una de sus entrevistas y compra los periódicos para verlo? —Sóren negó con una sonrisa—. Es demasiado orgullosa y testaruda para admitirlo, pero en verdad lo extraña. ¿No sería mejor que lo reciba de usted?

Sóren sacó un reloj dorado de su bolsillo y comprobó la hora. Cogsworth pudo notar cómo hacía cálculos en su mente, y ajustes a su itinerario. Cada minuto era crucial y Sóren no podía perderlo en...

—Solaria lo necesita, amo Sóren —intervino el gigante, adelantándose a su respuesta—. Tanto como su familia. Estoy seguro de que, sin importar qué pase, recordará estos minutos con ellos.

Un piso más arriba, las paredes temblaban por los gritos de Aurora. La chica lanzaba maldiciones y golpes al aire en un intento desesperado por salvarse del terrible destino: un corsé.

—¡No te burles, pajarraco tonto, o te voy a dejar en casa esta noche! —regañó a Céfiro, quien parecía divertirse a expensas de ella.

Dos chicas tiraban de los lazos y ceñían el corsé tan fuerte, que poco faltaba que pusieran los pies en su espalda haciendo fuerza. Al terminar, la dejaron como un reloj de arena y la pobre apenas podía tomar aire. Mucho menos moverse. Luego vino algo aún peor: el vestido. Cuando Aurora lo vio no pudo evitar exclamar con sus pulmones apretados:

—¿Esa porquería? No, no, no pienso usar esa cosa. Es color vómito. ¡Mira eso que le cuelga!

—Su madre lo eligió personalmente, señorita Aury —dijo una de las chicas que le ayudaban a vestirse—. Dice que es la última moda. Muchas jovencitas desearían usar algo así.

—Jovencitas tontas —refunfuñó, cruzando los brazos y con una mueca de dolor por el apretado corsé.

—Se verá como una princesa —dijo la otra chica.

—¿Qué mujer quiere ser una princesa? —exclamó enojada.

Aury no pudo hacer nada para defenderse y le pusieron el vestido a la fuerza. Rendida, se miró al espejo. El horrible color no era lo único que aborrecía, también era el corte de la falda que le aumentaba el trasero casi diez veces, como un globo a punto de reventar.

—Yo creo que serías un grandioso babuino —intervino Kelden, desde el marco de la puerta, vestido con un hermoso traje de tres botones, negro, con corbatín dorado y mancuernillas en forma de engranajes.

—¡Cierra la boca! No entiendo por qué tenemos que vestirnos tan elegantes —refunfuñó, golpeando su vestido—. Solo es una tonta ópera y ni siquiera es buena.

—Pa-ver a Elina ba-bailar —respondió Kelden, con un panecillo gigante en la boca.

—El mismo Víctor Woodward escribió la ópera de esta noche, señorita Aury —dijo una de las chicas mientras le acomodaba la falda.

—Dicen que su música es mágica y que te hace ver y sentir cosas que nunca has visto —dijo la otra chica, peinando fuertemente su cabello tieso por la grasa de motor—. La gente se vuelve loca.

—Yo me voy a volver loca ahora mismo —replicó, mirándose en el espejo y aguantando los tirones del cepillo—. Además, ¿a quién quieren engañar con estas cosas? —Golpeó insistente la parte trasera del vestido para que vieran cómo se desinflaba—. No sé por qué los hacen tan grandes. Es obvio que mi trasero empieza kilómetros abajo.

—Por suerte nuestra familia hace taladros —intervino Sóren desde la puerta con Cogsworth a su espalda.

Kelden no pudo evitar la emoción y fue a él tan rápido como sus débiles piernas le dejaron. Aquí, su exoesqueleto de hierro se atoró con su traje y casi cae al piso, pero rápidamente Sóren lo detuvo y hasta lo cargó y lo puso en sus hombros.

—Soy tan alto como tú cuando tenía tu edad —expresó Kelden con una sonrisa. Sóren lo bajó al piso, fingiendo que le medía la altura, comparándolo con él mismo y dijo:

—Incluso eres más alto. ¿Y sabes una cosa? Un día serás el titán de Solaria.

Kelden abrazó a su hermano mayor con una enorme sonrisa de extremo a extremo. Incluso las chicas que ayudaban a Aurora miraban a Sóren, enamoradas por su elegante porte y gran sonrisa, pero no Aury. Se volteó hacia el espejo, con movimientos todo menos elegantes, aleteando como pingüino.

—Creí que no vendrías a casa —dijo molesta, sin dignarse a mirarlo como un gato orgulloso apartando la mirada.

—Tan dulce como siempre —se burló Sóren—. Vine a hablar con nuestro padre sobre un par de cosas, pero ya saben lo encantador que es. No importa. Al menos me dio algo para ustedes.

Sacó dos cajas envueltas: una para Kelden y la otra para Aurora. El primer regalo era un anillo de plata con una piedra de amatista violeta engarzada al frente, y el segundo, para Aury, un collar del cual colgaba una piedra del mismo color, tallada en forma de rombo con otra gema carmín engarzada al centro.

—¿Son de papá? —preguntó Kelden, como si tampoco lo creyera. Ambos regalos eran hermosos y se notaba una delicadeza exquisita en el trabajo.

—Así es. Dijo que fueron sumamente caros y que solo con verlos, todos sabrán que son un Soler. Por ello es de suma importancia que los lleven consigo esta noche. ¿Quedó claro? —Ambos aceptaron con la cabeza—. Entonces los dejo para que terminen de arreglarse, sobre todo tu hermanita. Se ve que te falta mucho.

—Idiota —lo regañó—. Los hombres lo tienen fácil. Todos visten el mismo traje negro. Parecen una fotografía barrida cuando van en grupo.

—Y por eso las mujeres resaltan como estrellas entre la multitud. Incluida tú. Incluso con ese color vómito.

—¡Yo sabía que era verde vómito! —exclamó, viéndose en el espejo una vez más y golpeando el vestido—. ¿Pero estás seguro… de que me veré… bien?

Aury no se arreglaba a menudo y se sentía extraña cuando lo hacía. Sabía que no era bella como Elina. Pensó en sus bellos movimientos de bailarina, su gracia y como todos los chicos siempre se peleaban por hablar con ella, por ayudarla a bajar del carruaje. Incluso le aventaban flores cada vez que salían, mientras que ella… Aury se agarró sus manos feas y tan lejanas a la delicadeza y hermosura de su hermana.

—¿Incluso más que… Elina? —preguntó preocupada por su apariencia.

En ese momento, Sóren se paró detrás y la sujetó de los hombros. La miró a través del reflejo con su expresión calmada y ese pequeño gesto la hizo sentirse mucho mejor.

—¿Quieres saber un secreto, hermanita? Ella jamás será una princesa como tú.

—¡¿Princesa?! —preguntó con el orgullo lastimado, viendo en su reflejo su cabello rojo y piel blanca con manchas de aceite de motor—. ¡No soy una princesa!

Calmadamente, Sóren se acercó hasta su oído y le susurró algo que solo ella pudo oír. Fue algo que no entendió en su momento, no le encontró sentido y honestamente, lo olvidó a los pocos minutos, sin saber que en el futuro resonaría en su interior:

—Tristemente, la realeza de Solaria ha muerto. ¿Pero cuál es el propósito de una princesa? No es vestirse elegante o casarse con un idiota en nombre de la familia, ni atender a óperas ni eventos de gala. No. Nada de eso. La verdadera realeza debe inspirar a todos a su alrededor. Y tú, pequeña hermana, inspirarás a miles.

Sóren le dio un pequeño beso en la mejilla.

Aury no entendió nada, pero sintió esa aura protectora de su hermano. Aquella que le hacía extrañarlo y que le hacía saber que siempre iba contar con él. Sus padres no eran más que figuras a la distancia desde que nació, pero Sóren, él era el punto de apoyo para ella y sus hermanos. Se dio media vuelta y lo abrazó tan fuerte como pudo.

Como era de esperarse, el cuarto de Elina era la versión opuesta al de Aury. Grande y espacioso, lleno de ropa y maquillaje, con un cuarto solo para sus vestidos y otro solo para bailar.

Elina estaba detrás de un mostrador tirando ropa por encima a una chica que la atrapaba como si fuera oro.

—¡No pienso usar esta porquería verde vómito! —exclamó molesta—. Sí, este está mucho mejor.

Y salió con un hermoso vestido negro, pegado a la cintura, con la espalda descubierta y una ranura en las piernas dejando ver su figura. Claramente estaba muy encima del feo vestido de su madre.

Sóren entró junto a Cogsworth al cuarto.

—¡Sóren! —exclamó Elina, corriendo a él para darle un abrazo—. ¿Qué opinas?

—Vaya, ese sí es un vestido —respondió, admirando a su hermana.

Elina se miró frente al espejo, orgullosa de cómo se veía y acomodó su largo cabello rojizo detrás de su espalda.

—No entiendo cómo mi madre pudo elegir algo tan feo. En especial hoy que debutaré como prima ballerina —expuso dando vueltas en su lugar.

—Al parecer —intervino la chica que la ayudaba con la ropa—, es el último diseño de Susan Moss.

—¡¿Qué?! ¿Y por qué no lo dijiste antes? Eso cambia todo. —Regresó detrás del mostrador a cambiarse por ese vestido verde y sin forma.

Se paró una vez más frente al espejo y preguntó a Sóren y a Cogsworth qué tal se veía. No hacía falta ser un conocedor de la moda para saber que la única arma de ese vestido era el nombre en la etiqueta.

—Quiero que todos vean que llevo el último vestido de Susan Moss, pero… —Miró con desagrado el trabajo de sastrería—. Voy a salir con Ranlyn MacCormont. Él va a venir por todos para llevarnos a la ópera. ¿Crees que le gustará, Sóren?

—Creo que tu atuendo no debe importar. Si él en verdad te quiere, tu mera presencia deber suficiente.

—No sabía que fueras tan romántico —se burló Elina—. ¿Tú qué piensas, Cogsworth? —le preguntó a su mayordomo parado bajo la puerta—. Siempre me das buenos consejos.

—Estoy de acuerdo con el amo Sóren, si el joven MacCormont en verdad la quiere, no tiene nada de qué preocuparse.

Elina giró los ojos molesta. No le ayudaban sus opiniones románticas y profundas y tampoco estaba convencida. Podía aceptar el vestido, pero le hacía falta algo. Sóren intervino en este punto, le entregó el regalo y rápidamente Elina abrió el paquete hasta revelar una diadema plateada, llena de piedras violetas engarzadas al frente.

—¡Es hermosa! Estoy segura de que le encantará a Ranlyn.

La chica que ayudaba a Elina hizo una extraña expresión y trató de guardar silencio, pero quizás fue la curiosidad o genuina preocupación lo que movió su lengua.

—Perdóneme, señorita Elina y amo Sóren, por salir de mi lugar, pero ¿no está preocupada?

—¿Preocupada por qué? —preguntó confundida, probándose la diadema frente al espejo. Sin duda hacía más llevadero el horrible vestido.

—Hay rumores de su temperamento y como combina con su… brazo.

—¡Tonterías! —exclamó—. Mi padre siempre lo ha descrito como un hombre galante y no hubiera elegido a alguien malo para mí. Y no tiene nada que ver con que sea el hijo de su mayor socio.

—¿Y su brazo?

—¿Qué importa si reemplazó su brazo por uno de cobre? Está marcando tendencia. Muy pronto todos haremos lo mismo y nos convertiremos en autómatas —se carcajeó—. ¿Tú qué piensas, Sóren, honestamente? Tú conoces a Ranlyn mejor que nadie.

Sóren se agarró las manos detrás de la espalda y se acercó a la chica. Sabía muy bien que no iba agradarle su respuesta, pero pidió su honesta opinión y eso iba a darle.

—Nuestro padre arregló tu matrimonio con él… en contra de mi explícita opinión. Ranlyn es…

Elina no aguantó más y exclamó al aire que dejaran de criticar a su prometido. Se volteó hacia Sóren con dificultad, levantándose el feo vestido con ambas manos y le preguntó molesta:

—¿Tú qué sabes de amor? Eres tan inteligente para unas cosas, pero muy estúpido para otras. ¿Acaso no rompiste tu matrimonio con Joana Absalom? —Sóren apretó sutilmente la mandíbula, sin contestar—. Prodigio o no, en verdad fuiste un estúpido al terminar con ella. «Los nuevos príncipes», les llamaban —imitó Elina la voz un presentador en la radio—. En verdad te ama. ¿Lo sabías?

—Claro que lo sé —por fin contestó, seriamente, recordando la escena—. Cuando terminamos, amenazó con mandarme castrar.

Elina lanzó una carcajada.

—Típico de ella. Pero es como dijo mamá: «Sóren ama más a Solaria».

Sóren se acercó a su hermana y la abrazó. Elina se confundió al principio, pensando en que iban a seguir peleando y gritando como lo hacía con Aurora. Pero no. Gentilmente, Sóren le levantó el mentón y le dio un beso en la frente, destruyendo todas las ganas de pelear en su hermana.

Elina le regresó el abrazo, hasta Sóren se separó y dijo:

—Ese vestido es horrible, pero la diadema ayuda.

—La usaré esta noche. Lo prometo.

Kara pasó corriendo por el pasillo y llegó a las escaleras que daban a la terraza del edificio. Miró hacia arriba y su cuerpo se paralizó. No porque tuviera miedo de subir o los escalones tuvieran algún aspecto siniestro, como las escaleras hacia un ático lleno de cosas raras. No. Su parálisis fue producto de algo completamente diferente. Recordó la voz de Sóren: «No quiero que subas a la terraza».

—Señorita Kara, ¿dónde está? —oyó a Cogsworth buscándola. Kara ignoró la voz y subió hasta a un lugar hermoso lleno de pasto, varios árboles y flores. Un camino empedrado terminaba en una fuente, una piscina y salas de estar donde fumaban opio. Las Terrazas de los Magnates eran lugares privilegiados para estos hombres, mujeres e hijos de alta cuna en los rascacielos del Domo Central.

Parado al filo del tejado, esperaba un hombre de casi sesenta años, pelo plateado y rojo muy bien cortado de aspecto militar con un rostro y cuerpo delgado, tan delgado, como si le hubieran chupado hasta los huesos. Cuando Kara hizo contacto con él, frenó de golpe. Vilhëm Soler, su padre, regresó la mirada hasta la chica haciéndola sentir aún más pequeña.

Rápidamente, Cogsworth intervino:

—Lo siento mucho, amo Vilhëm —se disculpó por ella.

El duro temple del señor Soler era claro. Una tormenta que todos veían a la distancia y que era sabio evitar. Pero, curiosamente, en ese momento no había tormenta.

—¿Estás bien, Kara? —preguntó su padre al arrebatársela a Cogsworth de los brazos.

Kara estaba aún más confundida por el extraño tacto de su padre, que limitó su respuesta a gesto pequeño.

Sonó el teléfono de latón en una pequeña mesa y Vilhëm contestó aún con Kara en sus brazos:

—Arzobispa Sangrey… Sí, Sóren vino a verme hoy y… Los mineros y esta revolución a la que llaman. No me preocupa. Hace unos años pasó algo similar y lo resolvimos con ayuda de Sóren. ¿Lo recuerda?… Toda la familia real murió en la revuelta, el rey perdió a todos sus herederos y ahora solo queda él y mi hijo… Entiendo su preocupación, pero con todo respeto, Arzobispa, Sóren es mi hijo mayor. Él es mi Prodigio Bajo el Domo y tengo plena confianza en él… Sí, Solaria no podría estar en mejores manos y cuando el rey… sí… sí… entiendo. Por el Poder del Domo.

Y colgó.

Cogsworth aprovechó el momento para quitarle a Kara de las manos, como una madre temerosa por su hija. Pero Vilhëm se rehusó y, en cambio, fue hacia un sillón para sentarse bajo la sombra de los árboles. Miró a Kara fijamente a los ojos, como si buscara algo. Rápidamente incomodó a su hija, quien apartó la mirada de los ojos violetas de su padre.

—Llevaré a la señorita abajo, amo Vilhëm.

—No es necesario. Lo siento, cariño —se disculpó con Kara por el trato tan frío—. ¿Quieres un regalo?

Obviamente, Kara aceptó con una sonrisa. Su padre la tomó de la mano y la llevó por el hermoso jardín que parecía sacado de un cuento de hadas.

Cogsworth los siguió muy cerca y dijo:

—Perdone la insistencia, amo Vilhëm, pero al amo Sóren no le agrada que sus hermanos suban a la terraza. Me ordenó que…

—Sé muy bien lo que Sóren piensa de este lugar —cortó bruscamente a Cogsworth—. Sé porque quiso quemar cada centímetro de este jardín hace unas semanas.

Vilhëm se detuvo en un círculo de flores con pétalos negros y morados, extrañamente hermosas y misteriosas. Vilhëm se agachó y arrancó una, luego se acercó a su hija y la dejó descansando sobre su oreja, asegurándose que esos misteriosos pétalos le acariciaran la piel.

Kara corrió contenta al pequeño estanque para verse en el reflejo.

—¿Por qué quemar algo tan hermoso?

—No lo sé, amo Vilhëm.

—Sé que Sóren y yo hemos tenido problemas, Cogsworth. Pero a partir de hoy, él y yo estamos acuerdo en una cosa: Solaria debe evolucionar. Y empieza con mi familia.

—¿A qué se refiere, amo Vilhëm?

—Después de hoy quiero que todos mis hijos suban a la terraza. Todos los días, por ocho horas seguidas. ¿Entendido, Cogsworth?

El noble gigante aceptó con una reverencia. Era un autómata después de todo, pero sintió algo dentro de él, moviéndose entre sus engranes de cobre, sus poleas y tubos de hierro. El vapor salió a chorro por su espalda como su subconsciente, gritándole que algo estaba mal, haciéndole recordar sus sueños.

Kara regresó a su padre con los brazos abiertos, pidiendo que la cargara otra vez, pero Vilhëm fue víctima de un horrible cosquilleo que empezó en sus tobillos, y que rápidamente subió hasta su estómago. Apartó a Kara bruscamente, tirándola al suelo de golpe y Cogsworth la atrapó.

Vilhëm prácticamente se arrastró hasta su asiento, luchando contra las náuseas que amenazaban con hacerlo vomitar todo su sistema digestivo. Levantó el cojín y encontró un pastillero de metal, y de él tomó una pastilla negra con una N grabada. Al pasar por su garganta, las molestias disminuyeron.

Kara se soltó de Cogsworth y corrió triste al piso de abajo. Se metió a la cocina y abrió la alacena, muy enérgicamente buscando la caja de galletas. Necesitaba una. Pero no estaba. «Cogsworth debió moverla otra vez», pensó molesta y se preguntó dónde la había puesto. En otras ocasiones la había metido dentro del refrigerador. En otra, dentro del horno. Pero eso fue antes y a Cogsworth le gustaba mantener las cosas interesantes.

Arrastró un pequeño banco y subió al dosel de piedra para alcanzar las alacenas de arriba. Y como un gato, comenzó a tirar todo.

—Ahí no están —dijo Sóren.

Kara lo miró un segundo y luego volvió a su tarea sin prestarle mucha atención.

—Ya no vives aquí —le dijo, mientras tiraba una sartén al piso—. ¿Cómo sabes dónde están?

Sóren vio la flor violeta que llevaba en la oreja, y sintió una profunda rabia dentro él. Tanto, que apretó las uñas, enterrándolas en su mano. Pero guardó la compostura y dijo amablemente:

—No lo sé. Pero sé que Cogsworth rellena la caja de un tarro gigante de galletas.

—¿Tarro? ¿Gigante? —preguntó con interés.

—El más grande que haya visto.

Intrigada, se acercó a Sóren, pero aún precavida preguntó:

—¿Y qué quieres a cambio?

Cogsworth entró a la cocina y un chorro de vapor salió de su boca, al ver el desastre que acababa de hacer. Molesto, le dijo que ella iba a arreglar todo, pero Kara tenía cosas más importantes en la cabeza.

—Calla, Cogsworth, estamos negociando. Salte.

Sóren le pidió a su mayordomo que saliera.

—Hagamos un intercambio. Dame esa flor que llevas en la oreja y yo te daré todas las galletas que quieras.

Era una buena oferta. Demasiada buena para ser verdad.

—¿Puedo confiar en ti? —preguntó la pequeña, acercándose dudosa.

Sóren extendió los brazos con una sonrisa y Kara saltó hacia él. Luego, hizo una seña de que guardara silencio y la llevó a una pared aparentemente vacía. Golpeó gentilmente uno de los adoquines y se abrió un pequeño hueco. Detrás había una alacena oculta y ahí, al centro, estaba el tarro gigante.

Rápidamente, Kara trató de abalanzarse por él, pero Sóren la detuvo diciendo:

—No, no, espera. Primero la flor.

Kara se la entregó y con una sonrisa malévola, tomó dos galletas. Antes de que Sóren protestara, le ofreció una.

—Ahora eres mi cómplice. Si yo caigo, tú también.

Vencido, Sóren aceptó la galleta.

—Tengo un regalo para ti. —Le dio el paquete y juntos quitaron la envoltura hasta mostrar una hermosa pulsera de perlas violetas—. Es muy importante que la uses esta noche. ¿Está claro?

Kara aceptó con media galleta dentro, tan grande que no podía hablar.

Sóren guardó la flor en su abrigo, cuando su amable naturaleza se vino abajo por el pitido de la radio. La extraña aura de antes regresó y Sóren se alejó de Kara, como si quisiera mantenerla lejos de algo impuro y sucio.

—*Mi visir, está hecho. Ya hemos cerrado el acceso al mirador* —dijo la voz de una mujer.

—Perfecto, Elva, estaré ahí pronto. —Su mirada sombría se hizo aún más grande. Tanto, que Kara notó el repentino cambio en él.

—Tenía razón. Lo encontramos afuera del Domo.

Colgó y un fuerte dolor golpeó a Sóren en la cabeza. Su corazón se aceleró y su temperatura se elevó lo suficiente para hacerlo sudar, como si luchara contra una repentina náusea.

Asustada, Kara le tomó de las manos y le pidió de corazón que no se fuera. Le pidió que se quedara ahí. Pero no aceptó. Sóren bajó al *lobby*, apretando fuertemente su reloj de bolsillo y partió sabiendo muy bien, que nunca más regresaría a casa.

El Palacio Real de Solaria era una magnífica combinación de opulencia del viejo mundo e innovación. Las enormes paredes y torres de piedra estaban adornadas con grabados ornamentados, que servían de telón de fondo para una variedad de elementos de cobre y latón pulido. Enormes engranajes adornaban la fachada y elaborados mecanismos de relojería, impulsados por energía de vapor, operaban su más grande atracción. La Torre del Reloj se alzaba encima de todo, marcando el paso del tiempo con resonantes campanadas y melodías.

El rey Ilúson salió hacia la explanada principal, donde lo esperaba un centenar de gentes. Con paso lento y con la espalda encorvada avanzó seguro. A pesar de su gran edad, poseía un aire de nobleza mágica, gracias a su hermosa y elegante ropa, así como la barba blanca, pulcra y bien cuidada que adornaba su rostro.

Detrás de él se alzaron los estandartes reales, que consistían en una rueda dentada de color dorado y de fondo blanco. En su interior llevaba una corona adornada con engranajes de relojería y dos alas mecánicas se extendían hacia afuera de ambos, acompañadas del lema en latín: *Passio fabricat in posterum* – La pasión forja el futuro.

Ilúson llegó al podio entre aplausos, gritos de apoyo y de rabia también, así como los flashazos de las cámaras fotográficas de la prensa. A todos le pareció muy extraño que Sóren no estuviera ahí.

La multitud guardó silencio y empezó:

—Mi querida Solaria —habló con tranquilidad, quizás demasiada—. Durante… el último… mes… ha habido un gran… conflicto… sobre… el… taladro y como muchos… saben —el rey Ilúson hablaba tan lento que desesperaba—. Este… taladro… según… los expertos… de la Universidad… construida… por órdenes de… Rosemund… Bella… después… del… Primer… Domo… y el Dios Constructor.

Era la clase de persona que si le preguntas de qué color es la manzana, empieza con la tierra donde se plantó la semilla. Habló sobre la historia de la Universidad Argenta, de la construcción del segundo, tercer y cuarto Domo. Luego pasó a las leyes que se formularon, los edificios que se construyeron y las estadísticas de vida y crimen de cada año. Su voz tranquila y tono apacible no ayudaba en lo absoluto. Hasta que, por fin, después de casi noventa minutos Sóren salió del Palacio Real y con premura se paró junto al rey.

El rey Ilúson cortó su discursó y dijo:

—Con todo esto como antecedente, hablemos del taladro —sus palabras, ahora rápidas y directas, despertaron a todos como si les hubieran echado un balde de agua fría—. Después de considerar la evidencia y de meditar la situación, he determinado, que el taladro y todas sus operaciones, de forma inmediata, por el bienestar de la ciudad debe de...

Pero justo antes de terminar se oyó un fuerte sonido, como un trueno que bajó desde el cielo. Al principio nadie supo qué fue, después la gente gritó y corrió. El rey yacía en el suelo, con su visir lealmente a su lado, gritando hacia el Domo por ayuda.

Fue una bala que salió de la terraza de un edificio cercano, y que, con una precisión casi quirúrgica, partió el viejo corazón en dos.

CAPÍTULO V

«SUEÑOS DE NEÓN»

—¡No voy a repetirlo, muchacho! —gritó por megáfono el policía en el helicóptero—. ¡Arrodíllate y pon las manos detrás de la cabeza!

—No he hecho nada malo —se defendió Daren guardando la memoria con los archivos de Hikari detrás la espalda—. Solo vine a ver los fuegos artificiales—. Cerca de ahí, justo al centro de la gran caverna, las bolas de fuego estallaron con hermosos colores sobre el Coliseo Rojo.

Pero la Policía de Zafiro no le creyó. Varias cuerdas descendieron de los helicópteros y con ellas policías vestidos con trajes de protección, ajustado y liviano a la vez, con luces de neón integradas en el conjunto para crear un efecto visual sorprendente con tiras de neón finas, recorriendo los bordes de su equipo y de su cascos de metal.

«Esto está mal», pensó Daren. La potente luz de los helicópteros apenas lo dejaba ver y el incesante ruido de las hélices era demasiado molesto. Tenía dos opciones: rendirse o luchar. Potencialmente ambas terminaban en una celda, muerto, o peor aún, en el Hoyo, pero al menos iba a darles a esos cerdos la persecución de sus vidas.

—¡Última advertencia, muchacho! —gritó el policía—. ¡Obedece ahora!

Lentamente y en tono sumiso levantó las manos por detrás de la cabeza, con el mentón hacia abajo en señal de que estaba dispuesto a cooperar. Uno de los policías fue hacia él y cuando le tomó la muñeca para ponerle las esposas, Daren dio un giro rápido e intercambió lugar, encendió el Cyber de Electrochoque en su palma y desde la base de la columna le electrocutó. Inmediatamente sus compañeros apretaron el gatillo, pero Daren fue mucho más rápido al estallar sus últimas bombas de humo contra el suelo.

No era de mucha ayuda, pues podían seguirlo con la visón infrarroja en sus cascos, pero le dio los segundos suficientes para correr hacia un callejón. Daren disparó sus cables de alta velocidad hacia una tubería en el techo y rápidamente el motor tiró con fuerza, ayudándole a correr por la pared. Una vez arriba la luz blanca del helicóptero cayó sobre él, como una sentencia divina, acompañada de dos bolas de acero unidas por una cuerda electrificada. El joven ladrón apenas logró esquivarla y por poco cae del tejado.

Se jactó de sí mismo en un tono arrogante e inició la persecución. El diseño tan complicado de Naica Negra siempre había sido su aliado, con avenidas una sobre la otra, edificios interconectados y la Oruga, aquel sistema de trenes que volaba sobre la ciudad, pasando entre los gigantes hologramas de neón. Pero mientras más volteretas y saltos mortales, deslizándose por los rieles para luego columpiarse de la antena de un edificio que venía desde el techo, aparecían más y más helicópteros hasta un total de seis persiguiéndole.

—¡Mi récord personal son diez! —se burló de nuevo. Y fue ahí cuando una nube de alfileres rodeó su pierna derecha. Pudo sentir la bala bajo su piel, moviéndose entre su músculo cicatrizado como si quisiera abrirse camino a la fuerza.

El dolor lo hizo tropezar, cayó del tejado, se golpeó contra una cornisa, luego fuertemente contra un barandal hasta aterrizar en un puente lleno de personas. Todos se hicieron a un lado como si se tratara de un cardumen de peces ante un tiburón. El chico apenas logró ponerse de pie cuando los helicópteros lo acorralaron. Rápidamente valoró sus opciones y entre la multitud vio a la chica de cabello rojo, quien lo observaba fijamente con una triste sonrisa oculta en la comisura de sus labios. El dolor en su pierna se hizo más fuerte y opacó el dolor de la caída, cuando la misteriosa chica señaló un enorme edificio que subía desde la base de la caverna con calles circulares rodeándolo como una serpiente hasta tocar el muro superior de roca. Era el Bazar Oriental: uno de los más grandes en toda la caverna, con calles llenas de comercios y puentes de estilo oriental con letreros neón anunciando ropa, fideos, izakayas y Baños de Luz.

Otra red electrificada cayó del cielo y sin siquiera pensarlo, Daren tomó a un hombre por el brazo y lo usó de escudo. El pobre gritó por la electricidad que corrió por su cuerpo, contrayendo cada músculo hasta dejarlo inmóvil como un pez deshuesado. Daren ni siquiera miró atrás cuando echó a correr entre la gente. La Policía de Zafiro siguió de cerca y mantuvo a raya sus disparos.

Daren disparó los cables de alta velocidad hacia la pared de un edificio, y luego se lanzó del puente hacia una panadería varias decenas de metros más abajo. Se aferró a una cornisa, apoyó las piernas en la pared y saltó hasta una viga que unía dos casas cercanas. Trepó con agilidad y de ahí hacia el Bazar Oriental, aterrizando sobre una pantalla gigantesca que mostraba a mujeres hermosas fumando un humo violeta de forma provocativa.

Frente a él, se materializó un dragón chino dorado que exhaló una bola de fuego sobre toda Naica Negra. Le siguió otro dragón de color negro y ambos volaron en sentido opuesto hacia la cima, como dos grandes serpientes, siguiendo las calles circulares que rodeaban el bazar. Daren se ocultó bajo la luz neón del holograma y siguió a la policía que había decidido continuar la persecución a pie.

De pronto se oyó una voz:

—Hikari lo ha hecho otra vez —dijo el hombre que aparecía en la televisión gigante—. ¡La gran corporación ha logrado cultivar otro árbol! Me oyeron bien. Naica Negra tiene ya su quinto árbol. Su directora ejecutiva, Akiko Yamashita, promete los Bosques de Naica Negra, llenar la caverna con bosques como los que teníamos en la superficie antes del Evento Negro.

Y se mostró la maceta con el retoño de una planta. Era una burla llamar algo así de pequeño árbol, pero la fascinación que provocaba no tenía igual. Toda la gente en la calle miraba asombrada, preguntándose cómo se sentían las hojas, qué tan duro era el tallo y a qué olía y si se podía comer.

—*Ese siempre ha sido mi sueño* —dijo la misteriosa chica de cabello rojo, apareciendo de la nada, sentada junto a él en el borde de la pantalla gigante. Al verla, el corazón de Daren soltó un latido y el dolor en su pierna regresó.

—*Me prometiste que ibas a dar uno. ¿Lo recuerdas?* —Regresó su mirada negra hasta el chico.

—Siempre tuviste sueños estúpidos —reprochó Daren molesto.

—¿*«Tuve»*?

Daren sintió una patada en el pecho y se rehusó a contestar. En cambio, sacó el pequeño rastreador que le pusieron en Hikari, aquel pequeño aparato seguía pitando y la chica lo miró enojada:

—*¿Qué haces? Tira esa cosa y vámonos de aquí.*

—Déjame solo —cortó molesto.

—*¡Daren! No seas idiota.*

—Quiero jugar con esos monstruos un poco. —Abrió el rastreador y movió los cables hasta crear un pequeño falso que lo apagaba y encendía.

Cuando lo apagó, los policías se detuvieron confundidos a mitad del bazar. Encendió el rastreador otra vez y los dejó acercarse lo suficiente. No era más que una broma al principio. No sentía ningún respeto por la policía y bajo sus ojos eran menos que humanos: incluso los odiaba. Debió irse de ahí cuando tuvo la oportunidad, pero quería humillarlos, jugar con ellos, lastimarlos y sí, también quería matar a tantos como pudiera.

Bajó a la calle y se mezcló entre la gente. Todos con atuendos extravagantes, vestidos en trajes de cuero de luz neón. Se podía ver quiénes tenían Cybers instaladas en el cuerpo, como el Circuito de Electrochoque de Daren, y a otros adornados con cosas cibernéticas: cables quirúrgicamente metidos en el cuero cabelludo, reemplazando el cabello, focos led y chips bajo la piel, lentes, collares y aretes y hasta tatuajes que brillaban bajo luz de neón.

Sacó una navaja.

Aquel policía no tenía idea y dentro de su casco escaneaba a la gente del bazar. Daren ya estaba detrás de él, levantó el brazo como un león a punto de enterrar sus colmillos en la pobre gacela, cuando la chica de cabello rojo se paró frente a él, con los brazos arriba para detener su locura.

—¿Qué haces? Quítate de mi camino —bramó.

La chica no contestó, pero el policía se dio cuenta y sin dudarlo sacó su pistola y disparó la bala que le tiró el cuchillo de la mano.

—Tengo vista de ladrón. Al este del bazar —advirtió a sus compañeros por la radio en su casco.

Daren oyó el segundo disparo y apenas pudo esquivar la bala. No tuvo más opción que huir, saltando entre los puestos del bazar, entre la gente y los vehículos. No podía ir a un lugar menos atestado o los helicópteros lo verían, así que decidió hacer otra cosa. Fue a la estación de la Oruga, trepó por unas tuberías y arrojó el rastreador al tren para que pareciera que había abordado. Luego se escabulló hacia un callejón y se metió dentro de un contenedor de basura. Los policías avisaron a los helicópteros que siguieran el tren y dejaron el bazar.

—¡Eres una tonta! —le gritó Daren a la chica que estaba ahí dentro, junto a él, entre la basura—. ¿Por qué me detuviste? ¡Pude haberlo matado!

—*No puedes matarlos a todos.*

—Puedo intentarlo.

—*No voy a dejar que cambies para mal* —susurró.

—¡Pues llegas demasiado tarde! ¡Cambié y estoy mejor ahora! ¡Mejor que nunca! ¡Y no gracias a ti, niña estúpida! ¡Siempre me has detenido! ¡Desde que nos conocimos! ¡Incluso antes de que murie…! —Daren dejó de hablar, su pulso se aceleró y sus pulmones se achicaron como si no quisieran tomar más aire.

—*¿Sabes de qué me acordé?* —le preguntó, abrazando sus rodillas sin prestar atención a sus gritos—. *Solíamos dormir en contenedores así. Yo solía deprimirme porque me hacía sentir como basura. Sentía que una huérfana como yo no valía nada.* —El corazón de Daren bombeó lágrimas desde su pecho hasta sus ojos y apretó su cuerpo para no dejarlas salir—. *Pero cada vez que empezaba a llorar, te acercabas a mí, me abrazabas y me decías que era una tonta.*

La chica se rio y aspiró los mocos de su nariz como si también estuviera luchando por contener el llanto. Luego dijo:

—*Me decías que ese contenedor, callejón oscuro o puente bajo el que dormíamos esa noche, era nuestro castillo y que no se comparaba a los departamentos lujosos llenos de plantas de las grandes corporaciones. ¿Recuerdas por qué?* —Daren apartó la mirada rehusándose a contestar—. *Me decías que ninguno de esos lugares me tenía a mí, y que mientras estuviéramos juntos, cualquier lugar sería nuestro palacio.*

Daren por fin se atrevió a hablar y exclamó enojado:

—¿Acaso siempre tienes que salir con tus estupideces? Solo te decía eso para que te callaras y me dejaras dormir.

—*Daren* —insistió la chica—. *Por favor, no lo hagas.*

—Tengo un plan Sera… —trató de decir su nombre, pero su lengua se detuvo otra vez—. Tengo un plan y voy a conseguir mi venganza.

—*La venganza no te hará nada bueno. Estoy muerta, Daren.* —Lo miró profundamente con sus ojos azul eléctrico—. *¿Lo recuerdas?*

—Cállate. No quiero oírlo.

—*Estoy muerta* —insistió enojada.

—¡No quiero oírlo!

—*¡Estoy muerta! ¡Y es por tu culpa!*

Estas palabras llenaron el Panel Cerebral de Daren de estática y su corazón con una rabia tóxica.

[El hardware Anti-Psicosis en el Panel Cerebral se encendió]
Diagnosticando...
... Carga cerebral corrompida detectada...

—¡No, no lo es! —gritó Daren, archivando el mensaje con un gestó rápido de su mano—. Si estás muerta es por tu culpa. ¡Porque siempre fuiste una idiota idealista que quería salvar el mundo y no sabía cuándo callarse! ¡No es mi culpa! ¡No es mi culpa! ¡NO ES MI CULPA!

Y de un brinco salió del contenedor y fue hacia la calle. Quería alejarse de ella, dejar oír su voz, pero sin importar qué tan rápido caminara, la chica lo seguía como un fantasma aferrado a su sombra.

—*Eres un idiota, Daren.*

—Dime algo que no sepa —mustió, sintiendo un fuerte dolor de cabeza.

Con el chasquido de sus dedos, seguido de un movimiento especial de mano, encendió su Panel Cerebral, que en esencia era una computadora. Se podía actualizar el *software* e instalar o quitar programas y uno de los más utilizados era el ComSet. Abrió el programa:

Chat
«Tonto niño bonito»

Daren:
Tengo lo que quieres.

Erasmo:
¡Daren estás vivo! Gracias a la caverna.
¿Estás bien? ¿Cómo salió todo?

Daren:
Tengo tu archivo. Ven donde acordamos.

Erasmo:
Muy bien. Voy para allá. Me alegra tanto
que estés bien, mi amigo.

Daren:
No soy tu amigo.

Daren ignoró los mensajes que volaban frente a él y cerró el programa. Se alejó del bazar hacia una zona menos concurrida de la caverna, pero no menos importante. Pasó de largo la basura tirada en las calles y a la gente drogada con Amatista Sintética, vomitando a mitad del camino o simplemente tirada en el suelo. Daren estaba acostumbrado a esas escenas de gente llorando, siendo asaltada camino a casa, mujeres y hombres vendiendo su cuerpo en cada esquina, peleas clandestinas en algún callejón o riéndose bajo la luz neón como lunáticos.

Siguió el traqueteó de la Oruga hasta un local que descansaba justo debajo de los rieles. En la fachada se leía: «Sueños de Neón» y en la entrada un hombre alto, gordo y calvo cuidaba la entraba. Daren fue a él, y como un estrella de cine, le mostró un boleto de plástico transparente con un «VIP» grabado. El hombre gruñó y con un ademán lo dejó pasar.

Adentro, la música electrónica y las tuberías de neón inundaban el lugar. Un tipo de cantina descansaba en el centro de una sala redonda, pero esta no tenía alcohol ni botellas. En su lugar, había pequeñas cajas de plástico con chips. Los comensales les pedían a una chica vestida en tirantes, dejando ver su piel tatuada con tinta fosforescente, que se las entregaba con una pose instigadora a cambio de pyrocita.

Daren pasó a través de la gente que lo miraba con interés y a otros tirados en sus asientos con los ojos brillando blanco, como bombillas encendidas. Llegó a la barra donde estaba la chica.

—Miren eso, piel morena. Eso nuevo —dijo atraída por el color de su piel, impulsando el cuerpo hacia delante dejando ver su busto—. ¿Qué quieres soñar hoy, guapo?

Pero Daren no contestó. Simplemente alzó el boleto y dejó que hiciera lo suyo. La chica le regaló una gran sonrisa, dejando ver ambos dientes caninos pintados de rojo neón brillante, y lo invitó a que la siguiera por un pasillo estrecho, lleno de habitaciones en cada lado.

—¿Quieres ver qué están soñando?

—Creí que los sueños eran privados.

—No está mal echar un vistazo —contestó con picardía, tirando del cable USB en la palma de su mano hasta la terminal de la puerta.

Adentro, un hombre pequeño y debilucho que difícilmente podía aguantar una batalla yacía sobre un sillón largo e inclinado, como de dentista, iluminado por luces de neón adosadas en las esquinas y en el techo. Sus ojos brillando fuertemente y sin moverse. Sobre él, un holograma mostraba su sueño: A él mismo bañado en sangre, con una gran espada cortando cuerpos por la mitad, enterrándola en los cráneos de la pobre gente que huía aterrada.

—Un Cyber-Psicópata en potencia, si me preguntas a mí —agregó la chica cerrando la puerta.

Fue al siguiente cuarto, caminando provocativamente, y regresando la mirada a Daren con deseo. Abrió la puerta y dejó a ver ahora a una chica en la misma posición, soñando con tres hombres extremadamente hermosos que le hacían el amor en todas las formas posibles.

—Puedes unirte al sueño, o usar uno conmigo, piel morena, si quieres —dijo la chica saboreando a Daren de los pies a la cabeza, desvistiéndolo con la mirada—. ¿No? Bueno, sigamos.

Llegaron al último cuarto, pero esta vez la chica se detuvo con su cable USB en la terminal, como si no tuviera el valor de mirar. «¿Qué diablos pasa ahí dentro?», se preguntó Daren, imaginando atrocidades sin nombre. La chica respiró profundo y regresó la mirada al chico.

—Este es el más caro que tenemos, pero también es mi favorito.

Daren tragó saliva, preparándose para ver lo peor. Y quizás, hasta cierto punto, lo fue. Dentro había una anciana soñando con algo que Daren no había visto antes, y que no tenía un nombre para ello. La mujer caminaba descalza sobre millones de diminutos granos que se extendían a la par de una maza de agua, que iba y venía en sincronía, extendiéndose hasta el horizonte bajo un cielo naranja.

—Océano. Así lo llamaban antes del Evento Negro. —Daren quedó perplejo y asustado a la vez de ver tanta agua junta—. Uno de nuestros chicos lo programó a partir de un libro para niños que encontró en el CMPI. Ese lugar es un pueblo fantasma lleno de tesoros desde que todos murieron.

—Pero ¿cómo…? ¿Cómo saben a qué suena?… ¿Cómo se siente? —preguntó Daren mirando el infinito océano.

—No sabemos. Nunca sabremos y esa es la parte triste. La mayoría de nuestros sueños son hermosos, pero nunca se harán realidad aquí abajo. Vamos, piel morena, tu cuarto está por acá.

La chica llevó a Daren a una sala muy similar a las anteriores, un gran sillón al centro y luces de neón, pero esta contaba con una ventana circular al frente, iluminada en la periferia por luces que intercambiaban el azul, verde y rojo. Definitivamente se veía mucho más elegante.

—Dulces sueños, piel morena —se despidió la chica, pero no sin antes lanzar una mirada de deseo al joven ladrón, pasando su lengua por sus colmillos brillantes.

Una vez solo, un gran holograma se encendió pintando todo de un azul fosforescente. Era una lista con todos los Sueños de Neón disponibles, organizados por categoría, duración, olor, dolor y muchas otras.

Vio a Serana cruzar ambas piernas sobre uno de los asientos, y recogerse el cabello detrás la de la oreja. Esa sonrisa y piel cálida. Serana empezó a repasar la lista de sueños, pero sus dedos no eran reales. Ella era el producto de su locura y Daren lo sabía. Aun así, verla ahí… Serana significaba todo para él. Sus padres lo abandonaron y siempre estuvo «solo, pero con ella». Todos sus recuerdos la incluían, todos sus sueños y planes también. Despertaba y se iba a dormir pensando en ella. Serana era un freno a sus tonterías y una isla a mitad del océano.

—*Siempre me gustaron los cumpleaños* —dijo la chica en el asiento frente a Daren—. *Me hacían sentir que tenía una familia.*

Daren jamás admitiría en voz alta lo que sentía. No era ese tipo de persona, pero no podía quedarse sin decir nada.

—Eras mi… familia —dijo sabiendo que esa declaración no comenzaba a describir lo que esa chica significaba para él.

—*Y tú la mía* —respondió con una genuina sonrisa—. *Hasta que dejaste de serlo.*

Daren ojeó los Sueños de Neón, pero ninguno le llamó la atención hasta que dio con uno que decía: «Lo que decidiste olvidar». Al principio se rehusó a seleccionarlo, deteniendo la mano a medio camino, pero al final aceptó. La luz azul fosforescente cambió a un verde igual de vocinglero que el primero, las luces de neón cambiaron de dirección hacia un pequeño panel en la pared. Se oyó el raquetero detrás del metal y después de unos segundos escupió un chip.

Daren pudo oír a Serana pedirles que no lo hiciera. Obviamente no le hizo caso. Tomó el chip y se sentó en el sillón, asegurándose de estirar su cuerpo, acomodándose como si fuera un astronauta preparándose antes del despegue. Serana insistió que era una muy mala idea y metió el chip en la ranura a la altura de la sien.

El Panel Cerebral se encendió al igual que sus ojos, que pasaron a un blanco brillante. Vio lo que parecía un cine venido a menos, con las butacas arrancadas del piso y lleno de basura. Un niño apareció entre los asientos, pero no era cualquiera, sino él mismo, cuando tenía quince años. Pasó entre los demás niños que dormían sobre las butacas, en el suelo o algunos en pequeñas tiendas de acampar. Su otro yo fue hasta una tienda de color violeta y llena de agujeros.

—¡Serana, despierta dormilona! —llamó desde afuera.

Adentro, la oyó refunfuñar, y aunque no lo era, lo tomó como una invitación. Serana, de quince años al igual que él, con su largo cabello rojo cubierto por un pañuelo violeta, le lanzó una mirada de odio puro antes de cubrirse otra vez.

Daren sacó un pedazo de pan, sucio y chamuscado de su pequeña bolsa de tela, e hizo crujir la corteza amarga con sus dedos. No era el pan más apetitoso, incluso parecía tener un par de días y hasta hongos, pero Serana se levantó de golpe, con el estómago rugiendo como si se tratara de un manjar de reyes.

—¿Trajiste para los demás? —de inmediato preguntó la chica, siempre pensando en los otros niños.

—¡Por supuesto que no! Solo somos tú y yo. —Serena lo juzgó en silencio—. ¿Qué? —preguntó enojado—. Si ellos no son lo suficientemente listos es su problema. El viejo panadero lo tiró a la basura y yo lo agarré primero.

Serana sabía que el panadero tenía la mala reputación de golpear a quien trataba de robarle su basura, como si le preocuparan más las ratas que los niños hambrientos. Daren partió el pedazo de pan en dos y le dio la parte menos fea y quemada.

—Toma. Cada vez estás más flaca. —Al tomar el pedazo, Serana notó el golpe en el pómulo derecho de Daren. El panadero había hecho de las suyas otra vez, no había duda.

—Y tú cada vez más moreno —se defendió con una pequeña risa, seguida de un hermoso beso donde tenía el puñetazo.

Los pequeños dedos de Serana apenas pudieron moverse alrededor del pan a causa del frío. Sopló entre ellos para mantenerlos móviles, y Daren pudo ver cómo se cubría con esa excusa de sábana. Sin pensarlo, dejó de comer y tomó las manos de la chica entre las suyas.

—Gracias —le susurró, llevando las manos de Daren hasta su rostro. Pues, por alguna razón, la piel oscura del chico siempre estaba cálida, como si tuviera un sol dentro de él que le chamuscaba desde adentro hacia afuera.

—Yo te mantendré caliente —aseguró Daren.

Serana se recargó en el chico y le dio una mordida al pan. Era hirsuto, un poco rancio y algunos podrían decir que tenía un ligero sabor ácido. No le importó y dio otra mordida con gusto. Miró a Daren, y con media boca llena le preguntó:

—¿Qué hacías despierto tan temprano? —Daren levantó los hombros negándose a contestar, pero Serana lo conocía mejor que nadie—. Volviste a tener pesadillas, ¿cierto? ¿Esas cadenas y gritos?

Daren limitó su respuesta a una mirada inexpresiva, pero llena de rabia, como si la pregunta le escociera. Serana aceptó el silencio, gozando en su lugar con cada bocado. Luego se acercó a Daren y dijo con una sonrisa:

—No importa, porque yo estoy aquí para cuidarte.

—Como sea —cortó el chico, quien a diferencia de Serena no disfrutaba el pedazo pan. Lo aborrecía profundamente y lo comía solo porque necesitaba las calorías—. Un día comeremos como se debe —siguió decidido—. Un día vamos a tener un árbol y toda la pyrocita que queramos.

—Eres un tonto —se burló de él.

—Dime algo que no sepa.

Poco después, antes de acabar su desayuno, las puertas de la sala se abrieron de golpe y entraron tres policías: dos hombres y una mujer. Todos con armas en la cintura, gritando y obligando a los niños a despertarse de forma brusca y grosera. Uno de los hombres era de piel clara y cabello rubio, tan grande y fuerte con Cybers instaladas que lo hacían parecer un monstruo capaz de doblar a un niño por la mitad. El segundo hombre, por su lado, era bajo, calvo y robusto de piel negra con las piernas tan débiles y delgadas, que se curvaban por su peso, obligándolo a caminar graciosamente como si fuera un bufón. La mujer y última villana, contaba con un cuerpo esbelto, hermosa bajo toda regla, de piel clara y un largo y sedoso, casi electrónico cabello plateado que caía gentilmente sobre un ojo biónico, brillando en un punto rojo como la mira de un rifle.

Todos los niños corrieron apresurados y se formaron en línea. Daren y Serana no eran la excepción. Se sujetaron de la mano cuando el policía enorme los evaluó como una bestia hambrienta, olfateando el aire buscando algo para comer. Luego, la luz roja del ojo biónico de la mujer barrió a cada uno de los niños, de pies a cabeza como si les tomara radiografías. Cuando terminaron, el hombre con las piernas débiles se dirigió hacia la entrada y exclamó:

—¡Todo listo, capitán!

Un cuarto policía entró a escena. Este tenía un aire de superioridad, con su uniforme planchado y pulcro, caminando con las manos sujetas detrás de una espalda a través de las butacas del cine y las tiendas rotas, como si fuera inmune a la suciedad. Los tres policías restantes bajaron la mirada y lo dejaron pasar como si se tratara de un rey.

—Muy buenos días, niños —habló el capitán Ingmar con un tono amable, pero serio—. Tan tranquilo como la caverna lo quiera.

—¡Tan tranquilo como la caverna lo quiera! —respondieron todos en coro, como soldados listos para la batalla.

El capitán Ingmar Cromwell era un hombre adulto, de barba anaranjada de patilla a patilla sin tocar el bigote. Los niños le temían a él más a que a los tres, y bajaron la mirada como cuando un maestro hace una pregunta, y todos evaden su mirada para que no los pase al frente. Ingmar se alejó de los niños unos pasos y les dio la espalda. Se quitó el sombrero dejando ver ese remolino sin cabello en la coronilla. Suspiró y dijo:

—Espero que hayan descansado bien anoche, mis niños, y tengan ganas de trabajar —exclamó, acomodando el sombrero detrás de la espalda—. Últimamente, muchos de ustedes no han alcanzado mis expectativas. Ya saben el castigo.

Daren apretó la mano de Serana, diciéndole que todo iba estar bien. Pero Serana no estaba preocupada, sino enojada. Se notaba en su mirada fulminante contra Ingmar y sus monstruos. Sabía cómo castigaba a los niños y no podía verlo de nuevo.

—Todos ustedes saben lo que hay afuera —siguió el capitán—: No solo Corporaciones corruptas sino Cyber-Pandillas de ladrones, asesinos, violadores y lo peor de todo: Cyber-Psicópatas que harían lo que fuera por tener en sus manos carne fresca como la suya. ¿Entienden, mis niños?

Todos aceptaron en coro.

—Yo mantengo a esas malas personas lejos de ustedes. Los mantengo a salvo. Y lo único que pido a cambio es información. Pueden trabajar por ella, robarla o matar por ella, pero yo la quiero. La información lo es todo… aquí abajo.

El capitán Ingmar le hizo señas al policía grande, que rápidamente sacó a un niño de la fila, de cabello negro y shorts rotos que dejaban ver sus calzoncillos, y lo tiró al suelo. Ingmar le levantó el mentón, obligándolo a verlo y preguntó:

—¿Tienes algo para mí, Nellyn? —El pobre negó con la cabeza, al mismo tiempo la mujer policía le entregaba a Ingmar un látigo de metal—. Estoy muy decepcionado de ti.

Serana apretó el puño de Daren, queriendo levantar la voz.

—No hagas nada, tonto —le susurró Daren en el oído, para que se quedara en su lugar, pues sabía que tenía la pésima costumbre de meterse en donde no debía, siempre tratando de ayudar a los tontos que no podían defenderse.

Se oyó el golpe del látigo y todos apartaron la mirada. El pobre chico comenzó a llorar. Ingmar lo golpeó otra vez y luego otra y otra, abriéndole la piel hasta el hueso sin ninguna pizca de empatía. En un punto, el chico simplemente dejó de gritar, como si su cerebro hubiera sobrepasado el límite del dolor y ya no podía procesarlo. Serana no pudo más y levantó la voz, pidiendo que se detuviera desde lo más profundo de su pecho, y en realidad, de forma inconsciente.

—¿Qué dijiste? —preguntó el policía bufón, caminando a ella rápidamente a pesar de sus piernas débiles. Lo que solo le daba una apariencia más aterradora.

Serana no contestó. Su lengua se paralizó por un instante al darse cuenta de lo que había hecho.

—Te hizo una pregunta —insistió la mujer con el ojo biónico, sacudiendo su hermoso cabello plateado para ponerla en su mira.

Y Daren se puso en alerta.

—Ya basta, por favor. No lo lastime más —pidió Serana al fin en favor de Nellyn.

El capitán Ingmar se acercó a Serana con lentitud, estirando el látigo, limpiando la sangre y los pedazos de piel adheridos entre las cumbres, como si quisiera que ese momento quedara marcado en la mente de los niños. Daren vio la extraña mirada del hombre, pues no parecía molesto, y quien a su vez miró a Serana complacido, de los pies hasta el pañuelo violeta en su cabeza.

—Lo siento, capitán —se adelantó al problema con un tono amable y sumiso, pero sus ojos mostraban lo que en verdad sentía.

«¡¿Qué haces, tonta?!», gritó Daren en su cabeza sin poder hacer nada.

Ingmar sonrió de forma mórbida y dijo:

—Si recuerdo correctamente, Serana, tú tampoco has cumplido mis expectativas.

—Cumpliré con ellas, lo prometo.

—Oh, mi querida —dijo en tono de súplica, acariciando su largo cabello rojo de forma deshonrosa, acompañado de su mirada que parecía atravesar su vestido—. Hay otras cosas que puedes darme aparte de pyrocita. Veo que te convertirás en una bella jovencita. —Fue en este momento cuando el capitán Ingmar se mojó los labios, y acarició el rostro de Serana de forma enfermiza, asegurándose de tocarle las mejillas y la boca.

—Estoy halagada —mintió con una sonrisa falsa.

Daren apretó las manos para obligar a su cuerpo a controlarse, pues sentía que en cualquier momento iba a saltar sobre él y morderlo hasta arrancarle las manos. Lo cual parecía probable, ya que gruñía inmóvil en su lugar como un perro encadenado.

—Lindo perro, tienes ahí —se burló de Daren el policía grande.

El capitán Ingmar se inclinó a los labios de Serana, y la pobre chica se asustó sin saber qué hacer. Su cuerpo se paralizó ante la grotesca imagen de ese hombre de cincuenta años con barba roja, percudida y llena de barros que apestaban a huevo podrido. La besó y la sangre de Daren hirvió hasta el punto de no retorno, pero por suerte, Serana mordió al capitán y lo obligó a retroceder.

—Lo siento, no fue mi intención —mintió otra vez. Tal vez lo hubiera hecho mejor de no ser por esa pequeña sonrisa de satisfacción.

Furioso, el capitán Ingmar le dio una cachetada tirándola de espaldas. Luego se limpió el labio con la manga de su ropa y gritó:

—¡Vayan a darse un baño de luz antes de ir a trabajar! ¡Hoy en la noche regresaré! ¡Y gracias a su amiga es el doble! —Todos los niños se quejaron—. Si tienen una queja pueden tratarlo con Serana.

Después de eso el capitán Ingmar se fue junto a sus hombres. Daren ayudó a Serana a ponerse de pie. Le revisó el moretón que le crecía en la mejilla como una diana, pero Serana le pidió que lo dejara así.

—Buen trabajo, tonta —intervino un niño mayor—. Ahora por tu culpa tenemos que pagar el doble.

—Sí, ¿qué te costaba abrir las piernas? —dijo otro.

—No serías la primera. —Se rio un tercero.

Fue aquí cuando Daren no soportó más toda esa ira e impotencia acumulada. Tomó un pedazo de metal tirado cerca de él con toda intención de romperles la mandíbula, pero Serana lo detuvo antes de que hiciera algo.

—Lo siento mucho —se disculpó— ¿Qué les parece si les doy mi parte de hoy? —Daren gruñó y apretó tanto los dientes que su dentadura quedó a la vista de todos.

—Controla a tu perro —se burló uno de los bravucones.

—Más te vale que lo hagas o vas a ver —amenazó otro de los chicos a Serana con el dedo y Daren tuvo el impulso de arrancárselo a mordidas, pero la chica lo tomó del brazo, manteniéndolo en su lugar.

Los bravucones los dejaron solos. Daren tiró el pedazo de metal, pero no menos molesto, sentía una rabia aún mayor. Se volvió hacia Serana y demandó a gruñidos que le explicara por qué había hecho eso.

—Tienes que ser más específico. —Se rio nerviosamente, mientras se revisaba la mejilla en un espejo roto.

—¡Todo! —bramó—. ¡Hablad por el tonto de Nellyn! ¡Por haberme detenido! ¡Les hubiera partido la cara a esos patanes! —oyó a los bravucones burlarse de él a la distancia y estaba a nada de lanzarse contra ellos cuando Serana lo abrazó y ocultó su cara en su pecho.

—Lo sé —le dijo con la voz quebrada. Ese aroma dulce que emanaba de su cabello rojo esfumó toda la rabia de Daren—. Te conozco y sé que hubieras seguido golpeándolos y golpeándolos hasta…

—Mataré a quien te haga daño —cortó lacónicamente—. Lo juro por esta tonta caverna.

Serana podía oír el latido acelerado de Daren, sabía que hablaba en serio. Se alejó un poco, se limpió la cara y lo miró a los ojos.

—Vámonos de aquí. Solos tú y yo.

—¡Estás loca! El capitán jamás lo permitirá. Nos va a cazar.

—¿Y qué? Tú y yo somos los mejores. Saltamos de un edificio a otro y nadie nos atrapará nunca. —Daren torció la boca. Sabía de otros que se fueron y les había ido muy mal. Tan mal que eran un ejemplo—. Yo te protegeré.

—¿Y quién te protegerá a ti? —replicó de golpe.

Serana le dio una sonrisa pícara, sabiendo perfectamente que él la protegería siempre. Daren regresó la mirada hacia el cine, luego miró a los niños entre las butacas asegurándose de que nadie los oyera, preocupado de que de alguna forma Ingmar siguiera ahí, oculto en las sombras. Estaba por rechazar la oferta cuando Serana lo tomó con las manos y lo obligó a mirarla:

—Tú y yo, siempre.

—Está bien. Larguémonos de aquí.

De pronto, su bella sonrisa comenzó a deteriorarse, su cabello se deshizo al igual que las paredes, las voces y la sensación de realidad pasó a una de incomodidad y miedo, hasta que todo estalló en estática. Daren regresó de golpe al presente con un horrible cosquilleo bajo su piel y expulsó el chip de su Panel Cerebral.

—*Te dije que no lo hicieras* —le reprochó Serana.

—No sé por qué nunca funcionan conmigo.

—*Estás defectuoso, Daren* —se burló recargando ambos codos en la mesa, sin apartarle la mirada—. *Ni los Cybers ni los Sueños de Neón funcionan contigo.*

—No puedo soñar —dijo Daren sosteniendo el chip quemado entre sus dedos—. Pero sí tengo pesadillas.

Su Panel Cerebral lanzó una pequeña ráfaga de estática, como si fuera un cortocircuito y tuvo que sobarse la sien para calmar el dolor de cabeza. Daren sacó el pañuelo violeta de su ropa, la tela estaba arrugada y áspera, pero limpio y bien cuidado. Lo apretó contra su pecho como si fuera un talismán de buena suerte.

—*Me da gusto que aún lo tengas* —le dijo Serana refiriéndose a su pañuelo. Una lágrima cayó por la mejilla de Daren, pero la limpió con rabia como si fuera la última que estaba dispuesto a dejar salir.

—Nunca sabes cuándo callarte, ¿no es así?

—*Hice lo correcto, Daren.*

—¡No! Yo hice lo correcto. ¡Yo nos salvé! ¡Yo nos protegí! Tú y tu estúpida brújula moral es lo que te…

—*Dilo, Daren. ¿Qué me pasó esa última noche? ¿Por qué morí?*

Daren no pudo responder.

[El Panel Cerebral se encendió]
Carga cerebral corrompida detectada
… Peligro de Cyber-Psicosis…

—*¡¿Por qué no me protegiste?!* —chilló Serana a la par del mensaje de alerta, llenándose de electricidad estática como si fuera tragada por un televisor descompuesto—. *¡Grité y grité tu nombre y te fuiste!* —Empezó a perder su forma—. *¡Dime! ¡¿Por qué me abandonaste?!*

CAPÍTULO VI

«EN LA OSCURIDAD DE LOS PASILLOS»

[06:45 a. m.], chilló el reloj.

Amarok e Ituko gruñeron y se cubrieron el rostro como niños tratando de volver a dormir. El pequeño de Erneq giró en su saco copiando a su padre y a su hermano, pero el insistente rugido del viento contra la ciudad lo obligó a levantarse. Seguía agotado y solo imaginar la tarea que le esperaba lo agobió, pero por suerte, los tétricos susurros en la tormenta se habían ido.

Como era su costumbre, saludó a su madre a través de su foto antes de iniciar un nuevo día. Aunque esto solo es un decir, ya que sin el Sol era imposible marcar entre un día y otro. Guardó la fotografía y fue a un contenedor amarillo de desechos, que comprimió las heces en perfectas esferas marrones que usaban para encender el fuego y la orina en agua potable. Se puso la máscara, al encenderse disparó un haz de luz carmesí por el vapor que corría dentro del traje.

Tomó una cubeta de metal y con su pico rasgó el hielo de las paredes hasta llenar la cubeta y regresó adentro. Su padre e Ituko ya estaban de pie y bebieron lo que quedó de la cena de la noche anterior.

Dejaron atrás la tienda y subieron el resto de los pisos. Para su fortuna, los susurros se habían ido. Amarok golpeó el hielo de la puerta hasta abrirla violentamente. Salieron a lo que era un helipuerto muy grande, aún con la H pintada y una reja bordeando el lugar para evitar un accidente.

La tormenta de nieve rugía a su alrededor, sus feroces vientos les mordían la cara y tiraban de sus hermosos trajes estrellados. A pesar de ello permanecían firmes. Debían tomarse de las manos para iniciar el ritual y Erneq le dio su mano a su padre, temeroso y a la vez emocionado de poder tener esa mínima muestra de contacto con él. Amarok aceptó de mala gana y los Saranik cerraron el círculo.

Mientras sus dedos se entrelazaban como un salvavidas comenzaron a silbar una alegre melodía al cielo. El rostro de Erneq se enrojeció bajo su máscara, pues siempre había soñado con hacer algo así. Los copos de nieve se arremolinaban a su alrededor, creando una danza fascinante, pero Erneq permaneció impertérrito, unidos por el vínculo tácito a sus tradiciones.

Ahí silbaron, primero tan fuerte como pudieron, dando un chillido agudo hasta que se les acabó el aire. Luego, silbaron más despacio, con un tono jovial y sumiso, tratando de que su canto atrajera a las hermosas luces celestiales para susurrarles sus más profundos miedos, alegrías y sueños.

Nada.

Amarok silbó, pero a diferencia de sus hijos lo hacía como un depredador, llamando a su presa con su arma lista. Algo dentro de él lo hacía mirar al cielo aterrado. Entonces, como en respuesta de su melodía colectiva, el cielo sobre ellos estalló repentinamente en un vívido resplandor carmesí. Un fenómeno celestial más allá de la imaginación. Era como si los cielos mismos se encendieran en un tono rojo intenso.

La familia Saranik observó con asombro cómo un rayo ardiente descendía de los cielos, cruzando el cielo como el aliento de fuego de un dragón. El meteorito caía en picado hacia la Tierra, no lejos de su punto de vista en la azotea. «Ya no brillan como antes», pensó Ituko ante la roca que caía del cielo.

Aquel momento fue impactante para Erneq, era el primero que veía en su vida y la resultó una magnífica colisión entre la grandeza del mundo errante y el espíritu inquebrantable de su tribu.

Con gran expectación siguieron el ardiente descenso del meteorito, cuyo rastro incandescente creaba un inquietante contraste con el entorno helado. El impacto, cuando finalmente se produjo, fue atronador. El golpe contra la Tierra colisionó con una fuerza devastadora, provocando ondas de choque que recorrieron el paisaje nevado. El suelo tembló bajo los pies de Erneq y de pronto, el rascacielos congelado en el que se encontraban se balanceó siniestramente por el violento terremoto amenazando con derrumbarse.

Los tres se miraron a los ojos, asustados, sabiendo lo que estaba por ocurrir.

—¡Corran! —gritó su padre.

El edificio entero se estremeció, provocando escalofríos en Erneq, su padre y su hermano, mientras se aferraban el uno al otro. El pánico llenó los ojos del pequeño Erneq al darse cuenta de que aquel tejado estaba por convertirse rápidamente en una trampa mortal.

Grietas aparecieron como telarañas y trozos de hielo y hormigón empezaron a caer hacia el abismo. Tenían que salir de ahí, y rápido. Rápidamente, Amarok marcó su ruta de escape por una escalera de emergencia venida a menos por el aire de la tormenta. La desesperación se apoderó de ellos mientras bajaban saltando grupos de escalones.

El edificio gemía bajo la presión y su única esperanza descansaba en el precario puente que conectaba su edificio con la torre gemela en ruinas del otro lado. Era un camino traicionero, suspendido en el aire helado entre las estructuras, pero su única oportunidad de sobrevivir. Ágilmente, Amarok ató un gancho al final de una cuerda, le dio vueltas y lo arrojó hasta el otro extremo onde se afianzó fuertemente al hielo. Ató el extremo.

Se aseguraron a la cuerda con dispositivos de anclaje y con manos temblorosas y el corazón acelerado, Erneq se dirigió primero hacia el puente. Sus pasos resonaban en el inquietante silencio de la ciudad congelada a sus pies. El puente se balanceaba siniestramente a cada paso y sus cables oxidados crujían en señal de protesta. El viento aullaba a su alrededor, trayendo un escalofrío cortante que parecía atravesarle hasta los huesos.

—¡Muévete, muchacho! —le gritó su padre quien iba detrás y luego Ituko en la retaguardia—. ¡Esta cosa puede venirse abajo en cualquier momento!

Erneq lo sabía y no tenía que recordárselo. Finalmente miró hacia abajo y el abismo le frenó la sangre y con ella sus músculos. Se paralizó ante la altura y no pudo moverse más.

—¡Erneq! ¡Avanza! —pidió Ituko a gritos.

Fue ahí cuando un ruido sordo y siniestro llenó el aire cuando los cimientos del edificio por fin cedieron. Grietas se extendieron como venas a lo largo de la fachada helada, y el mismo suelo sobre el que se encontraba pareció convulsionarse. Un coro de gemidos y crujidos resonó cuando el tejado se dobló sobre sí, lanzando cascadas de nieve y hielo hacia el cielo. Enormes trozos de escombros congelados cayeron en cámara lenta, creando una exhibición fascinante, pero mortal. Los pisos superiores hicieron lo mismo, cada nivel se desintegró en un caótico revoltijo de hielo, hormigón y acero retorcido.

Amarok fue por su hijo menor, lo puso sobre sus hombros y corrió hasta el otro extremo. Ituko hizo lo mismo, pero rápidamente perdieron terreno sólido a medida que el puente colapsaba. Amarok golpeó la ventana con su piolet hasta abrirse camino. Él y su hijo menor lograron entrar, pero Ituko no. El puente se vino abajo bajo sus pies y el chico cayó al vacío, sujetado únicamente por la cuerda que parecía escurrirse entre las manos de su padre.

Pensando rápidamente, Erneq fue hacia un bloque de hielo que salía del pozo del elevador como un perro en la parte trasera de un automóvil. Seguramente el hielo trepó por las poleas y se apoderó del edificio desde adentro. Clavó su piolet, enterró un empotrador para tener un punto de apoyo, lo unió a un mosquetón y amarró firmemente la línea.

La cuerda se detuvo e Ituko sintió el tirón en todo su cuerpo. Pero el peligro no había pasado. El temblor y los escombros golpearon el edificio, quien también amenazó con colapsar. Amarok y Erneq se aferraron a lo que pudieron rezando a que todo terminara, mientras grietas se formaban en las paredes y el hielo caía por ellas. «Por favor, Ancestros, ayúdenos», pidió Erneq. Para su fortuna, el edificio aguantó y parecía que iban a estar bien.

Amarok sacó la cabeza por la ventana, pero algo estaba mal. Ituko colgaba de la cuerda con los brazos y piernas abiertos como una estrella, mirando hacia el Domo-Incompleto, sin moverse ni reaccionar. Los escombros del puente lo habían golpeado severamente y estaba inconsciente.

—¡Rápido, muchacho! ¡Ayúdame a subirlo! —le ordenó su padre.

Tiraron de la cuerda y lo metieron dentro. Amarok apartó a Erneq con tal fuerza que lo tiró al piso y revisó el traje de Ituko con cuidado, asegurándose que no tuviera alguna rajadura. Luego acercó el oído a su corazón. Por fortuna, aún respiraba.

—Por favor, espíritus. Ayuden a mi único hijo —pidió Amarok sin molestarse en los sentimientos de Erneq.

Movió a Ituko con mucho cuidado y lo acostó en un sillón lleno de escarcha. Luego, de entre sus pocas cosas que les quedaban cubrió a Ituko con una tela estrellada parecida a la que usaban como tienda.

—¿V-V-Va a estar bien? —preguntó Erneq con miedo por su hermano y por la rabia que, lenta pero firme se estaba gestando en su padre. Bien lo predijo cuando este se dirigió hacia él como una bestia.

—¡Tomaste la vida de tu madre al nacer! ¡¿Y ahora quieres la vida de Ituko también?! ¡Dime! ¿Eso es lo que quieres, Demonio Blanco?

—Lo-Lo si-si en-siento, señor. No-No-No…

—¡Habla bien, maldita sea!

—Lo siento —chilló Erneq, sintiendo las lágrimas bajo su máscara—. Me-Me-Me dio miedo. Yo-Yo-Yo no q-q-quería que… No f-f-f-fue m-mi intención…

—¡Cierra la boca! ¿Quieres hacer algo útil? Junta un poco de agua para tu hermano. ¡Pero ya!

El pequeño Erneq hizo caso y tomó una pequeña charola congelada. Rápidamente fue al cuarto de al lado y empezó a golpear fuertemente el hielo en las paredes. Quería sacar su tristeza y frustración a golpes, sintiendo cómo su rostro se llenaba de lágrimas y sus manos reprochaban del dolor hasta que, de pronto, el viento golpeó el edificio y abrió la puerta de la habitación principal.

Temeroso, Erneq asomó la cabeza, la luz roja de su máscara iluminó el suelo y lentamente subió hasta encontrarse con algo que lo hizo tirar la charola con hielo. Era una familia. Los tres sobre la cama, envueltos en lo que probablemente eran todas las cobijas y cortinas, abrazados alrededor de la madre que sostenía un pequeño encendedor. Sus rostros estaban perfectamente conservados en el hielo y Erneq no pudo evitar llorar al sentir lo mismo: esa soledad, rabia y tristeza.

Erneq calmó su corazón, juntó las palmas de las manos y silbó al cielo con un tono melancólico y triste, llamando a la luz de las Auroras Perdidas, pidiéndole a sus ancestros que cuidaran de esa familia, pero contestó la tormenta en su lugar. En el piso de arriba apareció un extraño crujido, como si alguien caminara por los pasillos. Rápidamente miró a la familia, para asegurarse que no se movieran. Las pisadas se hicieron más fuertes y parecían brincar de una habitación a otra, cuando a través de las paredes congeladas se oyó el susurro de un niño:

—¿Por qué no puedo jugar en la nieve?

Debía ignorar los susurros.

—¿Por qué hace tanto frío?

La tormenta rompió una ventana fuera en el pasillo principal. Saltó asustado y ahogó un gemido bajo su máscara. Su corazón latía con fuerza y un profundo temor empezó a apoderarse lentamente de su pequeño cuerpo. De pronto, sintió una sombra detrás de él, acercándose poco a poco.

Rápidamente, fue hacia la pared y siguió golpeando el hielo.

—¿C-C-Cuál es la t-t-tercera regla de l-l-la tormenta? —se preguntó en voz alta para calmarse a sí mismo, tratando de pensar en otra cosa e ignorar a lo que sea que estaba detrás de él—. D-D-Dentro del hielo y l-l-la nieve, yace el calor que nos arrebató la t-t-tormenta.

Aquella figura desapareció y en su lugar se oyó el susurro de una mujer surcar por las paredes:

—Mi hijo, ¿por qué me dejaste sola?

—No le h-h-hagas caso —se dijo con fuerza, pero la voz lloraba como una madre desconsolada. Quizás esto lo hizo abandonar la charola con hielo y aventurarse a salir del departamento, a aquel largo pasillo oscuro lleno de puertas de donde venía el susurro.

Se sujetó del picaporte como si se tratara de una línea de seguridad en medio del océano, como si soltarlo significara quedar a merced de la oscuridad. Estiró la cabeza hacia el pasillo. La luz roja de su máscara iluminó el piso agrietado, las paredes congeladas y las puertas cerradas.

—No me dejes sola, por favor. Tengo frío.

Se oyó el susurro en el viento y Erneq se estiró aún más. Parecía venir de dos departamentos más abajo, pasando el pozo del elevador. Alumbró la puerta. Estaba cerrada. En ese momento la tormenta golpeó otra vez el edificio, sacudiéndolo hasta sus cimientos y el pobre chico soltó la manija y cayó de rodillas en el pasillo.

—Abrázame —pidió el llanto de la mujer. Erneq regresó la mirada y la puerta ya no estaba cerrada. Pudo ver la silueta de alguien… o algo… caminar dentro del departamento, arrastrando los pies, lamentándose con llantos sibilinos.

Aterrado, se puso de pie y de un portazo veloz cerró la puerta.

Con el corazón acelerado, recuperó la charola con hielo y regresó con su padre sin mencionar nada. Tampoco fue necesario, pues Ituko ya estaba despierto.

—La tribu antes que la sangre, ¿no es así, padre? —preguntó Ituko molesto.

—Cuida tus palabras. Un cazador o no, aún soy tu padre y chamán. Honraremos los Tabúes y a los Ancianos bajo la luz de las auroras. ¡Por eso estamos aquí!

—Ese honor te hizo perder a tu hermano en la tormenta. Yo no perderé al mío —le aseguró Ituko segundos antes de notar a Erneq en la habitación.

No importó. Erneq corrió hasta Ituko sin prestar atención a sus palabras y lo abrazó con fuerza.

—Uy —se quejó.

—¡Perdón! ¿Te l-l-lastimé? ¿E-Estás herido? ¡Déjame a-a-ayudar!

—Tranquilo. Estoy bien, hermanito —Erneq insistió en revisar a Ituko. Había sufrido una dura caída. Curiosamente, Ituko lo reconfortó a él diciendo que no se preocupara, que la tormenta debía hacer un mejor esfuerzo si quería devorarlo.

Amarok, más tranquilo al ver a su hijo en buen estado, tomó uno de los bloques cristalinos de hielo y con una navaja lo hizo más pequeño y le dio forma. Los Trajes de Tormenta, como les llamaban, tenían una maravillosa característica: a la altura del abdomen contaban con una pequeña compuerta donde podían introducir el hielo crudo o nutrientes y el propio traje los procesaba. Esto era muy útil pues no tenían que resguardarse bajo una tienda para comer o beber. Amarok metió el hielo y el traje se encargó de derretirlo. Dentro de la máscara, Ituko la bebió por un pequeño popote de plástico.

—V-V-Vimos el m-m-meteorito caer —dijo Erneq en voz baja casi para sí, como si tuviera miedo de empezar esa conversación—. N-No cayó muy lejos. Eso significa que l-l-las Auroras P-Perdidas están c-cerca, ¿cierto?

Amarok gruñó como un lobo afirmando a la pregunta.

—Eso s-s-significa que p-p-pronto regresaremos a c-casa.

Amarok e Ituko cruzaron la mirada y recordaron lo que había pasado la noche en que dejaron su hogar. Erneq no sabía nada de esto y no pudo imaginar la respuesta de su padre.

—¿Tantas ganas tienes de regresar al lugar donde mataste a tu madre? Por eso todos te odian. Por lo que hiciste. ¡Por eso nuestros ancestros te pintaron la piel de blanco y los ojos de sangre, por eso te entorpecen la lengua! ¡Eres una vergüenza para los Saranik!

—Yo solo c-c-creí que… —Erneq bajó la mirada al suelo para ocultar el dolor que le impartían esas palabras, pero Amarok estaba incontrolable y siguió gritando.

—¡Suficiente! ¡No tienes por qué tratarlo así! —lo defendió Ituko.

—No, n-nuestro padre t-t-tiene razón. Yo maté a n-n-nuestra madre y soy un Demonio Blanco,

Erneq no tenía el valor de responder a las duras e hirientes palabras de su padre de otra forma. Aceptó con la cabeza abajo, queriendo llorar, apretando sus puños contra sus rodillas, obligándose a contener las lágrimas. Mientras que Ituko veía a su padre con una ira profunda que no podía describirse, pero tampoco dijo nada.

—Erneq… —susurró Ituko triste.

—Pero voy a t-t-trabajar duro para convertirme en un cazador. Te h-h-haré orgulloso.

—Lo dudo —respondió Amarok con el corazón endurecido y sin mirarlo.

Ituko estaba tan molesto que quería golpear a su padre, pero se contuvo. No era el momento para algo así. Aún no. Fue hacia su pequeño hermano, quien estaba a merced de un revoltijo de emociones y le dijo con calma:

—Las Auroras Perdidas nos mostrarán el camino y nos dirán cuándo podemos regresar. Además, primero debemos encontrar una forma de salir de este edificio.

—Yo sé c-c-c-c-cómo bajar. Por el elev-elev-elev…

—¡Habla! —gritó Amarok molesto de su tartamudeo.

—¡Elevador! —exclamó con dificultad como si le faltara el aire—. Las escaleras están ro-rotas, pero hay hielo en el p-pozo del elev-elev…

—Del elevador —lo ayudó Ituko.

—Sigue c-c-c-caminando… —dijo Erneq— y mantente caliente. Parece una cascada congelada ahí dentro. Podemos e-e-e-escalar.

Amarok no se veía convencido.

—Ituko… tuviste una caída fuerte, ¿puedes escalar? —le preguntó.

Inconscientemente, Ituko se llevó la mano al costado, a sus costillas. No estaba seguro de qué contestar, cuando Erneq saltó a su favor, diciendo que era el más fuerte de toda la tribu, un guerrero de tormenta.

—Así es —reafirmó Ituko, orgulloso por las palabras de su hermano pequeño, aguantando unas horribles ganas de toser clavadas en la base de su garganta—. Puedo hacerlo.

Amarok aceptó el plan y fue al pozo del elevador para asegurarse de que podían usarlo. Estando solos, Ituko fue hacia Erneq, gentilmente lo tomó de los hombros obligándolo a mirarlo y dijo:

—¿Quieres saber qué pasó el día que naciste, hermanito?

Erneq se sorprendió por lo inoportuna e inesperada que era su pregunta. Bajó la cabeza pensando en su madre, avergonzado y triste. No le gustaba hablar de eso e Ituko lo sabía, pero era importante.

—El día que naciste fue el más feliz de nuestra madre. —Le levantó el mentón para unir sus miradas—. ¿Sabes por qué? Porque ese día las Auroras Perdidas brillaron sobre Adliden y fueron las más grandes y hermosas que se hayan visto.

El corazón de Erneq se agrandó dentro su pecho y fue agobiado con una extraña felicidad, que, curiosamente, Ituko no compartía como si ese recuerdo le provocara algo distinto. Así que Erneq preguntó:

—¿Por qué m-m-m-me dices esto?

—Porque tú no eres un Demonio Blanco, tú eres mi hermano y si de algo estoy seguro es que tú no perteneces a la tormenta.

A Erneq no le gustaron esas palabras y replicó molesto:

—P-P-Pero tengo que con-convertirme en cazador. P-P-Por eso estamos aquí, ¿no?

—Escúchame bien, hermanito, sin importar lo que pase, quiero te quedes cerca de mí allá afuera —aunque confundido, Erneq aceptó—. No, necesito que lo digas.

Erneq torció la boca, pues si odiaba algo más que estar en la tormenta y los susurros, era hablar. Su lengua había sido torpe toda su vida y no la usaba a menos que fuese necesario.

—Voy a q-q-quedarme cerca d-d-de t-ti. Lo prometo.

—Y yo prometo que te protegeré siempre —contestó Ituko con un fuerte abrazo, ignorando el sabor de la sangre que lentamente se acumulaba en su boca.

El borde del pozo y era tan profundo que ni siquiera la luz roja de sus máscaras llegaba hasta la base. Por suerte, la columna de hielo descendía, arraigada a la mecánica del elevador entre una neblina gris que parecía más un portal místico hacia una dimensión paralela.

—Escúchenme ambos —dijo Amarok con dos cuerdas en el hombro—. No tenemos suficiente línea para llegar hasta abajo. Vamos a tener que tomar pausas. Creo que cada tres pisos es suficiente. Primero vas a ir tú —le dijo a Erneq—, luego Ituko y por último yo. Descansaremos un poco y repetiremos el proceso. Estamos en el piso veintiuno. Eso significa que tendremos que hacer esto siete veces como mínimo. ¿Está claro?

Ambos aceptaron.

—Necesitamos hacer esto rápido y en silencio. No sabemos qué se esconde en estos pasillos.

Pero Erneq sí lo sabía.

Trató de no pensar en lo que había visto y se enfocó en la tarea que tenía por delante. Se amarró a un arnés con relativa facilidad. Sujetó la cuerda con un mosquetón a su equipo y esperó con dos piolets en mano a que Amarok preparara la reunión. Primero clavó dos anclajes con horquillas al hielo, pasó la cuerda por ambos orificios e hizo un nudo. Luego llevó la cuerda hacia una columna para darle apoyo. Erneq enterró su primer piolet y luego uno de sus crampones. Al enterrar el segundo, sintió el tirón de la cuerda, metió el otro pie al hielo y comenzó a descender por ese pozo sin luz.

A la marca del piso dieciocho, enterró su piolet en la puerta del elevador haciendo añicos la escarcha que cubría el metal. Metió ambas manos, pero al abrirla, se topó con el rostro de un hombre que se había congelado en la tormenta. Gritó aterrado, soltó la línea y cayó por el agujero, pero su padre apretó la cuerda y lo salvó.

—¡Erneq! —le gritó Ituko—. ¿Estás bien? ¡Erneq! ¡Erneq!

—Es… ¡Estoy bien! ¡Hay u-una estatua en el pasillo! ¡Me asustó!

—¡Erneq! ¡Escúchame bien! ¡Quiero que tomes la estatua y la arrojes por el pozo!

—¡Estás loco! ¡No puedo hacerlo! ¡E-Es una persona!

—¡Una persona congelada! —exclamó su padre—. ¡Arrójala al fondo, muchacho, y entra al pasillo para que podamos bajar!

Erneq subió por la cuerda y pasó junto al pobre hombre que tenía una expresión de horror y sufrimiento demasiado realista. Pasó a su lado, asegurándose de no tocarlo y puso las manos sobre la fría espalda, pero antes de empujar sus músculos le fallaron.

—¡No puedo! ¡Lo s-s-s-siento! ¡Voy a-atar la línea p-para que bajen!

Ituko era el siguiente en bajar. Aunque por fuera mostraba el temple del hijo mayor de la familia Saranik, fuerte y capaz como uno de los mejores Cazadores de su tribu… por dentro… estaba aterrado y su cuerpo se detuvo al borde del pozo. Su padre se dio cuenta y le preguntó qué pasaba, pero rápidamente enterró su piolet en el hielo ignorando el dolor de cada golpe de su brazo y de sus piernas.

—Lo s-siento, no pude tirarla —dijo Erneq a su hermano cuando este por fin llegó al piso dieciocho—. No es correcto, es una p-p-p-persona.

—Tienes un corazón demasiado cálido para la tormenta. Jamás te arrepientas por eso, hermanito, pero ten cuidado, no todos lo merecen.

Ituko recargó ambas manos sobre la estatua congelada, pero no pudo empujar. Su corazón le latía con tal fuerza que parecía desgarrarle el pecho y sus músculos perdieron impulso. Erneq levantó el rostro confundido y antes de preguntar qué pasaba, Ituko juntó a las pocas fuerzas que aún tenía para tirar esa cosa al pozo.

Erneq apartó la mirada antes de que se oyera el golpe y dijo:

—Tal vez te-tengas r-razón, p-p-pero, la tormenta nos d-d-devora por igual. ¿No d-deberíamos ayudar a tantos como p-p-podamos?

En ese momento el aire gélido de la tormenta se filtró por el laberíntico pasillo, y su aliento formó nubes heladas que surcaron el suelo congelado ante ellos. Los únicos sonidos que rompieron el opresivo silencio fueron esos inquietante susurros que resonaban en la oscuridad.

Ituko se puso frente a Erneq y preparó su piolet, firme ante lo que sea había en el pasillo. Apenas podían distinguir las palabras, pero las voces lúgubres y fantasmales transmitían un dolor profundo que les envió un escalofrío por la columna hasta erizarle los pelos de la nuca.

Erneq estaba aferrado a las piernas de su hermano cuando su padre bajó hasta ellos. Verlo ahí lo hizo sentirse aún más seguro y sin perder tiempo prepararon la cuerda para los siguientes tres pisos. «Apúrate. No les hagas caso» se decía Erneq mientras ajustaba los nudos, ignorando las voces a su espalda.

Varios pisos más abajo, Ituko sentía que su cuerpo se incendiaba bajo su traje. Fingió que iba a buscar algo solo para estar lejos de Erneq y su padre. Ahí, se recargó contra el muro congelado y ahogó un grito dentro su traje. Una fuerte tos se apoderó de él como si sus pulmones quisieran salir de su cuerpo y pudo saborear el hierro de la sangre. Había mentido antes. Se había roto un par de costillas con la caía y sabía que, en la tormenta, era sentencia de muerte.

—¡Ituko! ¿Dónde estás? —le llamó Erneq desde el pozo del elevador.

Ituko respiró profundo y se dijo a sí mismo con fuerza: «No puedo dejarlo solo… no con él».

—¡Ituko! —lo llamó ahora su padre.

Regresó con su hermano, quien estaba parado al borde del pozo, con las manos en la cuerda listo para recibir a su padre que colgaba a varios metros arriba. «Sé lo que tengo que hacer», se dijo Ituko muy fríamente, mientras sus dedos se calentaban por la adrenalina, recobrando el poco impulso que le quedaba.

Erneq regresó la mirada ante el piolet que tenía su hermano sostenía en el aire, listo para golpear. La extraña caminata y respiración de Ituko lo hacían parecer alguna clase de mente, y Erneq simplemente se quedó ahí, paralizado ante lo que probablemente fue el principio del fin. De un tajo veloz, Ituko cortó la cuerda dejando atrapado a su padre en el piso de arriba.

—¿Q-Q-Qué haces? —preguntó Erneq asustado y muy confundido.

Rápidamente, Ituko tiró de lo que quedaba de la cuerda por el pozo, asegurando que su padre no pudiera seguirlos. Luego, obligó al pequeño Erneq a mirarlo pues sabía que no tenían mucho tiempo.

—¿P-P-Por qué hi-hi-hiciste eso?

—Confía en mí. Tenemos que irnos. ¡Rápido!

Cargaron sus cosas y corrieron lejos del elevador por el pasillo, oyendo cómo la tormenta ganaba fuerza, estrellándose contra el edifico como una bestia violenta, pero nada en comparación al grito de Amarok que resonaba por las paredes como un lobo molesto. Erneq jamás lo había oído tan enojado.

—Tenemos que encontrar otra forma de bajar. ¿Dónde están las malditas escaleras? —preguntó Ituko, jadeando por la falta de aire.

—Ituko, p-p-p-por favor, detente —le pidió Erneq, a merced del tirón de Ituko, quien lo llevaba por el laberíntico camino de pasillos y hielo.

Encontraron las escaleras de emergencia del otro lado de una puerta cubierta de hielo. Ituko golpeó con su piolet. Enterró su arma y todo su organismo protestó en reflejo. Tosió una vez. Golpeó el muro. Tosió de nuevo. Volvió a golpear. Levantó su brazo y en ese momento sus pulmones empezaron a bombear sangre por su boca.

—¡Vamos! —bramó Ituko, apenas consciente, ahogándose con la sangre acumulada en su máscara.

Dio hasta la última gota de su fuerza para mantenerse de pie, y una vez que se abrió camino colapsó. Sus piernas se doblaron y el pobre chico rodó por los escalones hasta golpearse con el muro. Rápidamente, Erneq bajó hasta él y gritó:

—¡Ituko! ¡No! ¡No te la quites! —chilló al ver que quería quitarse la máscara, clamando por un poco de aire. Lo tomó de las manos—. ¿Qué p-pasa? ¿Qué tienes? I-I-Ituko, por f-f-favor. ¿Por qué dejamos a p-p-papá?

Dentro su traje, Ituko se sofocaba por una fiebre que estaba apoderándose de él.

—Porque no lo entiendes, padre —cortó Ituko hablando a la nada, como si alucinara—. Él no está aquí para congelar lo que queda... él está aquí para salvarnos a todos.

Incluso con el traje puesto, Erneq pudo sentir la fiebre de su hermano. Era demasiado alta. Rápidamente descubrió el pecho de Ituko y giró uno de los acoplamientos. Sus trajes podían expulsar todo el vapor de golpe como una medida de limpieza, pero hacerlo en medio de la tundra era demasiado arriesgado.

—Erneq... por favor... la tormenta susurra tu nombre... Él va a cazarte, a donde vayas, él te encontrará —masculló Ituko y convenció a Erneq de que no había otra opción.

—¿De q-q-qué h-hablas?

—Lo siento, hermanito. Te fallé.

Erneq tiró del acoplamiento y una porción de vapor salió a chorro enfriándolo lo suficiente. Esto trajo a Ituko de vuelta, dándole segundos valiosos de lucidez. Miró a su hermano pequeño, lo jaló con fuerza, asegurándose de que lo oyera:

En ese momento, como si no tuvieran ya suficiente, la tormenta sacudió el edificio y, a unos pisos más arriba, el viento azotó una de las puertas. Después se oyeron pisadas largas y débiles como si arrastraran los pies.

—Erneq, cariño, mi hijo me estoy congelando —susurró una mujer oculta en la oscuridad.

Al oír su nombre, Erneq iba a levantar la cabeza hacia aquella cosa en la oscuridad, pero Ituko lo obligó a mantener la mirada y exclamó:

—¡No mires arriba! ¡No la veas!

—Por favor... no me dejes. Mis piernas... ya no puedo sentir mis piernas —siguió el susurro descendiendo hacia ellos.

—Tienes que irte, Erneq. Por favor, déjame —le pidió Ituko.

—¿Estás l-l-loco? No t-t-te voy a d-dejar.

—Necesito tu calor. Mi hijo, te necesito, por favor.

Erneq obligó a Ituko a levantarse y le dio su cuerpo de apoyo. Siguió bajando por las escaleras de emergencia, manteniéndose lejos de esa mujer que iba detrás de ellos, bajando a la par y chillando.

Alcanzaron el segundo piso, pero el techo había colapsado frenando su escape. No tuvieron más opción que regresar a los pasillos y fue ahí, al doblar en una esquina, cuando los susurros aparecieron en grupo, esta vez como voces indescifrables. Erneq no se atrevió a regresar la mirada, pero podía sentir la presencia de esas cosas, observándolo arrastrar a su hermano. De pronto, las puertas a su espalda empezaron a abrirse de una en una y muy lentamente.

—¡Ay, mi hijo! —chilló la mujer.

Al final del pasillo descansaba una manguera para incendios detrás de un cristal. Erneq pudo ver en el reflejo una mano pálida doblando en la esquina, acompañada de una mujer de largos cabellos color blanco, vestido rasgado y un débil y delgado cuerpo roto en muchas partes, obligándola a arrastrar las piernas al caminar.

La mujer alzó los brazos hacia él, llamándolo a que se acercara y por un segundo, Erneq consideró su propuesta como si fuera víctima de una extraña magia. Por fortuna, o desgracia, Ituko estuvo ahí para evitarlo. Usó las fuerzas que le quedaban para golpear el frágil y congelado piso con su piolet. El hielo se hizo añicos, así como el metal y ambos chicos cayeron al piso de abajo, pero no terminó ahí. El suelo se rompió una segunda vez y el pobre de Erneq quedó colgando hacia la oscuridad.

—¡Erneq! —chilló Ituko bajo su máscara, pero sus débiles manos no lograron salvarlo.

Cayó al vacío y atravesó un piso y luego otro y otro más. Sintió cómo se le doblaban los huesos hasta que terminó con lo que parecía ser un sillón de madera. El pobre de Erneq quedó inconsciente por un largo tiempo, hasta que despertó y se dio cuenta que había dado con el *lobby*. Era un milagro, pues no tenía ni un hueso roto y su traje aún mantenía el vapor y oxígeno dentro.

Parecía haberse salvado, hasta que, de golpe, se encendieron reflectores afuera en la calle iluminando como dos astros de luz.

—Vaya, vaya, ¿qué tenemos aquí? —dijo un hombre con voz mecánica desde la puerta, acompañado de otros dos. Llevaban trajes muy diferentes al de Erneq, viejos y desgastados con máscaras astilladas y llenas de óxido con grandes cuencas oculares de color azul como calaveras. Una manguera salía de sus bocas hasta un pequeño tanque de oxígeno en la cintura.

Erneq se puso de pie y levantó su piolet al aire ante los rifles y las rodilleras hechas de cráneos humanos.

—Tenías razón, Serj, sí había alguien aquí —dijo uno de ellos con voz chillona entre risas.

—Parece que nos topamos con otra pequeña estrella.

CAPÍTULO VII

«LA ÓPERA DE VÍCTOR WOODWARD»

[Habla el profesor Alexander Farran, jefe del Departamento de Geología y Vulcanología de la Universidad Argenta]

—*D*ebemos recordar que después del Evento Negro todo se ha reducido a una cosa: energía. Con ella derretimos el hielo y el vapor mueve todo en Solaria. Turbinas para generar luz, vehículos y autómatas. El calor para que los Domos mantengan la temperatura y hacer crecer cultivos y alimentar el ganado en el Domo Este. Todo depende de cuánta energía podamos generar. La pregunta es cómo.

—*Combustibles fósiles.*

—*Correcto, Félix. Gracias a la compañía minera de los Soler, obtenemos nuestra energía del vasto depósito de carbón, y gas metano que circunda el Volcán Ébano en el Domo Norte.*

—*Volcán que se encuentra inactivo.*

—*Correcto de nuevo. El volcán y estos vastos depósitos fueron la razón de fundar Solaria en esta zona con alta actividad volcánica.*

—*La lógica detrás del taladro es aprovechar otra fuente de energía oculta en lo más profundo de la Tierra. ¿Energía geotérmica?*

—*Así es, Félix. Aunque perdimos el Sol, el núcleo de nuestro planeta sigue vivo como un corazón sempiterno. En teoría, podríamos sobrevivir miles de años más con su calor.*

—*¿Y en práctica, Dr. Farran? Cada día que pasa la Tierra se enfría a niveles sin precedentes. Se nos está agotando el tiempo. En las últimas semanas se ha prio-*

rizado la energía hacia los Domos, lo que ha dejado en desabasto a las granjas e invernaderos, lo que ha repercutido a su vez en una caída drástica en los alimentos y medicinas. Y peor aún, se rumorea que las minas de carbón están por agotarse.

[Se oyen murmullos de preocupación en el estudio]

—*El problema no es el plan, sino su ejecución, Félix. La energía de nuestro núcleo es suficientemente como para alimentar toda Solaria por generaciones. El problema es que hemos detectado cambios en la corteza cada vez que se enciende el taladro. Esto puede desestabilizar el Volcán Ébano y hacerlo estallar, o causar un terremoto que destruya Solaria.*

—*Si entiendo bien su postura, si dejamos el taladro encendido podemos morir. Pero si lo apagamos podemos morir. ¿Cómo tomar esa elección?*

—*No es solo la elección lo que importa, Félix. Es todo lo que hay detrás. Lo que hace que este debate en la Cámara de Vapor sea el más grande en décadas.*

—*¿Habla del incendio de la Universidad Argenta?*

—*La Universidad trabajó con Geo-Sol en el taladro y ahora ha dejado clara su postura. ¿Y qué ocurrió? ¡Un misterioso incendio la dejó en ruinas! Pero eso no es todo. Como dijiste, hay rumores de que las minas de carbón están por agotarse. Los mineros protestan en el Domo Norte y los llaman criminales y terroristas.*

—*¿De verdad cree que los Soler llegarían tan lejos?*

—*Esto va mucho más allá de los Soler, pero pregúntate algo, Félix. Si es verdad que las minas están por agotarse, la fortuna de los Soler se pierde con ellas. ¿Qué crees que la familia más rica y poderosa sea capaz de hacer, para mantener el taladro encendido?*

[Félix y el profesor Farran dejan de hablar. Se oye la voz del rey Ilúson y empieza a la rueda de prensa]

Toda Solaria oyó el trueno que silenció repentinamente la voz del rey. Fue un disparo. Todos lo sabían, pero a manera de una ignorancia colectiva, nadie hablaba de eso, como si el regicidio fuera algo que no podían entender, ni imaginar.

Las tiendas cerraron y las calles estaban desiertas. La Guardia de Hierro apenas y se hacía notar. La estática en la radio extendía el aire de preocupación y miedo, que lenta pero segura empezaba a inundar los Domos. La gente cerró sus puertas y ventanas, apagó las luces y se fue a dormir temprano. Quizás con la esperanza de que sus miedos se quedaran en sus pesadillas, lejos de su realidad.

—Eso fue un disparo —dijo Kelden muy seguro de sí cuando se cerró la puerta del elevador.

—¡Cierra la boca! —lo regañó Aury, preocupada más por Sóren.

—Guarden silencio ustedes dos —siguió Miriam—. No quiero que hablen de eso cuando lleguemos a la Sala de Ópera. ¿Les quedó claro?

—El rey puede estar muerto y Sóren también —murmuró Elina, cuya emoción por la ópera en ese momento, era tan brillante como el aura de toda la ciudad.

—Tal vez sería mejor quedarnos —comentó Kara cuando Vilhëm la cargó en sus brazos.

—Créanme, mis hijos—intervino con una extraña sonrisa—. Su hermano está bien. Él se hará cargo de todo.

«¿Mis hijos?», pensó Aury confundida del verlo tan feliz. Pocas veces se mostraba con una sonrisa en su delgado rostro.

Afuera, los esperaba una fila de carruajes de metal, muy grandes y hermosos con celosía en las puertas y en las ruedas. Autómatas de hierro muy bien vestidos esperaban pacientes, junto a un hombre joven y apuesto. Había mucho que decir sobre Ranlyn MacCormont, pero el hecho de ser el hijo mayor del segundo hombre más rico de Solaria, y heredero de los Altos Hornos, era solo la punta del iceberg.

Dio un paso al frente y se acercó a quien sería su futuro suegro con un aire señorial. Incluso, encuentros tan cuidadosos y con las mejores intenciones como ese, se habían agriado en el pasado por su mala reputación y naturaleza aterradora, que se ocultaba detrás una hermosa sonrisa. Una sonrisa que parecía más arpón que escudo, pues solo bastó eso para que Elina olvidara sus preocupaciones.

—Ranlyn, qué apuesto te ves —elogió Miriam su ropa.

—No tanto como usted, *madame* Soler. Y por supuesto, no tanto como su hermosa hija.

Elina dio un paso al frente, con las manos sujetas y el rostro abajo, nerviosa de estar ante él. Ranlyn, de veintisiete años al igual que Sóren, se aproximó con delicadeza y fue ahí cuando su brazo derecho se hizo notar. Se oyeron los engranes moverse, empujándose entre sí y acompañados del vapor correr como sangre entre sus tuercas y tiras de cobre y níquel dorado. Aury miró asombrada los suaves movimientos con los que tomó la mano de Elina, llevándola hasta los labios de Ranlyn para terminar en un profundo beso.

—Ridícula —murmuró Aury para sí, pues, aunque le fascinaba el aspecto mecánico, ver a su hermana derretirse por Ranlyn era una exageración.

—¿Tu padre va a acompañarnos? —le preguntó Vilhëm tomando lugar en escena—. Quiero discutir nuestro siguiente paso con él.

—Me temo que nos verá en la ópera. Por favor —señaló el carruaje más cercano y luego levantó el brazo ante a Elina para que lo tomara.

Todos subieron a los carruajes con excepción de Aury, quien iba hasta atrás.

—**Mueva esas piernas, señorita, es la última** —se burló.

—Cierra la boca. ¿No ves que apenas puedo caminar? —dijo enojada por el corsé y las horribles zapatillas que la hacían caminar como un pingüino borracho.

Se tropezó y casi se golpeó contra el suelo.

—**Creo que la alta sociedad la va a matar, señorita Aury.**

—Dime algo que no sepa.

Cogsworth subió al pescante para manejar él mismo los caballos. Doblaron en una calle y entraron a la Avenida de las Rosas, la más grande de toda Solaria: tres carriles en ambos sentidos llenos de árboles con flores violetas, terminando en la gigantesca estatua de una mujer a solo unos centímetros del cristal del Domo. «El Monumento a la Rosa», en honor a la fundadora, Rose Bella, quien sostenía una estrella adornada con un estandarte que leía: «1000 años bajo los Domos».

El carruaje rodeó la estatua hacia lo que parecía el único punto con vida del Domo Central esa noche. La Sala de Ópera, una obra hermosa y reluciente con la fachada adornada por ángeles sosteniendo el techo adosado, con mosaicos color esmeralda. Las luces y música la hacían resaltar entre un mar de edificios negros, como si la burguesía de Solaria fuera inmune a los malos presagios que amenazaban a los demás.

Una vez dentro, quedaron fascinados por el lujo de las paredes, los candelabros de cristal, pinturas, estatuas y la extravagante comida que los camareros llevaban en bandejas de plata.

Entre esa conmoción Vilhëm cruzó miradas con un hombre de edad avanzada, pero aún fuerte y sagaz. Llevaba un sombrero de copa y un monóculo en el ojo derecho sobre un prominente bigote.

—Señor Soler —lo saludó con su gruesa voz, quitándose el sombrero. Su nombre era Cobalto Waller, vocero de la comuna derecha de la Cámara de Vapor. Un hombre conocido por su fuerte y directo carácter.

—Senador, qué gusto verlo —mintió Vilhëm.

—Después de nuestro último encuentro lo veo poco creíble.

—Lo que pasó, pasó, senador —habló con una pequeña sonrisa y con un gesto de su mano, restándole importancia a su pelea—. Solo es un taladro. Lo importante ahora es la salud de nuestro rey.

—¿Salud?

—No insulte mi inteligencia, senador.

Cobalto tomó el brazo de Vilhëm y rápidamente lo apartó hacia una parte de la sala, donde nadie pudiera oír su conversación.

—Ha sido trasladado a una ubicación secreta donde están atendiendo sus heridas.

—Han pasado ya un par horas desde el incidente. ¿No piensan decir nada? —preguntó Vilhëm.

—«Apagón informativo». Incluso para nosotros. La Cámara de Vapor está a oscuras y por eso vine. Esperaba que usted pudiera compartir la poca… o mucha… información que tuviera al respecto.

—¿Qué está insinuando, senador?

—Todos sabemos que el rey planeaba apagar su taladro. Me parece curioso… por decir lo menos… que lo hayan silenciado antes de terminar.

—Si quiere acusarme de algo, senador, hágalo de frente y omita sus rodeos —intervino Vilhëm de golpe.

—No estoy acusándolo de nada, señor Soler. Existen muchos grupos que se beneficiarían de la muerte de Ilúson. Que usted esté entre ellos no asegura nada. —Ambos hombres compartieron una mirada dura y fría—. Dígame, ¿ha hablado con Sóren?

—¿Por qué lo pregunta?

—Su hijo ordenó el apagón de todas las estaciones de radio y dejó a los senadores lejos. Él llevó al rey a una ubicación secreta y es el único en toda Solaria que sabe lo que en verdad está pasando. ¿No le parece extraño?

Una malvada sonrisa se marcó en la comisura de los labios de Vilhëm, quien trató de ocultarla al beber un poco de vino.

—¿Y por qué debería? Mi hijo es el visir de Solaria —continuó orgulloso—. El Prodigio bajo el Domo.

—Exactamente, su hijo es visir. Es quien aconseja al rey, más no ordena. Es extraño porque no tiene la autoridad para hacer nada de eso.

—Y aun así lo hizo.

Cobalto Waller tragó amargamente el ron en su copa. Era claro que pensaba muchas cosas en ese momento, y olvidó el ya escaso tacto diplomático que le quedaba.

—Tenemos una relación complicada, señor Soler, pero por favor no me malentienda, a diferencia de usted, su hijo Sóren tiene todo mi apoyo y respeto. Aquí está pasando algo más. ¡No soy el único que debe sentirlo!

Vilhëm bebió otro poco para ahogar una carcajada. Luego, puso su mano en el hombro del senador, casi en tono de victoria, como si pretendiera mostrar que ya había ganado.

Por su parte, Cobalto Waller pudo ver más de cerca los extraños ojos violetas de aquel magnate, y su demacrada piel pálida, pegada hasta los huesos como un animal moribundo.

—No he hablado con mi hijo, pero le aseguro que no hay manos tan capaces en esta ciudad como las de él —dijo Vilhëm—. Sin embargo, como muestra de buena fe le haré saber cualquier información que tenga. ¿Le parece bien, senador? —Cobalto aceptó reciamente—. Bien. Recemos por la salud de nuestro rey y disfrutemos la ópera.

Vilhëm quedó solo. Fue en ese momento, cuando la horrible comezón apareció en sus muñecas y lentamente escaló por su cuerpo, como si se tratara de bestias abriéndole la piel con sus garras. Rápidamente sacó una pastilla con una N marcada de su pastillero y la tragó con una malévola sonrisa.

Tras bambalinas, Elina corrió por los estrechos pasillos, con una mano en su cabello y la otra en la cintura acomodando la falda. Dos chicas le seguían el paso, una desesperada tratando de terminar el maquillaje, y la otra sosteniendo dos alas blancas emplumadas.

Todos los artistas y en especial los músicos luchaban entre sí al pie del pasillo para poder ver al gran violinista. Pero en su lugar, entró una mujer grande de edad y no le molestaba disimularlo. Casi no llevaba maquillaje, su cabello era canoso casi metálico y su piel llena, llena de arrugas. Su traje era modesto y elegante con guantes blancos, un gran sombrero y chaleco rojo de tela fina como la sangre, cubierta por una esclavina de aire sacerdotal.

—¡Arzobispa Sangrey! —la saludaban todos y ella respondía amable y gentil, como si estuviese hecha de caramelo o fuera una abuela que siempre lleva uno en la bolsa para sus nietos.

A su espalda la siguió un grupo de jóvenes muy hermosos. Todos delgados, altos y con facciones finas, como hombres adultos con cara de niños. Sus rostros extrañamente melancólicos, miraban al piso y se agarraban el cuerpo como si trataran de apartar el mundo a su alrededor.

—Sí… son ellos.

—Su voz es hermosa.

—Cantan como ángeles.

—La arzobispa los corta ella misma con una daga de cobre.

—Sí… son los Castrati.

Detrás de ellos venía el mismo Víctor Woodward, el gran violinista. El silencio se apoderó de la sala y nadie se atrevía a mencionar sobre su aspecto. Elina, aun luchando por pasar adelante, apenas logró vislumbrar las pequeñas piernas que arrastraban su cuerpo redondo.

—Anda, Víctor, la ópera va a empezar —apuró la arzobispa—. El Dios Constructor sabe que muero por oír tu violín.

—Como usted diga… arzobispa Sangrey —murmuró, acompañado del estuche de su violín que arrastraba tétricamente contra el suelo, provocando un horrible y penetrante chillido.

Aury estaba convencida de que existía un infierno y no era más allá del Domo. Era toda esa gente pretenciosa: mujeres con vestidos elegantes y con plumas, hombres con sombreros de copa humeante con engranes, monóculos y bastones. La chica se sentía tan incómoda entre toda esa gente que rogaba al Dios Constructor, que nadie quisiera hablar con ella. No soportaba esas sonrisas y elogios falsos. Esas mentiras y gestos hipócritas de gente que fingía caerse bien, cuando en realidad se aborrecían. «Elina amaría estar aquí», pensó al ver su madre vestida con ese horrible atuendo de Susan Moss, dando su mano a la gente para que la besara, dando vueltas para que todos admiraran el vestido que parecía cera derretida.

Por suerte, no estaba sola. Kelden se sentó junto a ella y era obvio que odiaba estar ahí, tanto como su hermana mayor. Prefería estar en casa leyendo y no dando risitas falsas, elogiando monóculos, o bigotes tan grandes que podían usarse de tendedero.

Aury notó el enorme libro que Kelden trataba de leer. *Geología*. La portada tenía un planeta azul. Quizás era la Tierra antes del Evento Negro, la verdad no lo sabía y tampoco se le hacía un tema interesante.

—¿Por qué lees eso?

—Sóren lo tenía en su cuarto. ¡Tiene muchos libros interesantes! Creo que los sacó antes del incendio de la Universidad. Tiene de astronomía, filosofía y biología. De todo —contestó el pequeño acomodándose sus anteojos.

Kelden pasó la página hacia un diagrama de la Tierra, que mostraba las diferentes capas, desde montañas y mares hasta llegar al núcleo.

—«Litos… Litosfera» —leyó Aury con interés.

—Litos significa roca. Es la capa externa de la Tierra que incluye la corteza y el manto superior.

Más abajo, en la porción carnosa, como si la Tierra fuera un melocotón, el diagrama tenía varias cruces negras dibujadas a pluma. Claramente alguien las había hecho, pero lo más curioso era la anotación al pie de ellas: «¿Luces de neón? ¿Monstruos? ¿Hambrientos?». No había duda, era la letra de Sóren.

A Kelden no pudo importarle menos y pasó a la siguiente página. Aurora tampoco puso atención, y menos cuando vio a Kara tras un pobre camarero que llevaba una bandeja de panecillos.

Las zapatillas apenas la dejaron acercarse.

—¿Ya cuántos te comiste?

—No hagas preguntas si no quieres saber la respuesta, hermana —Y sacó otro pequeño pastel de su ropa.

—¡Dame eso!

Justo cuando parecía que su pelea podría convertirse en algo más serio, se oyó un fuerte chirrido acompañado del silbido del vapor. Su discusión se detuvo abruptamente cuando un brazo mecánico se posó en el hombro de Aury.

Ambas chicas levantaron la mirada hasta Ranlyn MacCormont, quien les ofrecía una pequeña y enigmática sonrisa. Sin dudarlo, Kara dio media vuelta y se perdió entre la muchedumbre, mientras que Aury fue atraída por ese misterioso brazo de hierro, enteramente elaborado con relucientes engranajes, pistones y bobinas de cobre. Era frío e intimidante, con un suave zumbido de otro mundo.

—¿Te gusta? —preguntó Ranlyn con su cálida sonrisa, moviendo el brazo hacia adelante y hacia atrás, expulsando vapor.

—Sí —contestó asombrada por el intrincado trabajo de ingeniería, pero dudosa—. ¿Te dolió?

—Mi padre me convenció de que la carne es débil y corruptible, pero el hierro en cambio es firme y duradero. No importa el dolor. Una vez que abandonamos las ataduras de nuestro cuerpo, es cuando alcanzamos nuestro verdadero potencial.

—No creo que deba mutilarme para lograrlo.

Ranlyn dejó esbozar una pequeña risa.

—Tu hermano me ha hablado de ti. Te gusta construir e inventar cosas.

—Yo también he oído de ti. Pronto te casarás con mi hermana.

Ranlyn observó la sala llena de gente rica e influyente. Sin mirar a la chica contestó:

—Los Soler y los MacCormont. Las dos familias más ricas y poderosas, unidas en matrimonio por el bien de Solaria. —Miró a Aury con esa misteriosa sonrisa y preguntó—: ¿Sabías que somos enemigos desde los días de Rose Bella y el Dios Constructor? Los fundadores de nuestras familias tenían… diferencias de cómo llevar la vida bajo los Domos. ¿Qué crees que nos mantuvo unidos por 1000 años? ¿La carne? No. El hierro.

La mano mecánica de Ranlyn chilló mientras los dedos se cerraban sobre la palma. Dio unos pasos alrededor de la chica, como si la examinara.

—¿Puedo ver tus manos? —le preguntó amablemente.

Al principio, Aury no se sentía cómoda para hacerlo, sin embargo, aquel hombre transmitía esa cálida sonrisa y aceptó dudosa como víctima de un hechizo. Ranlyn le examinó las manos detenidamente, pasando sus dedos y palma de hierro por las suyas, como una vidente analizando cada pormenor, cada arruga y en su caso, cada golpe, cada callo y moretón.

—Tu piel es fría, dura y áspera. No es muy diferente a la mía. Pero sigue siendo débil y ha pagado por tus ambiciones. Imagina lo que podrías hacer si no te doliera al martillar, si no sangraras ni se te acalambraran los dedos. Tus manos no tendrían límite.

Aury apartó las manos.

—Gracias, pero así estoy bien. Me gustan mis manos. Pueden ser feas y débiles, pero no son las manos de una princesa.

Ranlyn dejó salir otra risa.

—No. Definitivamente no son.

Por suerte, las puertas se abrieron invitando a todos a pasar a la sala principal. Aury trató de despedirse con una pequeña reverencia, pero Ranlyn la sujetó de nuevo, esta vez fuerte, casi lastimándole la piel. Se dirigió hacia ella con su cálida sonrisa tan distante a su frío tacto.

—Mi familia es dueña de los Altos Hornos —dijo apretándole el brazo con su mano de hierro—. Nosotros construimos los autómatas y todo en Solaria. Deberías venir. Estoy seguro de que lograré convencerte de que cambies tu sangre por aceite.

La dejó ir.

Aury se alejó velozmente, regresando la mirada un segundo para ver la mano de hierro de Ranlyn despedirla. Asustada, cruzó la enorme puerta hacia la sala principal, donde el escenario estaba envuelto por un patio de butacas rojas y otra planta volada con la galería de palcos en las paredes laterales.

Aury entró a uno de los palcos junto a su familia de mala gana y se tiró sobre su asiento. No podía esperar para que acabara ese martirio.

El telón se levantó. Todo el escenario estaba cubierto por una capa blanca de nieve falsa, la escenografía era pálida y oscura y hacía sentir una profunda melancolía. Tras bambalinas, los maestros del teatro hacían sonar instrumentos que replicaban el siseo del viento, azotaban tiras de metal que sonaban como truenos y por las paredes empezó a salir una neblina grisácea. Todo esto engañó al cerebro de los espectadores haciéndoles sentir el frío más allá del Domo.

Las luces se encendieron y Elina tomó lugar en escena justo al centro. Vestía un hermoso traje blanco y con alas emplumadas en la espalda, como si se tratara de un ángel. Inmediatamente la orquesta la acompañó con una suave melodía con un aire esperanzador, pero también uno que ocultaba tristeza.

Junto al maestro de ceremonia se paró un Castrati, miró a través del público, como si se sintiera solo en la inmensidad de la sala y empezó a cantar.

CANCIÓN
«Los muros de vapor»
En una tierra sin Sol
entre la bruma
oscura y enferma
conocimos el dolor.
Perdimos nuestra estrella
pero el amor de Rose Bella
y el mazo del Dios Constructor
dieron a luz los muros de vapor.

El tono melancólico de la orquesta dio un golpe repentino, y cambió por uno casi bélico. En escena aparecieron más bailarines, todos en trajes negros y brillantes, robustos y de apariencia pesada. Eran autómatas. Del techo bajaron pedazos falsos de acero y de cristal, y los bailarines empezaron a danzar a su alrededor siguiendo las ordenes de Elina; quien bailaba al centro de forma hermosa, levantando un brazo por aquí haciendo que los bailarines fueran hacia donde apuntaba, dando un giro hacia delante para que su grupo de constructores movieran el metal.

Bajo los Domos con valor
entre tuberías de cobre y volcanes
minas, hornos y engranes
rugen invictos los muros de vapor.
Alzándose con el cristal

curando nuestras heridas
ciñendo el metal
y salvando nuestras vidas.

Terminaron de juntar las piezas y Elina quedó bajo un domo cristal, pero no estaba sola. Entre los bailarines se escabulló un hombre que llevaba un atuendo muy diferente: un sombrero de copa, traje negro de cuatro botones, corbatín y mancuernillas doradas y una máscara violeta, que parecía un pájaro por sus grandes ojos y pico alargado. Junto a él, la escenografía también cambió, y ahora el escenario estaba lleno de tuberías que disparaban chorros de vapor, poleas y engranes de muchos tamaños.

Bajo los Domos con calor
grandes empresas mineras
mantienen las ardientes calderas
alimentando los muros de vapor.
Alzándose sobre las calles
dentro autómatas y hogares
contra la tundra y sin temor
nos protegen los muros de vapor.

Elina y el extraño hombre dentro del domo empezaron a bailar. Acercándose y alejándose, primero como amantes, pegando sus cuerpos y fingiendo besarse. Elina se movía de forma magistral y era ella la que resaltaba, usando el impulso de su pareja para girar, lucirse y dar saltos hacia atrás de forma elegante.

Pero su baile cambió de tono.

Las tuberías de cobre antes brillantes, se tornaron cafés y con óxido, el vapor que era blanco casi puro, ahora era negro y maloliente. Los engranes dejaron de girar.

El hombre perdió su sombrero. Se quitó el saco. Su baile se volvió violento. Ya no era un amante, sino un enemigo que parecía abusar de la chica, tirando fuerte de ella y azotándola contra el cristal. El resto de los bailarines danzaban fuera del Domo, ya no como autómatas, sino como bestias salvajes que golpeaban el cristal.

Bajo los Domos con temor
atrapados como bestias

nos hacen perder la cabeza
los enfermos muros de vapor.
El Dios Constructor nos dejó
y con fe en la Iglesia Eterna
entre muertes y tragedias
nos enferman,
nos enferman,
nos enferman,
los muros de vapor.

Las luces se apagaron de golpe al igual que la música. Por un momento solo se oía a los artistas correr en el escenario, guardando la decoración, y luego, nada. Penumbra y silencio absoluto hasta que se oyó las lentas pisadas contra la madera. Después vino el violín.

Oculto en las sombras, Víctor Woodward comenzó a tocar. El chirrido viajó desde el fondo del foro con un sonido fuerte, pero cortado, como los continuos disparos de un fusil. El tono cambió a uno más alegre que provocaba un sentimiento de júbilo, y con un talento casi infernal, el gran violinista combinó ambos tonos, erizando la piel de los espectadores.

La luz regresó y fue en ese momento, cuando Aury sintió una gota de sudor caer por su mejilla. Aunque había oído de él antes, nunca imaginó que fuera tan... tétrico.

Víctor Woodward tocaba notas casi imposibles gracias a sus dedos excesivamente largos. Su desproporcionada cabeza y giba en la espalda lo obligaban a encovarse alrededor de su violín, mientras movía el resto de su deforme cuerpo a la par del arco con el que tocaba. Su ojo derecho era de mayor tamaño y casi sobre la frente, su ojo izquierdo diminuto parecía estar zurcido. Su cabello había desaparecido a excepción de mechones plateados esparcidos por su cráneo, que caían hasta su boca tullida, de tal manera, que siempre la tenía abierta dejando ver sus dientes amarillos.

Su música se elevó por la sala como una tormenta, apoderándose de cada rincón y cada butaca, entró por los oídos de la gente, viajando por el sistema nervioso hasta su corazón. El tétrico violinista miró hacia el balcón de los Soler, y su rostro deforme y mirada penetrante se detuvo sobre Aurora, como si de alguna forma la conociera y pudiera ver dentro de ella. El corazón de la chica se aceleró, y se aferró a la butaca como si su vida dependiera de ello. No podía ni siquiera parpadear.

Su psiquis llegó al límite cuando una terrible y atemorizante sombra de ojos violetas apareció detrás Víctor sobre el escenario. Caminó hasta él y lo abrazó solemnemente por la espalda. Luego, lo tomó de las manos y lo ayudó a tocar su funesta e imposible melodía. La música sea hizo más rápida y fuerte. Víctor ya no quería tocar, se notaba en su rostro su tristeza, su disgusto, su dolor, pero estaba a merced de ese ente que le movía los brazos.

De pronto, Aurora desapareció de la sala y se vio a sí misma a los pies de la gigantesca estatua de Rose Bella. La ciudad estaba vacía y cubierta por la nieve, como si el Domo hubiera desaparecido. El Volcán Ébano hizo erupción, lanzando una columna de lava y roca ardiente, abriéndose camino en la oscuridad de la tundra. Pudo sentir su calor y oír los gritos de una gran batalla a sus pies: los disparos, los rugidos y tétricos susurros en la noche, junto a lo que parecía un autómata gigante caminar detrás del volcán.

Entre todo ese caos pudo distinguir un par de ojos rojos brillantes, encontrados con su mirada y molestos, como si se prepararan para luchar. Luego se oyó la frase: «¡Ese taladro va a matarnos a todos!».

El viento tiró a Aurora sobre sus rodillas, regresándola a la realidad.

—¿Señorita Aury, está bien? —le preguntó Cogsworth, cuando Aurora salió rápidamente del palco, tropezando y tambaleando con sus débiles piernas.

La chica lo ignoró y fue directo al baño. Arrojó las zapatillas contra la pared. Se lavó las manos y la cara. No podía entender qué había pasado, pero su corazón palpitaba con fuerza. Cuando logró tranquilizarse, salió al pasillo y el chillido del violín atravesaba las paredes. No tenía el valor para regresar y por buena… o mala suerte… no tuvo que hacerlo.

Dobló en una esquina camino al palco, cuando se topó de frente con dos hombres. Parecían mineros por la ropa sucia y llena de tierra, cubierta por un overol de mezclilla, una chaqueta negra y una máscara de gas con remaches de cobre y grandes anteojos de estilo gótico.

Aury frenó de golpe, perdió el equilibrio y cayó de espaldas hasta el suelo. Los dos llevaban grandes rifles de metal. El hombre tiró de la palanca amartillada, moviendo los engranes internos para posicionar la bala. Su dedo índice se envolvió alrededor del gatillo y antes de disparar su compañero lo detuvo:

—¡Espera! ¿De qué color son tus ojos, niña?

«¿Mis ojos?», pensó Aury, asustada y sin poder moverse, aún con el rifle apuntándole.

—Y su cabello rojizo —dijo el otro hombre.

—¿Es ella? ¿Trae el collar?

—¿No debería estar en el palco con el resto de su familia?

Por suerte, Cogsworth apareció en el pasillo.

La encontró en el suelo frente a esos bandidos y el arma. De inmediato, la música de Woodward terminó y se oyó la explosión de tres bombas en distintas partes de la Sala de Ópera. Y como un grito de guerra, salieron más mineros con máscaras de gas a los pasillos y comenzaron a disparar.

Los mineros abrieron fuego contra Cogsworth, cuyas balas rebotaron sin hacerle daño.

—Me temo que sus acciones son como peligrosas y estúpidas. Mi protocolo me obliga a pedirle que suelten el arma y se rindan, pero siempre podemos fingir que lo hice.

Cogsworth recibió dos disparos más en el pecho. Agarró ambos rifles y con su fuerza descomunal los partió en dos como si fueran palillos de madera. Los mineros trataron de huir, pero Cogsworth los detuvo y los noqueó rápidamente.

Aury se puso de pie y fue hasta su amigo. Lo abrazó con fuerza y luego revisó su cuerpo por fugas de aceite o daños.

—Estoy bien, señorita. Necesitan algo más fuerte para vencerme —dijo hincándose frente a ella.

Gritos, llantos, súplicas y disparos. El caos se apoderó de todo.

—Cogsworth… ¿qué está pasando? —preguntó Aury, aferrada a su mayordomo. Cogsworth se quedó quieto, analizando la situación hasta que entendió lo que debía hacer.

—Necesito sacarla de aquí ahora mismo.

—¡Espera! ¿Qué hay de mis hermanos? ¿Y mis papás? ¡No podemos dejarlos!

La lluvia de balas y gritos estaban entre ellos y su familia. No había forma de regresar, al menos no con Aury. Habían tenido suerte de salir al baño justo antes de que acabara la música.

—Debo sacarla de aquí primero. Ahora si me permite la brusquedad, mueva esas débiles piernas suyas. ¡Ya!

Más mineros aparecieron detrás y abrieron fuego. Cogsworth abrazó a Aurora, protegiéndola de las balas. La chica apenas podía moverse por el tonto corsé y el vestido. Cogsworth la cargó en sus brazos y usó su fuerte cuerpo para abrirse camino entre los malhechores.

Aquellos enmascarados robaban, rompían las sillas, las mesas y rasgaban las paredes con un odio profundo. Aury pudo oler el alcohol que tiraban al piso. ¡Planeaban quemarlo todo! Una viga de madera en llamas cayó frente a ellos, cortándoles el paso.

—¡Ahí están! —gritó un minero—. ¡No los dejen escapar!

Cogsworth evadió las llamas y dobló en dirección opuesta a la salida. Se metió detrás del escenario hacia esos pasillos angostos, llenos de baldes y cajas con travesaños en el techo, camerinos y escenografía. El fuego comenzaba a apoderarse del lugar y Aury sintió el bochorno de las llamas. Poco a poco las estructuras de madera y las cortinas se vinieron abajo, y el humo se elevó hasta el techo como una tormenta oscura.

Llegaron a los vestidores donde se encontraba una escotilla pequeña pegada a la pared, que servía para dejar la ropa sucia, y que por suerte caía fuera de la ópera en un callejón cercano.

—Espera un segundo. Eres un mentiroso, Cogsworth —lo regañó al entender su plan—. ¡Dijiste que saldríamos de aquí!

—Dije que usted saldría. Yo regresaré por sus hermanos.

—¡No puedo dejarte!

El edificio entero se sacudió. Las llamas avivaron y el humo se hacía cada vez más denso.

—Sí puede, y debe hacerlo. —Cogsworth se hincó frente a ella y le acarició el rostro limpiando su mejilla—. La encontraré.

—¿Lo prometes?

—Por supuesto, usted es mi mecánica de confianza... y mi mejor amiga. —Aury lo abrazó con fuerza y pudo sentir el vapor en sus articulaciones de hierro, como si se tratara de su corazón.

—Más te vale que salgas de aquí, chatarra vieja, ¿entendiste? —Aspiró los mocos de su nariz—. Si no lo haces, ya no te voy a reparar cuando te descompongas.

—Tan dramática como siempre —se burló.

Aury trepó por el túnel, pero antes de dejarse ir regresó la mirada hacia su amigo, y fue en ese momento cuando vio a un minero enmascarado salir de entre las llamas.

—¡Cogsworth! —gritó cuando el villano levantó una espada negra, muy parecida al grueso metal del autómata.

En un abrir y cerrar de ojos, el fuerte acero se enterró en la espalda de Cogsworth y salió por el pecho junto a un chorro de vapor. Aury quiso regresar, pero Cogsworth decidió salvarla. La empujó hacia el ducto de ropa y lo último que vio fue a Aury caer hacia la oscuridad antes de que le cortaran la cabeza.

CAPÍTULO VIII

«EL BAILE DEL FÉNIX»

En la calle se estacionó un coche de carácter futurista, con remaches elegantes y llantas bañadas en luz fosforescente. El Núcleo de Magma se detuvo. La puerta se abrió hacia arriba y salió un joven de veinte años, atildado de rostro cuadrado, resaltado por su traje oscuro con luz blanca en las articulaciones. El cadenero lo recibió con un pequeño gesto y lo dejó pasar con gusto.

—Bienvenido, jefe.

Erasmo Borgoni le regresó el gesto y entró a lo que era su empresa. Las luces de neón y hasta la música parecían recibirlo, todos le abrían paso, algunos saludándolo rápida y nerviosamente, mientras otros luchaban por conseguir una conversación con él. Se aproximó a la chica detrás de la cantina, quien lo recibió con la misma gentileza.

—Alguien lo está esperando —le dijo, moviendo el cuerpo con gracia como si quisiera llamar su atención—. Por aquí, jefe.

Lo guio por el estrecho pasillo y Erasmo ignoró por completo los Sueños de Neón en los cuartos de junto. Llegó a su destino, pero no entró de inmediato. Primero, con un gesto simple y frío, le ordenó a la chica que se fuera. Una vez solo, se acercó a la puerta y puso el oído contra el metal, pues oía algo dentro: «¡Cierra la boca! No… No… ¡Tú tienes la culpa!». Era Daren. No había duda de ello.

Erasmo abrió la puerta y fingió no haber oído nada.

—¿Daren, estás aquí? —preguntó con cordialidad.

El joven ladrón soportó el dolor de cabeza y los gritos de Serana. Debía mantener las apariencias y rápidamente se paró bajo la ventana que dejaba entrar las luces neón de Naica Negra.

—*Llegó temprano* —susurró Serana, posándose a su lado. Su voz solo hizo que a Daren le doliera más la cabeza.

—Al fin llegaste —saludó Daren de lejos, con un tono cortante y molesto como si lo hubiera hecho esperar.

Ambos jóvenes eran amigos desde hace muchos años, pero un muro invisible yacía entre ellos: uno que Daren levantó a la fuerza, enojado y de muy mala gana. La chica se acercó a Erasmo y como un buitre le dio vueltas, examinando a detalle su ropa nueva y elegante.

—Linda ropa, niño rico —masculló Daren, tratando de ignorar la estática que corría por su Panel Cerebral como una televisión descompuesta—. Veo que hiciste mucha pyrocita mientras no estaba «Jefe».

Erasmo guardó silencio. Se sujetó las manos detrás la espalda, como era su costumbre. Pudo a ver Daren ladear la cabeza, cerrar los ojos de tanto en tanto y su mirada perdida como si pudiera ver cosas en la oscuridad: síntomas de una sobrecarga neural. Nada grave… aún. Ignoró el comentario sarcástico y preguntó:

—¿Estás con alguien? Te oí hablar, mi amigo. —Y se acercó con la intención de darle un abrazo.

Pero Daren lo amenazó con los cables en su muñeca y dijo:

—¡Ya no somos amigos!

—Cables de Alta Velocidad. Es un juguete muy bueno. ¿Dónde los conseguiste?

—No importa, niño bonito, lo que importa es que son tan rápidos como para atrapar una bala. No confío en ti, así que quédate donde estás.

Erasmo le hizo caso. Daren no se veía del todo lúcido y no quería más problemas.

—Me pareció extraño que quisieras vernos aquí. Después de lo que pasó con Serana.

—No tienes que decirlo —interrumpió Daren sintiendo su corazón hundirse al oír ese nombre.

[Mensaje en el Panel Cerebral al notar un pequeño pico de actividad corrompida]

Diagnosticando...

—Todo lo contrario. Serana... era una luz en esta oscuridad y me odio a mí mismo por no estar con ella.

—¡No digas su nombre! —bramó Daren.

[Mensaje en el Panel Cerebral]
Carga cerebral corrompida al 35 %...

—Debí estar ahí con ustedes esa noche —siguió Erasmo.

—Esa noche alguien nos traicionó y te culpo a ti —dijo Daren—. ¡Tú nos diste información equivocada! ¡Yo no fallé!

[El Panel Cerebral se pintó en amarillo indicando que la carga corrompida había excedido más de la mitad]
Carga cerebral corrompida al 63 %...

—¡Nadie los traicionó! —pronunció Erasmo enojado—. Ese último trabajo estaba mal. Yo lo sabía y también Serana, pero tú y tu estúpida avaricia. Por eso yo no participé y le pedí a ella lo mismo, pero no quería dejar a su perro loco sin correa.

[Se encendieron a las alarmas en el Panel Cerebral]
Carga cerebral corrompida al 71 %...
«NIVELES CRÍTICOS»

Daren sintió cómo su cabeza se hacía pesada y su vista se hacía borrosa. Los circuitos eléctricos bajo su piel empezaron a calentarse, provocando espasmos.

—Los perros... locos... son impredecibles —dijo con dificultad—. No tienen nada que perder. Por eso somos tan peligrosos.

—No te halagues, mi amigo. Un perro es fácil de sacrificar.

—¡No soy tu amigo!

[Mensaje en el Panel Cerebral]
Carga cerebral corrompida al 79 %...
«NIVELES CRÍTICOS»

—¡Tú nos traicionaste esa noche! —chilló Daren—. ¡Para deshacerte de mí!

—¡Por la maldita caverna, Daren! ¿Cuántas veces debo decirlo? Yo no llamé a la policía esa noche. Tus decisiones lo hicieron. Si me hubieras escuchado, Serana seguiría aquí, ayudándome a mejorar nuestra ciudad.

—Tal vez convenciste a Serana y a todos los demás, pero no eres un ángel. Eres tan egoísta como yo. ¡Ese trabajo nos iba a hacer ricos!

—¡Y mira lo bien que resultó todo! —Daren apretó los dientes y no pudo contestar. Erasmo notó esta pequeña grieta en su terca armadura y trató de abrirse camino—. Eres mi mejor amigo.

—¡CÁLLATE!

[Las alarmas llegaron al límite en el Panel Cerebral]
Carga cerebral corrompida al 80 %...
«NIVELES CRÍTICOS»

El Panel Cerebral de Daren se llenó de estática, todo su cuerpo se sacudía y era como si algo bajo su piel se estuviera gestando, amenazando con destrozarlo al salir. Pero justo en ese momento, Serana apareció frente a él, lo tomó de la cabeza con ambas manos y le sonrió gentilmente antes de darle un beso en la mejilla.

—*Ya deja de ladrar, tonto* —se burló de él.

—Tú eres la tonta —susurró Daren para sí, sintiendo cómo su cuerpo entero se relajaba.

[Las alarmas menguaron]
HARDWARE ANTI-PSICOSIS: ACTIVADO
Liberando carga cerebral corrompida...
80 %... 79 %... 48 %... 12 %...
«NIVELES NORMALES»
Diagnóstico: No hay Cyber-Psicosis

Daren sintió un ligero zumbido en sus oídos. La presión se liberó y pudo regresar en sí. Erasmo podía ser muchas cosas, pero no era un estúpido. Se acercó a él con cuidado sabiendo que debía cuidar sus próximas palabras:

—En verdad lo siento, Daren, pero yo no te robé nada. Serana tomó su elección.

Daren no pudo evitar mirar a la chica recargada bajo la ventana, a merced de las luces fosforescentes que irradiaban sobre su silueta, como si se tratara de un ángel de neón. Ella lo miró de vuelta, con una sonrisa triste bajo sus ojos, pidiendo disculpas y aceptando a la vez que Erasmo decía la verdad.

—Yo la amaba —dijo Daren con el corazón roto.

—Al igual que yo. La extraño y haría lo que fuera por traerla de vuelta.

Daren apretó su corazón y le dio la espalda a la chica como si ya no quisiera verla.

—No todo —afirmó.

Se remangó la manga derecha hasta el codo y puso el pulgar izquierdo contra la piel. El sensor leyó la huella dactilar y abrió un pequeño compartimiento cibernéticamente adherido a su brazo. De ahí sacó la memoria que tenía el mayor secreto de Hikari.

Erasmo no pudo contener su emoción. La verdad, ni siquiera se molestó en ocultarla. Se acercó al chico, preguntando si era verdad lo que veía, y si había funcionado la mano sintética que le dio, el número de guardias, cómo había salido, cómo había saltado, todo. Un niño pequeño en Navidad era un comatoso en comparación a él.

—Sí, funcionó —contestó Daren a todo de mala gana—. Porque soy el mejor ladrón de Naica Negra. Mejor que tú, niño rico.

—Jamás lo he negado, mi amigo. —Daren rechinó lo dientes. Odiaba que lo llamara así—. Pero ninguno de los dos es tan bueno como Serana. Ella era la mejor.

—Y yo el ladrón de segunda, lo sé —refunfuñó, quitando la memoria de su alcance—. Primero lo primero, «amigo». ¿Dónde está lo que me prometiste? No voy a darte nada hasta ver mi pago.

Erasmo suspiró, rindiéndose a la idea de hacerlo cambiar de parecer y dijo:

—Hace seis meses tomaste un trabajo para el que no estabas listo. Creí que tú y Serana habían muerto esa noche hasta que apareciste de la nada con una bala enterrada en tu pierna. —Por mero instinto Daren tocó el bulto bajo su piel—. Y me pediste esto.

Erasmo alzó un chip diseñado para Sueños de Neón, pero diferente: un poco más grande y construido de un metal rojo como pyrocita.

—Normalmente lo hubiera rechazado porque no quiero que mueras. Pero el «Fuego de Prometeo» es…

—¡Oh, me aburres! —cortó Daren fingiendo un bostezo.

Sin más que hacer, Erasmo metió el chip en la silla al centro del cuarto y todas las luces danzaron hasta mostrar un holograma. Eran cuatro rostros, tres en la punta de un triángulo y el cuarto al centro. Ingmar y sus tres policías más cercanos.

—¿Cómo es posible? —preguntó Daren leyendo la información—. Ellos eran simples policías y ahora: un líder comercial, un gladiador de Electroger, una jefa de seguridad de una corporación y... oí que Ingmar había ascendido en la policía, pero ¿Comisionado?

—Harán el anuncio en unos días.

—¿Cómo alcanzaron esos puestos tan rápido?

—Tomaron las decisiones correctas, supongo. —Erasmo fue hasta Daren y le puso la mano en el hombro, con un tono fraternal en un último intento por recuperar a su amigo y salvarlo de su propia estupidez—. No eres un asesino. Déjame ayudarte a llevarlos a la justicia. Eso es lo que Serana hubiese querido.

—¡No necesito tu ayuda, niño rico! —Se lo quitó de encima y le arrojó la memoria de Hikari—. El archivo está encriptado. No lo pude abrir.

—No importa. Yo me haré cargo —cortó Erasmo, harto y triste por él—. Pero antes de irme solo quiero decirte algo. El «Fuego de Prometeo», cambiarás la vida de muchas personas. Serana siempre quiso eso. Recuérdalo cuando estés frente a esos hombres.

—Solo tengo un recuerdo en mente. Y no es ese.

Daren recordó aquella última noche: el trabajo, el cadáver que dejó atrás y sobre todo los gritos de Serana aferrados a su mente como un virus: «¡Daren! ¡No me abandones! ¡Por favor, regresa! ¡Daren!», gritaba mientras él huía.

Dejó los Sueños de Neón y fue por la calle. Tenía la información que necesitaba: Ingmar y sus monstruos, pero no tenía forma de dar con ellos. Serana, quien caminaba a su lado, atravesando a la gente en su aspecto fantasmal, lo sabía, y cuando estaba por recordárselo, Daren encendió el ComSet:

Chat
«El Fénix de Naica»

Daren:

... ...

—¿Qué pasa? —le preguntó al notar que no escribía—. *Tú y yo sabemos que jamás podrás llegar a Ingmar sin la ayuda de Fénix.*

—¡Lo sé! Pero...

—*Sí, estoy de acuerdo contigo, niño tonto. No creo que esté muy feliz de verte después de lo que hiciste.*

—¡Sé que puedo convencerla!

—*De que te mate rápido tal vez* —se burló.

—¿Acaso no tienes nada mejor que hacer? —refunfuñó el chico, guardando la manos en sus bolsillos y bajando el rostro al caminar. Serana le dio un pequeño beso en la mejilla, un beso que atravesó la piel de Daren y que hubiera dado su vida por poder sentir—. ¡Aléjate de mí! —gruñó como gato amargado.

Daren cerró el ComSet. Incluso él sabía que esta petición requería diplomacia y tacto, algo de lo que conocía muy poco.

Sobre su cabeza corría una porción sin servicio de la Oruga y trepó hasta ahí con ayuda de sus cables de alta velocidad. A lo lejos pudo ver el destello de los trabajadores que soldaban y reparaban los rieles, y se aseguró de que no viniera el tren. Luego se deslizó sobre el metal, patinando ágilmente a través de las calles de Naica Negra ahorrándose el esfuerzo de caminar. En el riel junto a él iba Serana, resbalando sobre el carril al igual que él, haciendo volteretas tan elegantes que parecía volar de forma mágica sobre las luces de neón.

Daren aceptó el reto.

Una cadena colgaba más adelante como una liana, la tomó y se columpió sobre la ciudad aterrizando otra vez en los rieles, pero su pierna derecha protestó y no pudo más que deslizarse en silencio, admirando la belleza de la chica, quien le regalaba sonrisas cubiertas de tanto en tanto por su cabello rojo. Daren estaba tan fascinado por ella que no se dio cuenta que cruzó hacia los rieles en operación y al poco rato, el rugido de la Oruga apareció detrás de él con sus luces delanteras encendidas.

Se inclinó hacia delante para ganar velocidad, pero el vagón le pisaba los talones tanto que pudo sentir el Núcleo de Magma ronronear dentro de ella. Estaba a nada de aplastarlo, cuando otro misterioso temblor golpeó a Naica Negra, acompañado del misterioso sonido más allá de los muros, como taladros en la oscuridad y obligó al tren a detenerse. Daren ganó espacio y cuando tuvo la oportunidad aterrizó en el techo de una casa cercana.

—*¿Qué está pasando?* —preguntó Serana viendo las paredes de roca resonar junto a los edificios, tirando tierra y pedazos de metal a las calles, pero, así como vino se fue.

Daren no contestó. Jamás lo admitiría, pero era un milagro que saliera ileso. Su pierna le ardía como antes y mimó la piel alrededor de la bala para calmarla.

—*Te gané… otra vez.*

—Estás loca.

—*Dime algo que no sepa.* —Se rio la chica.

Daren levantó el puño con el pañuelo violeta de Serana entre sus dedos y luego lo besó. Serana se recargó sobre él, y aunque no podía sentirla, Daren olvidó su plan por un segundo. Por un instante se sintió feliz hasta que la chica dijo:

—*No tienes que hacer esto. Podemos hacer una vida juntos en el otro extremo de la caverna.* —Daren se molestó.

—¡No podemos estar juntos porque tú estás…!

—*¿Estoy qué, Daren?* —le preguntó Serana con calma, tratando de forzar una confesión de su parte—. ¿Qué me pasó esa noche? ¿Por qué me abandonaste? ¿Acaso no me oíste gritar por ti?

—¡Claro que te oí! Toda mi vida oí tus regaños. Siempre quejándote con esa voz chillona de rata moribunda que tienes. Regañándome por todo, por pelearme con aquel o robar aquello. ¡Por mantenernos con vida!

—*Daren…*

—¡NO! ¡CIERRA LA BOCA! —cortó con tanta ira que hasta su Panel Cerebral mostró un poco de estática.

Bajó hacia la calle y caminó hacia el Puente de las Ascuas: un gran paso a desnivel que corría por una buena porción de la caverna, atiborrado principalmente de cabarés y locales dedicados a esparcir el humo de la amatista sintética. La Oruga rodeaba el puente en una espiral que iba de extremo a extremo, dejando atrás un rastro de luz neón.

«El Fénix de Naica». Leyó Daren el nombre bajo la pequeña escultura de un ave con las alas extendidas a los lados. Era uno de los cabarés más prolíficos de toda la caverna, e incluso afuera, se podía oír el bullicio del interior, la algarabía de la gente y oler la amatista sintética impregnada en las paredes que mostraban fotos de hombres y mujeres con atuendos eróticos.

Una vez dentro, fue recibido por una chica detrás de un mostrador: Souma. Un poco más joven que él con cables eléctricos azules fosforescentes en las puntas del cabello, para dar una apariencia más cibernética. De inmediato, la chica bajó la mirada y su piel blanca se ruborizó.

—Hola, Sou. Hoy estás más hermosa —le dijo Daren con una sonrisa pícara, consciente del efecto que tenía sobre ella.

—Estás vivo —contestó sin hacer contacto visual y jugando nerviosamente con su cabello.

—¿Por qué no lo estaría?

—Es lo que he oído por ahí, pero no me hagas caso. ¡Dios! —Y se tapó la cara.

—Estoy tan vivo como nunca. Y mejor ahora que estoy contigo. —Le acarició el mentón y Serana refunfuñó celosa.

—*Eres un patán. ¿Lo sabías?*

Souma estaba a merced de su hechizo, se mordió el labio y suspiró como una colegiala enamorada al sentir la curiosa piel morena y cálida de Daren. Serana la vio acercarse a los labios de Daren y fue cuando el chico se alejó:

—Tengo que hablar con ella.

—Oh, sí. —Su rostro no podía estar más rojo—. Está en el escenario. Ya casi acaba.

—¿Y después? —Souma buscó entre los papeles detrás del mostrador—. Sé que soy inoportuno, pero hermosa, ¿podrías pasarme antes que al resto?

Para su mala suerte, un hombre salió por un pasillo junto al mostrador, y al ver a Daren dijo con un tono áspero y cortante:

—Vaya, estás vivo.

—Lamento decepcionarte, pequeño Fred. —Aunque de pequeño no tenía nada. Fred parecía más un cavernícola con facciones burdas y una única ceja que le cruzaba los ojos. Sus enormes brazos y piernas mejoradas con Cybers de resistencia y fuerza lo hacían alguien de temer. Pero era aún más notorio la lealtad que tenía por su señora.

—No quiere verte, Daren. No después de lo que hiciste.

—Vamos, pequeño Fred. Soy yo. Ella me salvó hace un mes, ¿recuerdas?

—Sí, ella te encontró medio muerto a orillas del canal, te salvó, te curó la pierna —inconscientemente Daren pudo sentir el pedazo de metal entre sus músculos—, y tú le escupiste en la cara. ¿Por qué querría verte?

—Porque los encontré. —Y encendió el holograma del Sueño de Neón: la cara de Ingmar, sus hombres y sus direcciones—. Necesito su ayuda.

Al pequeño Fred no pudo importarle menos esos rostros y nombres que nunca había visto. Dio un paso a Daren con fuerza, mostrando su poder y dijo:

—Ella es demasiado importante como para entretenerse con un ladrón de segunda como tú. —A Daren tampoco le importó que Fred fuera medio metro más alto que él—. ¿Estás seguro de que quieres hacer esto, mocoso?

El pequeño Fred tronó los dedos reforzados con aleaciones de acero neón, tan grandes como un plato y tan fuertes como para apretar un cráneo, mientras que Daren, era un perro ladrando seguro detrás de una reja sin saber que el otro perro lo haría trizas.

—Puedes pasar, Daren —intervino Souma de golpe para calmar la situación—. Tengo una mesa justo al centro, puedes esperar ahí a que la señora termine.

—Gracias, hermosa. Tan tranquilo como la caverna lo quiera, ¿eh? —Le sonrió y le acarició el rostro gentilmente.

—Tan tranquilo como la caverna lo quiera —siguió Souma el saludo.

—¡Ya es suficiente! —le gritó el pequeño Fred, echando chispas por los ojos. Daren ignoró su rabia y también la de Serana, quien lo observaba como si quisiera matarlo.

Cruzó por el pasillo hasta una sala llena del espeso humo de la Amatista Sintética. Daren la detestaba a más no poder, tanto el olor como el picor en su nariz y en la garganta, pero la odiaba más desde su último trabajo. Con el humo violeta vinieron los recuerdos: Ingmar, el secuestro y los gritos de Serana.

Se acarició la frente para calmar el dolor y siguió adelante a través de la sala repleta de mesas, con manteles brillantes y hombres y mujeres fascinados por el espectáculo que tomaba lugar al fondo. Daren se sentó en su mesa justo antes del último baile de la noche. Las luces se apagaron, a excepción de una luz roja sobre el escenario.

Un grupo de bailarinas se formó en una fila dejando a la cabeza a una hermosa mujer de cabello largo y negro. Llevaba puesto un traje de cuero con líneas neón fosforescentes que resaltaban aún más su figura. Desde la mesa de Daren, todas las bailarinas quedaban ocultas detrás de ella. La mujer alzó los brazos con gracia y al mismo tiempo, las bailarinas detrás de ella la imitaron en sincronía para dar la ilusión a las alas rojas. Empezó la música que iba a la perfección con cada movimiento, convirtiendo un simple baile en una experiencia alucinante y casi psicodélica que atrapaba la mente de todos.

—*Ella no te odia* —dijo Serana sentada en la silla frente a él, sintiendo sus nervios.

—Honestamente no me importa —mintió.

—*Claro que sí. Ella te salvó. Ella es la única que lo ha hecho... además de mí.*

—Justo por eso debe entender lo importante que es esto —dijo señalando el Sueño de Neón.

—*Ella quiere lo mejor para ti, Daren.*

—¡Pues yo no quiero lo que es mejor para mí! —exclamó molesto—. ¡Quiero lo que necesito!

La música electrónica se hizo mucho más fuerte, los sintetizadores, cajas de ritmo y estaciones de audio manipularon el sonido para dar como resultado texturas y tonos únicos, contribuyendo a una sensación futurista, acompañada por el baile de la mujer frente al escenario. Sus movimientos era una fascinante mezcla de fluidos y precisión, cada paso era una respuesta deliberada a la sinfonía electrónica que la envolvía. Sus dedos trazaban en el aire ondas como si pudieran capturar la esencia misma del sonido, y a medida que el ritmo se intensificaba, sus caderas y la de sus bailarinas detrás, se balanceaban en síncopa como una encarnación de ese ritmo contagioso.

Pero a lo largo de su bello baile, su rostro reflejaba una mezcla de emociones: sorpresa, preocupación, tristeza y enojo. Todas ellas dirigidas al chico en primera fila, quien no podía apartar la mirada de esa mujer, cuyos ojos caían sobre él de una forma fulminante.

La música terminó, las bailarinas reverenciaron al público que se levantó para aplaudir reconociendo el arte y la pasión de esa mujer. Quien, con un movimiento final y elegante, se detuvo sin aliento y regocijada.

—Ella te verá ahora —dijo el pequeño Fred a Daren.

Daren, absorto en el mundo sintético que creaba esa mujer con su baile, al oír al pequeño Fred dio un salto en su lugar.

—¡Al menos ponte un cascabel! —exclamó con el corazón latiéndole sin parar—. ¿Sabes? Tienes que hacer algo sobre esa única ceja tuya, pequeño Fred —se burló tratando de apagar los nervios que crecían—. Si se hace más grande la gente empezará a llamarte pequeño simio.

Fred giró los ojos y se signó a contestar su broma de mal gusto. Lo escoltó hasta el camerino y adentro, encontraron aquella sentada frente a un espejo lleno de luces, quitándose los aretes y el maquillaje en el rostro.

—¡Oye, Fénix! —exclamó Daren quitado de la pena. Molesto, el pequeño Fred lo tomó del hombro y lo obligó a mirarlo.

—¡Ten más respeto! Dile «Mi Señora».

—Tonterías.

Fénix alzó la mirada a través del espejo. Sus ojos grandes y profundos aterrizaron sobre su guardaespaldas. El pequeño Fred entendió el mensaje y los dejó solos.

—Veo que no has perdido tu toque, Fénix —le dijo Daren con una ligera risa, en un intento inútil para calmar la mecha que ardía hasta una bomba—. Sé que estás enojada conmigo, pero considerando la situación creo que estarás orgullosa.

—¿Orgullosa? —dijo molesta con una voz profunda que no era de mujer. Se volteó hacia él, haciendo más claras sus facciones burdas bajo el maquillaje, la manzana de Adán en su cuello y su voz ganó sentido.

Daren encendió el Sueño de Neón con una sonrisa, como un gato que lleva una rata muerta a su dueño esperando que lo felicite por un buen trabajo. Y vaya que estaba equivocado.

—Hace seis meses te encontré medio muerto a la orilla del canal con una bala en tu pierna. Te traje aquí y te alimenté y cuidé. Luego me robas y ahora regresas con cuatro rostros que apestan a muerte. ¿Y piensas que voy a estar orgullosa de ti?

—No te robé, Fénix. Te pedí prestado —dijo levantando ambas muñecas. A Fénix no le agradó los Cables de Alta Velocidad ni el Circuito de Electrochoque que Daren compró con su dinero—. Bien, prometo que te pagaré una vez que mate…

—¡Suficiente, Daren! —gritó con su poderosa voz, obligándolo a bajar la cabeza. Fénix se puso de pie y fue a él, incomodándolo por su gran tamaño, pues medía casi dos metros sin tacones—. ¿Cuánto tiempo llevas viéndola?

Daren se sorprendió por su pregunta e inconscientemente miró a Serana por el rabillo del ojo, recargada en la pared feliz de que lo estuvieran regañando.

—Un par de semanas... no sé, ¿por qué?

—¿Le hablas?

—Trato de no hacerlo.

—¿Recuerdas lo que le hacen a los Cyber-Psicópatas, verdad? Si tienen suerte los matan. Si no, los tiran en el Hoyo.

—¡No soy un Cyber-Psicópata!

—¿Entonces por qué la ves? ¿Por qué le hablas? —Daren apartó la mirada sin atreverse a contestar. Esta vez Fénix relajó el tono, se acercó a él para consolarlo y le puso mano en el hombro—. Ella está muerta, Daren. Tienes que aceptar eso. Este plan, tu venganza…

Daren se quitó la mano de Fénix enojado y bramó:

—¡Es lo que necesito! Es lo que le debo a Serana. Ingmar y el resto… ellos… la… la…

—¿Qué le hicieron?

—La lastimaron.

—Hicieron más que eso y lo sabes. Dilo.

—¡¿Por qué?! —demandó una explicación.

—Porque jamás podrás seguir adelante hasta que lo aceptes.

—¿Cómo puedes estar de su lado? —le reclamó molesto, agitando lo brazos y caminando por la habitación—. Tú eres el Fénix de Naica Negra. Los oprimidos, los que no tienen a dónde ir, los que no se sienten a sí mismos… —E hizo una pausa para hacer énfasis en cómo para Fénix, una mujer transgénero, no había sido fácil—… Tú peleas por la gente de Naica Negra. ¡¿Por qué no me ayudas con esto?!

—Porque hay una diferencia en ayudar a los pobres o a los confundidos, a ayudarte a matar a cuatro personas.

—¡Cuatro asesinos, ladrones y violadores! ¡Ellos son animales y merecen morir como animales!

—¡¿Y si tú los matas en qué te convertirás?! —De nuevo Daren apartó la mirada y Fénix vio la rabia que recorría sus venas—. No necesitas hacer esto, Daren. Tú eres el mejor… acróbata… que conozco —quiso decir ladrón—. Puedes quedarte y trabajar conmigo o puedes irte al Coliseo Rojo y ganar millones ensartando estrellas en canastas como un Gladiador de Electroger. Tienes toda tu vida por delante. ¿Por qué tienes tanta maldita prisa por arruinarla?

Serana se acercó al chico y susurró que tenía razón. Le pidió que escuchara a Fénix, pero Daren solo pudo pensar en los gritos de Serana esa última noche y con ellos, toda posibilidad de hacerlo cambiar de parecer se vino abajo.

—Ingmar y sus monstruos subieron muy alto. ¿Me vas a ayudar a llegar a ellos o no?

—Quieres matarte —dijo decepcionada—. No necesitas mi ayuda para eso.

—¿Sabes una cosa? —preguntó cuando Fénix fue a su vestidor para cambiarse—. Serana quería salvar a todos. Solía decir que somos capaces de hacer el bien bajo las circunstancias correctas, que preferimos el amor sobre el odio y que la gente mostrará su mejor cara cuando sea el momento. Serana era una idiota.

—¡Ey! —le reclamó la chica—. *Puedo escucharte.*

Daren apretó el cuerpo, haciendo su mayor esfuerzo por ignorar la estática en su Panel Cerebral y continuó:

—Al igual que tú, Fénix.

—Vaya forma de pedir mi ayuda —dijo detrás del vestidor.

—Tomé un trabajo y esa noche alguien nos traicionó. ¡Yo no fallé! ¡Yo no fallé! —Golpeó el aire de arriba abajo con ambos puños—. Ingmar apareció de la nada, dijo algo sobre un trato… y la forja y ese bebé… las explosiones… Serana. —Hizo una pausa para retomar el control de sus pensamientos—. Tú y Serana son iguales, campeonas de los oprimidos de Naica Negra y estos animales, la… Es como si te hubieran lastimado también. Necesito tu ayuda para llegar a ellos. ¡Te daré lo que sea!

—¿Lo que sea? —Salió con un vestido rojo brillante que resaltaba su figura.

—Nombra tu precio y lo doblaré, Fénix. Si quieres que te venda mi alma, adelante, trabajaré el resto de mi vida para ti, no me importa. Haré lo que sea a cambio de que me ayudes a matarlos.

Fénix se dio cuenta de que no había forma de hacerlo cambiar de parecer, así que dijo:

—Quiero el pañuelo violeta. —Daren no esperaba eso. Abrió los ojos y echó el rostro hacia atrás.

—Se… Serana me lo dio.

—Lo sé. Me contaste la historia y sé lo mucho que significa para ti. Ese es mi precio.

—Puedo conseguirte pyrocita, lámparas de luz ultravioleta, Amatista Sintética, ¡un maldito árbol si quieres! Lo que sea, pero…

—No quiero nada de eso. Quiero ese pañuelo.

—¿Por qué?

—Cuando te saqué del agua estabas aferrado a ese pedazo de tela como un borracho a una botella, y no dejabas de repetir: «Serana» y «monstruos». Jamás la conocí, pero si ella y yo somos tan parecidas como dices, sé que esto va en contra de todo en lo que ella creía.

Daren miró a Serana como un niño pequeño buscando ayuda de su mamá.

—No la mires a ella. ¡Mírame a mí!

—*Es ruda. Me agrada* —dijo Serana recargada en la pared con una sonrisa pícara.

—Bien, es solo un pañuelo viejo. —Pero le costó mucho trabajo desprenderse de él.

—Una cosa más, Daren —insistió Fénix—. Voy a ir contigo en este trabajo.

—¡¿Qué?! —gritó junto a Serana—. ¿Por qué?

—Porque tienes razón. Esos animales subieron muy alto y rápido. Me intriga saber por qué, además, con tu actitud de perro rabioso jamás podrás acercarte a ellos sin mi ayuda.

Daren se reunió con Fénix y el pequeño Fred en el escenario. Le dio el Sueño de Neón al guardaespaldas, este lo conectó al sistema y aparecieron los rostros de a quienes quería matar.

—De verdad eres un ladrón de segunda —dijo el pequeño Fred—. Esta información es una burla.

—No pedí tu opinión, pequeño *Homo Erectus*.

—Fred tiene razón, Daren —dijo Fénix, cargando un gato amarillo—. Esta información es un chiste.

—Por eso vine contigo, Fénix. Ellos no salen a menudo. Es ahí o nunca.

—¡Ten más respeto, mocoso! ¡Dile, Señora!

—¿Y cómo te digo a ti? ¿Orangután?

—INGMAR Y SUS MONSTRUOS

Teniente Nova Víctor
Edad: 31 años. Altura: 1.68m. Peso: 68kg
Rasgos físicos: Cabello blanco, piel clara y ojo biónico de alta sensibilidad de lado derecho.
Profesión: Jefa de Seguridad del Director Ejecutivo de la Corporación Obelisk.
Localización: Dónde vaya el Director

Comisionado Ingmar Cromwell
Edad: 61 años. Altura: 1.89m. Peso: 92kg
Rasgos físicos: Cabello y barba peligrosa, piel clara y ojos negros con una profunda cicatriz sobre el ojo izquierdo.
Profesión: Comisionado de la Policía de Zafiro
Localización: Desconocida

Darío Lacroix
Edad: 45 años. Altura: 1.59m. Peso: 145kg
Rasgos físicos: Cabello oscuro, piel oscura con manchas blancas y sumamente obeso
Profesión: Líder Comercial del Bazar de las Luces
Localización: Nueva Inauguración El Havana Java

Marren Magnus
Edad: 28 años. Altura: 2.09m. Peso: 101kg
Rasgos físicos: Cabello rojo, piel blanca y una gran habilidad física y fuerza
Profesión: Capitán de las Calaveras de Fuego
Localización: Final de Vapoqer en el Coliseo Rojo

Fénix se acercó a los rostros en tres dimensiones que flotaban sobre su escenario. Examinó sus facciones y meditó en silencio, ignorando la pelea entre Daren y el pequeño Fred. Bajó la mirada pensativa hasta que su Panel Cerebral lanzó una señal de alerta. Rápidamente se volvió hacia la pierna de Daren que brillaba por la bala bajo su piel.

Fénix por fin detuvo la pelea y dijo:

—El Director de Obelisk… —Hizo una extraña pausa, como si sintiera una rabia profunda al pensar en ese hombre—. Por alguna razón se ha alejado de la vida pública y nunca sale de su Corporación. Ingmar, por otro lado… Ya veremos.

—Está bien, porque quiero dejarlo el último —dijo Daren frotando las palmas de la manos una contra otra—. Quiero que sienta el temor de ver a sus monstruos muertos y saber que algo viene por él.

—¡Esto no es juego! —se molestó Fred—. Mi Señora no va a arriesgarse a… —pero Fénix le calmó con un gesto de su mano.

—Bien, el Comisionado será el último —aceptó Fénix—. ¿Cuándo es la Nueva Inauguración del Havana Java?

—En dos días, mi Señora. Tiene una invitación que no pensaba aceptar —contestó Fred odiando que se involucrara en todo esto—. Y la final de Electroger es en un par de días.

—Eso lo deja claro.

—El bufón morirá primero —terminó Daren viendo el rostro de Darío Lacroix.

CAPÍTULO IX

«UN OASIS NUCLEAR»

Erneq seguía con los brazos arriba cuando el bandido disparó. Cerró los ojos, echó el rostro hacia atrás y medio segundo después la bala le arrebató el piolet de las manos.

—Ni se te ocurra moverte —le amenazó Adlar, atrapando el casquillo en el aire. Luego tiró del seguro y cargó otra bala en la recámara.

—Siempre tan precavido, ¿eh? —dijo Serj, el líder, acercándose a Erneq como un buitre saboreando su cena. Lo miró de arriba abajo, se paró frente a él y preguntó—: ¿Dónde está el resto?

—No sé de qué h-h-h-habla —tartamudeó, mirando los cráneos humanos que usaba como rodilleras.

—No quieras verme la cara de imbécil, muchacho.

—¡Si no quieres verle la cara que tiene! —exclamó Vincze, el tercer bandido, riendo y zapateando como un bufón.

—Estoy s-s-s-s-solo.

—¿De verdad esperas que crea que un niño pequeño y tartamudo, está solo en la tormenta? Eso es muy difícil de creer.

—Sí, sí, sí, extremadamente difícil, Serj, mucho —contestó Vincze con su voz chillona e infantil.

—Mi hiperactivo amigo está de acuerdo y mi amigo callado de allá también, supongo. ¿No es así, Adlar?

Adlar mantuvo su actitud de pocos amigos, sin decir una sola palabra, pero con el rifle bien arriba y listo para disparar.

—Estoy s-s-s-solo —reafirmó Erneq, tan seguro como sus nervios le dejaron.

Había oído de los bandidos antes, monstruos sin corazón que habían saqueado, violado y asesinado a toda una tribu años atrás. Su padre los detestaba al igual que Ituko. Era la primera vez que se topaba con ellos y quería compartir ese odio pasado de generación en generación, mantenerse firme como seguro Ituko lo haría en ese momento, pero sus pocos ocho años no eran suficientes.

—Mírame, pequeña estrella —dijo Serj. Erneq no se atrevió, estaba demasiado asustado. Serj lo tomó de la máscara y le hizo levantar la mirada hasta él——. Estás mintiendo. ¿Quieres saber cómo lo sé? Tu gente caza las luces y yo los cazo a ustedes.

—¡Sí! ¡Sí! —exclamó Vincze muy impaciente y emocionado—. ¡Yo también las he visto! Las luces, las luces, sí. Pregúntale sobre ellas, sobre las otras luces.

—¡Cállate! —le gritó Serj y Vincze bajó el rostro como un perro regañado.

—Estoy s-solo —insistió de nuevo y Serj lo bañó con la luz azul de su máscara.

—¿Dónde está tu papá?

—Muerto —contestó rápidamente.

—¿Y tu madre? —Erneq tenía que contestar rápido, pero su lengua se trabó de nuevo como si oyera todos los regaños de su padre.

—M-M-muerta t-t-también.

—¿Hermanos?

—Hijo u-u-único.

—¿Quieres jugar, pequeña estrella? Por mí está bien.

Serj lo golpeó fuertemente en el estómago con la culata de su rifle y el pequeño Erneq cayó al suelo tratando de retomar el aliento.

—Yo voy a hacer una pregunta y si la respuesta no me agrada, voy a golpearte. Quiero que tengas en mente que mientras más te golpee, más será la probabilidad de arrancar una de esas válvulas que llevas en el rostro, o hacer añicos tu hermoso traje estrellado.

—¡Sí! ¡Sí! ¡Quítaselo! —exclamó Vincze, frotándose las manos como una mosca—. Me encanta ver cómo se congelan.

—Mi amigo no está equivocado —siguió Serj, inclinándose hacia Erneq, asegurando su tamaño sobre él—. Nos encanta ver cuando se congelan. Tarda un par de segundos, es bastante rápido, pero ¡Oh! —suspiró con placer. Sacó una navaja y la clavó sutilmente en el traje del chico—. Deberías ver cómo el frío de la tormenta entra por el agujero más pequeño, el agua se congela dentro de cada célula haciéndolas estallar, cada músculo, cada órgano, cada fibra de tu ser es devorado por el frío. Ahora, pequeña estrella, ¿dónde está el resto de tu grupo?

—Estoy solo, ¿por qué no l-lo entiendes?

Debajo de su máscara, Serj frunció el ceño y con el duro metal de su rifle le sacó el aire a Erneq, poniéndole los ojos en blanco, obligándolo a hincarse frente al bandido con una mano en el abdomen. Serj preguntó de nuevo, pero no recibió respuesta y lanzó golpe tras golpe y Erneq se aferró a su cuerpo para protegerse.

—¡Yo quiero! ¡Yo quiero! —pidió Vincze, tronándose los dedos y el cuello como un luchador antes de la pelea.

—Suficiente —por fin intervino Adlar, parado en un extremo aún con el rifle arriba—. Le deben doce preguntas.

Serj lo miró confundido.

—Dijiste que una pregunta, un golpe, ¿no es así? Le preguntaste dos veces. Lo golpearon catorce veces. Tiene doce preguntas.

—¡Eso fue…! ¡Yo estaba…! —balbuceó haciendo ademanes para tratar de explicarse—. ¡No importa, Adlar!

—Le importa a él.

—¡Pues a mí no! —gritó el líder—. Hay otras estrellas como él aquí cerca. ¡Puedo olerlas! —Serj levantó a Erneq del suelo y lo azotó contra la pared—. ¡Lo sé porque yo soy el mayor cazador que conocerás!

Le puso el cuchillo contra las válvulas en su rostro. Un pequeño orificio en la conexión aérea dejaría entrar todo el poder de la tundra, y el duro y mágico metal sería tan inútil como el acero de las ciudades congeladas.

De pronto, al fondo de un pasillo, Erneq vio a quien parecía ser su padre, agazapado y con el arma en mano. Amarok apagó la luz de sus ojos para ocultarse en las sombras y el corazón de Erneq latió alegre.

—Se nos acaba el tiempo —dijo Adlar—. Mátalo de una buena vez para que podamos largarnos de aquí con su traje.

Adlar bajó el rifle y tanto Serj como Vincze le dieron la espalda al pasillo. Ese era el momento para atacar, pero algo sucedió. Ituko apareció por detrás y agarró a su padre del cuello obligándolo a retroceder. Force-jearon, y Amarok golpeó a su hijo por mero instinto de lucha, este último cayó al suelo por el lacerante dolor en su estómago que lo hizo vomitar un chorro de sangre pintando su máscara de rojo.

—¿Qué fue eso? —preguntó Serj al oír los ruidos extraños.

—¿Susurros? —preguntó Vincze, asustado y rápidamente se tapó los oídos.

—Tenemos que irnos —insistió Adlar mirando sobre su hombro hacia la puerta, como si esperara que algo malo pasara—. ¡Mata al niño de una vez!

Adlar se distrajo por la voz del bandido y, por un segundo, pareció bajar su arma. Ituko aprovechó la distracción de su padre para acertar un golpe en su cabeza con las últimas energías que le quedaban. El viejo lobo cayó al suelo inconsciente. «¡¿Qué estás haciendo?!» gritó Erneq en su cabeza, sin poder hacer nada. Todo empeoró cuando Ituko colapsó también, tratando de contener la sangre que brotaba de su boca y que chorreaba por su máscara, congelándose antes de tocar el suelo. Serj ignoró a sus hombres y fue hacia el pasillo. Erneq supo que tenía que hacer algo o los descubriría.

—¡Ellos m-m-m-me dejaron aquí! —exclamó, llamando su atención y Serj regresó la mirada—. Porque soy d-d-débil y peque-ñ-ñ-ño.

—No voy a discutir eso —se burló.

[45 min], chilló el reloj de Serj.

—Supongo que es tiempo de matarte.

—¡Espera! —pidió Erneq al ver que hablaba en serio—. Ellos m-me dejaron, porque no puedo c-c-caminar rápido, pero yo sé a dónde se d-d-d-dirigen. ¿Si coopero puedo q-q-q-quedarme con ustedes?

—¡Ja! ¿Quién lo diría? —exclamó Serj riéndose—. Tienes un par de bolas, pequeña estrella, te doy eso, pero dime: ¿qué gano yo?

—Estoy seguro d-d-de que n-n-necesitas esto. —Levantó los brazos exponiendo su traje de tundra—. Puedes matarme a-quí y lle-lle-lle…

—Vamos, no me dejes a la mitad —se burló otra vez.

—… llevarte mi traje. Si me dejas unirme a u-u-u-ustedes, te llevaré a donde hay m-más. Te ayudaré a encon-trar-trar, ¡encontrarlos!

—¿Cuántos? —preguntó Serj interesado en la propuesta.

—Cien.

—¡¿Cien?! —No pudo contener su emoción—. ¿Cien estrellas? ¿De verdad?

—Ese es el número de g-gente con la que venía.

—¿Nos llevarás a ellos? —intervino Adlar en la conversación, como si él mismo tampoco lo creyera—. Sabes lo que le hacemos a… tu gente… ¿no es así?

A Erneq le pereció muy curiosa esa pausa antes de decir: «tu gente». Era extraña y no podía explicar por qué, tenía un poco de culpa, tristeza y rabia. Regresó la mirada hacia Ituko y, al verlo batallar por levantarse, se dio cuenta que estaba haciendo mal las cosas. No podía dejarlo así en la tormenta. Podía dejar que los bandidos se lo llevaran también y curarlo o algo… Pero entre esos pensamientos, tal y como era su costumbre, Ituko pudo leerlos y con una seña le suplicó a Erneq para que se fuera.

Confundido y temeroso por lo que estaba por hacer, Erneq tragó saliva dándole a su lengua luz verde y dijo:

—Ellos m-m-me dejaron s-s-solo para m-m-morir aquí.

—Si me estás mintiendo, pequeña estrella… te arrepentirás.

—¿T-T-Tenemos un trato?

Serj le estrechó la mano y Erneq supo que estaba a punto de hacer algo que marcaría toda su vida. Por muy corta o larga que esta pudiera ser. No podía mostrar duda, así que rápidamente cerró el trato.

—Ahora dime hacia…

[40 min], chilló de nuevo el reloj.

—Primero lo primero —dijo Serj recapacitando—. Regresaremos al Oasis a recargar los trajes y para que conozcas al Cacique. Luego me llevarás a las estrellas.

Erneq miró de nuevo al pasillo. Quería ver a Ituko y pedirle ayuda, preguntar qué estaba pasando, por qué hizo eso, pero para su terrible sorpresa, él y su padre habían desaparecido en la oscuridad sin dejar rastro. Fue tan irreal que por un segundo pensó que lo había imaginado todo. «La tormenta nos hace ver cosas, cosas que imaginamos, cosas que perdimos, pero en su mayoría terribles», recordó los Tabúes de su tribu.

Los bandidos llevaron al pequeño Erneq a una camioneta con ruedas tractoras, parecidas a las de un tanque, y tapizada por muchos faros de niebla. En la parte trasera tiraba de una jaula robusta de acero y cubierta de escarcha, dándole una apariencia casi de otro mundo. Dentro, el preciado botín de los bandidos estaba seguro dentro de cajas de metal oscuro y estrellado, y Erneq supo que era el mismo metal de su traje. Lo obligaron a subir como si fuera una reliquia más y el chico se preguntó cuántas personas de su tribu habrían matado para amasar tanto metal.

El motor del coche emitió un gruñido bajo y retumbante, tratando de contrarrestar el frío de la tormenta. Los faros delanteros y en el techo atravesaron la oscuridad, proyectando un brillo helado y casi espeluznante sobre los edificios helados. Adlar condujo con fuerza el volante entre los altos rascacielos que se alzaban bajo el Domo-Incompleto, y entre las calles traicioneras, con parches de hielo negro que amenazaban con hacer que el auto se deslizara hacia un hoyo sin fondo.

Erneq regresó la mirada, esperando ingenuamente, alguna señal de Ituko o de su padre. Pero en su lugar vio algo terrible que lo hizo esconderse: sombras aparecieron en las ventanas de los edificios, hombres y mujeres y niños que lo seguían con la cabeza, susurrando:

—¡El Domo nunca va a terminarse!

—¡Ya cerraron las Puertas Blindadas! ¡No nos dejan entrar!

—¡Hace tanto frío que las Arcas ya no pueden dejar el planeta!

—¡Tenemos que hacer algo o nos congelaremos!

Erneq se cubrió los oídos para dejar de oír sus llantos y deseó que todo fuera un mal sueño. Una pesadilla de la que pronto despertaría en su cama devuelta en Adliden, junto a su hermano y su tribu, junto al calor, cantos alegres y comida. Tristemente no estaba durmiendo, y si lo estaba, no despertaría en mucho tiempo.

No tardaron en salir de la ciudad y los susurros se quedaron entre los edificios, pero sin la poca protección del Domo-Incompleto, la poderosa ventisca se hizo presente. Los golpeó con tal fuerza que casi volteó el coche. En pocos segundos la tormenta devoró la ciudad y Erneq perdió de vista la cúpula.

Siguieron a toda velocidad hacia el norte y en poco tiempo los faroles alumbraron un gigantesco puente de acero, con los tensores y torres cubiertas de escarcha blanca. Erneq jamás había visto una estructura de esa magnitud y tampoco pudo imaginar lo que vio después.

A todo lo largo del puente los esperaba un cementerio de barcos encallados en la tundra, unos pequeños y otros tan grandes que el coche parecía un bicho. Pudo ver los camerinos, los puentes de mando y unos con las hélices fuera del hielo; todos con gente congelada en las cubiertas o en lanchas o tratando de abordar. Vio madres levantando a sus recién nacidos para que los aceptaran, vio gente tratando de comprar su espacio con joyas y a otros con remos golpeando a los que intentaban subir. Era una visión tétrica y petrificada en medio de la tormenta.

Casi media hora después, las luces delanteras iluminaron una estructura solitaria que representaba el último rayo de esperanza y resiliencia humana, como un faro de luz en medio de esa fría oscuridad. No había duda, era una planta nuclear en operación. Los Ancianos hablaban a menudo de ellas, pero era la primera que Erneq veía con sus propios ojos.

El poderoso edificio resaltaba con sus cuatro torres de enfriamiento echando vapor de aire a la atmósfera, cientos de luces encendidas y cercas de alambre de púas, agrietadas y quebradizas por el hielo. Las ventanas y muros estaban parcheados, como un pantalón viejo, con el tan especial metal de la tribu de Erneq. En especial las ventanas y las puertas y pudo entender por qué su padre odiaba tanto a los bandidos: cada hoja fácilmente significaba una vida.

—¡Bienvenido al Oasis, pequeña estrella! —gritó Serj desde el asiento delantero.

La planta era custodiada por un muro de hielo, patrullado por guardias provistos con trajes de tundra, viejos y estropeados. Parecían más bestias salvajes o lunáticos de una tierra postapocalíptica. Pasaron el muro hacia un hangar con dos puertas: la primera para entrar y la segunda para mantener afuera el frío. Erneq se sorprendió, pues para ser «salvajes en la tundra», esos bandidos estaban muy bien equipados, con una decena de vehículos, armas, trajes y hombres y mujeres para poblar una pequeña ciudad.

Pero lo que más llamó su atención fue la leyenda en el techo que lo recibía: «Otro faro de luz para toda la humanidad». La frase venía acompañada de un mural con las torres del Oasis, y la gente llegando entre la tormenta, hacia lo que prometía ser un nuevo comienzo. Parecía más una propaganda y el tiempo había cobrado factura. Se veía viejo, sucio y desatendido.

A los pies del mural, justo al centro de esa gran sala llena de gente y vehículos, descansaba un árbol como cualquier otro, con hojas verdes, ramas largas y un tronco robusto. La tierra a sus pies era fértil y escondía las raíces. Bajo toda regla era un árbol hermoso e imponente, pero había algo que atraía la mirada: rostros de personas y animales tallados en la madera, rostros llenos de sangre chorreando.

—Anda, muchacho, baja de una vez —lo apresuró Serj apuntando con su rifle.

A pesar de los tétricos rostros pintados con sangre, Erneq quiso acercarse al árbol, tocar su corteza y sentir la suavidad de sus hojas. Era la primera vez que veía uno tan grande, y probablemente el último que aún existía en la Tundra Eterna.

—Es sorprendente, ¿verdad?, ¿verdad? —le preguntó Vincze con mucha emoción, dándole golpes con el codo—. ¡Oye! Si sobrevives, ¿puedo preguntarte algo sobre las otras luces? Tú debes saber sobre ellas.

—¿Las q-qué?

—Anda, muévanse —intervino Serj—. Debemos regresar rápido a la tundra.

—¿Ya, t-tan p-p-p-pronto?

Serj se golpeó para partir el hielo que tenía adherido a su traje, como una sanguijuela bien enterrada. Luego tiró de las cerraduras y las placas se relajaron, dejando salir un chorro de vapor. Se quitó la máscara y Erneq pensó que era víctima de un hechizo, pues la similitud de Serj con su padre era casi sobrenatural. Un hombre viejo de quizás cincuenta años, con la piel roja y negra llena de quemaduras secas por el frío, sin cabello y con una mirada dura y penetrante como la de su padre.

—Por supuesto que sí, pequeña estrella —contestó el bandido, tirando hacia atrás de su inexistente cabello como si fuese un miembro fantasma—. Me hiciste una promesa y me aseguraré de que la cumplas. Me debes cien trajes o tu vida.

—El muchacho y yo iremos a recargar los trajes —dijo Adlar tirando de Vincze.

Serj aceptó con un gruñido y a puros empujones se llevó a Erneq de ahí. Primero bajaron unas escaleras que terminaban en pasillos angostos pintarrajeados con garabatos extraños de aspecto satánico y sucios, como si la gente se limpiara los traseros en la pared. Resonaba el zumbido distante de la maquinaria y el ocasional y espeluznante crujido de la propia estructura. Las luces arrojaban un brillo azulado y estéril sobre los sucios paneles de control y los cables desgastados. Incluso el aire estaba cargado con el olor acre del ozono y el sabor metálico de las barras de combustible nuclear gastadas.

En toda la planta, las reparaciones improvisadas eran evidentes. Las grietas en las paredes y los techos estaban selladas con cualquier material que pudieron encontrar, y las tuberías oxidadas goteaban siniestramente. En ese momento la planta entera se sacudió y sonó la alarma:

«Aumento de temperatura. Reactor 3 en condiciones críticas».

Las luces fluctuaron y se sintió que todo el lugar estaba por explotar. El altavoz se encendió y habló una mujer:

—Habla la ingeniera Tarabi. Con autorización del Cacique Vöröz, todo el personal debe salir a la tundra a minar agua. ¡Esto no es opcional! ¡Es una orden directa! ¡Salgan ahora!

Serj dejó salir una risa burlona y dijo:

—Esa farsante. Le gusta fingir que sabe lo que hace.

Pasaron por un pasillo cubierto por una gran ventanal de pared a pared, por donde se veía una gran porción de la planta. Ahí, Erneq vio sorprendido cómo los sobrevivientes, que apenas podían decirse con vida, trabajaban incansablemente para extraer el hielo de los glaciares cercanos. Transportaban desesperados los trozos de agua congelada de regreso al Oasis, hacia aquellos reactores que alguna vez fueron de última generación, y que ahora eran antiguos y corroídos.

Serj ignoró las señales de alarma y continuó hasta unas puertas pesadas de acero que se habían oxidado y cuyas sus superficies estaban marcadas por la corrosión. Pasando las puertas se erigía una peculiar e inquietante sala del trono, como el epicentro simbólico de aquella sociedad de bandidos que había soportado el frío y la oscuridad. Aquella era un testimonio de lo lejos que algunos podían llegar para mantener una apariencia de poder y decadencia, incluso en las circunstancias más sombrías.

La cámara cavernosa era débilmente iluminada por el brillo pálido y enfermizo de las parpadeantes luces. Las paredes que en su tiempo solo funcionaban como soporte estructural, ahora estaban adornadas con grandes tapices y obras de arte recolectadas de todas partes del mundo. Cuadros pintorescos de flores amarillas, mujeres con un arete de perla o viendo hacia delante con una extraña sonrisa, un hombre de mármol desnudo, pero hermoso fueron solo unas de las obras que llamaron la atención de Erneq.

Fácilmente pudo pasar días admirando esa majestuosa colección de no ser porque en el otro extremo de la sala, se alzaba un trono grotesco y de gran tamaño que parecía ir en contra del aire ilustrado y bohemio de la colección de arte. El trono estaba elaborado a partir de restos de componentes desechados de un reactor y otras máquinas, tapizado en terciopelo apolillado y adornado con ornamentaciones de latón lustrado.

Fue ahí cuando Erneq vio por primera vez al que se hacía llamar el Cacique del Oasis. Un hombre de figura morbosa y grotesca, extremadamente obeso. Se había acostumbrado tanto a la decadencia de su posición que su corpulencia se extendía sobre los brazos y costados del trono como una corpulenta montaña de grasa.

—No es común que un cazador regrese con su presa aún con vida —dijo el Cacique con una voz gruesa y oscura voz, como si la grasa se hubiera alojado en sus cuerdas vocales.

—Mi Señor Vöröz —respondió Serj con una pequeña reverencia y obligó a Erneq a copiarla.

—¿Quién es la pequeña estrella, Serj? —preguntó con su solemne voz.

—Un desertor… aparentemente.

—¿Otro? —dijo con interés—. ¿Y por qué deberíamos aceptarlo?

—Con su permiso saldremos a la tormenta para…

En ese momento una mujer entró marchando a la habitación del trono como si fuera suyo. Era joven, de complexión delgada, con ascendencia asiática y piel morena. A Erneq le llamó mucho la atención su bata blanca de científico, abotonada, planchada y muy limpia, que extrañamente iba en contra de la fetidez que supuraba por todo el Oasis.

—¡Nadie saldrá hasta nuevo aviso! —exclamó, ajustando sus lentes redondos—. Y eso te incluye, Serj.

—Ingeniera Tarabi, qué gusto verla de nuevo —contestó con un saludo falso que no se molestó en fingir—. Esta pequeña estrella me prometió cien trajes.

—¡No me importa si te prometió devolvernos el Sol y una casa en la maldita playa! ¡Ahora mismo no necesitamos ni traidores ni estrellas! ¡Necesitamos agua!

—¡No me hables de esa forma! —La apartó y sacó un cuchillo—. ¡He matado gente por menos!

—¡Pues adelante, Serj! —Expuso su pecho—. ¡Veamos quién es más importante! Un cazador o una maldita ingeniera nuclear. Y probablemente la última en la Tierra.

—Ambos sabemos que ese ingeniero no eres tú.

—¡Basta! —gritó Vöröz tan fuerte que se sacudió la sala—. Siempre es lo mismo con ustedes dos. ¿Cuál es tu reporte, Tarabi?

—Aún estamos vivos. Hemos minado suficiente agua para mantener los tres reactores funcionando, pero necesitamos priorizar el consumo de energía.

—¿Ya encontraste cuál es la falla del reactor cuatro?

—Lo siento mucho, mi señor Vöröz, no.

—¿Tienes alguna idea?

—Probablemente el uso. Antes del Evento Negro había universidades que enseñaban a manejar estos reactores, mi abuelo me enseñó lo que sé y a él le enseñaron igual. Estos reactores tienen decenas de años. Algunas de las reparaciones incluyen cinta de aislar y chicles. Podríamos luchar contra la tormenta y la radiación si lo encendemos.

Vöröz suspiró fuertemente analizando la información. Luego volteó su mirada hasta Serj:

—¿Alguna noticia de la tundra?

—Mi grupo y yo encontramos a esta pequeña estrella bajo el Domo-Incompleto e hizo un trato con nosotros. Unirse a cambio de entregar cien trajes de tundra.

—No necesitamos más trajes —intervino Tarabi girando los ojos—. ¡Necesitamos hielo, agua y oxígeno! Nuestra atmósfera se vuelve más frágil cada día.

—Justo por esa razón necesitamos los trajes, para abandonar la tormenta.

—¡Ni siquiera podemos usarlos! —exclamó Tarabi de nuevo—. Están hechos a la medida y solo funcionan para la persona que los diseñaron. No sabemos cómo trabajar el metal, solo podemos desbaratarlos para cubrir nuestros vehículos, reactores y ventanas... —Tarabi dejó de hablar por un segundo al recordar el último incidente con los niños y la tormenta—. Tenemos suficientes para eso. Adlar nos entregó decenas hace unos años. Mi señor, cada vez que una expedición sale a la tundra nos cuesta energía que ahora mismo necesita el hospital y la granja. ¡Esas sí son prioridades!

—Hay una prioridad más grande y Tarabi la está olvidando, mi señor —exclamó Serj con un paso al frente—. Algo crucial. Nuestros niños están expuestos.

Incluso el Cacique sintió cómo se le erizaba la piel por ese comentario.

—¿Están resguardados? —le preguntó a Tarabi.

—S... Sí, mi señor. Cubrimos sus oídos y tienen una guardia las veinticuatro horas y...

—¡Eso no es suficiente! —gritó Serj—. Mi señor, podemos reparar los reactores, podemos priorizar la energía y podemos encerrarnos en el Oasis, pero hay una verdad absoluta: la tormenta nos devorará tarde o temprano.

—Conozco perfectamente el canto de la tormenta Serj, ¿cuál es tu punto?

—El Domo de Solaria mi señor. Su rey nos dio una condición para dejarnos entrar y no la encontraremos encerrados en el Oasis. ¡Está allá afuera!

«¿Un Domo-Completo?», se preguntó Erneq. Había oído sobre los Megaproyectos que se iniciaron después del Evento Negro, maravillas de la ingeniería que prometían salvar a la humanidad. Los Domos eran uno, pero hasta donde sabía, ninguno había logrado terminarse a tiempo.

—¡Y no la has encontrado, Serj! —exclamó Vöröz—. ¿Cuántas expediciones no han regresado? ¿Cuántos hombres y mujeres hemos perdido en la tundra?

—Estamos cerca. ¡Lo sé! Hemos determinado tres posibles lugares, mi señor, con base en la actividad volcánica de la zona —exclamó sacudiendo en el aire un mapa de cuero—. He trabajado toda mi vida en este mapa y he encontrado…

Tarabi lanzó una burla al aire.

—Todos hemos oído tus historias. ¿En verdad crees que allá afuera hay bestias y monstruos gigantes como arañas o faros de luz en ruinas? Solo son espejismos de una mente débil en un desierto de hielo.

—Tú nunca has salido a la tormenta —replicó Serj—. Has pasado toda tu vida encerrada en el Oasis jugando a ser una ingeniera.

—Yo soy la última ingeniera.

—No, tu abuelo lo era. Él debía enseñarte todo sobre la planta, pero no lo hizo. ¿Por qué? —Tarabi no dijo nada, recordando lo que había pasado. Enojada y triste atacó a Serj con sus ojos—. Oh, cierto. Murió junto a tu hermana por culpa de los susurros. Mi Cacique —se dirigió a Vöröz—. Estamos expuestos a la tormenta y la radiación. Pero con los Puestos de Avanzada podemos encontrar el Domo. No podemos encerrarnos aquí y esperar a que pase la tormenta. ¡La tormenta nos devorará!

De pronto, una procesión de sirvientes entró arrastrando los pies en la sala, llevando bandejas llenas de platos de carne. Estas ofrendas era el último vestigio de indulgencia en un mundo donde los recursos eran escasos y las masas hambrientas. El Cacique comenzó a devorar sus comidas con un apetito voraz y el sonido de su glotón banquete resonaba en la cámara.

—Tú, muchacho —dijo masticando fuertemente la carne y le pidió a Erneq que se acercara—. ¿Cómo te llamas?

—Er-Er-Er…

—¿Er? —el chico negó luchando contra su lengua—. Erneq —por fin dijo, pero su voz fue tan baja que apenas pudo oírse.

—Quítate el casco y déjame ver tu cara.

—N-N-No q-q-quiero —tartamudeó con la garganta seca.

El Cacique lanzó un quejido gustoso al aire, no era común que escuchara ese tipo de cosas. Insistió de nuevo, duramente, a que Erneq se quitara la cabeza y luego ordenó. Incluso Serj se acercó al chico y le susurró que era una muy mala idea contradecirlo. «Haz lo que te dice de una maldita vez», le dijo con la fría y penetrante mirada.

Erneq no tuvo otra opción y mostró a todos su piel albina, cabello y cejas blancas junto a su único ojo rojo como la sangre. Todos, incluyendo el Cacique echaron el rostro hacia atrás, entre una mezcla de asombro y miedo ante aquel pequeño niño de ocho años que parecía ser la tormenta andante. Bajó la cabeza avergonzado de su piel y se abrazó el cuerpo con los brazos, temeroso.

Por su parte, el Cacique clavó su fuerte mirada en el muchacho durante varios segundos, sus facciones y movimientos como si quisiera encontrar aquello que lo eludía y que hacía Erneq tan fascinante. Una extraña expresión se marcó en el rostro de Vöröz y preguntó:

—¿Por qué no querías mostrarme tu rostro?

—P-P-Porque to-todos los que lo ven m-m-mueren. —Erneq apartó la mirada aceptando su maldición.

—Te secuestramos, te amenazamos y hemos matado a decenas de hombres y mujeres y niños por el traje que llevas. Si tu… poder… es real, ¿por qué no usarlo contra nosotros?

—No es u-u-un poder. E-E-Es una maldición. Toda la v-v-vida es sagrada.

—¿Incluso la nuestra?

—N-N-No quiero lastimar a-a-a-a nadie —contestó con un fuerte dolor en su pecho. No pudo evitar pensar en lo que decía su padre sobre él, en cómo todos en su tribu le daban de lado.

—Tu corazón es demasiado cálido para estar en la tormenta, y también demasiado estúpido.

Impaciente, Serj intervino en la conversación dando un paso adelante. Quería saber la respuesta del Cacique y salir a la tormenta cuanto antes.

—Debo rechazarla —contestó Vöröz.

—Pero mi señor…

—Tarabi tiene razón, Serj —cortó mordiendo ferozmente un pedazo de carne—. Para ser honesto tengo interés en saber a qué sabe este chico.

—¿Qué? —preguntó Erneq asustado.

—Voy a comerte, pequeño. Espero que tu sabor me diga lo que quiero saber de ti.

Los dedos regordetes del Cacique se aferraron a la carne irreconocible y con una glotonería asquerosa daba mordiscos grandes, dejando caer
la grasa y sangre cruda contra su piel y su torso. Sus ojos se abrieron de
forma lasciva, revelando sus dientes amarillentos y torcidos y miró directamente a Erneq. «¿Va a comerme?» pensó el pobre asustado.

—Mi señor,, necesitamos encontrar el Domo —reclamó Serj sin la
menor preocupación en Erneq.

—No sabemos de dónde viene la señal. Bien podría ser del otro extremo del planeta. Además, su rey nos pidió un meteorito a cambio de
dejarnos entrar. ¿Dónde vamos a encontrar uno? —preguntó Vöröz limpiándose la grasa del cuerpo con sus manos.

En ese momento, Erneq supo exactamente cómo salvarse de Vöröz.
No tenía cien trajes para darle al Oasis, pero sí tenía algo mucho más valioso. Era como si las auroras se hubieran encendido como una bombilla
sobre su cabeza. Dio un paso al frente y dijo:

—Se-Señor Vöröz. Yo sé dónde encontrar un-uno. —Todos en la
habitación levantaron el rostro, asombrados.

—¿Sabes dónde encontrar un meteorito?

—Y no s-solo eso. Sé cómo trabajarlo p-p-p-para crear los tra-jes. Yo
estaba en la-la-la… —su lengua se detuvo detrás de sus dientes y apretó
ambos puños forzando la palabra atorada junto a ella—… ¡la ciudad! Vi
un meteorito caer.

—¿Dónde? —preguntó Serj con sumo interés, sin molestarse en
ocultarlo—. ¿Por qué no dijiste nada antes?

—No-No preguntaste.

Serj se molestó profundamente y fue hacia él con una mirada fulminante.
De pronto, aquella silueta fue reemplazada por la de su padre, como si el
mismo lobo fuera hacia él, amenazándolo con sus colmillos. Erneq apartó el
rostro, asustado y temblando, pero algo dentro de sí lo hizo actuar diferente.
Regresó la mirada a Serj, justo cuando este estaba por atraparlo y exclamó:

—¡Yo los llevaré!

Vöröz ordenó a Serj que se detuviera. Guardó el pedazo de carne en
el plato, se limpió la grasa y los restos de comida como una mosca sobre
las heces y preguntó con sumo interés:

—¿Cómo sé que no estás mintiendo, pequeña estrella?

—No p-puede, señor, pero si lo hago s-s-siempre puede comerme.

El Cacique lanzó una gran carcajada al aire y golpeó enérgicamente
su trono.

—Retiro lo dicho, muchacho. No eres tan estúpido como pareces.

—Mi señor Vöröz, no puede tomarlo en serio —pidió Serj.

—¡Suficiente! Sé cuánto odias a su gente, pero si aprendemos a trabajar, el metal cambiará todo.

—Mi señor, le pido que…

—¡Nada! —cortó con un poderoso gesto de su mano—. Vas a escoltarlo hasta ese meteorito y me lo traerás aquí. Es una orden. —Serj no tuvo otra más que aceptar—. Y para asegurarnos que cumplas tu palabra, pequeña estrella —se dirigió hacia Erneq—. Dejarás tu traje aquí. Te daremos uno de los nuestros, así que recuerda: solo tienes unas horas antes de que el frío te devore. Ahora váyanse.

Afuera de sala, Tarabi se acercó a Erneq sin llamar la atención. Llevaba una extraña sonrisa, le tocó el hombro para levantar su ojo rojo hasta ella y le dijo:

—Tartamudo e inteligente, extraña combinación. Espero que no mueras allá afuera, pequeña estrella.

CAPÍTULO X

«LA NOCHE DE LAS VELAS»

[Se oye la voz mecánica de la Guardia de Hierro]

*¡**M**ensaje urgente del Palacio Real de Solaria!*

Por orden del visir, se ha instaurado un toque de queda general en todos los Domos.

El personal civil debe regresar y permanecer en sus hogares hasta la rueda de prensa el día de mañana.

Esto no es un simulacro.

Repito.

Esto no es un simulacro.

[El mensaje se repite una y otra vez]

Aurora aterrizó en una pila de ropa sucia a una calle de la Sala de Ópera. Las sirenas de la Guardia de Hierro, las ambulancias, los disparos y gritos la abrumaron, como si toda Solaria se viniera abajo.

Parte de su vestido se atoró en el metal oxidado del vagón y tiró de él hasta romper la tela. Luego, de un brinco, saltó al callejón y pudo sentir el ardor de las llamas. El humo y el fuego subían hasta el cristal del Domo.

El Cuerpo de Bomberos Autómatas ya estaban en escena, echando agua al edificio y ayudando a salir a la gente.

«Vamos, vamos» se dijo con la esperanza de ver a sus hermanos salir ilesos. De pronto, un par de cajas y botellas se rompieron a su espalda, y de la oscuridad emergió el mismo bandido que asesinó a Cogsworth.

—¡Ahí estás! —gritó con una pierna herida. Había saltado por el ducto igual que ella, pero con menos suerte.

Aterrada, Aury no supo qué hacer y corrió lejos hacia una calle llena de *boutiques* de ropa, utensilios de cocina y un par de salones de belleza. La mayoría estaba cerrada a excepción del salón fotográfico: «Estudios Picmático». Tenía toldos de colores alegres y la luz del escaparate la hacía parecer un pequeño faro entre la oscuridad. El dueño estaba cerrando cuando Aury entró de golpe y cerró la puerta recargando todo su cuerpo.

El hombre de unos cuarenta años, un poco obeso y de cabello azul, le dio su espacio al notar que trataba de recuperar el aliento.

—Ya está cerrado —dijo después con un tono duro. El caos se oía a la distancia.

—Solo unos minutos.

—Quiero irme antes de que algo malo pase.

—Por favor —pidió otra vez.

—¡No! ¡Fuera!

—¡Compraré todo un álbum! —exclamó de golpe al ver al enmascarado cojeando en la calle.

Aquí, el vestido roto, quemado y feo de Susan Moss entró a escena. Era extremadamente caro e hizo cambiar al fotógrafo de parecer. Aurora no era una niña cualquiera, sino una niña rica.

Afuera de la tienda, el minero se detuvo a mitad de la calle, buscando como un sabueso e iba a dar con ella. Desesperada, Aurora tomó la mano del hombre y lo llevó hacia su estudio.

—Vamos, ande, quiero todo un álbum —insistió alegre, regresando la mirada hacia la puerta, esperando con temor a que no entrara nadie.

Para suerte de ambos así fue.

Una vez en su estudio, lleno de maniquíes, enormes pliegos con escenografía y tantos atuendos como artista de teatro, el fotógrafo dijo:

—¿Qué va a querer, princesa? Tengo varios paquetes que incluyen una gran variedad de servicios. —Se rio preparando su equipo y la chica lo miró enojada por llamarla así.

—El que sea está bien.

—¿Cómo? No debe tomar esa decisión a la ligera. Una fotografía es una ventana al pasado. —Miró a Aury de pies a cabeza—. Quiero te imagines ya anciana, sola y arrugada en pocos años.

—¡¿Pocos años?!

La ignoró.

—¿Acaso no desea tener en ese momento un buen álbum de fotos? —Aury cruzó los brazos mientras el fotógrafo le mostraba una carpeta llena de fotografías y paquetes—. ¿Entonces cuál va a ser?

—El más tardado y caro.

—¡Excelente! Pero primero lo primero, necesito que se arregle. ¿Ya vio su rostro? ¿Acaso le gusta estar llena de tierra y sudor? Quiero que piensen en el futuro cuando…

—Sí, sí en unos pocos años.

Enojada, fue a una pequeña estancia de maquillaje y perfume. Miró el pasillo hacia el recibidor, se alcanzaba a ver la campanilla sobre la puerta. Cerrada. Parecía que había logrado eludir a ese minero loco y su corazón por fin se calmó. «¿Por qué la buscaban? ¿Qué había pasado con su familia? ¿Cogsworth estaba…?». Estas preguntas y muchas otras la agobiaron mientras trataba de maquillarse.

Pero no sabía cómo. No era algo que hiciera a menudo. ¿Primero iba la base o el corrector? ¿Por qué había tantas brochas? ¿También se maquillaban las cejas? ¡No tenía idea! Se puso lo primero que vio y como pudo. «Seguramente Elina se burlaría de mí», pensó.

El fotógrafo terminó de dar los últimos ajustes y le pidió que se parara frente a la cámara. Le apretó los cachetes para darles más color, le alborotó el cabello para darle más volumen y le arregló el vestido. Se oyó la campana de la puerta antes de que la mezcla de magnesio y clorato potásico estallaran en una luz cegadora y ruidosa.

—¿Y bien? ¿Cómo salí? —Pero el fotógrafo no respondió.

Aury aún no recuperaba la vista y las virutas de magnesio seguían en el aire como pequeñas y efímeras luciérnagas. El fotógrafo cayó al suelo y detrás apareció el minero enmascarado.

Aury no perdió tiempo y corrió aterrada hacia un pasillo más al fondo, lleno de muebles apilados y arrojándole cajas llenas de utensilios de fotografía. Aquel hombre, como un toro enfurecido, no la perdió de vista ni un segundo, y la siguió hasta el callejón detrás de la tienda. Logró tomarla del vestido y la tiró al suelo.

—Por fin te tengo… Aurora Soler. —La máscara de gas le daba una voz grave y mecanizada.

—¿Cómo… Cómo sabes mi nombre?

—Cabello rojo, ojos azules, joven pero no tan bella como su hermana. —Luego metió la mano por su cuello y dijo—: Más un collar de amatista.

Se oyó estática y el minero sacó una radio portátil a la que le salía una antena.

—¿*Tienes a la niña?* —preguntó una mujer del otro lado.

—Sí, *madame*.

—*Perfecto, tenemos al resto.* Tráela de inmediato.

—Entendido.

—¿Qué van a hacerme? —preguntó Aury.

—¿Por qué habría de arruinarte la sorpresa?

Aury tomó un tubo de metal del suelo y le pegó tan fuerte en los genitales que le hizo perder el equilibrio. Se fue hacia ella furioso, pero antes de alcanzarla le acertó otro golpe en la cabeza. «¿A dónde voy? ¿A dónde voy?», se preguntó desesperada con los pocos segundos que había ganado. A una calle, el tranvía se hizo presente con su habitual chirrido. No estaba muy lejos.

Corrió a él y pudo sentir que el villano iba detrás, *cajeando*, respirando en su nuca, amenazando con agarrarla de nuevo y llevarla a quién sabe dónde. Sus frías manos por poco la atrapan antes de subir al tranvía y logró escapar cuando este ganó velocidad por la calle.

El carro iba conducido por un autómata, a quien no le importó que subiera de golpe. El carro estaba vacío. Rápidamente se escondió en el asiento del fondo y Aury se tapó la cara con su vestido. Temía alzar la mirada y encontrarse con otro de esos mineros.

Las poderosas lámparas del Domo se extinguían y los faroles se encendían en las calles. Fue en ese momento cuando sintió algo que rara vez había sentido: frío. Siempre ajustaba la temperatura de su cuarto, el agua para bañarse o Cogsworth le servía un poco de chocolate caliente. Siempre supo lo que era tener las calderas encendidas y jamás había estado en la posición donde tenía que soplar entre sus dedos. Subió las piernas a su asiento y las abrazó, aferrándose al calor que le quedaba con un sentimiento de tristeza que iba desde adentro.

La radio del tranvía se encendió y se oyó la voz de Sóren:

Por favor no teman. Les pido confíen en mí como su visir y tengan la seguridad de que mi única intención es salvaguardar nuestro futuro.

A primera hora mañana daré una rueda de prensa frente al Palacio Real, donde mostraré hasta dónde llega mi determinación para asegurar la paz, justicia y continuidad de nuestra hermosa ciudad.

Son horas oscuras, pero nuestro futuro es más brillante que nunca.

«¡Tengo que ir con Sóren!», gritó Aury dentro de su cabeza, como si la respuesta a sus problemas le hubiera caído del cielo en bandeja de plata.

El tranvía se detuvo en la Avenida de la Rosa y Aury bajó rápidamente hacia la calle. El toque de queda entró en operación y la Guardia de Hierro mandaba a todos de vuelta a sus casas. «Quizás si les digo mi nombre me dejarán pasar». Era una opción arriesgada. Los mineros sabían su nombre y solo con susurrarlo le provocaba ansiedad. No podía confiar en nadie más que en Sóren y decidió esperar a verlo en persona al día siguiente.

Regresó a su hogar como pudo, descalza, con el vestido roto, quemado y con frío. Esa caminata le tomó un par de horas y cuando llegó, le ardía la planta de los pies y solo deseaba dormir un poco. Pero algo no estaba bien.

El edificio estaba vacío. No había nadie en la entrada, ni siquiera los sirvientes ni otros autómatas. Fue corriendo a su habitación y encontró al pobre de Céfiro picoteando su jaula.

Fue a él como si no lo hubiera visto en semanas y se disculpó por no llevarlo. Aury abrió la jaula y Céfiro voló hasta su cabeza y le zapateó: «Me dejaste aquí solo, mujer»

—Ya. Ya déjame, tonto. ¡No tienes idea de lo que pasó! ¡Mis hermanos! ¡Cogsworth! Yo…

Céfiro se dio cuenta que algo malo había pasado. Dejó a Aury en paz y voló hasta sus manos. Levantó el pico y la miró paciente con sus brillantes ojos esmeraldas.

—Pero no importa —siguió la chica, endureciendo sus sentimientos—. Sóren nos va a ayudar.

Aury se cambió a algo más cómodo: unos pantaloncillos, camisa blanca apretada por un chaleco de cuero a la cintura y un abrigo oscuro. También se puso las gafas protectoras de cobre en su cabeza, una bufanda y abrazó el collar que le había dado su padre. Pudo sentir cómo las lágrimas iban por su pecho y hubieran logrado salir de no ser porque oyeron una voz oscura en las escaleras.

—Tiene que estar aquí, revisen el lugar.

Céfiro voló hacia la manecilla de la puerta y sacó el pico como un gato curioso. «No, no, pájaro tonto» chilló Aury y rápidamente lo metió bajo su ropa y se escondió dentro del closet.

—Revisen hasta el último centímetro —dijo el hombre con la máscara de gas entrando la habitación.

Aury observó a través de la puerta cómo volteaban la cama y tiraban los muebles. Pegó la espalda a la pared y se tapó la boca con la mano. Se aferró a Céfiro y cerró los ojos al sentir que en cualquier momento iban a dar con ella. «Sóren, ¿dónde estás?», deseó que su hermano la salvara.

Se oyó una radio. El minero contestó y habló la misma mujer de antes:

—*Hay una trampilla en el techo de su cuarto. Debe estar escondida arriba.*

«¿Cómo saben tanto?», se preguntó Aury. Abrieron la escotilla y subieron a su taller. Era ahora o nunca y salió con cautela del closet. Luego fue hacia el pasillo y pudo ver cómo tiraban las cosas, las rompían y vertían alcohol al suelo. ¡Planeaban quemar su casa tal y como lo hicieron con la ópera!

Céfiro le picó la mano diciendo: «¡Muévete, mujer!». Era un pájaro listo y entendía que estaban en peligro. Aury logró escabullirse al comedor donde tomó refugio bajo la larga mesa de madera. Mientras los mineros destrozaban su hogar, gateó en silencio. Ya casi estaba del otro lado cuando, sin querer, chocó con una silla.

—¡Ahí está! —gritaron todos como demonios.

Su plan furtivo se vino abajo y no tuvo otra más que echar a correr. Sin pensarlo, uno de los mineros disparó contra ella y otro lo detuvo enojado.

—¡Idiota! La quiere con vida.

—¡Se escapa!

Aury alcanzó las escaleras de emergencia, pero uno la tomó del cabello y la tiró hacia atrás. La chica casi cae de espaldas y Céfiro salió en su ayuda. Enterró sus patas y pico de metal en la máscara.

—¡Suéltame, maldita chatarra! ¡Suéltame! —gritó.

Aury se volvió hacia el enemigo y le mordió el brazo hasta liberarse.

Bajó corriendo por las escaleras frente a una estampida que le pisaba los talones. Todos los mineros fueron tras ella y la pobre estaba casi en el último piso. Fue una carrera brutal. A veces la alcanzaban y lograba liberarse gracias a Céfiro, en otras los evadía justo antes de doblar hacia el siguiente piso, y brincaba sobre tantos peldaños como podía para ganar distancia, aunque eso significara estrellarse contra la pared.

A la marca del segundo piso, la pobre ya podía correr más e hizo lo primero que le vino a la cabeza. Subió al barandal, y justo antes de que la atraparan, se tiró al suelo. Céfiro chilló asustado, la agarró de la ropa y aleteó con fuerza para suavizar su caída.

—Gracias, pajarraco.

Pero este le pegó con su ala diciendo: «Para otra, avísame, mujer».

Aury aterrizó en el fondo y con suficiente distancia para escapar. Por un segundo sintió que podía hacerlo. Pero se oyó el golpe contra el barandal, levantó el rostro y apenas se hizo a un lado cuando el minero cayó en pose de superhéroe con un puño contra el suelo. Alzó la mirada hacia la chica, acompañado de un chorro de vapor de su máscara de gas.

—¡No vas a ir a ninguna parte, princesa!

Torpe y veloz, Aury alcanzó a salir a la calle. Estrelló la puerta contra el cerrojo cuando el minero puso la mano.

—¡Tú vas a venir conmigo! —gritó.

El resto de los mineros corrían por las escaleras.

—¡Céfiro! —pidió ayuda a su amigo y como pájaro carpintero, picoteó con fuerza. Se abrió camino entre los guantes de cuero y alcanzó la piel—. ¡Céfiro!

El resto de los mineros ya estaba por llegar.

—¡CÉFIRO! —Cartílagos, tendones y músculos. Tocó el hueso y un segundo después se oyó el crujido.

Aury pudo cerrar la puerta y rápidamente la trabó con un tubo de metal. Un segundo después los mineros se estrellaron como bestias, pero no pudieron seguirla.

Huyeron de ahí hasta un pequeño parque. No era el mejor lugar, pero Aury estaba agotada. Se sentó en una banca y se recargó en sus rodillas. Fue ahí cuando se oyó la explosión. La cima de su edificio estalló en llamas al igual que casi todas las terrazas de los rascacielos, como las velas en un pastel. «¿Qué está pasando?», se preguntó aterrada, viendo cómo las terrazas ardían.

La tristeza estaba por superarla cuando sintió a Céfiro dar brinquitos sobre la banca, como si estuviera bailando. Lo vio pasarse el dedo del bandido de una pata a otra y gritó:

—¡¿Te quedaste con el dedo?! ¡Pájaro psicópata!

Céfiro le gorjeó de vuelta: «¿Y a ti qué te importa, mujer?».

—¡Suelta eso, tonto!

Aury le quitó el dedo y lo echó detrás de un arbusto. No pudo evitar reírse y abrazó a su amigo. Céfiro regresó el cariño restregando su pico de hierro contra ella.

—Mañana todo va a estar bien. Vamos a ir con Sóren.

Estaba muy cansada y se recostó solo unos minutos para recuperar fuerzas. Céfiro voló a un bote de basura y le llevó un par de periódicos para cubrirla.

—Mi… hermano… va a salvarnos.

Céfiro montó guardia y Aury durmió.

La plaza del Palacio Real estaba repleta de gente. Tal parecía que toda Solaria se había reunido para oír la rueda de prensa. Agazapada, con hambre y sueño, Aury se abrió camino entre la multitud con la esperanza de ver a su hermano.

Apenas iba por la mitad cuando se abrió la puerta. Primero salió un grupo de autómatas y luego Sóren con un tono sublime, un hermoso traje oscuro y dorado con las manos sujetadas en la espalda. «Algo está mal», pensó. No podía explicar qué era, pero lo conocía mejor que nadie y Sóren llevaba una extraña mirada de otra persona.

Sóren se paró frente al podio y empezó:

—Exactamente ayer a las cinco cero y dos de la tarde, el rey Ilúson fue impactado por una bala que entró en su pecho hasta su corazón. Su atención médica fue rápida y coordinada, pero lamentablemente, falleció horas más tarde en una localización secreta.

Por toda la multitud se oyeron los suspiros de preocupación y miedo.

—Después, a las ocho de la noche el Sindicato Minero se aprovechó de la situación, y en un ataque terrorista sin precedentes, atacó la Sala de Ópera e incendió las instalaciones junto a muchas otras en el Domo Central. Hasta el momento hay doce personas desaparecidas, setenta y tres lesionadas, trece muertos entre criminales y civiles y más de veinte arrestados que les prometo, ellos y todos sus cómplices, serán enjuiciados y castigados con todo el peso de la ley.

Le aplaudieron y Sóren guardó silencio unos segundos con la mirada fría y aguda.

—La muerte del rey nos tomó por sorpresa y es una pérdida de la que jamás podremos recuperarnos. Al no tener hijos ni familiares, yo, su visir, aceptaré la carga de guiar a nuestra gran ciudad mientras la Cámara de Vapor selecciona a nuevos candidatos que sean elegidos por el pueblo. ¡De monarquía, seremos una democracia como lo fue antes del Evento Negro!

La plaza entera vitoreó a Sóren una vez más. El apoyo que tenía era innegable.

—Mi primer acto como el líder de Solaria es mostrarles con orgullo a los responsables de la muerte de mi predecesor, maestro… y querido amigo.

Empezaron los murmullos: «¿Ya tiene al culpable? ¿Cómo lo hizo tan rápido? Seguro que fue el Sindicato Minero». Aury pensó lo mismo y levantó el rostro entre la multitud con suma curiosidad. Un silencio se apoderó de la plaza cuando autómatas salieron del Palacio tirando de lo que parecía una tarima de madera, cubierta por un lienzo que apestaba a aceite.

—¡Durante generaciones! —gritó Sóren a todo pulmón—. Solaria ha sido víctima de la codicia y maldad de un grupo de hombres y mujeres enfermos. Son ellos los responsables de planear y asesinar a nuestro rey.

Dio la señal y los autómatas expusieron cinco hogueras de madera sobre la tarima.

—No puede ser —susurró Aury aterrada y sintió cómo su corazón se hacía pequeño, y pesado a la vez, como una bala de plomo que fue disparada a su garganta.

Atadas a las hogueras había cinco personas, pero no eran cualquiera, sino su propia familia. Primero Vilhëm, luego Miriam, Elina, después el pequeño de Kelden y hasta Kara.

Vilhëm vio a su esposa llorar y al resto de sus hijos inconscientes. Se sacudió hasta quitarse la venda en la boca y gritó:

—¡¿Qué haces, Sóren?!

—¿Por qué, Sóren? ¡¿Por qué?! —preguntó su madre con gritos ahogados.

Sóren mantuvo la calma y mostró al público lo que parecía ser un encendedor con engranajes oscuros. Lo encendió para que vieran el fuego y muchos lo apoyaron, aunque otros quedaron en silencio. Era difícil saber si apoyaban esa barbarie o no.

—¡Mi propia familia! —siguió Sóren—. Me disculpo con todos ustedes. Solo puedo maldecirme a mí mismo, por no percatarme antes. Si hubiera estado más en casa y no trabajando codo a codo con nuestro rey, si hubiera estado más atento y activo me hubiera percatado del terrible crimen que planeaban.

Aury soltó un grito cuando se aproximó a las hogueras, e inició su carrera hasta la tarima, empujando a las personas dejando a Céfiro atrás.

Sóren siguió con su discurso:

—Nadie está exento de este crimen, ni siquiera mis propios hermanos. Ellos también han gozado de la codicia de mis padres que tanto han lastimado a nuestra gran ciudad. Como cortesía a ellos, me aseguré de que estuvieran dormidos, pero mis padres necesitan entender qué está pasando y por qué.

—¡Eres un mentiroso, Sóren! —gritó Vilhëm, tirando de las ataduras hasta tal punto de abrirse la piel—. ¡Nosotros no matamos al rey!

Sóren ignoró a su padre.

—¡Mi familia ha vivido del sufrimiento, Solaria, pero eso acaba hoy!

La gente le aplaudió como nunca y ahora todos estaban de su lado.

—¡Somos tus padres, Sóren! —lloró Miriam.

Al oír el grito de su madre, Sóren guardó silencio como si el peso de sus actos le hubiera caído repentinamente sobre sus hombros. Se acercó a ellos con una mirada triste. Les mostró una caja de metal a ambos y luego sacó la flor de pétalos negros y morados, que Vilhëm le había dado Kara. Sóren la tomó con la punta de los dedos como si conscientemente la evitara a toda costa. Miró a su padre a los ojos, gentilmente se la colocó detrás de la oreja y dijo.

—No son mis padres. Dejaron de serlo hace mucho.

Sóren activó el encendedor y en cuestión de segundos las llamas los devoraron. Vilhëm y Miriam concibieron cómo la mitad de su cuerpo se entumeció mientras la otra mitad gritaba. La sensación aguda y ardiente era todo en lo que podían concentrarse, mientras su hijo mayor veía a través de las llamas cómo se les derretía la piel.

Regresó frente a Solaria y gritó:

—¡Que esto sea un recordatorio para todo aquel como mis padres, que se aprovechan del débil y del pobre! ¡Solaria debe evolucionar!

—¡Arriba el visir! —cantó la gente—. ¡Arriba el Prodigio Bajo el Domo! ¡Arriba Sóren Soler!

Mientras tanto, Aury seguía desesperada con lágrimas en los ojos, tratando de avanzar hacia delante. «Sóren. Por favor. No. Por favor», rogó como nunca cuando este fue hacia sus hermanos. Sin titubear, Sóren encendió el resto de las hogueras y las llamas consumieron a Elina, Kelden y Kara.

—¡Son horas oscuras —gritó Sóren—, pero nuestro futuro es más brillante que nunca!

Aurora se tiró al piso y le gritó tan fuerte que se oyó hasta la tarima:

—¡PÚDRETE, SÓREN!

Su poderoso y desgarrador grito voló sobre la gente hasta los oídos de su hermano. Sóren abrió los ojos, sorprendido, como si la voz de Aurora fuera un balde de agua fría y de inmediato barrió a la multitud buscándola. Logró mantener la conmoción y dijo:

—Mi última hermana, Aurora Soler, se encuentra allá afuera entre ustedes. Algunos quizás tengan el impulso de ayudarla, pero sepan esto: Es una criminal que será perseguida hasta pagar su crimen contra Solaria. ¡Pagará al igual que mis padres y hermanos por vivir de la generosidad del pueblo! ¡Te encontraré, Aurora! ¡No puedes esconderte mí! ¡Una hoguera con tu nombre te espera en el Palacio Real!

Céfiro encontró a Aury tirada de rodillas entre la multitud. Pero no tenían tiempo. Desesperado la jaló de la ropa para obligarla a ponerse de pie.

Desde la tarima, Sóren pudo ver su cabello rojo corriendo entre la gente y se volvió con calma hacia el que ahora era su Palacio Real. Sacó su reloj de bolsillo con los números 12, 3, 6 y 9 hechos de piedras violetas, más una extra engarzada al centro de las manijas. Funcionaba tal cual lo había planeado.

—Ya es hora —suspiró, pasando de largo las hogueras encendidas.

CAPÍTULO XI

«ASESINATO #1»

EL HAVANA JAVA

Daren abrió la pequeña bolsa de tela, asegurándose de que el botín siguiera en su lugar: muchas piedras de color escarlata, brillantes, pero ásperas y puntiagudas que lastimaban al piel al contacto.

—Déjame hablar a mí —le dijo a Serana, parada junto a él.

—¡Yo lo robé! —se defendió la chica, como evidencia de que ella debía llevar la conversación.

—Fuimos los dos, niña tonta.

—Mejor ladrona, querrás decir —afirmó con una sonrisa pícara.

Se oyó la voz de Darío Lacroix del otro lado de la puerta, invitándolos a pasar. Ambos chicos entraron, nerviosos, en silencio y atentos, como una gacela haciendo caso al león. Al fondo, vieron aquel hombre sentado frente a una mesa llena de más bolsitas como la suya, y pyrocita a todo lo ancho.

—Daren, Serana muy bien. Entréguenme su paga de hoy —dijo Darío, acomodando su gigantesca panza para poder estrechar la mano sobre la mesa, sin siquiera molestarle en darles una mirada.

Daren dejó caer la pyrocita que habían robado y de inmediato, Darío empezó a examinarla. Sus dedos gordos y negros se alargaron como un catalejo, para luego pelarse como la cáscara de una banana, dejando ágiles pinzas que estudiaban el brillo y dureza de la pyrocita.

—Gran trabajo —concluyó con la mirada en el botín. A Daren siempre le había causado ansiedad la Cyber de Darío en las manos, pues parecían horribles arañas de metal, pataleando sobre las piedras—. Ustedes dos nunca dejan de sorprenderme. Por eso son los favoritos del capitán.

Serana abrió la boca:

—Sr. Lacroix, me preguntaba si podíamos usar nuestra parte para comprar cosas que necesitamos: mantas, medicinas y…

—¿Su parte? —la interrumpió ofendido y alzó la mirada hacia la chica—. Esto apenas cubre sus deudas de la semana pasada. ¿Y te atreves a mencionar algo así?

—Lo sé, Sr. Lacroix, pero…

—Pero trabajaremos más duro —intervino Daren de golpe, firme y serio como un soldado mirando al frente—, cumpliremos con las expectativas del capitán Ingmar.

Serana podía ser una gran ladrona y superar a Daren en muchas cosas, pero a diferencia de él, no sabía mentir y era pésima ocultando sus emociones. Frunció el rostro, cruzó los brazos y apartó la mirada.

Las manos de Darío regresaron a la normalidad, y las usó para levantar su cuerpo desde la mesa. Sus débiles piernas lo llevaron tambaleando hasta la chica. La tomó del mentón, obligándola a mirar su piel negra y dijo:

—Mi dulce ladrona. No tienes que preocuparte por los otros niños. El capitán y yo estamos aquí para cuidarlos de los horrores de la caverna.

—Por un precio —replicó enojada.

—Sí, por un precio. —Y la miró muy despacio, desde la punta de sus pies, pasando por sus piernas, abdomen, busto hasta sus ojos y pañuelo en la cabeza—. Un precio que una bella niña como tú puede pagar.

El temple sereno de Daren fue reemplazado por un gruñido detrás de sus dientes, haciendo honor a su reputación de perro rabioso. Y en lugar de molestarse, Darío lanzó una carcajada. Soltó a la chica y regresó bamboleante a la mesa, pero no sin antes decir:

—Les voy a dar un consejo a ambos: Si quieren sobrevivir en Naica Negra, nunca dejen ver su mayor debilidad. Ahora vayan a darse un Baño de Luz. Tienen mucho trabajo que hacer.

Después de oír esto, Daren fue víctima de un extraño dolor de cabeza, acompañado de una electricidad estática horrible que se vio por todo su Panel Cerebral. De pronto, se vio a sí mismo, ya no en la pequeña oficina de Darío, sino parado en una habitación oscura y sin ventanas, pero no estaba solo. Otros niños, pequeños como él, yacían en círculo, aferrados a su cuerpo semidesnudo, temblando y con miedo.

—Ya saben las reglas —dijo Darío saliendo de la oscuridad, casi zigzagueando con sus piernas curveadas—. Sin ropa.

Los que aún se aferraban a su camisa o pantalón, lo perdieron de golpe. Daren no era la excepción. Aferrado a su cuerpo, pudo ver la figura negra de Ingmar bajo la puerta, con su sombrero de policía y los brazos cruzados, inmutable ante la escena de los niños que eran desvestidos uno a uno por Darío. Cuando todos quedaron en ropa interior, Ingmar cerró la puerta, dejándolos en una oscuridad absoluta, a merced de ese bufón pequeño y deforme que comenzó a reírse en las sombras. Un momento después, se oyó una fuerte descarga y una lámpara al centro se encendió, pintando las paredes y sus pequeños cuerpos de luz ultravioleta.

Aferrado a sus calzoncillos, Daren esperaba impaciente a que terminara su Baño de Luz, cuando su Panel Cerebral volvió a enloquecer. La estática y el horrible sonido como cadenas de metal arrastrándose por el suelo llegó a sus oídos. Y nadie más parecía oírlo. Se talló la cabeza y cerró los ojos tratando de controlarse, cuando todos los niños giraron hacia él en un tono macabro, iluminados por la luz ultravioleta y no apartaron la mirada. Incluso Darío, quien llevó su gordo y pequeño cuerpo hacia él, con las piernas arrastrándose por el suelo, externamente sincronizado con el golpe de las cadenas.

La estática y el sonido se hizo aún más fuerte y todos adquirieron un aspecto monstruoso. Las cadenas golpearon con más y más y más fuerza. Los niños y Darío fueron remplazados por cosas en la oscuridad que salivaban como demonios sedientos de sangre.

—¡No! ¡No! ¡No! —chilló Daren hasta que logró despertar.

Estaba en el cabaré de Fénix, en una habitación pequeña, pero con un gran ventanal. Las luces de los edificios y anuncios entraban hasta él, bañando todo con su luz neón. Su corazón palpitaba con fuerza y estaba bañado en un sudor frío y pegajoso. Se sentó en el borde de la cama.

[Mensaje en el Panel Cerebral]
¡Alerta! Carga cerebral corrompida detectada.
...

HARDWARE ANTI-PSICOSIS: ACTIVADO
Liberando carga cerebral corrompida...
70 %... 45 %... 12 %... 5%...

«NIVELES NORMALES»
Diagnóstico: No hay Cyber-Psicosis

—*Necesitas ir a ver al Doc. Boost. No es normal* —le dijo Serana saliendo de entre la luz neón—. *Quizás tienes un virus o tengas que formatear tu...*

—No necesito nada —insistió el chico, molesto y apenas con aliento. Se secó el cuerpo con la cobija. Su Panel Cerebral arrojó un poco de estática y luego desapareció la señal de alerta—. ¿Ves? Estoy... bien.

Serana se sentó a su lado y lo miró profundamente a los ojos, en silencio. Su rostro se llenó de una tristeza visible a la distancia y preguntó:

—*¿Aún tienes esas pesadillas? ¿Cadenas y monstruos?*

Daren apartó la mirada. Afuera del cabaré se materializó una gigantesca flor sobre las calles. El holograma hacía que sus pétalos púrpuras parecieran tan reales como las abejas que volaban entre ellos. Un extraño temblor sacudió la caverna por unos segundos y algunos edificios crujieron a la par.

Pero a Daren no pudo importarle menos, ocultó su rostro en sus manos, sintiendo cómo la adrenalina y el miedo se estaban apoderando de él. Le temblaba el cuerpo como señal de que mentalmente, aún seguía atrapado en esa pesadilla, oyendo las cadenas. Serana se acercó y gentilmente puso sus brazos alrededor del chico, dándole un lugar seguro donde nada ni nadie podían lastimarlo. Y aunque no podía sentirla, Daren aceptó el gesto y abrazó aquel espejismo, lágrimas empezaron a salir y no pararon hasta calmar su corazón.

El coche dobló en una esquina y por poco embistió a un transeúnte, distraído por hologramas que flotaban sobre la calle. El pequeño Fred sacó su fuerte brazo por la ventana y ambos intercambiaron groserías y gestos, hasta que estaban demasiado lejos uno del otro para oírse.

—Deja de quejarte —regañó Fénix a Daren dentro del vehículo, quien luchaba contra la corbata en su cuello.

—Luzco como un idiota.

—*No necesitas esa ropa para serlo* —se burló Serana de su ropa elegante con aspecto de policía.

—El Havana Java es el Baño de Luz más importante de Naica Negra —siguió Fénix—. Eres un salvaje imprudente. Fingirás ser mi guardaespaldas. ¡Ya deja de moverte la corbata!

—¡No me deja respirar!

—¡Pues aguántate!

—Ya casi llegamos, mi señora —advirtió el pequeño Fred desde el asiento del conductor, tomando la calle que terminaba en una gran mezquita rodeada por cuatro minaretes holográficos. Era todo un espectáculo de luces y música.

A medida que se acercaron, el suave brillo de las luces resaltaba en los intrincados detalles de la fachada. Los minaretes, típicamente altos y elegantes, ahora hechos de luz azul, verde y dorada, como si el Havana Java fuese un faro de espiritualidad, armonizando las antiguas tradiciones con el futuro cibernético bajo tierra. Para bien o para mal, era un faro de luz, pero de una luz corrupta que extendía enfermedad y pobreza a toda Naica Negra.

—Cuando lleguemos baja y abre la puerta —le ordenó Fénix a Daren—. Y no hables. Una vez dentro quédate cerca de mí. No hagas nada solo. ¿Te quedó claro? —Daren no contestó—. ¿Te quedó claro?

—Sí, sí, no tienes que repetirlo.

El coche se detuvo al pie de una alfombra roja, y rápidamente Daren fue por Fénix, quien fue recibida por fotógrafos, cuyas cámaras luchaban por su atención como si se tratara de una estrella. Y lo era a su modo. Por su lado, Fénix los saludó con un gesto simple y siguió adelante, luciendo su bello vestido amarillo descubierto en la espalda.

Un fotógrafo entre la multitud se hizo notar por su comentario:

—Sé que no extrañas tu miembro «Madame», pero te aseguro que extrañarás el mío. —Se tocó la entrepierna burlándose, tratando de forzar una reacción que valiera la pena fotografiar.

Fénix frenó de golpe y regresó la mirada con una extraña sonrisa.

—¿Cuánta pyrocita quieres para que bailes sobre mí? —insistió tomando fotografías.

—Oh, cariño. —Se acercó a él y le acarició el rostro con gentileza. Luego, con un movimiento veloz le agarró el pene y los testículos, apretando tan fuerte que le enterró la uñas en la piel—. Jamás podrías pagarme.

El pequeño Fred agarró la cámara del suelo y con sus fuertes manos la hizo trizas, dejando caer las virutas sobre el pobre que se retorcía de dolor. Le lanzó una mirada fulminante al resto para advertirles lo que les pasaría si algún otro se atrevía abrir la boca. Todos los paparazis alejaron sus cámaras y nadie más se atrevió a tomarle fotos.

—*Cada vez me agrada más* —le susurró Serana a Daren cuando Fénix continuó su camino sin perder más tiempo ni su porte elegante.

La entrada principal del Havana Java estaba enmarcada por un arco de intricado diseño, iluminado por luz blanca suave y cálida invitando a la gente. Mientras que el resto era una fortaleza bien protegida, con guardias a cada par de metros, francotiradores en el tejado y cámaras de seguridad. Daren se alegró de tener la ayuda de Fénix. Ni en un millón de años hubiera podido entrar.

Fueron recibidos por un hombre de piel pálida, sin cabello, pero con barba copiosa y una larga toga verde de estilo árabe. Fénix le entregó la invitación y este respondió con un tono taimado:

—Es un placer tenerla en el Havana Java, *madame* Fénix. Aunque debo decir que es una sorpresa. Creí que había rechazado nuestra invitación.

—Es cierto que nunca me molesté en ocultar mi desagrado por la antigua gerencia —respondió Fénix con una sonrisa cordial, pero con un ojo en los guardias que la miraban—. Una «nueva inauguración» de un local con tan larga historia como el Havana Java, demanda mi interés.

—Será toda una celebración, se lo aseguro, pero tengo curiosidad. No recuerdo la última vez que usted aceptó un cambio. Más allá del obvio, por supuesto. —Daren no supo distinguir si se burlaba.

Broma o no, Fénix no rompió el personaje y dijo:

—El antiguo Líder Comercial y yo teníamos nuestras diferencias. Creo que la nueva gerencia del…

—… señor Lacroix —intervino.

—Sí, el señor Lacroix. Puede que él y yo lleguemos a un acuerdo. ¿Puede decirle que estoy aquí y que deseo hablar con él?

El hombre dejó atrás su actitud defensiva.

—Creo que él estará encantado de hablar con usted *madame* Fénix, pero ellos deben permanecer afuera. —Se refería al pequeño Fred y a Daren—. La seguridad del Havana Java es inquebrantable. La nueva gerencia se aseguró de ello.

Fénix se acercó al hombre y le acarició ligeramente la mejilla, pero con un tono firme y sumamente serio. Los guardias tensaron sus armas y todos quedaron paralizados ante la sutil intimidación.

—Me temo que eso no va a pasar, jovencito —dijo Fénix con una sonrisa—. Porque si hay algo de lo que estoy segura, es que la caverna, tan tranquila como puede ser, también está en constante cambio y si tratas de detenerme, me aseguraré de que el tuyo sea más notorio que el mío. —Bajó la mirada hasta su entrepierna amenazando su hombría—. Ve y dile a la nueva gerencia que el Fénix de Naica está aquí para hacer negocios.

Asustado, el hombre aceptó y los dejó pasar.

Una vez en el atrio principal se encontraron una escena llena de sillones, fuentes y alfombras, música electrónica, bellas mujeres y hombres con comida. En la periferia, muchas puertas daban a habitaciones donde se oían las risas, gemidos de placer o llanto de los clientes, regaderas y el rechinar de las camas. No había capricho o fantasía loca que el Havana Java no pudiera cumplir.

Llevaron a Fénix y a su grupo hacia un sillón rojo de cuero en medio toda esa fiesta de los sentidos y la carne. El sistema de hologramas creó medusas gigantes de color azul neón, nadando lentamente sobre ellos de un minarete a otro. Gustosa, Fénix se sentó, a diferencia de Daren, quien parecía un cazador con el fusil arriba.

—¿Quieres calmarte? —lo regañó el pequeño Fred.

—Estoy bien, pequeño simio, déjame en paz.

—¡Cierren la boca los dos! —los regañó Fénix.

Un camarero apareció con un plato de comida y una pipa al tope con un fino polvo violeta, tan fino y reluciente que parecía brillar por cuenta propia.

—Cortesía de la casa, *madame*. Un poco de Amatista Sintética.

Daren miró con asco ese fino polvo, pero Fénix, por su lado, aceptó con gracia. Luego, con una pizca de picardía mientras doblaba la pierna sobre la otra dijo:

—Eres un encanto. —Se aseguró de ver al joven de los pies a la cabeza—. ¿Por qué no te sientas y me acompañas?

—Me temo que no puedo hacerlo. Tengo que…

—Tonterías —cortó—. Un muchacho tan apuesto como tú debe tener grandes historias. Anda, siéntate conmigo. —Le dio golpes al asiento junto a ella para que aceptara—. Fuma un poco, Fred.

Su enorme guardaespaldas le dio un par de gemas rojas al chico: pyrocita de muy buena calidad y lo obligó a sentarse. Fénix puso la pipa en su boca y el pequeño Fred alzó el pulgar, la uña se hizo a un lado exponiendo el cableado eléctrico y luego una pequeña llama hizo chispa. Fénix aspiró el humo hasta su garganta y sus pulmones, antes de arrojarlo sobre el rostro del camarero, acompañó con una mirada pícara y pose provocativa.

—Dime, apuesto, ¿qué sabes de la nueva gerencia? —El muchacho tambaleó un poco en su lugar, confundido—. Anda, no seas tímido. ¿Cómo el señor Lacroix alcanzó ese puesto?

Daren, por su lado, estaba tan impaciente que no podía quedarse quieto. Golpeaba su pierna con los dedos, como tic nervioso, inclinaba el peso de una pierna a otra con tanta frecuencia que bailaba, y su poca atención estaba lejos de ahí, entre la gente buscando a Darío.

—*Ni se te ocurra* —le advirtió Serana a Daren, parada a su lado.

—¿De qué hablas?

—*Vas hacer algo estúpido.*

—Claro que no —se defendió molesto alzando la mirada entre la gente.

—*Te conozco mejor que nadie. Esa es la misma cara que pusiste antes de pelearte con una rata por un pedazo de queso.*

—Recuerdo que te comiste el queso conmigo, así que cierra la boca.

La umbrela y los largos tentáculos de las medusas cambiaron a un carmín brillante, luego a esmeralda y, por último a turquesa otra vez. La música electrónica se hizo más fuerte, con pulsos constantes como los latidos del corazón. Las medusas igualaron el *tempo* convirtiendo el atrio en una discoteca. El humo de la Amatista Sintética se apoderó del lugar, la algarabía estaba a tope con el choque de los vasos, cubiertos y risas. La gente empezó a bailar, pero no Daren.

Había demasiada gente y demasiado ruido. No podía ver nada. Aprovechó el caos para escabullirse lejos Fénix, hacia el centro, donde un gran obelisco tomaba lugar. De pronto, la música se detuvo y la gente se reunió a los pies del edificio, cuya enorme cúpula atraía la atención hacia arriba. Las cortinas se apartaron en uno de los balcones y por fin Darío se presentó ante todos.

Su traje brillante reflejaba su nuevo poder y riqueza. Una túnica resplandeciente, como el caftán de un sultán caía elegantemente sobre sus hombros y su rica tela brillaba de igual forma que las medusas en el aire, creando un aura de magnificencia a su alrededor.

«Ahí estás», pensó Daren, sintiendo cómo sus puños se cerraban inconscientemente y su cuerpo se llenaba de adrenalina.

—¡Bienvenidos! ¡Bienvenidos! —exclamó Darío con los brazos al aire.

La información de Erasmo era correcta: calvo, de piel negra y una enorme panza frente a él que lo hacía parecer un sapo viejo. Por suerte, para Darío, el balcón escondía sus curveadas y débiles piernas.

Darío continuó:

—El Havana Java es el Baño de Luz más grande y el más prolífico de Naica Negra desde que se cerraron las Puertas Blindadas. —Las medusas en el aire mutaron a un grupo de personas caminando tierra adentro, alejándose de lo que parecían dos muros impenetrables de acero, tan grandes, que una persona era diminuta como una hormiga—. ¡Perdimos la luz de nuestra estrella! ¡Pero encontramos una nueva luz, aquí abajo!

—¡Aquí abajo! —bramó la gente.

Todo el Havana Java se pintó de un tono azul pálido. La gente gritó y alzó los brazos como si quisieran bañarse en esa luz.

—Extiendo mi más sincero agradecimiento a todos aquellos que han contribuido a hacer posible este evento. —Darío señaló el obelisco en el atrio y continuó—: ¡Esta es una nueva inauguración para una nueva gerencia! Una que se enfocará no solo en mejorar los Baños de Luz, sino en compartir su placer y su luz con todos. ¡Báñense en la luz!

Daren no oyó los gritos y los aplausos a favor de Darío. En ese punto, verlo riendo, con la panza llena y con joyas por todas partes, lo hicieron víctima de una rabia que le hirvió el cerebro. Figurativa y literalmente.

[Mensaje en el Panel Cerebral]
Diagnosticando...

Daren se acercó al balcón sin preocuparse que alguien lo viera. Rápidamente Serana le cortó el paso, extendiendo los brazos para que se detuviera.

—*No seas estúpido. Fénix te dijo que no hicieras nada solo.*

—Él está ahí mismo. Puedo subir y… —Tiró de su manga exponiendo los Cables de Alta Velocidad.

—*¿Y qué?*

—Matarlo con mis manos, si es preciso.

—*¿Y luego qué? ¿Vas a hacerlo frente a todas estas personas?*

—¡Ya me las arreglaré, siempre lo hago!

[Mensaje en el Panel Cerebral]
Carga cerebral corrompida al 25 %...

Para mala, o buena fortuna de Daren, aquel hombre pálido que lo recibió a él y a Fénix salió al balcón. Le susurró algo a Darío y este regresó adentro.

—¡Eres una tonta! —regañó a Serana.

—*Tienes que ir por Fénix.*

—¡Y tú tienes que ir a molestar a otra parte!

[Mensaje en el Panel Cerebral]
Carga cerebral corrompida al 35 %...

Daren dejó atrás el atrio del Havana Java por un laberinto lleno de clientes comiendo o bañándose, teniendo sexo o peleando bajo la luz ultravioleta como si esta fuera parte esencial de todo. Subió por las escaleras al primer piso y luego al segundo, pero Darío no estaba por ningún lado. Subió al tercero y se detuvo ante un largo pasillo iluminado únicamente por la luz que salía de los cuartos.

En la primera habitación encontró un grupo de niños en círculo agarrados de la mano, tal y como Darío lo obligaba cuando trabajaba para el capitán Ingmar. Únicamente llevaban su ropa interior y gafas negras en los ojos para protegerlos de la luz que irradiaba desde el centro. «Ese maldito enfermo, sigue haciendo lo mismo», pensó Daren. Fue al siguiente y vio lo mismo, solo que esta vez los niños eran más pequeños. En la siguiente más pequeños, y así hasta la última habitación donde una mujer arrullaba a un bebé.

Aquella mujer llevaba una tétrica máscara que la hacía parecer una clase de monstruo. Pero lo peor era la canción de cuna que tarareaba. Daren la conocía de algún lado, pero no podía saber dónde. Por alguna razón, esa suave melodía le provocaba una sensación de plenitud, pero una que no duró mucho. Se oyó el azote de una cadena, como si un monstruo hubiera arrancado sus ataduras de la pared.

—No... No estoy dormido —pidió asustado, sintiendo su corazón acelerarse—. ¡No estoy dormido! —se repitió con más fuerza cuando un extraño gruñido en la oscuridad surgió, con ayuda de las cadenas.

[Mensaje en el Panel Cerebral lleno de estática]

¡Alerta!
Carga cerebral corrompida al 45 %...

Para fortuna o desgracia de Daren, la voz de Darío cruzó por las paredes acompañado de dos disparos que partieron el aire, seguidos del grito ahogado de un hombre. Sea lo que haya sido, ayudó a Daren a regresar, sacudió fuertemente el rostro para sacar las cadenas de su mente y hasta se dio una cachetada.

—Eres un tonto —lo regañó Serana, preocupada por él al verlo tambalearse por el pasillo, recargado de la pared con el codo.

—Dime algo que no sepa.

Las débiles piernas de Darío lo llevaron con dificultad hasta aquel hombre de cabello verde fosforescente, cuidadosamente peinado sobre una cara redonda adornada con aretes igual de brillantes. Ojos ámbar hundidos en sus órbitas lo observaban de vuelta con un odio que apenas lograba esconder.

—Necesitamos hablar, Sr. Lacroix —pidió aquel hombre. La rabia en su voz se mimetizó con una verdadera súplica. A Darío le encantó esto, pero no hizo caso.

Lo dejó atrás, dando sus pasos abiertos lateralmente, bamboleando todo el cuerpo y la cabeza.

—¡Sr. Lacroix, por favor! —exclamó el hombre, rápidamente igualando su paso, mirándolo a la cara—. Le ofrezco mis más sinceras disculpas por cómo reaccioné la última vez que hablamos. Por favor, trate de entender mi situación.

Darío por fin se dignó a detenerse, gustoso de verlo suplicar y preguntó erizado:

—¿Tu situación?

—Mi familia ha estado a cargo...

—... hasta ahora —cortó Darío, riendo felizmente de abajo hacia arriba, pues era mucho más bajo.

—Sí, mi familia —apoyó la idea alzando el pecho—. Hemos administrado el Bazar de las Luces desde el cierre de las Puertas Blindadas.

—Y mantenían una buena cantidad de pyrocita para ustedes —replicó Darío, rápida y hábilmente—. ¿Cuál es tu punto? Ya hemos hablado de esto. Tú, Math Volans, y tu familia, están fuera. El Bazar de las Luces le pertenece al Comisionado.

Math Volans, empresario y heredero de una gran fortuna, cerró los puños, apretó la mandíbula y para su mala suerte, no pudo contener más sus opiniones. Dio un paso delante de Darío, cortándole toda huida y pronunció:

—No me importa que la Policía de Zafiro aplauda sus reformas, todos sabemos que Ingmar Cromwell no es más que un policía simplón y corrupto, igual que usted. Solo la caverna sabe qué le hizo a mi padre para ponerlo de rodillas. Ingmar no merece su puesto. Ni usted, mi... —hizo una profunda pausa, examinado a detalle la deformidad de Darío y pronunció su rabia—: ... «amigo fatigado».

La sonrisa engreída de Darío desapareció. Un rostro serio tomó su lugar y era claro que ese comentario había ido demasiado lejos. Math Volans lo sabía, pero no le importó. Miró a Darío desde su altura, como un juicio divino, seguro de sí.

—¿Quiere saber por qué vuestro padre aceptó la oferta que le hici mos? ¿Quiere saber por qué se arrastró como un perro y besó las botas del Comisionado? —Math Volands tensó el cuerpo ante el restaurado espíritu de su contrincante—. Vamos, niño. Te enseñaré.

Darío lo apartó bruscamente y zigzagueó hacia delante, esforzándose por mantener un paso ágil. Math Volans no tuvo opción más que seguirlo cuando de las paredes curvas, bañadas en el resplandeciente color neón, emergió un misterioso guardia.

—Tú piensas que robamos tu imperio de luz —apremió Darío—. Pero con cada baño tú oyes la pyrocita llenando tus bolsillos, los placeres del Havana Java y los ricos que pueden pagarlo. ¿Pero tú sabes lo que yo escucho? —Darío abrió la puerta frente a él, que daba hacia una habitación sencilla con un solo cuadro de óleo contra la pared—. Yo escucho los gritos de todos los demás, sus súplicas por un poco de luz para sus familias y sus hijos. Para que no terminen deprimidos, muertos o fatigados, como yo.

El guardia obligó a Math Volans a entrar, pues él no se atrevió por sí mismo. Al igual que Darío, avanzó lento y oscilante, sin capaz de alzar la mirada hacia ese cuadro, como si quisiera evitarlo a toda costa.

—La Fatiga Negra —llamó Darío a la pintura, admirándola desde su base, prestando atención a la escena.

Una niña en Naica Negra, acompañada solo por la luz neón y los gigantescos anuncios. Ella, envuelta en un vestido holgado enfatizando su delgada y débil figura, su postura ligeramente encorvada debido a la tensión sobre sus huesos. Sus frágiles brazos se abrazaban a sí misma, entrelazándose en un gesto de vulnerabilidad. Su rostro, pálido y demacrado al igual que su triste cabello.

—Soy consciente de los efectos de la deficiencia de vitamina D, señor Lacroix —señaló Math Volans con firmeza, como si tratara de darse fuerzas a sí mismo.

—¿De verdad? —preguntó Darío con una sonrisa grande que apareció de pronto, como el tajo en abdomen de un cerdo—. Entonces, ¿por qué no puedes mirarla a los ojos? Ve su piel llena de granos, sus huesos curvados a punto de romperse, esa tétrica sonrisa. Cada vez que un cliente viene aquí o a cualquier otro Baño de Luz, oyes el sonido de la pyrocita, mientras que yo siento calma sabiendo que Naica Negra no va a pasar por eso otra vez.

—¡Esa es una exageración! —exclamó, rehusándose a mirar la pintura—. ¿Recurre a un cuento de hadas para legitimar lo que hizo?

—¡¿Cuento de hadas?! —gritó Darío.

El guardia que lo acompañaba rápidamente cercó a Math Volans, cerrándole cualquier oportunidad de escape. Pero Darío alzó la mano, y con un gesto retrocedió, dándole al aire al pobre hombre que comenzaba a sudar del miedo.

El esbozo de sonrisa regresó, y Darío la acompañó con un puro de Amatista Sintética. Sus dedos se abrieron en diminutas herramientas, y como una navaja suiza, usó una parte para cortar el puro y con un encendedor en otro dedo lo encendió.

—Por mil años hemos vivido bajo tierra. Tú y yo nacimos aquí, pero: ¿puedes imaginar lo que debieron pensar nuestros ancestros? Siempre me he preguntado qué cruzó por sus cabezas mientras caminaban bajo la nieve, hacia una caverna construida por el Colegio de Megaproyectos de Ingeniería, sabiendo que una vez que se cerraran las Puertas Blindadas, jamás sentirían el viento o verían el cielo otra vez. ¿Puedes imaginar los suicidios masivos que le siguieron? ¿Por qué crees que tenemos una caverna llena de luces, Amatista Sintética y Sueños de Neón?

—Porque extrañamos la estrella que perdimos.

—No, porque la necesitamos Sr. Volans. El ser humano obtiene la vitamina D por dos vías. —Levantó el dedo índice—: Primero por la dieta, una que tristemente hemos limitado a roedores, granjas masivas de insectos que se licuan y unos pocos cereales y plantas. —Levantó el siguiente dedo—. Segundo, por la transformación cutánea durante la exposición a la luz solar. A falta de ella el cuerpo y la mente se descomponen. Aquí abajo no es un cuento de hadas. Lo sé… perfectamente.

Darío expulsó un bola de humo violeta contra el techo, exaltando el óleo en la pintura con cada mota de ese polvo eléctrico. Luego fue hacia Math, dando zancadas circulares, esforzándose por mantener la columna y sus piernas erguidas.

—La Fatiga Negra reblandece los huesos, haciéndolos tan frágiles como el cristal. —Darío se paró junto a él, intimidándolo—. Claro, podría cortarme las piernas y usar Cybers como miles otros que no pudieron pagar su Baño de Luz cuando eran niños, pero ¿sabe por qué no lo hago? Por eso. —Y señaló la pintura con el puro—. Estas débiles y deformes piernas son un recordatorio de lo que corporaciones corruptas pueden hacer. No soy un usurpador, sino uno de los salvadores de Naica Negra.

—Llámese como quiera —respondió Math Volans, tan firme como podía, usando su rabia como punto de apoyo—. Valide su posición todo lo que quiera. Usted y yo sabemos que no es más que un policía corrupto, un fraude y un ladrón. Al igual que su jefe. Dijo que iba a mostrarme porque mi padre rindió nuestro imperio por tan poca cosa como ustedes. —Se encorvó hacia delante, bajando tanto como pudo para igualar la altura de Darío y demandó—: Estoy esperando.

Darío sonrió, como si esperara esas mismas palabras. Por un segundo imaginó lo que estaba por suceder y le fue difícil, resultó complicado no decirlo en voz alta. Pero en el fondo sabía que esa no era la solución. Había pasado por ese camino antes y solo le había llevado a más problemas. Entonces, en lugar de dejar que su ira lo consumiera dijo:

—Tu padre también tuvo que inclinarse para verme la cara. Déjame ayudarte.

Miró a su guardia por el rabillo del ojo y sin dudarlo, este desenfundó su pistola y abrió fuego contra la pierna de Math Volans, justo sobre la rodilla. En un instante, el aire fue partido por un fuerte crujido, como un trueno estrellándose en un espacio reducido. El sonido resonó y reverberó, ahogando todos los demás ruidos.

Al mismo tiempo, un dolor intenso y ardiente estalló. Una agonía abrasadora hizo gritar a Math Volans al sentir como si le hubieran clavado un atizador al rojo vivo. El dolor se irradió hacia afuera, recorriendo toda la extremidad como una descarga eléctrica, provocando espasmos y temblores incontrolables en los músculos. Luego, vino el segundo disparo contra su otra pierna. Math Volans cayó hincado contra el suelo lleno de su sangre, cartílagos y huesos.

Darío le levantó el rostro, ahora más bajo que él.

—Ahora usted y su padre saben cómo siente la Fatiga Negra. Tenga una buena vida Sr. Volans, y tan tranquila como la caverna lo quiera.

Darío ordenó a su guardia que se llevara al Sr. Volans y dejó atrás la escena. Fue solo por el Havana Java, saludando a la gente y recibiendo gestos de aprobación y celos, contento de sí mismo bajo la música y luz de su nuevo imperio, sin percatarse de que un joven ladrón le pisaba los talones. Daren vio a Darío entrar a su oficina. No tendría mejor oportunidad que esa. Pero cuando iba a lanzarse, unas manos fuertes lo tomaron por detrás y lo arrastraron lejos.

—Perro tonto. ¿Qué crees que estás haciendo? —lo regañó el pequeño Fred.

—Lo vine a hacer.

—La Señora no quiere que hagas nada. Me pidió que vinera por ti. Nos vamos.

Forcejeó lo suficiente para liberarse un poco, y preguntó indignado:

—¿De qué hablas? Fénix me prometió que íbamos a matarlo.

—No lo sé. Yo solo obedezco y me ordenó sacarte de aquí antes de que hicieras algo estúpido. Darío no puede morir.

Esa frase le hizo hervir la sangre.

El pequeño Fred lo tomó de la ropa y lo jaló con fuerza, Daren aprovechó el impulso y acertó su puño entero en el duro y mejorado rostro de Fred, quien apenas lo sintió. El poderoso hombre se torció el cuello acompañado de una sonrisa feliz de darle la razón para golpearlo de vuelta. Y eso hizo. Levantó el puño y el pobre Daren cerró los ojos, esperando su fin como una guillotina contra su cuello. Para su fortuna, la seguridad del Havana Java los encontró y les gritó qué estaba pasando. Daren, haciendo honor a su ágil cabeza, exclamó:

—¡Ayuda! ¡Se quiere ir sin pagar!

Daren activó la Cyber de Electrochoque en su mano y le dio una pequeña descarga a Fred para liberarse. Todo su brazo se contrajo de forma brusca e involuntaria, torciéndole los músculos lastimándolo: la Cyber aún fallaba. No importó. Los guardias cercaron a Fred y él huyó de ahí rápidamente.

—¿*Sabes algo, Daren?* —preguntó Serana con un tono molesto—. *Pensé que eras tonto, pero también eres estúpido.*

—Dime algo que no sepa.

—*¿Tan siquiera tienes un plan?*

Daren esbozó una sonrisa engreída acompañada de su pulgar derecho. Sí, tenía uno, y en su mente, infalible. Fue directo a la oficina de Darío y entró a ella de una patada y se paró en la puerta, con los brazos en la cintura como un toro a punto de embestir.

—*¡¿Este es tu gran plan?!* —le gritó Serana—. *¿Pararte frente a él cual imbécil?*

Sorprendido, Darío Lacroix se encontró cara a cara con aquel chico que había dado por muerto hace poco más de un mes. Pero Daren se veía diferente. Sus ojos color rojos se veían más maduros, más cansados y, sobre todo, llenos de rabia.

—¿Sorprendido de verme? —preguntó Daren.

—Definitivamente, mi muchacho. —Dejó los papeles en el escritorio, tratando de darle sentido a ese encuentro imprevisto—. Nova nunca había fallado antes.

—Su bala me alcanzó —aseguró Daren, sintiendo la bala enterrada en su muslo, como una comezón que solo aparece cuando piensas en ella—. Necesitan más que eso para matarme.

Discretamente, Darío fue hacia un botón bajo su escritorio, pero Daren lo amenazó con atravesarle el pecho con sus cables de alta velocidad. Darío dejó las manos sobre el escritorio y dijo:

—Por supuesto. No me atrevería a contradecir al segundo mejor ladrón de Naica Negra. ¿Quién era el primero? No recuerdo… ¡Oh, por supuesto! —Hizo como si se encendiera una bombilla sobre su cabeza—. ¿Cómo pude olvidarlo? La dulce Serana.

—*Pregúntale quién nos traicionó esa noche. Pregúntale sobre el trato que Ingmar mencionó* —le pidió la chica.

Daren no le hizo caso. Tampoco disparó sus cables. Pudo hacerlo, acabar con ese horrible hombre de una vez y no darle la oportunidad de hablar. Sus dedos se paralizaron, como si toda la rabia que lo impulsaba se hubiera desvanecido. Hablaba sin cesar de cómo iba a matarlos a todos, pero ya ahí, frente al primero de sus víctimas recordó la última noche: la forja, el bebé y la sangre. Se dio cuenta de que no era tan fácil como creyó.

Y Darío se dio cuenta de esto.

—¿Sabes? —empezó el hombre echando su gran cuerpo contra el respaldo de la silla—. Todo este tiempo ha habido una pregunta que no he podido sacarme de la cabeza. Es un tema sensible, pero tengo que preguntar. ¿Por qué la abandonaste? —Y el joven ladrón se paralizó aún más, recordando los gritos de Serana esa noche—. Desde que recuerdo siempre estaban juntos. En la calle pidiendo limosna, en los trabajos que el capitán les encargaba, incluso al dormir. Siempre pensé que había algo más. Dime, ¿si lo había cierto? —Daren no contestó y miró el cabello rojo de Serana, parada junto a Darío—. ¡Sí! ¡La amabas! —exclamó entre risas y acercándose discretamente una pistola bajo la silla—. Entonces no lo entiendo. Ella te gritó y rogó para que regresaras. ¡Oh! No tienes idea de cómo gritó tu nombre mientras nos aprovechábamos de ella una y otra vez. Si me preguntas, creo que ella tampoco pudo entender por qué la abandonaste.

[Mensaje en el Panel Cerebral]
Carga neural... Corrupción de sistemas.
Carga cerebral corrompida al 75 %...

Daren bajó la mirada.

Darío aprovechó la oportunidad, agarró el arma bajo la silla y le apuntó a Daren, pero antes de apretar el gatillo, la tristeza Daren se convirtió en rabia, y la rabia en la adrenalina que lo hizo reaccionar: disparó sus cables que se enredaron como víboras de metal en la gruesa muñeca de Darío tirándole el arma. Usó el segundo par de cables contra el cuello atestado de grasa de Darío, y lo azotó contra su escritorio rompiéndole la nariz.

—Vamos, Daren, solo era una broma. No vas a matarme solo por eso, ¿verdad? —preguntó escupiendo la sangre que le caía hasta la boca.

Daren aumentó la presión de los cables para que se apretaran aún más contra su piel. Desesperado gritó:

—No fue algo personal. ¡Lo juro! Tal vez podamos llegar a un acuerdo económico, ¿eh? Dime, ¿cuánto valía la chica para ti?

—Tu cabeza. —Daren retrajo los cables y los preparó para disparar otra vez.

—¡No puedes matarme! Si lo haces, Serana va a estar decepcionada de ti.

—¡¿Cómo te atreves a decir eso?!

[Mensaje en el Panel Cerebral lleno de estática]
Hardware Anti-Psicosis sobrecalentado
¡Alerta!

Carga cerebral corrompida al 85 %...

—¡No sabes nada de ella!

—Claro que lo sé. La dulce Serana, la campeona de la caverna. Si yo muero, no sabes el daño que vas a hacerle a Naica Negra.

—¡La caverna no necesita animales como tú!

La mirada vacía de Daren mostraba que no pensaba con claridad, y espasmos incontrolables azotaban todo su cuerpo. Disparó los cables para matar a Darío, pero su Panel Cerebral estaba tan corrompido que no pudo apuntar bien. Darío apretó el botón de emergencia bajo su escritorio y sonaron las alarmas.

El fuerte chillido entró hasta el Panel Cerebral de Daren, doblegando su mente y su cuerpo. Por alguna razón, empezó a oír cadenas y rápidamente buscó a Serana, quien seguía en la habitación, pero su cuerpo se distorsionaba con la estática y no podía oír lo que decía.

Darío salió corriendo.

—*Daren... Daren... ¡Daren!* —la voz de Serana por fin atravesó el panel corrupto—. *¡Levántate, maldita sea!*

Daren estaba por perder la cabeza, cuando Serana lo tomó de la cara y le aseguró que estaba despierto. Que las pesadillas no eran reales. Se lo repitió una y otra vez, asegurándose de que Daren la mirara a ella, y solo a ella.

[Mensaje en el Panel Cerebral]
HARDWARE ANTI-PSICOSIS: ACTIVADO
Liberando carga cerebral corrompida...
80 %... 72 %... 48 %...10 %...
«NIVELES NORMALES»
Diagnóstico: No hay Cyber-Psicosis
RECOMENDACIÓN
Asesoramiento médico urgente...

Daren logró controlar su cuerpo y los espasmos terminaron. Se puso de pie y corrió detrás de Darío como el sabueso del hades, respirando en su nuca con su gélido aliento y ojos rojos, tan brillantes, que parecían de fuego.

Todos los clientes abandonaban sus baños y fantasías, entorpeciendo la huida de Darío, así como a Daren, quien volvió a fallar el disparo. El grotesco hombre tropezó entre la gente, se estrelló contra la puerta del balcón, rompió el barandal y quedó colgando hacia el atrio central del Havana Java. Las luces se encendieron sobre Darío y los guardias corrían para llegar él. Daren se quedó atrás, protegido dentro de las sombras.

—¡Ayúdame! —le pidió—. Yo... te llevaré con Ingmar si quieres, te ayudaré a vengarte. ¡Yo sé dónde está!

—*Escúchalo* —le pidió Serana en un intento desesperado por controlar la bestia que se había apoderado del chico.

Pero Daren no iba a escucharlo más. Retrajo los cables para disparar otra vez, pero no fue necesario. Los dedos de Darío se aferraban con todas sus fuerzas al borde, pero alcanzaron su límite y este cayó por la espalda hacia el obelisco, atravesándolo hasta su estómago.

Por un segundo Daren se petrificó, asimilando lo que acababa de pasar. Su vista se oscureció para enfocar el cadáver de Darío y hasta sus oídos se quedaron sordos, para darle preferencia a su corazón que latía como si fuera a explotar. Los guardias estaban cerca y se encendieron las luces de emergencia.

Es difícil saber por qué se paralizó, pero sí es seguro que no hubiera reaccionado a tiempo. Si logró hacerlo fue por Fénix. Quien apareció en el balcón y sin pensarlo lo obligó a moverse. El pequeño Fred les hizo espacio y se escabulleron entre los clientes que corrían a la salida, temerosos por el horrible asesinato que acababan de presenciar.

—No tienes la menor idea de lo que acabas de hacer —lo regañó Fénix.

Pero Daren no dijo nada. Seguía pensando en aquel obelisco pintado con las entrañas de Darío, una tétrica sonrisa, casi tan lúgubre como la de un psicópata sin sentimientos ni empatía se selló en su rostro. Y solo pudo pensar: «Uno menos, faltan tres».

CAPÍTULO XII

«EL CANTO DE LA TORMENTA»

Erneq yacía bajo el enorme cristal que dejaba ver los peces en el agua, en grupo y en solitario nadando entre las fumarolas; algunos crustáceos, pulpos pequeños y otro tipo de animales hacían uso del calor humeante de la Tierra para sobrevivir. Las Cinco Tribus echaron raíces a los pies del Lago Sedna y compartían el calor de la vasta actividad volcánica.

Una trucha alpina de color gris se acercó al cristal como si estuviera interesada en el pequeño niño, que llevaba puesta una máscara de metal cubriéndole todo el rostro. Erneq le regresó el gesto, admirando su bella figura hasta que el animal huyó despavorido. Atrás de Erneq, un grupo de niños le cortaba el paso con una sonrisa malévola en sus rostros. De ellos, Tikaani era el más alto y fuerte, destinado a convertirse en un gran cazador de Auroras Perdidas.

—¿Qué haces aquí, demonio? —No era la primera vez que lo amedrentaban y Erneq trató de irse, pero el grupo lo empujó contra el cristal—. Creí que fui muy claro, ¿no es así? No puedes venir al Acuario de Sedna a menos que yo te dé permiso.

—Y-Yo n-n-no…

—«Y-Yo n-n-no» —se burló de él y el resto de los niños le siguió el juego—. Eres la desgracia de nuestra tribu. Eres el Demonio Blanco.

—No soy un d-d-demonio.

—Claro que lo eres. Por eso los ancestros te pintaron de blanco.

—¡Sí, tú eres el demonio que nunca debió nacer! —exclamó otro de los chicos.

—Tu piel es tan blanca como la tormenta porque solo traes mala suerte. Por eso te obligan a usar esa máscara.

—No-No-No es cierto —masculló Erneq.

—¿No? ¿Por qué no le preguntas a tu mamá? —preguntó Tikaani con una risa malvada en la esquina de sus labios—. Oh, cierto. No puedes. La mataste al nacer.

Erneq pudo sentir cómo se le acumulaba la ira en el cuerpo. Primero cerró los puños y luego empujó a Tikaani, tratando de abrirse paso para salir de ahí. Erneq era demasiado pequeño en comparación a ese adolescente prematuro. Estaba en problemas y los otros chicos rápidamente lo sujetaron.

—Quítenle la máscara —ordenó Tikaani. Sus secuaces se miraron asustados—. ¿Qué esperan?

—Los Ancianos…

—No podemos ver su rostro.

—¡Cobardes!

Tikaani estaba por quitarle la máscara a Erneq, cuando Ituko apreció por detrás de Tikaani y lo estrelló sin piedad contra el acuario.

—¿Te crees muy fuerte no es así?

—¡Ituko! Por supuesto que no. ¡Solo estábamos jugando! ¡Era una broma! —Ituko era mucho más grande y fuerte y no le importaba demostrarlo.

—¿En serio crees que es gracioso? —Los otros cómplices salieron despavoridos cuando Ituko le quitó el zapato a Tikaani y se lo metió en la boca—. Escúchame bien, gusano, si tú o alguno de tus amigos se mete con Erneq otra vez, voy a meter tu otro zapato por otro agujero. ¿Te quedó claro?

Tikaani aceptó con la cabeza y huyó de ahí, pero no sin antes recibir una patada en el trasero.

Ituko ayudó a su hermano a levantarse. Le preguntó si estaba bien, pero Erneq acomodó la máscara en lugar de contestar. Sentía el corazón arrinconado en su pecho con la voz quebrada. Ituko lo abrazó sin pensarlo y fue ahí, entre las lágrimas de Erneq, cuando oyó la pregunta:

—¿Ti-Ti Tienen razón? ¿Soy un D-demonio Bla-Blanco que no debió nacer?

Ituko le levantó el mentón, obligando a que le mirara con esos ojos rojos tan característicos de Erneq. Y luego le mostró el cristal del acuario. Sin Tikaani y su pandilla, los peces habían regresado, y algo maravilloso pasaba: todos ellos, incluso los pequeños crustáceos parecían aglomerarse alrededor de Erneq, como si quisieran asegurarse de que estuviera bien.

—La madre naturaleza es más sabia de lo que te imaginas, hermanito. Sus creaciones son más inteligentes que nosotros en muchas cosas.

Erneq movió la mano hacia la derecha y los peces lo siguieron, luego a la izquierda y fueron a él. No pudo evitar reírse, se limpió las lágrimas y pegó todo su rostro contra el cristal.

—¿En verdad crees que estás destinado a causar algún tipo desastre? —le preguntó Ituko—. ¿En verdad crees que eres un demonio?

Erneq no podía quitarse las palabras de Tikaani de la cabeza, que eran idénticas a las de su padre y alzó los hombros con la mirada en sus zapatos, sin ser capaz de pensar algo bueno de él mismo.

—¡Por supuesto que no! —exclamó Ituko leyendo sus pensamientos y lo hizo mirar hacia arriba—. ¿Y sabes por qué? Porque tu corazón es demasiado cálido para estar en la tormenta, hermanito.

En las profundidades del Oasis había una pequeña e improvisada celda. Las paredes, que alguna vez estuvieron impecables, ahora estaban cubiertas de capas de suciedad y polvo, acompañadas de maquinaria abandonada y paneles de control oxidados como centinelas mudos, que no eran más que reliquias de una época olvidada.

Erneq despertó ante el constante zumbido de la electricidad y de las luces parpadeantes, apagándose y prendiéndose en sintonía a los crujidos de la vieja estructura. Se limpió el cuerpo y fue hacia la ventana abarrotada que le permitía ver hacia la tormenta. Los copos de nieve se arremolinaban y bailaban en el aire gélido, creando un patrón casi hipnótico mientras caían contra su ventana escarchada. Esperaba, quizás ingenuamente, ver a su hermano caminar hacia él como un jinete blanco que iba a rescatarlo.

La puerta del cuarto se abrió repentinamente y Serj entró como un toro por la puerta. Erneq pegó la espalda a la pared sucia y esperó a que abriera la jaula. Serj lo levantó y lo estrelló furioso contra los barrotes.

—Te crees muy inteligente, ¿no es así?

—No s-s-sé de qué h-hablas.

—Puedes ser un tartamudo, pero esa torpe lengua tuya sabe qué decir.

El rostro molesto de Serj mutó al de su padre, pero Erneq pasó más allá de su miedo, por alguna razón se sentía capaz de afrontarlo sin tener que apartar la vista.

—No p-puedes m-m-matarme —tartamudeó con una seguridad que nunca había conocido.

—¿Eso crees?

—Yo sé dónde está e-ese-ese meteorito y vas a llevarme a él.

Serj lo bajó al suelo. Tal vez no podía intimarlo tan fácil como antes, como si el niño tartamudo estuviera aprendido, pero aún tenía una carta bajo la manga:

—Lo haré, pero si no cumples con tu palabra voy a asegurarme que te cocinen vivo y te entreguen al Cacique pedazo a pedazo y veas cómo se come tu carne. ¿Te quedó claro?

—Como el c-c-cristal.

Afuera de la prisión, bajo una ventana al fondo del pasillo, encontraron a un chico sumamente delgado, de cabello rubio rizado y piel parcheada por quemaduras del frío. Se dio media vuelta y exclamó asombrado como un niño pequeño:

—¡Vaya que eres blanco! —Vincze fue hacia Erneq, dando brinquitos hiperactivos—. ¡Tan blanco como un copo de nieve! Menos por ese ojo rojo.

—G-G-Gracias —contestó el pequeño, incómodo y confundido por cómo Vincze lo examinaba de los pies a la cabeza.

—¿Puedo tocarte? Sí, si puedo, ¿verdad copito? —Claramente no esperó su aprobación y con la punta del dedo tocó su piel albina, lento y cuidadoso como si fuera un científico diseccionando una rana—. ¡Estás helado! —chilló sacudiéndose el dedo.

—¡Suficiente! —gritó Serj y el pobre de Vincze bajó la cabeza como un perro asustado—. Tenemos trabajo que hacer.

Serj lanzó una mirada fulminante a Erneq dándole a saber que no había olvidado su promesa. Iban a salir a la tundra y Erneq titubeó ante la caminata bajo la oscuridad. «No sé trabajar el metal» se dijo, pensando en el meteorito. «Primero debo encontrarlo, si es que lo encuentro», continuó dudoso.

Para su buena o mala suerte, dejó de pensar en todo eso al darse cuenta camino a la salida, que, dentro de ese Oasis inquietante y peligroso, los bandidos habían establecido casi su propia sociedad. Habían construido casas improvisadas a partir de equipos desechados, iluminados débilmente por linternas y por sistemas eléctricos sencillos que utilizan la energía de la planta. Estas casas están abarrotadas y caóticas, llenas de baratijas y tecnología muerta recuperada del mundo exterior.

Un bandido los alcanzó corriendo por el pasillo, agitado por la falta de aire se detuvo unos segundos, apoyado en sus rodillas.

—Solaria —masculló entre gemidos—. Está hablando en la radio.

Sin dudarlo, Serj desvió su camino hacia la estación. No le importó dejar al pequeño Erneq bajo la puerta, quien observó con interés las radios viejas y venidas a menos, incluso vio una radio reparada con goma mascar tiesa y cables pelados que hacían chispa por sí solos.

El técnico ajustó los botones y del altavoz se oyó a un hombre entre la estática: «Mensaje urgente del Palacio Real... Por orden del visir... rueda de prensa mañana... No es... simulacro... Son horas oscuras, pero nuestro futuro es más brillante que nunca».

—Parece que tienen problemas —dijo el técnico quitándose los audífonos de diadema, viejos y gastados.

—Viven debajo de un Domo —reprochó Serj—. Tienen el lujo de palacios y ruedas de prensa. Cualquier problema que tengan, no es mayor a los nuestros. ¿Puedes ubicar de dónde viene la señal?

Frente al técnico, una pantalla de radar pitaba con un haz de luz dando vueltas. Ajustó una perilla, tratando de darle más nitidez, pero nada. Afuera, la tormenta rugió y el viento y la nieve hicieron aún más difícil su trabajo.

—¡Maldita sea! ¡Toda Solaria y su visir! ¡Siempre honorable, tan recto y condescendiente, como si él fuera tan brillante y nosotros tan estúpidos! —gritó Serj—. ¡Tienen que estar en alguno de estos tres puntos! —Abrió el mapa de cuero y señaló fuertemente con el puño.

—Serj, podemos tener mil puntos o uno. No va a hacer ninguna diferencia. No vamos a encontrarlos a menos que esos malditos quieran. A menos que ese maldito visir lo quiera. Es demasiado inteligente para eso.

—Te equivocas. No importa lo inteligente que sea ese niño. Aquí afuera la tormenta es la que decide y la tormenta no te entrega lo que quieres, te entrega aquello por lo que estás dispuesto a matar. Y yo voy a matar a quien sea para encontrar el Domo.

De pronto, como si alguien hubiera escuchado del otro extremo, la radio se encendió por sí sola y se oyó la voz de un hombre:

—¿Oasis está ahí? ¿Me copian?

—¡Sí!... Sí, aquí el Oasis —contestó Serj tomando el micrófono, tronando los dedos al técnico para que se pusiera a trabajar en la ubicación—. Lo escucho fuerte y claro Domo de Solaria. ¿Con quién hablo? ¿Con el rey?

—Me temo que el rey se encuentra indispuesto en estos momentos. Habla su visir. Si no tiene problema, puede hablar conmigo.

Serj lanzó una señal a Vincze, quien rápidamente cerró la puerta de la estación, y como un sabueso, clavó su mirada en el chico que pensó en echarse a correr. «Mala idea», se dijo. No tenía su traje, y aunque lo tuviera, ¿cómo saldría? Erneq aceptó a esperar pegado a la pared y cruzó los brazos en silencio con Vincze a su lado como un carcelero.

La gente que pasaba por el pasillo se le quedaba viendo a Erneq como si fuera un monstruo, un Demonio Blanco besado por la tormenta. Las madres apartaban a sus hijos, los niños los veían con miedo y los hombres lo miraban con rabia. Tristemente entendió que su tribu y los bandidos no eran tan diferentes después todo, pero sí en una cosa. A lo largo de generaciones, la exposición a la radiación persistente había dejado su huella y por primera vez pudo notar a mucha gente con signos reveladores de mutación. A algunos les habían crecido dedos adicionales o extremidades malformadas, mientras que otros sufrían de enfermedades con su piel pálida y cubierta de lesiones.

—Los reactores nos mantienen vivos, copito —dijo Vincze sin apartarle la mirada—. Pero también nos enferman. Yo tengo un dedo extra en la espalda. ¿Quieres verlo? ¡Puedo moverlo!

Sin dudarlo se dio media vuelta y Erneq apenas lo detuvo antes de que se levantase la ropa. Vincze encogió los hombros como si pensara que él se lo perdía y regresó a su pose de guardia.

—¿C-C-Cuánto tiempo h-h-han vivido aquí? —preguntó Erneq.

—Yo llegué aquí cuando Serj me encontró en la tundra. A Serj le gusta traer gente. Tenía cinco, no cuatro, no cinco años. ¿O menos? —se preguntó con una mano en el mentón y luego abandonó la idea—. El Oasis lleva aquí mucho más tiempo gracias al bisabuelo de Tarabi. —Se acercó al oído de Erneq y le susurró—: Serj dice que ella no es una ingeniera de verdad, pero no lo digas frente a ella o se va a enojar. Y mucho.

Las luces fluctuaron y la planta tembló ante el rugido de los reactores. Se oían viejos y cansados, como un león a punto del retiro. Sonó la alarma:

«Bajada de temperatura. Priorización de energía. Llevar a todos los niños a salas de contención. Repito. Llevar a todos los niños a salas de contención».

Antes de preguntar qué significaba eso, Erneq pudo ver las filas de niños agarrados a las manos de sus padres. Todos llevaban audífonos gruesos en los oídos, ropa envuelta como máscaras y hasta bolas de lana. Sabía por qué los susurros, pero no sabía a dónde iban. Le pidió a Serj si podían seguirlos y el joven miró asustado la estación de radio. Dudó unos segundos y Erneq le pidió que por favor lo llevara.

—Está bien, copito, pero rápido o se va a enojar si no nos ve.

Siguieron aquella misteriosa procesión de niños hasta una sala que, curiosamente, estaba llena de risas y cantos. Erneq asomó la cabeza, disimuladamente para no llamar la atención y vio a niños pequeños, la mayoría de apenas dos o tres años, pero ninguno más grande que él o que Vincze. Parecían felices, jugando con carros de madera, muñecas de trapo y bloques para construir. Otros se divertían con un pequeño hámster que corría a toda velocidad en su rueda. Lo único raro de esa guardería era que todos llevaban cubiertos los oídos hasta tal grado que los adultos les hablaban con señas.

—Nuestros niños son lo más valioso que tenemos —dijo Tarabi, quien acababa de llegar y veía desde la puerta—. Y también lo más peligroso.

Erneq tragó saliva asustado al notar la guardia armada en las paredes, quienes parecían más carceleros.

—La t-t-tormenta s-s-susurra pues está hambrienta y t-todo quiere devorar.

—¿Qué dijiste? —le preguntó enojada.

—Es lo que dicen los Ancianos. La t-t-t-tormenta s...

—¡Ustedes no saben de lo que hablan! —exclamó aún más violenta. Lo que a Erneq le pareció muy extraño, pues su enojo salió de la nada—. Se esconden en su aldea bajo la nieve. Nunca han oído el verdadero susurro de la tormenta ni lo que provoca.

—¡No es cierto! —se defendió el chico—. S-S-Salimos a la tundra a cazar. Hemos oído el s-s-susurro y cómo devora a los n-n-n...

—A ustedes solo les importan sus «luces». ¿Cómo las llaman? ¡Ah, sí! Las Auroras Perdidas que convocan silbando a los cielos. Vaya tontería.

—¡No hay nada tonto en respetar a nuestros antepasados!

Vincze lanzó una pequeña carcajada como si se burlara. Lo que hizo enojar más a Erneq. Tarabi, por su parte, no pudo importarle menos y continuó:

—¿En verdad crees que tus ancestros se ocultan en las luces? No hay nada mágico en ellas. Las auroras polares aparecen cuando el viento solar golpea la magnetosfera de la Tierra y la carga de energía...

—… hasta el punto en que no p-puede más y la libera hacia la ionosfera e-e-explotando en l-luces. ¿Cuál es t-tu punto? —reprochó el pequeño Erneq sabiendo la ciencia detrás de ellas.

Tarabi sonrió y dijo:

—Tartamudo e inteligente. Rara combinación. Mi punto es que ya no tenemos un Sol. El Evento Negro se encargó de eso, así que ya no hay viento solar que las provoque.

—Y aun así l-las encontramos —afirmó Erneq muy seguro de sí mismo—. Aun así, n-n-nos guían con su juego de pelota hasta las estrellas y a nuestra casa. Nuestros ancestros j-j-j-jamás nos abandonan.

Esa simple frase tuvo un gran impacto en Tarabi, quien por primera vez miró a Erneq de verdad, como si brotara frente a ella. Puso atención a su piel albina y a su rojo y su ojo negro que la juzgaban.

—Te llamas Erneq, ¿no es así?

—¿Qué t-t-tiene?

—¿Qué significa? —preguntó con interés. Erneq torció la boca, como si preguntara a ella que le importaba—. Tu tribu nombra a su gente con propósito. «Lobo» «Cazador» «Madre». Me pregunto cuál es el tuyo.

—N-N-No sé c-cual es mi p-p-propósito —respondió con un tono de tristeza, pensando en ser un cazador—. Pero sé que Erneq significa: «Al Amanecer».

—Odio admitirlo, pero es un bello nombre.

—Mi m-m-madre me l-lo dio al nacer. A-A-Antes que yo l-la…

Afuera del Oasis, la tormenta ganó impulso como si algo la hubiera molestado y, a través de sus gélidas fauces, se oyó el susurro de una mujer:

—¿Dónde están? Me siento tan sola. Por favor… no me dejes aquí.

Erneq regresó la mirada hacia Tarabi, cuyo rostro se puso pálido y con la piel erizada se aferró a la pared como si sus piernas se hubiesen desprendido de su cuerpo. Se oyó el grito de todos los niños, gritos de desesperación y llanto de forma inconsolable.

Los guardias en la sala cargaron sus armas, pero la maestra les pidió un poco más de tiempo. Fue con uno de los niños y le ayudó a ponerse los audífonos, y luego lo cubrió tratando de usarse a ella misma como aislante contra el llanto de la tormenta.

—¡No! ¡Él está bien! —exclamó.

Pero estaba equivocada.

El audífono se resbaló solo unos centímetros y el susurro entró por sus oídos, invadiendo su sangre, órganos y, unos dirían que hasta su propia alma. El niño tomó un par de tijeras de metal y sin dudarlo, las enterró en el estómago de su maestra con un sentimiento que solo podía describirse como rabia. El guardia no tuvo más opción que disparar y fue aquí cuando el caos se apoderó de todo.

El resto de los niños, aterrados por su vida, corrieron fuera, tropezándose y empujándose, tirándose sin querer los audífonos y las bolas de papel exponiéndose al susurro. Algunos lograron salir ilesos, pero otros no, y la sala que antes estaba llena de risas, rápidamente se convirtió en una sala tétrica donde los niños quedaron en silencio, petrificados en su lugar con la mirada vacía y sin alma. Los guardias podían disparar en cualquier momento, pero eran niños. Niños que levantaron un rostro malévolo hacia ellos.

—¡Atrás! ¡Atrás! —les ordenaron.

Pero no hicieron caso.

—¡Atrás! ¡Por favor! ¡Por favor!

Al fondo se oyó a uno de los niños golpear la jaula del hámster con un martillo tratando de matarlo, y cuando el metal cedió, los niños se aventaron contra los guardias como bestias salvajes con las que no se podía razonar. Uno de los niños logró salir al pasillo a donde estaba Tarabi, aún aferrada a la pared sin poder moverse.

—Ven conmigo. Por favor —susurró la tormenta.

Aquel niño siguió la voz, arrastrándose tétricamente hasta la ventana. Ahí fue cuando Tarabi recuperó un poco de control sobre su cuerpo y le suplicó:

—No. ¡Detente! ¡Por favor!

El niño abrió la ventana con un golpe dejando entrar a la tormenta. El frío congeló su pequeño cuerpo en cuestión de segundos y Tarabi pudo ver su expresión, llena de miedo y confusión petrificarse en el hielo.

Las alarmas se encendieron y se oyó la voz por los altavoces:

«Ruptura en la pared. Ruptura en la pared. ¡Alerta máxima!».

Más guardias aparecieron en el pasillo, todos con trajes de tundra y grandes antorchas encendidas. Parecían bomberos inversos, luchando contra el viento que los empujaba y tiraban al suelo. Uno de ellos cargaba un panel de metal estrellado y otros llevaban martillos, clavos y hasta un soplete para poder cerrar el agujero.

Todo estaba pasando tan rápido que Erneq solo pudo quedarse inmóvil, pegado a la pared, con ambas manos sobre los oídos. Vincze hizo lo mismo y ambos chicos miraron con horror la escena hasta que, de pronto, Erneq oyó algo distinto:

—Erneq, hijo mío. Por favor, abrázame —susurró la tormenta.

Se sintió atraído por esta voz y fue hacia a otra ventana, pero antes de abrirla las alarmas cesaron y con ella el susurro. Los bandidos controlaron a los niños y sellaron la pared. Erneq respiró agobiado como si hubiera corrido por kilómetros, y ahí, frente a la ventana, pudo ver una figura negra moviéndose entre la bruma. La luz del Oasis se extendió sobre lo que parecía una bestia con largas y lentas patas que golpeaban la nieve con su peso. Aquel monstruo desapareció y a sus pies estaba la mujer de cabello blanco, llamándolo hacia la tormenta.

CAPÍTULO XIII

«EL HUMO TÓXICO»

El incesante aullido de las sirenas de la Guardia de Hierro resonaba en el Domo Central, y el ruido mecánico de los autómatas cubría las adoquinadas calles. Buscaban a Aurora de casa en casa.

Desesperada, logró meterse por un callejón justo antes de que la vieran. Aún podía ver el humo negro de las hogueras alzarse contra el cristal, y oír a la gente vitorear en la plaza.

Un autómata de la Guardia de Hierro pasó por la calle anunciado con un megáfono a toda la ciudad:

—Aurora Soler es el peor peligro para la seguridad y bienestar de Solaria. Por órdenes del visir, será llevada a la justicia y será quemada al igual que el resto de los Soler.

Esas palabras fueron más que suficientes para hacer que la pobre chica entrara en pánico. Su corazón se aceleró, sus piernas dejaron de moverse y solo quería tirarse al suelo. Estaba sola, no tenía mucho tiempo y cuando la atraparan...

Céfiro le picoteó la cabeza. «No es tiempo para lloriqueos, mujer», quiso decirle y tenía razón. Las sirenas se alejaron y salió de su improvisado escondite hacia las calles. Caminaba con el rostro hacia abajo, envuelta en su propio abrigo tratando de no llamar mucho la atención.

Al doblar en una esquina escuchó el inconfundible ruido metálico del corazón industrial de Gran Engrane. Si lograba subir a un tren podría salir del Domo Central.

«Puedo ir al Domo Este», pensó en los grandes bosques y pastizales que alimentaban a Solaria. «O puedo ir al Domo Sur y refugiarme en la Iglesia Eterna». Era común que los desamparados pidieran asilo de tanto en tanto. Cualquier de las dos opciones era igual de buena e igual de mala la vez. En ese momento, Aurora, solo quería alejarse de Sóren tanto como pudiera.

La estación no estaba muy lejos, pero para cuando llegó, la Guardia de Hierro custodiaba el lugar, revisando a cualquier chica rica que pareciera remotamente sospechosa. Patrullaban las entradas y los andenes. Por suerte, su odio a los vestidos elegantes y maquillaje rindió fruto. Por primera vez en quince años su ropa sencilla, piel manchada y manos feas la hicieron ver como cualquier otra.

Guardó a Céfiro bajo su abrigo y al acercarse a la taquilla se dio cuenta de un problema crítico en su plan. No tenía dinero. Nunca había tenido la necesidad. Siempre iba con Sóren o sus padres quienes se encargaban de eso y huyó tan rápido de casa como para pensarlo. ¡No tenía con qué pagar! En ese momento, un hombre le puso la mano en el hombro y la chica ahogó un grito pensando en que la habían descubierto.

—Perdón, señorita, perdóneme por haberla asustado. —Era el Jefe de Estación que la había recibido a ella y a sus hermanos el día anterior.

Aury lo reconoció al instante. Era el mismo hombre agradable, vestido en su traje y gorro azules. Parecía genuinamente preocupado.

—Sígame, rápido.

La llevó por la estación, pasando los torniquetes hacia una sala privada. Rápidamente cerró la puerta y bajó las persianas para que nadie pudiera ver hacia dentro.

—G… Gracias —por fin pudo hablar.

—No tiene nada de qué agradecer. Su hermano hizo… —no pudo terminar la frase.

El Jefe de Estación se asomó discretamente por la ventana. Le hizo señas de que guardara silencio. Céfiro chilló bajo su abrigo, preguntando qué estaba pasando, pero Aury lo apretó para que se callara.

—Todo va a estar bien, señorita —dijo el Jefe de Estación al darse cuenta de que nadie los había visto.

—¿P-Puede ayudarme? Tengo que irme del Domo Central.

—Venga, la sacaré de aquí, pero necesito que haga lo que le digo.

Aury decidió confiar en él y salieron hacia el bullicio de la estación. La llevó por los andenes, entre las máquinas que chillaban y la gente. Se alejaron de todos y alcanzaron una puerta de hierro con un intrincado mecanismo. El Jefe de Estación sacó una llave colgada a su cuello y abrió la pesada puerta.

—Venga, por aquí. Ya casi llegamos.

Luego de entrar, la cerró nuevamente, y volvió a meter la llave. Los engranes giraron en sincronía y las cerraduras volvieron a su posición.

—Para que no nos sigan. Venga.

Mientras el Jefe de Estación guiaba a Aurora, su corazón se aceleraba con anticipación. Le había prometido seguridad, un escape clandestino del peligro inminente, pero aquel pasillo poco iluminado, cubierto por una telaraña de tuberías silbantes, contrastaba marcadamente con la opulencia de la estación principal.

—Probablemente no lo sepa, pero conocí a vuestro hermano hace tiempo.

Aury sintió un fuerte peso sobre sus hombros, como si el propio Sóren estuviera montado en ella. Apretando su pequeño cuerpo.

—Fue después de la revuelta —siguió el Jefe de Estación con la mirada al frente—. Después de la masacre de la familia real los rebeldes huyeron por los túneles. En medio de la lucha los techos colapsaron y... horrible. El visir supervisó personalmente la reparación. No tiene idea de cuántos cuerpos sacó él mismo de los escombros.

La conversación estaba tomando un tono muy lúgubre, demasiado para el gusto de Aurora. El Jefe de Estación pudo verlo en su rostro.

—Lo siento. Me imagino que no es algo que quiera oír —se disculpó, fingiendo una risa.

Con un pequeño gesto, Aurora le hizo saber que todo estaba bien y siguieron caminando. Esperaba ella que lo hicieran en silencio, pero el Jefe de Estación hizo un comentario más:

—También conocí a vuestros padres. Vilhëm y Miriam Soler. Ellos eran las... —hizo una dura pausa—... peores personas que he conocido. Groseros y arrogantes. Actuaban como dioses demacrados y todos debían saber cuan ricos y poderosos eran. Incluyendo sus hijos.

El Jefe de Estación regresó la mirada a Aury y luego se volvió hacia delante.

—¿Recuerda que usted y sus hermanos no quisieron esperar a que todos subieran al tren? ¿Recuerda a la gente que dejaron atrás? ¿Todos los que pusieron sus trabajos en peligro por llegar tarde? Dígame, ¿alguna vez ha pensado más allá de su comodidad… princesa Soler?

Con una sensación de temor instalándose en su pecho, Aurora se dio cuenta de que no iba a salvarla, era un impostor que apoyaba la locura de su hermano.

—Si en verdad nos odia tanto, ¿por qué me ayuda? —preguntó Aury caminado más lento, temerosa de la situación en la que estaba.

El Jefe de Estación se detuvo abruptamente frente a otra pesada puerta de hierro, idéntica a la anterior. Volviéndose hacia Aurora, finalmente se quitó el gorro, revelando un rostro que no se parecía nada al rostro elegante y noble que la había recibido. Sus rasgos ahora eran curtidos y ásperos, sus ojos fríos y calculadores, desprovistos de calidez o compasión.

—Quiero ayudar a los Soler —dijo quitándose la llave con una sonrisa oscura—. Usted no es la única.

Abrió la puerta. Del otro lado le esperaba la calle adoquinada con un carruaje y tres Guardias de Hierro. Todo listo para llevarla al Palacio Real y con Sóren.

Aterrada, y sin tener a donde ir, Aury corrió de vuelta por el pasillo hacia Gran Engrane. El Jefe de Estación gritó su nombre y los autómatas iniciaron su pesada carrera contra la chica.

Céfiro se liberó del abrigo y voló sobre Aury. «¿A dónde vas, mujer?», le gorjeó preocupado. El túnel no tenía más salidas ni caminos, solo esa fuerte puerta al final.

Aury llegó a ella y tiró de la manija con todo su peso, pero era imposible. El piso y las paredes retumbaban por los autómatas que iban tras ella, vio al pequeño Céfiro volando a su lado y dijo:

—Perdóname, pajarraco. —Luego lo tomó como uno toma a una gallina que va a desplumar, y le arrancó una de las patas.

Céfiro chilló molesto, pero Aury se volvió hacia la puerta. Dobló el metal en forma de U y metió la ganzúa entre el elaborado artilugio con ruedas dentadas y cables enrollados.

La cerradura resistió cada movimiento, como si estuviera decidida a que la atraparan. El sudor comenzó a gotear por su frente. Los engranajes dentro de la cerradura chocaron entre sí, emitiendo una suave sinfonía metálica que parecía burlarse de sus esfuerzos. Con cada intento, podía oír los pasos de la Guardia de Hierro acercándose cada vez más, sus uniformes mecánicos chirriaban y zumbaban a medida que se acercaban.

El corazón de Aury se aceleró y sus manos se pusieron resbaladizas de ansiedad. Fue una carrera contra el tiempo, un testimonio de su habilidad. Ya estaban por atraparla y el miedo por ver a su hermano le hizo dar ese final giro de la pata de Céfiro y el mecanismo cedió.

La cerradura se abrió con un clic y puso todo el cuerpo contra el hierro. Sintió el pesado metal, como si fuera parte de ella, no podía abrirla.

Céfiro voló hacia la miríada red de tuberías y picoteó una de ellas hasta romperla. El vapor salió a chorro contra la Guarida de Vapor, cegándolos lo suficiente para que se estrellaran contra la puerta. Uno, luego el segundo, y el tercero la abrió.

—Gracias, caballeros —se burló la chica.

Pero Céfiro no perdió su oportunidad de reclamarle y le pegó en la cabeza con su ala.

—¡No seas dramático! ¡Luego te haré otra pata, lo prometo!

Fue ahí cuando se oyó el retumbar de la Guardia de Hierro y todas las alarmas. ¡Tenía que irse de ahí! Aury se escabulló entre la gente y se abrió paso entre las sillas de un restorán. Los autómatas no fueron tan delicados e hicieron chuza con las personas con tal de agarrarla.

Por fortuna, oyó el silbido de un tren que partía de la estación en ese instante. Si lograba alcanzarlo podría huir. Brincó los torniquetes y dobló hacia el andén. Céfiro aleteó para que corriera más rápido.

—¡Eso hago, pajarraco!

—¡Alto! ¡Deténganse! —gritó el autómata que le pisaba los talones.

El tren estaba ganando velocidad y Aury estaba por quedarse sin piso. Se oyó el rugir de la locomotora que ya había entrado por el túnel. El último vagón aún estaba a la vista y Aury estiró la mano hacia el barandal, pero aún fuera de su alcance. Llegó al final del andén y no tuvo otra opción más que saltar. Céfiro la tomó de la ropa con su pico, aleteó como nunca y Aury logró subir al tren antes de que partiera por el túnel.

—Gracias, pajarraco. —Le dio un beso en el pico y lo abrazó hasta que este aleteó para quitársela de encima. El corazón de Aury latía con fuerza y tuvo que agacharse un poco para recuperar el aliento. Pero lo habían logrado. Estaban a bordo y lejos de la Guarida de Hierro y aún más importante, de Sóren.

Ahora tenían un problema mucho más sencillo: No tenía boleto.

Al entrar al último vagón, Aury esperaba que un autómata de servicio llegaría a pedírselo. ¿Darían marcha atrás por un polizón? ¿La detendrían hasta llegar al otro Domo? No importó, pues nadie llegó. Y muy pronto, Aury se dio cuenta de por qué.

Se vio a sí misma en un mundo completamente diferente al suyo, con los pasajeros de pie, agarrados de pedazos de cuero que colgaban del techo, empujándose entre sí a merced del tirón de la locomotora. Hombres y mujeres con los brazos arriba, apestando a sudor con las ventanas llenas de tierra y óxido. No había donde sentarse, ni una cantina o cuarto de baño, tampoco vestidos elegantes ni sombreros de copa. «¿A dónde va este tren?».

Un poco de estática inundó el vagón y una voz en las bocinas respondió su pregunta:

—Llegaremos a la estación del Domo Norte en dos horas y cuarenta y siete minutos.

«¡Domo Norte!», chilló en su cabeza. «Cualquier Domo menos ese». Agarró a Céfiro contra su voluntad y rápidamente lo ocultó bajo su abrigo. Con razón no había nadie pidiendo boletos y no lo habría; estaba en el vagón de tercera clase hacia el Domo más pobre y caótico de toda Solaria.

Su primer instinto, como princesa rica del Domo Central, más parecido a un pez fuera del agua, fue quedarse cerca de la puerta, pero la gente la miró extraño; acababa de saltar al tren después de todo y lo último que quería era llamar más la atención. Así que decidió meterse entre la multitud hasta una agarradera disponible.

Una vez más, se oyó estática de las bocinas y apareció una voz que silenció el insistente sonido de las ruedas y la locomotora: Sóren. Los pasajeros chiflaron y aplaudieron en favor de él, mientras que Aury sintió cómo se le iba el suelo y sus piernas quedaban colgando sobre una hoguera encendida.

[Inicia la transmisión]

Nos queda por delante un duro camino, pero estoy seguro de que trabajando juntos salvaguardaremos nuestro futuro. Los responsables de la muerte de nuestro rey ya fueron castigados y sus restos serán tirados en una fosa común, sin derecho a sepultura digna.

Aury no podía creer lo que lo oía. Pero Sóren apenas comenzaba.

El ataque a la ópera e incendios por todo el Domo Central fueron actos deplorables y sin sentido. El Sindicato Minero y su líder Abdulrazak Payne, se aprovecharon de una Solaria en caos y sin líder, pero están equivocados. Solaria tiene un líder fuerte y capaz, un líder que vela por el bienestar de su gente: Yo.

El vagón entero se llenó de aplausos.

Solaria está dividida por un taladro y tristemente, la deliberación del rey Ilúson murió con él. Esto significa que el debate reanudará en la Cámara de Vapor donde los senadores debatirán y discutirán, mientras la gente seguirá sufriendo. Por ello ha caído sobre mis hombros la decisión de qué hacer con el taladro. Yo sé que muchos profesores y líderes civiles han hablado en contra, y del impacto sobre el Volcán Ébano, aun así, considero que los favores de la industria superan por mucho los posibles peligros. Vivimos en un mundo errante sin estrella, decidido a congelar todo en él. Necesitamos evolucionar, necesitamos más calor que nunca y por ello he decidido que el taladro no solo continuará sus operaciones, sino que aumentarán. Esto de la mano del arduo trabajo de nuestros valientes mineros del Domo Norte, que trabajarán como nunca lo han hecho, para asegurarse de que el taladro alcance la profundidad deseada en el manto de la Tierra. La industria asegurará la justicia y bienestar de Solaria. Estos son tiempos oscuros, pero nuestro futuro es más brillante que nunca.

[Termina la transmisión]

Comenzaron a oírse comentarios en su contra por todo el vagón. Esperaban que Sóren hiciera caso a las advertencias de la Universidad y a las peticiones del grupo minero. Pero poco a poco el favor hacia Sóren se hizo presente:

—El visir es el hombre más inteligente de Solaria.

—Si decidió hacer eso, es por algo, ¿no? —empezó a susurrar la gente.

—¡Él es el Prodigio bajo el Domo! ¡Mató a su familia por nosotros!

—¡Sea lo que haga, tiene mi apoyo!

Fue entre toda esa gente, cuando Aury recordó la tétrica música de Woodward, la figura negra de ojos violetas que tocaba junto a él y la frase que la atormentaría durante mucho tiempo: «Ese taladro va a matarnos a todos».

La locomotora se apagó y el vapor dejó de chillar. Poco a poco la gente descendió hasta que Aury puso pie en una plataforma vieja, llena de vendedores ambulantes, con las paredes y el techo lleno de tuberías oxidadas que vomitaban un vapor oscuro y maloliente. No había restaurantes, ni cafés, ni *boutiques* y la estación parecía más un mercado.

—¡Quítate del camino! —gritó un autómata a su espalda empujando un montacargas. Aury apenas logró quitarse—. ¡Mira por dónde vas, mocosa!

Estaba tan desconcertada que Céfiro por fin pudo sacar la cabeza y picoteó su mano enojado, pero cuando vio donde estaban, él mismo regresó a su escondite.

El Domo Norte era el hogar de una ciudad venida a menos entre las montañas que circundaban el Volcán Ébano. Llena de gente, basura y chatarra oxidada. Las calles eran estrechas, marcadas por faroles viejos y casas amontonadas llenas de tuberías gruesas y quebradas.

Más al fondo se veía la pared de roca del Volcán Ébano, como un centinela vigilando a todas horas a cambio de una cantidad excesiva de polvo y tierra. El Domo Norte era tan diferente al resto de Solaria, que incluso el calor era un lujo. Las personas llevaban abrigos rotos, guantes deshilados y gorros a medio terminar; se calentaban las manos con su aliento y peleaban por un lugar ante las hogueras improvisadas en barriles.

Pero lo más extraño de este nuevo mundo era el aire.

Aury levantó el rostro y el Domo estaba cubierto por un humo oscuro tan espeso, que las lámparas sobre el cristal apenas ya podían atravesarlo. Era como si todo el lugar estuviera sofocándose a merced de ese aire tóxico que nublaba la vista y se apoderaba de cada rincón de la ciudad. La gente mayor tosía, otros se cubrían la nariz y boca con paños de tela y los más afortunados cargaban máscaras de gas.

Estos últimos le recordaron a Aury a los mineros en la ópera y sintió cómo sus piernas se derretían. Esta sensación no duró mucho, pues el humo tóxico la encontró y sus pulmones colapsaron ante la mínima molécula que entró a su cuerpo. Tosió y tosió como si una bola de plomo estuviera atorada en sus bronquios; y llegó a tal grado que pensó que iba a ahogarse. No fue así. Su cuerpo se relajó cuando filtró un poco la suciedad con su ropa, pero no podía creer que la gente soportara eso todos los días.

Siguió avanzando por la estación como si fuera un explorador en terreno desconocido, y encontró a un autómata de la Guardia de Hierro con un cartel de «Se busca» en mano. En un principio, Aury pensó que se trataba de ella y se hizo chiquita para que no la viera, pero, buscaban a un hombre que jamás había visto:

—¡Cualquier información sobre el líder minero Abdulrazak Payne será recompensada!

Aury no pensó mucho en él. Tenía que encontrar la forma de subir a otro tren que la sacara de ahí. Pero su fortuna estaba por agotarse. Un grupo con el rostro cubierto apareció en escena y arrojaron verduras podridas a los autómatas. «¡Primeros denos de comer!» «¡Ya no hay comida!» «¡Ni calor!» empezaron a gritar molestos.

La gente se juntó en apoyo y rápidamente se convirtió en una pelea a gran a escala. Llegaron más refuerzos de la Guardia de Hierro y se acordonó toda la estación.

—¿Qué vamos a hacer, Céfiro? —le preguntó Aury a su amigo, asustada y aferrada a su cuerpo cuando perdió toda oportunidad para escabullirse nuevamente en un tren.

Había tantos policías que no podía quedarse en la estación, así que eligió una calle al azar. En las paredes había más carteles de «Se busca» del líder minero: lo acusaban del atentado en la ópera, también de robos, asesinatos, disidencia y hasta explosiones con bombas. También había otro tipo de carteles que Aury jamás había visto en el Domo Central: uno de ellos vendía ratas en un palo con la imagen de un niño lamiéndola como si se tratara de una paleta; otro era un cartel de propaganda de «Los Altos Hornos», pero parecía más un afiche de reclutamiento con dos niños pequeños con martillos y destornilladores que decían: «Un pequeño trabajador, pero feliz: dele a su hijo una sonrisa en nuestra fábrica».

Todo era tan diferente que Aury sentía que había dejado la Tierra y se encontraba en un planeta alienígena. Su estómago rugió y se dio cuenta que no había comido nada. Habían pasado tantas cosas que su cuerpo olvidó que necesitaba comer. Para empeorar las cosas no tenía dinero ni la forma de conseguir un poco. En una broma mórbida, el destino le puso una tienda de víveres en la esquina, asediada por un grupo numeroso que clamaba a gritos algo de comer.

—¡Lo siento! —gritó el tendero—. Pero no hay nada.

—¿Cómo voy a creer? No hay comida fresca desde hace varios días.

—En el Domo Central siempre tienen qué comer —agregó una chica—. Yo trabajo para un gran estilista y se atascan con la comida, mientras nosotros nos matamos por migajas.

Aury se dio cuenta que la situación del Domo Norte era mucho peor de lo que creía y estaba por empeorar. Del otro lado de la calle un grupo de hombres, nada amigables, pusieron su atención en ella. «Acelera el paso, mujer» le chilló Céfiro. Su corazón se aceleró y miraba hacia atrás disimuladamente. Pasó junto a una tienda con un aparador de cristal y en el reflejo pudo ver el destello de una navaja en la mano de uno. Soltó un grito y sin pensarlo echó a correr. Los hombres la siguieron de cerca y rápidamente uno de ellos la sujetó del cabello, la obligó a detenerse y luego la azotó contra un muro.

—¡No! ¡No! ¡Por favor! —gritó Aury pataleando al darse cuenta de que la llevaban hacia un callejón.

—¡Deja de quejarte, mocosa!

—¿Qué quieren de mí? —preguntó asustada.

Eran tres hombres quienes tenían a Aury contra la pared. Se veían sucios, desnutridos y con terribles intenciones.

—Tal vez no queremos dinero, princesa.

—Me interesa más lo que tienes debajo de la ropa —dijo otro amenazándola con el cuchillo.

—¡Suéltenme, por favor! —pidió de nuevo con el corazón palpitándole con fuerza en su pecho.

Con un movimiento brusco, el hombre la tomó de la ropa a la altura de su pecho, y justo cuando tiró de ella, Céfiro lo mordió con su pico de metal. Luego voló hacia el segundo hombre y sin perder tiempo le arañó los ojos con su pata. Aury aprovechó el grito de ambos y golpeó al tercero justo en la ingle con su rodilla y echó a correr.

Cerca de ahí avanzaba un tranvía viejo, oxidado y tirando aceite. Cuando Aury cruzó por las vías, los rieles cambiaron de dirección, llevando el vagón hacia los hombres, dándole el tiempo suficiente para escapar. Corrió y corrió tan rápido como sus músculos le dejaron, sin tomar nota en qué calle daba vuelta o cuánto se alejaba de la estación del tren.

Sin darse cuenta huyó hasta lo más profundo del Domo Norte. Quizás el peor lugar para una chica rica y mimada como ella.

Cerca de ahí, encontró una pequeña cede de la Iglesia Eterna. Era una capilla con agujas, engranes y ruedas de latón que se elevaban al cielo. Su emblema era un Domo adornado con un halo de rueda dentada sobre un fondo rojo y su lema en latín decía: «Sine nostris atris, domes sua nos ducet». «Sin nuestra estrella, sus Domos nos guían».

El estómago de Aury recordó el olor al pan recién horneado. Aury flotó hasta la entrada imaginando un panecillo de mermelada y una taza de chocolate caliente, pero cuál fue su sorpresa cuando vio una tanda pobre de panes con la corteza desabrida, como harina echada a perder.

En la entrada, un sacerdote y una monja, ambos con ropas religiosas humildes entregaban el pan a la gente. Aury se tapó la cara y se formó, esperando pasar desapercibida. Estaba tan hambrienta que no le importó con tal de comer un poco. Junto a la puerta descansaba una pequeña radio produciendo estática. De pronto, como si hubiera cambiado solo para ella, el ruido blanco quedó atrás y se oyó una voz:

[Habla Félix Novar]

—*Estoy aquí con la senadora Deryn Eva Davenport, vocera de la comuna izquierda de la Cámara de Vapor. Por favor, senadora, las señales de radio están como locas. ¿Podría repetir lo último que dijo para aquellos que no pudieron oírnos?*

—*Por supuesto, Félix. Solaria no es una dictadura. Sóren Soler es el visir, el consejero. No tiene ningún poder político ni autoridad real para hacer lo que hizo.*

—*Estoy de acuerdo con usted, senadora, pero también dijo que solo tomaría ese papel hasta que la Cámara de Vapor designe un nuevo líder, elegido por el pueblo.*

—*No importa si solo está en el Palacio Real un día o diez años, ese no es el punto, Félix. El rey Ilúson estaba viejo, cansado y sin hijos. No podía llevar más las riendas de la ciudad. Todos sabíamos que tarde o temprano moriría y en su ausencia, se acordó que el poder recaería en la Cámara de Vapor, no en el visir.*

—*No por nada le llaman el «Prodigio bajo el Domo».*

—*De alguna manera Sóren ha tomado control de la Guardia de Hierro y se ha atrincherado en el Palacio Real. Con o sin el rey, Sóren siempre ha tenido el apoyo de la Cámara de Vapor, no entiendo por qué nos desafía abiertamente como si fuéramos enemigos.*

—*Usted sabe, al igual que yo, senadora, que el visir tiene el apoyo completo del pueblo. Quizás por eso...*

[La senadora se aclara la garganta molesta e interrumpe a Félix]

—*Yo también tendría el apoyo del pueblo si quemara a mi familia frente a todos. Que, por cierto, también es ilegal. No hubo juicio, ni evidencia, sentencia, nada. Ni la Iglesia Eterna ha hablado al respecto y todos en Solaria parecen de acuerdo. ¡Eso fue asesinato!*

—*Mucha gente llama a eso justicia, senadora.*

—*¿Justicia? ¡¿Justicia?! Debes estar bromeando. ¡Sóren Soler va a destruir esta ciudad!*

—*O a salvarla de la política sin sentido. ¡Él es el Prodigio Bajo el Domo! Y jamás se ha equivocado.*

[La estática regresa y se pierde el programa]

—Supongo que tiene algo de razón —habló la monja que repartía el pan, apoyando las palabras de la senadora.

—Tonterías —exclamó el sacerdote con los brazos cruzados—. El visir es un héroe de guerra. Él puso fin a la revuelta de hace unos años. ¿Lo recuerdan? Los Soler eran unas bestias, me da gusto que los matara.

—Tal vez los padres, pero ¿los niños?

—Hizo bien en quemarlos antes de que se convirtieran en unos monstruos.

—No lo sé, padre —intervino una mujer formada que tampoco estaba de acuerdo—. Eran niños. ¿Y qué hay de la hermana que escapó? —Aury sintió como si le echaran un balde de agua fría y agachó más la cabeza.

—¿Qué hay de ella?

—No puedo imaginarme cómo se ha de sentir, donde sea que esté.

—¡¿Quieres saber cómo se siente?! —gritó el sacerdote—. Ve al Cementerio de Chatarra y habla con los niños que viven entre la basura, o con aquellos que perdieron los brazos o piernas en los Altos Hornos, o con aquellos que perdieron a sus padres en los derrumbes por culpa del taladro. ¡Ellos sabrán más que una mocosa mimada! ¡El humo tóxico nos asfixia cada día más! Ruego al Dios Constructor que la encuentren pronto y la quemen.

Aury no aguantó oír más y rápidamente se metió a un callejón sin que la vieran. Se dejó caer al piso, deseando que todo fuese una pesadilla. Quería despertar en su cama, con Cogsworth en la puerta llevándole algo para comer. Quería leer con Kelden, perseguir a Kara y pelear por vestidos tontos con Elina y su madre. Extrañaba tanto a su familia que estaba por llorar.

Lo único que la detuvo fue el recuerdo de Sóren y las hogueras. No podía creer el miedo que sentía solo al recordarlo y haría lo imposible para mantenerse alejada de él. Se abrazó a las piernas y ocultó su rostro. Céfiro trató de consolarla, pero incluso él sabía que era imposible.

Su cerebro la obligó a dormir para matar el hambre. Al despertar no hizo el esfuerzo por encontrar algo de comer o dinero para irse, solo se quedó en ese callejón oscuro y sucio. Solo podía pensar en su familia, sentada junto a sus hermanos, mientras Kelden leía, con Kara comiendo algún dulce y Elina presumiendo de su ropa. Ahora estaba sola. Lo había perdido todo.

Los días pasaron y Aury se hundía cada vez más, sucumbiendo hacia una bestia malnutrida, sucia y maloliente. Tomaba un poco de agua de una tubería rota y pasaba las horas aferrada a su cuerpo. Céfiro la miraba inquieto y le chillaba para hacerla regresar en sí. Por las mañanas se iba volando y a veces regresaba con un poco de comida que Aury apenas tocaba. Estiró su pico para atrapar la lágrima que caía por su mejilla y luego la abrazó con sus alas.

Una voz gruesa al fondo del callejón la despertó de su letargo.

—No quiero —respondió un niño pequeño, asustado por aquella figura misteriosa que le acechaba. Aury levantó la mirada, limpiándose los ojos y lo vio pegado contra la pared.

—**Ven conmigo** —insistió el que parecía ser un anciano, por su espalda encorvada, su abrigo viejo y sombrero alto.

Le dio la mano y el niño apartó la mirada y echó el rostro para atrás. Aury no quería involucrarse en más problemas. Lentamente se alejó de ahí, casi de puntillas para que no la vieran. El pequeño niño habló de nuevo y Aury no pudo evitar mirar hacia atrás: era curioso lo parecido que era a Kelden, la edad, el tamaño, los pequeños lentes sobre los ojos. Una extraña combinación de rabia, confusión y tristeza hirvió en su interior. Sus piernas temblaron como un venado recién nacido, pero logró ponerse de pie, tan firme como pudo y lanzó un grito ahogado:

—¡Oye tú! ¡D-D-Déjalo ya! —El pequeño aprovechó la situación y salió corriendo.

—**No debiste hacer eso** —dijo el hombre enojado.

En menos de un parpadeo, aquel hombre misterioso la empujó contra la pared como una locomotora.

Céfiro se fue contra él a picotazos y logró arrancarle el sombrero. A la luz se mostró el único ojo esmeralda de aquel autómata oxidado: con tuberías corroídas, placas de metal viejas y aceite escurriendo. El autómata se quitó a Céfiro con un movimiento rápido y luego fue por la chica que luchaba por recuperar el aliento.

—**Ahora vas a darme lo que quiero.**

—¿Y qué es eso? —preguntó sin doblegarse.

—**Dinero.**

—Mala suerte, soy la chica más pobre que conocerás hoy.

—**Mala suerte para ti entonces. Te llevaré a Rosa Prima y te venderé como carne nueva. Les encantan las chicas jóvenes y sin echar a perder.**

Aury liberó un brazo y le pegó con todas sus fuerzas en el rostro, pero le dolió tanto que la pobre chilló por el dolor. En ese momento, el autómata notó algo en el cuello de la chica y sacó su collar violeta.

—¡Deja eso!

—**Es increíble** —dijo sorprendido, mientras su único ojo se alargaba como catalejo examinando el trabajo de joyería—. «La chica más pobre». Sí, **claro. Podrías comprar todo el Domo Norte con esto.**

—¡Regrésamelo, lata oxidada!

—**Gracias por el collar, mocosa.** —Se agachó frente a la chica y le dio un golpe en el estómago que le sacó de nuevo el aire y le puso los ojos en blanco.

No podía dejar que se llevara su collar. Aury se apoyó en la pared, casi cayó de nuevo y se dio a la persecución. No había forma de alcanzar a un autómata a carrera abierta, pero la suerte parecía estar de su lado. El vapor a presión en su pierna oxidada encontró una fuga y le dobló el metal como si se hubiera roto un hueso.

—**¡Maldita porquería!** —bramó antes de que la chica se montara sobre él—. **¡Suéltame, niña tonta!**

—¡No hasta que me des mi collar, hierro oxidado!

Se sacudió violentamente para quitársela.

Aury recordó que Cogsworth tenía un error de diseño en la nuca. Era un problema común en los autómatas. La tubería y el cableado de mangueras les provocaba un tipo de calambre que acumulaba el vapor y los tiraba al piso. Metió su mano entre las tuercas y jaló, haciéndolo tropezar hacia un barranco.

Los dos rodaron por la ladera de tierra, lodo y cloacas que vertían un líquido maloliente hacia un océano de chatarra. Aterrizaron sobre una pila enorme de desperdicios, que iba desde utensilios insignificantes de cocina hasta carruajes enteros.

De pronto, un temblor hizo venir abajo la pila de chatarra y apareció un gigantesco autómata, tan grande como una casa. Sus ojos verdes brillaron sobre ellos y extendió su largos brazos de metal, jalándolos con todo y la basura a una boca trituradora.

CAPÍTULO XIV

«ASESINATO #2»

¡FUEGO, APLAUSOS Y MUERTE!

Se oyó el sonido de la sierra eléctrica. Luego vino el grito del pobre diablo en la mesa de operaciones. «Mientras más te muevas, más me voy a tardar», dijo Doc Boost, abriéndose camino entre la piel, músculos, tendones y huesos. Para este punto, los gritos llegaron a tal grado que ni él mismo los soportaba. Le pidió a su asistente que prendiera el audio, y todo el consultorio se llenó de una música electrónica, mimetizada por los haces de neón que acompañaban la carnicería.

A Daren no le gustaba estar ahí, y si fuera por elección propia jamás hubiera regresado con ese loco cyber carnicero. Pero le instaló un circuito de electrochoque pirata y necesitaba cambiarlo, en especial por su próximo asesinato. El Panel Cerebral se iluminó con el Comset. Daren lanzó un gruñido al aire y apretó la mandíbula. «¿Ahora qué quiere?», se preguntó viendo el mensaje flotar frente a él.

Chat

«Fénix»
Fénix:
¿Dónde estás? Necesitamos hablar.

Daren:
No me has hablado desde que murió el gordo.
Y ahora quieres verme.

Fénix:
Mataste a un hombre, Daren. Y actúas como si no te importara.

Daren:
Eres una hipócrita. ¡Ese era el plan! ¡Matadlo!

Fénix:
Vamos a posponer los asesinatos. ¿Te quedó claro?

Daren:
¡Por supuesto que no! Hoy es la final de Electroger y debemos ir
por Marren. Tú me hiciste una promesa, Fénix.

Fénix:
Mi decisión es final. Ven al cabaré
en cuanto antes. Debo enseñarte algo.

Daren:
¿Así es cómo son las cosas? ¿No tengo voz ni voto?

Fénix:
No, yo digo «Salta» y tú dices: «¿Qué tan alto?» Ese es el trato.
Ahora trae tu trasero hasta acá, niño tonto.

Daren cerró el Comset con un movimiento de su mano, y gruñó en su asiento como un niño pequeño al que no dejaron salir a jugar. Cruzó los brazos justo cuando Serana se sentó junto.

—*Creo que ella tiene razón.*

—¿Tú también vas a empezar? —dijo apartando el rostro.

—*¿No sientes remordimiento? ¿Aunque sea un poco? Ese es el primer síntoma.*

—¡No soy un Ciber-Psicópata! —exclamó enojado, llamando la atención de las demás personas en el consultorio. Se ocultó el cuello en su chamarra.

—*Gracioso que lo digas en el consultorio del Doc.*

—Estoy aquí por esto —le susurró a la chica. Abrió los dedos de su mano derecha, exponiendo el circuito de electrochoque defectuoso—. Si voy a matar a la bestia de Marren necesito toda la ayuda posible.

Serana esperó unos segundos, como si ella misma estuviera preparándose para lo que iba a decir. Recargó la espalda en el asiento, cruzó una pierna sobre la otra y se acomodó el largo cabello rojo:

—*Estoy muerta, Daren.* —El corazón del chico saltó un latido—. *Y aun así me escuchas… Y me hablas. ¿Estás seguro de que no te estás volviendo loco?*

—Tú no estás… —Apretó los puños ante su inhabilidad para completar la frase—. No estás… No estás…

Se abrió la puerta del consultorio. El enfermero, con su cubrebocas y cofia manchadas de sangre le informó que era el siguiente. Daren se puso de pie, acomodándose la ropa, ganando esos segundos extras antes de entrar.

—*Me abandonaste esa noche* —dijo Serana antes de que siguiera adelante—. *No puedes negar tu culpa por siempre.*

Daren regresó la mirada, molesto, y contuvo el grito en su garganta contra el asiento vacío. Los ojos azul eléctrico de la chica ganaron intensidad, como si estuviera conectada a una fuente de poder y con un pequeño gesto de la cabeza, le advirtió que lo esperaban.

El consultorio estaba bañado por el inquietante brillo de luces neón, creando una atmósfera surrealista. En lugar de los gráficos y pilas de papel, Doc Boost confiaba en pantallas holográficas que proyectaban en el aire la información del paciente y datos médicos. Todo el lugar estaba lleno de prótesis cibernéticas, escáneres y sensores, la mayoría de ellos recuperados o reutilizados, dando al consultorio una apariencia improvisada y áspera. Al centro descansaba una silla con aire de examen dental, con bandejas llenas de instrumentos manchados de sangre, pantallas, luces y hasta regaderas.

—Vaya, vaya, ¿quién lo diría? El malagradecido que aún no me paga —dijo Doc Boost sentado en la silla.

Era curioso cómo una mujer llena de tatuajes brillantes y de casi sesenta años, con canas, arrugas y tan baja como un niño, podía tener ese porte de científico loco, combinado con carnicero: científico-carnicero-loco, ese era Doc Boost. Bajó de la silla de un salto y fue a Daren con pasitos pequeños y rápidos. Se acomodó el visor de metal sobre los ojos y extendió su mano pálida esperando la pyrocita.

—No vine a pagarte por esta basura —respondió Daren molesto—. No sirve. Me diste una Cyber pirata.

Doc Boost echó el rostro hacia atrás ofendida y exclamó:

—¡Yo jamás instalo Cyber piratas, muchacho! Bueno, al menos que me lo pidan. O se lo ganen.

—Pues yo no lo pedí. Ni lo gané.

—¿Estás seguro, muchacho? —Doc Boost fue hacia la mesa de operaciones, repleta de computadoras y herramientas—. Tú y yo nos conocemos desde hace tiempo, cuando la dulce Serana aún… estaba con nosotros. —Bajó el rostro pensando en la chica, pero siguió adelante—: las Cybers jamás han funcionado contigo, Daren. Algo tienes dentro que las mata. Tienes suerte que no se haya freído tu Panel Cerebral.

—¡Tonterías! Tú eres una pésima Robo-Doc que no sabe hacer su trabajo.

—¡No insultes mi profesión, muchacho! —Y le amenazó con un bisturí láser—. Puede que sea vieja, pero soy mucho más peligrosa de lo que crees.

—Entonces demuéstralo —expresó Daren con una sonrisa en el rostro y fue hacia la silla para que le revisara la mano.

La anciana se sentó en un banquillo junto a la silla y el visor de metal en sus ojos se encendió, lanzando rayos azules que hacían brillar todo el cableado electrónico bajo la piel del chico: desde el circuito de electrochoque, pasando por su brazo hasta su cerebro. Retiró las placas de metal en los dedos con un desarmador, y luego metió un par de electrodos midiendo el voltaje.

—¿Qué diablos hiciste? —preguntó viendo gran parte del cableado quemado, de adentro hacia afuera como si le hubieran metido un petardo.

—¡Yo no hice nada! —se defendió Daren, apretando el rostro, sintiendo los cables moverse junto a sus tendones, enredados entre sí como nudos mal hechos—. Me distes una Cyber pirata, ya te lo dije.

—Y ya te dije que no es así. Te di una de las mejores.

—Tú eres la experta. ¿Cómo se quemó el circuito tan rápido?

Doc Boost se alejó con todo al banquillo. Se levantó el visor exponiendo sus ojos blanco-brillantes, sin pupilas. Era una Cyber completamente estética, pues le encantaba la idea de parecer un robot cuando veía a sus pacientes. Era claro que la respuesta que cruzaba por su mente le parecía imposible, por no llamarla loca. Se puso de nuevo el visor y regresó al chico. Pero esta vez le revisó la pierna derecha, justo donde tenía la bala enterrada. Daren exclamó incómodo, diciendo con un tono sarcástico que ahí no estaba el problema.

—Necesito revisar tu Panel Cerebral.

—No. No. No. Eso está fuera de lugar. ¿Para qué diablos quieres ver dentro de mi cabeza?

Daren le apartó violentamente la mano cuando trató de conectar su Panel Cerebral a computadora portátil. Ya tenía suficiente. Podía soportar una Cyber mal hecha, pero la anciana inició el mecanismo de seguridad: como si estuviera viva, de la silla salieron tentáculos, agarrando las muñecas y tobillos de Daren.

—¡Estás loca! —chilló.

Doc Boost tiró del cable USB, como una larga lombriz de metal insertada en brazo derecho de Daren. Al conectarse sintió la corriente viajar bajo su piel, entre el cableado electrónico, sus músculos y huesos, dando espasmos pequeños, pero incontrolables, subiendo tan rápido como un rayo.

[Mensaje en el Panel Cerebral]
Diagnóstico de Sistema en PROCESO...

Había una palabra que describía a Marren Magnus mejor que cualquier otra: monstruo. Su brutal tamaño, falta de amabilidad y fría naturaleza no tenía símil. Los niños le temían y Daren y Serana no eran la excepción.

Aquella tarde, ambos chicos entraron a la sala del cine con bolsas de tela sobre los hombros. Había sido un gran robo, pues no solo llevaban pyrocita y cosas que vender, sino también comida y hasta juguetes. Los niños más pequeños rápidamente se acercaron a Serana, quien los recibió con regalos. A Daren nadie se le acercó. Obviamente. Su cara de pocos amigos y gruñidos de perro mojado mantenía lejos a cualquiera.

—Ustedes dos, huérfanos —habló Marren desde el otro extremo, con una voz grave, casi robótica como si en lugar de cuerdas vocales, tuviera cables eléctricos. Rápidamente los niños se alejaron de ahí, como ratas abandonando el barco—. El capitán quiere hablar con Rufus.

Rufus era uno de los niños. Quizás de los más pequeños, y uno que parecía un gnomo de libro de texto: regordete con largas orejas y diminutos brazos y piernas. Solo le faltaba un gran gorro rojo puntiagudo y la barba. Temeroso, Rufus abrazó las piernas de Serana, y como era típico de ella, dio un paso al frente decidida a protegerlo.

Pero Daren la conocía tan bien que, sin pensarlo, tiró de ella hacia atrás y de un rodillazo empujó al pequeño hacia delante. Se adelantó a la ira de Marren y dijo:

—Dile al capitán que también trajimos nuestra cuota. Mía y de Serana.

Marren aceptó con un gruñido y con un gesto de su mano le ordenó a Rufus que se aproximara. Marren era un muro impenetrable, con largas y poderosas piernas y brazos con una espalda ancha, acompañada de una Cyber muy especial: NeuralLink MK-IV. Este era un reemplazo de brazos elegante y hecho de materiales livianos, pero duraderos. La superficie exterior era suave y sin costuras, con detalles led minimalistas y brillantes. Aquel caparazón era una de la Cybers más dolorosas y muy pocos aguantaban la instalación, pues se taladraba directamente en la espina dorsal y a los huesos, dando como resultado una fuerza descomunal.

Rufus se acercó tembloroso, aferrado a su propio cuerpo y levantó tanto la mirada para ver a Marren, que casi se cayó de espaldas. Fue ahí cuando su ojo derecho sacó una chispa, como una bombilla de baja calidad, dando un destello rápido antes de apagarse para siempre. No era la primera vez que le pasaba. Rufus se tapó el ojo con una mano y con la otra sujetó la de Marren.

A Daren no pudo importarle menos cuando ambos se perdieron detrás de una puerta, pero Serana era otra historia. Le lanzó una mirada que conocía muy bien: estaba molesta.

—¿Qué? —preguntó indignado, mordiendo un pedazo de pan.

Serana giró los ojos pues no había razón para discutir con él.

Y fue sola. Esto sí le importó a Daren, quien la siguió de cerca, recordándole que todos tenían que valerse por sí mismos, que no debía preocuparse por nadie, que solo estaban ellos dos en Naica Negra. Serana ignoró todas sus advertencias y trepó ágilmente por las instalaciones del techo, pasó por un agujero en la pared que solo ellos conocían y se arrastraron por un pequeño túnel hasta alcanzar una rejilla.

—Un día vas a hacer que nos maten —le advirtió Daren.

Abajo esperaba una silla de Robo-Docs al centro. Nunca la habían visto antes, pero lo que más llamó su atención fue el hombre calvo, con aspecto sucio y malvado. De rostro alargado como de rata. La grasa y sangre en su bata no daban buena espina.

Marren entró a la habitación con el pequeño Rufus, quien, inmediatamente sintió el aire profético. Trató de soltarse, pero Marren lo levantó como si fuera nada y lo estrelló sin compasión contra la silla. No bastó, pues Rufus seguía batallando por querer bajarse de ahí.

Se oyó la voz del capitán Ingmar, oculto en las sombras, pidiéndole que controlara al niño. Marren era tan fuerte que solo necesitó un poco de fuerza para someterlo. Le tapó la boca con una mano y con la otra se aseguró de que no se moviera más.

—Mis disculpas por la inconveniencia —chilló aquel hombre con una voz aguda, haciendo honor a su aspecto de roedor—. La silla no está operacional —continuó, refiriéndose a que no servían los mecanismos de agarre.

—No se preocupe, Doc, él no se va a mover —aseguró Marren. Y sin más que hacer, el pequeño Rufus vio con lágrimas en los ojos, el amenazante taladro en la mano del Robo-Doc.

—¿Está seguro de esto, capitán Ingmar? —preguntó el hombre a las sombras.

—Sí. Arregle el ojo primero. Está demasiado cerca del Panel Cerebral.

El Doctor-Rata encendió el taladro y el chillido del motor llenó la sala. Se transformó en carnicero, abriéndose camino entre la piel junto al ojo, exponiendo los músculos y el hueso. Rufus empezó a gritar, retorciéndose en la silla, apretando los puños juntando las fuerzas para liberarse, y en su desesperación, hundió los dientes en la mano de Marren, quien ahogó un grito gutural al sentir cómo le atravesaba la piel.

Pero su lucha fue en vano.

El visor iluminó las placas de metal y el cableado que buscaba el Doctor-Rata. Tomó una pinza en una mano, un soldador en la otra y empezó a trabajar.

—Tienes mucha suerte, mi niño —habló sin prestar atención al pobre contra la silla—. El Panel Cerebral es la parte más delicada de nuestras Cybers. ¿Sabes por qué? —Claramente Rufus no podía contestar y el Doctor-Rata continuó más para él mismo, como si diera una clase—: Al nacer, nuestro cráneo es suave y flexible. El Panel Cerebral se instala entre las suturas craneales que se van cerrando y haciendo más duras a medida que crecemos. Para cuando llegamos a la niñez resulta imposible operar en caso de que el Panel Cerebral se corrompa. —Dejó a un lado el soldador y metió las pinzas, con las cuales tiró de los cables dentro del chico, haciéndolo llorar y retorcerse hasta la punta de los pies—. Por eso no hay cura para la Cyber-Psicosis. El Panel Cerebral tiene un *hardware* que ayuda a prevenirla, pero si se rompe o algo le pasa… lo mejor es la muerte. O el Hoyo. Lo que es prácticamente lo mismo. —Se rio.

El Doctor-Rata encontró la falla: un cable pelado por el roce con el hueso que estaba dando un falso circuito. Con mucho cuidado cortó la parte dañada, peló y retorció los extremos sobre sí mismos, luego los unió permanentemente con un tipo de goma y terminó orgulloso de su trabajo.

Fue ahí cuando Ingmar Cromwell salió de las sombras acompañado de su leal teniente. Ambos pasaron de largo al pequeño que rechinaba en la silla, sin poder hacer nada más que morder la mano de Marren en agonía silenciosa.

De pronto, tan rápido como inesperado, Nova tiró del capitán para protegerlo, sacó su pistola y apuntó hacia arriba junto a su ojo biónico. Daren y Serana se agazaparon contra el túnel, se taparon la boca y nariz con las manos y hasta cerraron los ojos, deseando que la poderosa Cyber de Nova no detectara los sutiles cambios en el aire por su respiración, su calor corporal e incluso, según algunos, hasta sus propias almas.

—¿Qué sucede? —preguntó el capitán cuando el ojo disparó un haz de láseres contra el techo.

Arriba en el túnel, un par de ratas pasaron corriendo por encima de los chicos, pisándolos con sus diminutas patas y haciéndoles cosquillas con los bigotes. Daren y Serana se tomaron de la mano, agradecidos por su llegada y rezando que fuera suficiente. Y para su fortuna, lo fue. Las ratas captaron la atención del ojo biónico y Nova guardó el arma.

Libre de peligro, Ingmar se dirigió al Doctor-Rata:

—Ahora. Quítele el Panel Cerebral.

¿Quitarle el Panel Cerebral? ¿Ingmar hablaba en serio? Arriba en el techo, Daren y Serana sabían lo que significaba. No podían quitarlo sin matar a Rufus, y rápidamente, Daren la sujetó para que no hiciera algo estúpido.

El Doctor-Rata juntó las palmas de las manos y golpeó los dedos unos contra otros, como un villano planeando su siguiente movimiento, exagerando su aspecto de roedor. Gustoso, encendió el bisturí láser y la punta entró por la sien hasta chocar con el hueso. Por suerte, si es que se le puede llamar así, Rufus se desmayó y por fin relajó la mandíbula, permitiéndole a Marren sacar su mano, la cual tenía grabada la dentadura del chico hasta el hueso.

Daren le tapó la boca a Serana, pues sabía que estaba a nada de gritar en contra de lo que veían. De no haberla detenido, ella hubiera bajado como una heroína, tratando de salvar el día, solo para encontrarse con una paliza por parte de Marren o una bala por parte de Nova.

El Doctor-Rata dejó el bisturí y ahora con un martillo y cincel astilló el hueso, metió unas pinzas que parecían más el gato para un automóvil cuando se poncha una llanta, y luego se oyó el crujido: el duro hueso se partió en dos y Serana dejó de luchar. Ya era demasiado tarde.

Del pequeño Rufus salió una diminuta caja rectangular, negra y con cables salidos manchados de sangre y hasta con pequeños coágulos y pedazos de hueso. A Daren le sorprendió que algo tan pequeño fuese tan sustancial.

El ojo biónico de Nova iluminó el Panel Cerebral de Rufus y exclamó con poco menos que asombro:

—Una computadora como cualquier otra, capitán.

Ingmar la tomó y la alzó a contraluz, como si tratara de ver el secreto que ocultaba. Su fascinación era evidente y menospreció el comentario de Nova al decir:

—Una que puede hackearse. Solo se necesita un código o virus capaz de controlar a distancia el Panel Cerebral de todos en Naica Negra. ¿Pueden imaginar las posibilidades?

—Fortuna —chilló el Doctor-Rata.

—Aplacamiento —dijo Marren vendándose la mano.

—Miedo —siguió Nova.

—Control —terminó el capitán Ingmar—. Sobre todos. Sobre todo, aquí abajo. Aquel que controle el Panel Cerebral, controla la caverna. Desde los altos directivos de las corporaciones hasta el destino de las Cyber-Pandillas y los Cyber-Psicópatas.

Daren no se dio cuenta, pero fue un momento decisivo para Serana. No solo por el asesinato del pequeño Rufus, sino por esa última frase que mutó hacia una pequeña y efímera posibilidad: «Una cura», pensó ella.

Ingmar dejó el Panel Cerebral en una pequeña bandeja con alcohol, para limpiarla de la sangre. Luego se volteó hacia Marren y dijo:

—Trae al siguiente. Nos quedan muchos experimentos por delante.

Curiosamente, Daren notó como Marren se desvendaba la mano al salir, dejando la herida abierta y la sangre chorrear. No supo qué significaba ese gesto ni por qué lo hizo, simplemente le pareció curioso. Su atención, luego fue atraída por los labios mudos del capitán Ingmar, que se movían sin emitir un solo sonido. Se dio cuenta que tampoco oía la chillona risa del Doctor-Rata ni a los demás. Por alguna razón había quedado sordo. Hasta que, de golpe, oyó una fuerte estática eléctrica bajar del cielo acompañada de fuertes cadenas. «No, no, ¡no!», pensó asustado y rápidamente buscó a Serana para conseguir ayuda. Pero había desaparecido. En su lugar, había un monstruo pálido, con largas orejas puntiagudas, cicatrices rojas en lugar de ojos y que gruñó bestialmente exponiendo sus colmillos filosos como de vampiro.

[Mensaje en el Panel Cerebral]
Alerta. Inestabilidad neural.

Diagnóstico de Sistema COMPROMETIDO

...

ABORTAR
ABORTAR

Daren regresó al presente de un golpe. El mecanismo de seguridad liberó las ataduras. Toda su cabeza le daba vueltas, estaba bañado de un sudor frío y sentía que le ardían los cables bajo la piel, como si fuera una computadora sobrecalentada.

La Dra. Boost, aún sentada a su lado, no podía quitar los ojos de su computadora por algo que solo podía describirse como terror. Y apenas logró levantar la mirada cuando Daren se fue de ahí, molesto, jalando los cables, maldiciéndola y cojeando por la bala metida bajo su piel.

Primero, fue hacia su escritorio y del anaquel del fondo sacó una botella de licor. La boca estaba llena de polvo pues no era común que sucumbiera a ella para calmar sus nervios. Era un Robo-Doc después de todo, estaba acostumbrada a los golpes de adrenalina pura, la sangre, gritos y hasta a los Cyber-Psicópatas. Pero en esa ocasión, sí que necesitaba un trago. Se sirvió un poco y bebió de golpe. Luego, abrió el ComSet con un hábil gesto de su mano:

Chat
«Madame Fénix»

Dra. Boost:
Daren vino a verme.

Fénix:
Ese tarado. Voy para allá, no dejes que se vaya.

Dra. Boost:
Hay algo que debe saber.

... ...

Fénix:
¿Dra. Boost? ¿Qué pasa?

Dra. Boost:
Serana... No sé cómo, pero ella tenía razón sobre él. Tenía razón en temerle. Su Panel Cerebral es diferente. Esa bala en su pierna es...

El Coliseo Rojo, aquel magnífico anfiteatro de piedra carmesí colgaba sobre un lago de lava fundida y agitada, justo al centro de Naica

Negra, como su corazón palpitante. Su exterior era una magnífica combinación de arquitectura romana clásica y roca volcánica oscura. Las paredes exteriores estaban adornadas con colosales columnas corintias, bajorrelieves intrincadamente tallados e imponentes estatuas de bestias míticas, todas talladas en obsidiana y ónix. Elementos que contrastaban con el fondo de fuego y las luces neón de toda la caverna, creando un aura misteriosa.

Esa noche estaba listo para recibir la sangre de los combatientes y se podía sentir la emoción en las gradas, el bramar de la gente ansiosa, sintiendo el calor que irradiaba desde abajo, escuchando el ruido sordo de la lava fundida y percibiendo ese olor a humo seco. El juego estaba por empezar. «GRAN FINAL: Topos de Acero Vs Calaveras de Fuego». Marren Magnus era el capitán del segundo equipo.

Al aproximarse a la entrada, Daren pudo ver su silueta en las pantallas gigantes, entrevistas y elogios por llevar a un equipo de segunda hasta la final. Vasos, camisas, pósteres y hasta juguetes de acción llenaban las tiendas de regalos con su cara. Claramente, para Daren, todo esto le provocaba náuseas.

Fénix había dicho que pospondrían los asesinatos, y era algo que claramente no iba a obedecer. Iba a matar a Marren durante la final. Pero existía un problema clave: ¿Cómo iba a entrar? Sin la ayuda de Fénix le era imposible.

—Casi —le dijo Daren a Serana, quien acababa de hacerle el mismo comentario—. Yo soy el segundo mejor ladrón de Naica Negra, ¿lo recuerdas?

—*Un ladrón de segunda* —se burló la chica.

Prácticamente toda la caverna estaba ahí esa noche, así que no le resultó difícil mezclarse entre la multitud. Su plan era tan simple que funcionó a la perfección: primero compró un licuado de cucaracha; sí, Naica Negra vivía de las granjas de insectos. Después se buscó al fan más idiota, un joven que iba con su chica presumiendo sus boletos al aire deseoso por entrar. Daren chocó con él a propósito, le pidió disculpas mientras trataba de limpiar los pedazos molidos de insectos, y entre la distracción, le robó el boleto. Bastante simple.

—*Deja de regocijarte* —bufó Serana con los brazos cruzados.

—¿Ves? —exclamó el chico con un tono arrogante—. No necesito a la tonta de Fénix. No necesito a nadie más que a mí mismo.

Más allá de las puertas se encontraban las gradas con más de cien mil espectadores, todos vitoreando enardecidos ante esa atmósfera electrizante, mezcla de peligro y euforia. Daren jamás había visto a tanta gente en un mismo lugar. Siempre decía que le gustaba ver a la gente unida en el Coliseo, aunque fuese por un tonto juego, a Daren le dio asco. Parecían, curiosamente, cucarachas: arrastrándose, pisándose y retorciéndose unas sobre otras.

Desde un par de plataformas se arrojaba comida y bolsas con Amatista Sintética de baja calidad, lo que le provocaba aún más náuseas. La gente se montaba una sobre otra, se peleaban y arañaban y gritaban, haciendo más clara la imagen que Daren tenía de todos ellos: insectos repugnantes. Serana se acercó a él y le susurró suavemente al oído:

—*Marren va a aplastarte.*

El sistema de luces se encendió y aparecieron los hologramas de mujeres y hombres casi desnudos, bailando provocativamente bajo las luces de neón a la par de la música electrónica.

—*Para nosotros era como un demonio capaz de partir una montaña en dos* —dijo la chica viendo los hologramas bailar.

—Éramos niños. No sabes de lo que hablas. Nunca lo supiste.

—*¿Y tú sí?*

Daren se molestó y dijo:

—¡Yo conozco a la gente! ¡Tú no! Si estuvieras aquí tratarías de hacerlo entrar en razón, de hacerlo tu amigo como un dibujo animado. «Podemos salvar a Naica Negra si trabajamos juntos» —tonterías—. ¡Solo sobreviviste tanto tiempo gracias a mí! ¡Porque yo sé lo que debe hacerse! ¡Porque yo te protegía!... —su voz se quebró.

—*No me protegiste esa noche. Me abandonaste.* —Daren cerró los ojos y sus párpados se llenaron de lágrimas—. *¿No merecía vivir o fue por algo más?*

—Cállate —le suplicó.

—*¿Por qué morí, Daren?*

[Mensaje en el Panel Cerebral]
¡Alerta! Carga cerebral elevada.

—Cállate —le pidió de nuevo.
—*¿Por qué me dejaste? ¡¿Por qué me dejaste morir?!*

[Mensaje en el Panel Cerebral]
... Corrupción de sistemas...
Carga cerebral corrompida al 5 %...

Por suerte, para Daren el juego dio inicio. Las cadenas de metal que sostenían el Coliseo Rojo bajaron las gradas hasta el lago de lava. El calor se hizo mucho más intenso secando el aire, dando una sensación de asfixia y adrenalina.

Incluso algo tan simple hizo que Daren recordara las pesadillas. Pero se contuvo, aferrándose al borde de piedra que se calentaba intensamente como un horno, enfocándose en la tarea, casi titánica, que tenía enfrente: su segundo asesinato.

Al centro de la arena, justo sobre el lago de lava fundida, una torre flotaba en el aire. Era ancha en la base y mucho más fina mientras subía, formada por paneles de metal, unos girando a la derecha y otros a la izquierda, dándole la imagen de un taladro abriéndose camino. Pegados a los paneles había pantallas, lo que parecían cañones, luces y lo más importante de todo: canastas.

—¡Damas y caballeros! —gritó el anfitrión desde una tarima flotante. Alzó su micrófono y las luces cayeron sobre él, mostrando su traje con luces de neón, gafas y cabello muy colorido. Los drones con cámaras volaron a su alrededor y su rostro apareció en todas las pantallas—. ¿Están listos para la batalla final? ¿Listos para el Cyber-Deporte? ¡¿LISTOS PARA EL ELECTROGER?! —gritó con todo el aire en sus pulmones y la respuesta de la gente se oyó en cada rincón de Naica Negra—. Hoy gozaremos de un duelo de titanes, damas y caballeros, por un lado, tenemos a los poderosos ¡TOPOS DE ACERO Y SU CAPITÁN GODFREY TASTAD!

En un extremo, la arena iluminó al equipo de seis que fue recibido por aplausos y gritos. Parecían bárbaros, algunos con poca ropa o solo con arneses, sus cuerpos brillaban del cableado metálico bajo la piel, mostrando que tenían muchas Cybers instaladas. El único factor unificador era su casco: con nariz alargada y sin rasgos oculares como los de un topo.

—Y por el otro lado —dijo el presentador—. A las únicas y poderosas ¡CALAVERAS DE FUEGO! ¡Liderados por el hombre del momento! ¡MARREN MAGNUS!

A diferencia de los Topos, las Calaveras parecían un equipo consolidado. Todos llevaban el mismo traje de cuero y un casco en forma de calavera, que, gracias al pequeño Núcleo de Magma en la base, se encendía al rojo vivo como si estuviera envuelto en llamas. Marren era el único que no llevaba a uno, y dio un paso al frente con los brazos arriba, dejando ver su poderoso exoesqueleto de pyrocita, golpeó los puños un par de veces, como gorila molesto, echando chispas y la gente se volvió loca por él.

—Como todas las noches solo hay una regla —siguió el presentador con gestos muy exagerados desde su tarima flotante—. ¡No hay reglas! —Y la gente entonó con vigor—. Cyber-Psicópatas en potencia: ¡Prepárense!

Marren y el resto del equipo se extendieron como abanico y adoptaron una pose de velocista antes del disparo. El presentador sacó una pistola de bengalas y todas las luces y hologramas se apagaron de golpe: solo quedó una luz blanca sobre él. El silencio llenó el Coliseo Rojo y poco después gritó:

—¡FUEGO! ¡APLAUSOS! ¡Y MUERTE! —Disparó la bengala al aire y dio inicio el juego.

El suelo de la arena estaba pavimentado con enormes losas, lo que le confería un aspecto antiguo e imponente. Esparcidos por el suelo decenas de géiseres, con erupciones impredecibles disparaban agua hirviendo y vapor. Cerca de los bordes de la arena y, a veces en el centro, había agujeros sin fondo estratégicamente ubicados, cuyas profundidades estaban ocultas en una oscuridad total. Si esto no fuera suficiente, la arena estaba plagada de trampas ocultas, sensibles a presión, cables y piedras falsas que disparaban balas desde el suelo. A intervalos alrededor de la arena, profundas fisuras revelaban charcos burbujeantes de lava, irradiando un calor abrasador.

Todos los gladiadores que se atrevían a pisar la arena del Coliseo Rojo debían confiar en su ingenio, agilidad y en las Cybers instaladas para poder sobrevivir. Era un lugar donde cada batalla librada se convertía en un espectáculo inolvidable.

Ambos equipos corrieron desde extremos opuestos, cuando de pronto, al centro, se elevó una esfera de luz, brillante y hermosa como si se tratara de una estrella. Ese era su objetivo. Se dirigieron hacia ella, como dos fuerzas imparables a punto de colisionar. Marren era mucho más que un gladiador, era un artista moviéndose con gracia y dando poderosos saltos sobre los géiseres y las trampas.

Pero sin querer pisó una.

De la torre flotante al centro de la arena salió una bola de fuego disparada de uno de los cañones. Marren la esquivó sin problema, pero tres bolas más cayeron contra él. Usó el impulso de su exoesqueleto para dar una voltereta, ganar velocidad y evadir cada una de ellas.

—¡Eso fue sensacional, damas y caballeros! —gritó el presentador—. ¡ARRIBA EL CAPITÁN MAGNUS!

Los equipos se encontraron en un fuerte choque. Y todas las Cybers entraron al juego. Uno de los Topos tenía una que le convertía las manos en cuchillos gigantes, como si se tratara de una mantis, otro podía alargar excesivamente los brazos y piernas, pero las Calaveras no se quedaban atrás. Cybers que mejoraban sus funciones cognitivas, para ser más astutos y estratégicos o percepción sensorial aumentada, con sentidos intensificados de la vista y el oído los hacía de temer.

El capitán Godfrey empujó a un enemigo contra una trampa, que, al activarse, dejó salir a un gran león construido con magnetita oscura. El Núcleo de Magma en su interior se encendió pintando sus articulaciones, garras, colmillos y melena de metal al rojo vivo. La feroz bestia se fue contra el gladiador haciéndolo pedazos, y el público vitoreó la carnicería.

La batalla fue brutal.

Marren alcanzó la estrella y rápidamente fue hacia la torre flotante. Dio un salto y la encestó en una de las canastas más bajas. El marcador holográfico marcó tres puntos para las Calaveras de Fuego. Y así continuó el partido. Cada vez que se encestaba una estrella, otra aparecía un lugar aleatorio, y mientras más alta en la torre se encestara, más puntos daba.

Para los treinta minutos de juego ambos equipos habían perdido hombres y el marcador estaba empatado: 27 vs 27. El juego estaba por terminar y se oyó una alarma: la última estrella entró al juego. Al instante, los paneles de la torre se separaron uno de los otros para ahora moverse a gran velocidad, y la torre se transformó en un remolino sin forma, en cuyo punto más alto flotaba la última canasta.

Marren y Godfrey se encontraron con un fuerte puñetazo que hizo vibrar el aire a su alrededor, pero Marren lo hizo a un lado y alcanzó la estrella. Sin perder tiempo, aterrizó un pequeño islote en el lago de lava justo debajo del remolino. Godfrey no lo iba a dejar ganar tan fácil, fue hacia una trampa muy especial y la pisó con furia.

El exoesqueleto de Marren juntó energía y lo impulsó hacia el aire como un superhéroe iniciando el vuelo. Los paneles de metal dejaron de moverse y la trampa de Godfrey se activó: de cada uno de ellos salieron láseres azules que serraban la carne, el hueso y hasta el metal, pero Marren voló entre ellos a solo milímetros de distancia y lanzó la estrella como una jabalina hasta la canasta en la cima, ganando el partido.

Marren desfiló victorioso en las gradas, alzando los brazos y recibiendo besos de mujeres hermosas. Daren lo siguió de cerca, a través de los estruendosos aplausos y rugidos de la multitud. Mientras se acercaba a su enemigo, no pudo evitar sentir el peso de la historia presionándolo, aquella última noche. Todo quedó en silencio y el único sonido era el fuerte latido de su corazón, que se incrementaba con cada paso, como si las propias piedras carmesí estuvieran alentando el inminente encuentro.

Marren dejó las gradas y bajó a las estancias y galerías de servicio junto a la arena, donde aguardaban las jaulas con los leones y se preparaban y ajustaban las trampas para el siguiente combate. Daren lo siguió brincando sobre vigas en el techo y esperó paciente cuando Marren entró solo a los vestidores. Era el lugar perfecto para un emboscada áerea, cuando, de pronto, desde la oscuridad se escuchó a una mujer aplaudiendo muy lentamente.

—Felicidades, Marren. ¡Vaya juego! En verdad me gustaron de los leones.

Daren sintió una fuerte mezcla de miedo y adrenalina al oír su voz. Sin pensarlo se cubrió detrás de un muro que expedía un calor intenso para ocultar su calor corporal, se cubrió la boca y nariz para que no viera su respiración, y con la otra mano se aferró a las tuberías para quedarse inmóvil. Pues si a algo le temía, además de a las cadenas, era a ese maldito ojo.

—¿Qué haces aquí, Nova?

La teniente se puso de pie, exponiendo a la luz su traje militar pegado al esbelto cuerpo, y su cabello blanco tan brillante que parecía electricidad viva, amarrado en una cola cayendo hasta su espalda. Su ojo biónico lanzó un haz de luz.

—Estoy preocupada por ti.

—¿Desde cuándo? —contestó Marren con su fuerte voz.

—Desde que Darío murió. ¿No sabías? Cayó de su balcón y se empaló en un obelisco. Irónico, ¿no es así?

—No veo lo gracioso.

—Porque jamás tuviste sentido del humor. Tú eres el tipo de hombre que deja que los niños le muerdan la mano para apaciguar su dolor mientras mueren. Pero yo lo encuentro hilarante.

Marren se quitó parte del equipo de Electroger, exponiendo la fea cicatriz en su mano derecha. La piel arrugada de color rosa pálido y negro. La forma en media luna y profundidad de la cicatriz, ubicada entre el dedo pulgar a índice, reflejaba el patrón caótico de los dientes de los niños.

—¿Quién lo mató? —preguntó sin prestarle atención a la mujer.

—Aún no sabemos —contestó extrañamente tranquila—. «Tan tranquilo como la caverna lo quiera», mi trasero perfecto. Muchos nos quieren muertos. Por eso estoy aquí. El capitán te necesita.

—Comisionado ahora, no lo olvides.

—Sí, hace seis meses Ingmar hizo un trato que lo convirtió en comisionado. ¿Y nosotros? Le dio el Bazar de las Luces al fatigado de Darío. —Se rio recordando sus débiles piernas—. A mí me puso a cuidar a un empresario tan asustado de la oscuridad que pasará el resto de su vida durmiendo —suspiró moviendo los ojos como si no pudiera creerlo—, y a ti te puso aquí. —Caminó por el vestidor asqueada del olor a sangre, sudor, hierro y aceite del Coliseo Rojo—. Jamás entendí por qué.

—Tienes el ojo más poderoso de la caverna y aun así estás ciega, Nova.

—Ilumíname entonces.

Se sentó frente a Marren, cruzando una pierna sobre la otra en una pose pícara, dejando ver su cuerpo esbelto, piernas largas y busto. Su ojo brilló sobre él como un demonio en el infierno esperando lanzar la sentencia.

—Hace mil años el Evento Negro nos empujó aquí abajo y ahora nos aterra enfrentar lo que hay más allá de nuestros muros y las Puertas Blindadas, así que nos quedamos a merced de la caverna. La Amatista Sintética, los Sueños de Neón y el maldito Coliseo Rojo, todo es lo mismo. Preferimos vivir sedados a afrontar el dolor de la realidad. Ese es todo el punto de esta… distopía de neón. —Extendió los brazos y giró, señalando todo a su alrededor—. El comisionado me quiere aquí para apaciguar ese dolor, dejar que Naica Negra me muerda la mano mientras muere.

—Naica Negra no puede morir —cortó Nova—. No mientras controlemos todas sus venas y arterías llenas de pyrocita y luces de neón. Sin el CMPI nosotros estamos en la cima ahora.

Marren aceptó con un pequeño gruñido, cruzó los fuertes brazos y preguntó:

—¿Es verdad que Ingmar dejó la caverna tratando de contactar a las demás ciudades?

«¡No está en la caverna!», gritó Daren en su cabeza, aún pegado contra el muro abrazador. Por eso Erasmo no había encontrado nada sobre él. Por eso nadie sabía dónde estaba.

—Somos la última —respondió Nova con una extraña sonrisa envuelta en tristeza.

Un extraño olor le llegó a Daren. Era su ropa incendiándose por el muro caliente. Se quitó la mano del rostro y el ojo biónico de Nova detectó el sutil cambio en la presión del aire. Rápidamente el chico se cubrió otra vez, cuando Nova le regaló un guiño a su compañero.

—Dile al comisionado que iré en cuanto acabe aquí.

—¿No quieres que te espere? Te podría ayudar. —Marren negó con la cabeza, seguro de sí mismo—. Bueno, tan tranquilo como la caverna lo quiera.

—Tan tranquilo como la caverna lo quiera —repitió Marren.

Y Nova se fue.

Marren le dio la espalda al chico y Daren aprovechó el momento. Le apuntó con sus cables de alta velocidad, pero Serana se puso en medio:

—*Él sabe que estás aquí* —le advirtió asustada.

No le hizo caso y disparó.

Marren giró como un rayo y sujetó los cables justo a la altura de los ojos. Asustado, Daren trató de retraerlos, pero Marren tiró con tanta fuerza que lo llevó contra el piso. Luego se acercó a él, con pisadas fuertes y penetrantes que iban en sincronía con su gran cuerpo. Lo tomó por la nuca, lo levantó unos centímetros en el aire y lo estrelló contra la superficie otra vez.

—De todos los Cyber-Psicópatas en la caverna, definitivamente no te esperaba a ti, huérfano.

—No soy un Cyber- Psicópata.

—Eso no es lo que pensaba Serana. —Levantó a Daren y lo arrojó contra la pared.

[Mensaje en el Panel Cerebral]
Carga cerebral corrompida al 37 %...

—Cállate. Siempre tuviste más... músculos que... cerebro —masculló el chico con sus pulmones lastimados después de semejante golpe—. Pero voy a... matarte.

—Se requiere valor para tomar la vida de alguien, y es algo que tú tienes muy poco, huérfano.

Esas palabras remontaron a Daren hasta aquella última noche. Lo hizo recordar las llamas, a Serana y el llanto del bebé. Aquel pequeño heredero. Su cuerpo se paralizó por un instante. Marren aprovechó el momento y ahora lo estrelló contra el vestidor.

—Yo... he matado. —Y recordó a quién mató esa última noche, pero no pudo terminar la frase—. Yo... maté a... Darío.

[Mensaje en el Panel Cerebral]
Carga cerebral corrompida al 45 %...

—No, la caída lo mató. El obelisco lo mató. —Y lo azotó una vez más contra la pared—. Hacerlo con tus propias manos es muy distinto, huérfano. Eres un perro que no muerde, un cobarde.

Lo tomó de una pierna y lo aventó hasta el otro extremo del cuarto. Su cuerpo estaba al límite, pero, aun así, juntó las fuerzas que le quedaban y se puso de pie. Marren se sorprendió por la ira en los ojos rojos del chico, con los brazos arriba listo para luchar.

—¿Dónde estaba esta rabia esa noche, huérfano? —le preguntó—. ¿Cuándo el miedo se apoderó de ti, cuando la vieja forja estaba en llamas y cuando dejaste a Serana atrás?

—*Vamos, pregúntale quién nos traicionó. ¡Pregunta del trato!* —chilló Serana.

[Mensaje en el Panel Cerebral]
Carga cerebral corrompida al 75 %...

Pero la voz de la chica se perdió entre el dolor y las alarmas del Panel Cerebral.

—Voy... Voy a matarlos... a todos por lo que le hicieron.

Marren caminó lentamente hacia el chico, como un verdugo camino a la horca y señaló:

—La recuerdo muy bien.

—Yo-Yo recuerdo como t-te rompió la nariz esa noche.

—Yo recuerdo su calor. —Dio otro paso y Daren siguió firme en su lugar—. Recuerdo el sabor de sus labios y el aroma de su cabello rojo como el fuego. Recuerdo la sal de sus lágrimas y sus gritos cada vez que regresábamos por más.

Daren gritó enfurecido y se lanzó sobre él con la intención de electrocutarlo con su Cyber, pero Marren detuvo el golpe y le apretó tan fuerte la mano, que le hizo pedazos los circuitos entre chispas y centellas. Luego enterró su fuerte puño en el rostro de Daren y lo aventó contra un muro repleto de tuberías llenas de vapor.

Daren no pudo moverse más.

—Dime, huérfano, ¿te sientes culpable? Quiero saber qué te espantó tanto esa noche que te hizo huir como el cobarde que eres. Dime, huérfano, ¿fueron tus pesadillas? Oh sí, las recuerdo: cadenas y monstruos pálidos sin ojos.

Daren se desmayó. O al menos eso le hizo creer.

Agarró una de las tuberías; el metal estaba tan caliente que podía derretirle a cualquiera la piel, pero no pasó así. Daren llevó el escape de vapor hirviendo hacia el rostro de Marren, justo cuando se acercó para dar el golpe final, entrando por sus ojos, nariz y boca. El titán dio un paso atrás en agonía y ciego con el rostro colgándole como una vela, pero incluso en ese estado era aún más peligroso. Y a modo de una bestia encolerizada, Marren lanzó golpes al aire, uno tras otro con tal fuerza que atravesaban los muros. Daren apenas logró quitarse, cuando el puñetazo tiró la puerta hacia un pasillo lleno de jaulas.

—¡NO PUEDES HUIR DE MÍ, HÚERFANO! —rugió con una fuerza sobrehumana.

—No pienso huir —contestó desde el otro extremo del pasillo.

Marren fue hacia él con el brazo arriba en forma de lanza para atravesarle el corazón. El cuerpo de Daren estaba entumecido por la golpiza y sus huesos apenas lograban mantenerlo de pie, pero se dijo: «Aún no». Marren estaba a solo unos centímetros y saboreó su victoria, cuando Daren terminó de *hackear* la puerta con su terminal y abrió la jaula detrás él.

—¡*Ahora!* —le chilló Serana, y Daren disparó los cables de velocidad hacia una viga en el techo. El poderoso gladiador tropezó hacia el interior de la jaula y rápidamente Daren la cerró.

—¡ENFRÉNTAME, COBARDE!

Detrás de Marren se oyó el rugido y el Núcleo de Magma encendió el león de acero. Marren pudo sentir el calor de la bestia irradiando sobre él, y antes de tocar la manija de la jaula, el león le enterró los colmillos en el cuello, abriéndose camino entre su piel y lo arrastró a la oscuridad.

No faltó mucho para que los demás gladiadores oyeran el caos. Tenía que salir de ahí, pero apenas podía moverse. Su Panel Cerebral empezó a lanzar señales de alerta: sus pulmones no tomaban aire, su corazón no bombeaba, sus huesos estaban rotos y ahora sí estaba por perder el conocimiento. Hubiera colapsado de no ser por Serana:

—*¡Vamos, Daren! ¡Ponte de pie, tonto! ¡Avanza, ladrón de segunda! ¡No te voy a dejar morir aquí!*

[Mensaje en el Panel Cerebral]
HARDWARE ANTI-PSICÓSIS: COMPROMETIDO
Liberando carga cerebral corrompida...
90 %... 72 %... 58 %... 40 %...
«ALERTA»
Carga cerebral corrompida... ACUMULÁNDOSE

Logró salir a las gradas donde los aplausos y luces lo abrumaron. Seguía en pie y quizás podría escapar después de todo, cuando sus oídos se aislaron del Coliseo: no oía a la gente, la música ni nada. Daren no pudo más y se dejó caer, pero para su sorpresa alguien lo detuvo.

—Al fin te encontré, idiota —le dijo ese misterioso amigo.

Daren perdió el conocimiento.

CAPÍTULO XV

«LAS ESTATUAS DE HIELO»

En medio de la gélida e implacable tormenta, una sombría procesión se reunió para presentar sus respetos a aquellos que habían sucumbido al frío implacable. La escena se desarrollaba en una pequeña explanada, a los pies de las torres de refrigeración de la planta nuclear. Era un paisaje helado y espeluznante, donde los caídos eran llevados, con la mayor solemnidad, a un jardín de hielo.

Mientras los dolientes desafiaban el viento cortante y los copos de nieve arremolinados, colocaron los cuerpos congelados de los niños y hombres y mujeres, junto a otras figuras escultóricas que habían corrido el mismo destino. Cada persona permanecía en la misma pose: algunos gritando, otro llorando, con los brazos extendidos como buscando salvación, otras acurrucadas y otras con mayor suerte dormidas. Ese jardín era un testimonio de la crueldad de la tormenta y sus susurros.

La luz procedente de las torres de refrigeración parecía inquietante y serena a la vez. Cayendo desde arriba como cuatro dioses en medio de la oscuridad.

Un sacerdote surgió entre la gente, protegido por su traje de tundra, viejo y oxidado, más un abrigo adornado con parches que recordaban a símbolos de radiación, y un contador Geiger descolorido y sin pila colgando de su cuello. Su máscara parecía de gas y una larga manguera bajaba por el mentón hasta un pequeño tanque de oxígeno en la cintura.

Cuando el sacerdote dio un paso adelante para dirigirse a los dolientes, era claro que su voz llevaba el peso del presente y del pasado. Sus palabras fueron una mezcla melódica de reverencia e introspección, tejiendo historias de resiliencia, sacrificio y la tormenta.

—En este páramo helado —comenzó, con su aliento alargando y moviendo la manguera de su máscara, dándole a su voz un tono mecánico y ahogado—, nos reunimos para recordar a aquellos que sucumbieron a los susurros de la Tundra Eterna. No son meras víctimas del frío y la oscuridad, son símbolos de nuestro inquebrantable espíritu humano, un testimonio de nuestra perdurable voluntad de sobrevivir incluso ante la peor de las maldiciones, ante esas voces en la oscuridad que llaman a nuestros niños.

Continuó estableciendo paralelismos entre la naturaleza implacable de la tormenta y los desafíos que la humanidad había enfrentado. Habló de los restos de un mundo donde alguna vez la gente vivió bajo la luz del Sol y cómo en su ausencia habían encontrado la fuerza y la esperanza para continuar en medio de la oscuridad.

—Nuestros hermanos, hermanas e hijos congelados —entonó el sacerdote—, ahora permanecen en eterna quietud, preservados para siempre en el jardín de hielo, como centinelas que guardan los recuerdos de la maldad que susurra insaciable en la tormenta.

Erneq oía desde la ventana cada palabra del sacerdote y cuando este terminó, dirigió a los dolientes en una oración para los difuntos, mientras colocaban juguetes o flores falsas, hechas con metal y chatarra a los pies de sus seres queridos. «Los bandidos en la tundra no son más que salvajes», recordó Erneq las lecciones de los Ancianos, «animales enfermos de radiación que abandonan a su gente en la tormenta, que se comen a sus hijos y que tienen relaciones incestuosas con los que no».

Erneq juntó las manos, silbó gentilmente al cielo negro de la tormenta y luego comenzó a cantar:

CANCIÓN
«Espíritu errante»
Oh, espíritu errante, en la noche sin luz
en silencio, en la tundra invernal,

guardamos tus historias, oh ser esencial.
Tus recuerdos en nosotros y con virtud
el viento aúlla su canción doliente,
mientras las auroras se alzan en el cielo ardiente.
En este mundo helado, un eco de tu voz,
un recuerdo fugaz y un último adiós.
Oh, espíritu errante, donde el frío persiste,
cantamos a ti, ante tu eterno viaje y triste.
Aunque el hielo nos abrace, nunca te olvidaremos,
en la tundra sin luz, tus recuerdos perduraremos.

Detrás de la puerta, Serj oyó la canción de Erneq y esperó paciente a que terminara. Le pareció hermosa y apropiada para el momento, tanto que su propio corazón se acongojó bajo su piel, aunque jamás lo admitiría. Fue hacia Erneq con su actitud tosca y grosera de costumbre, y a empujones se lo llevó de ahí hasta una armería llena de trajes de tundra.

No iba a perder más tiempo y obligó al pequeño Erneq a cambiarse. Al ponerse el traje de los bandidos, el chico entendió lo diferente que era: tosco, pesado, más difícil de manejar y repleto de un extraño olor a hierro y sangre. Las placas no cerraban del todo y le cortaba la piel en las articulaciones. En la cintura llevaban un pequeño tanque oxígeno, pues no tenían la capacidad de calentar el aire y tampoco podían tomar agua o comer mientras lo llevaran puesto. Sin duda, parecía más un ataúd.

[8 horas] marcó el reloj del traje en cuanto se encendió la máscara.

En ese momento, Adlar entró al cuarto. Cruzó miradas con el chico albino y su ojo rojo, y algo lo golpeó, como si hubiera visto un fantasma. Curiosamente, Erneq sintió lo mismo, pues Adlar era de piel oscura, cabello gris y ojos ligeramente rasgados, muy parecidos a los de su padre. La única diferencia a él, era su rostro alargado y dividido por una aguileña nariz, acompañada de quemaduras por frío.

—Tu eres u-un Inuit c-c-como y-y-yo.

—¿Impactante, no Adlar? —dijo Serj burlándose—. Esta pequeña estrella no es como tú y el resto de tu gente. Al fin tienes algo diferente que escribir en ese diario tuyo.

—Pensé que todos eran morenos con cabello gris —se burló Vincze, zapateando en su lugar para ponerse el traje.

Adlar siguió en silencio, pero claramente impactado por el extraño niño albino en la habitación.

—¿Nunca habías visto a alguien así en tu tribu? Ya sabes, antes de venderlos al Cacique —preguntó Serj, sabiendo muy bien lo que había hecho Adlar en el pasado.

Pero Adlar ignoró la pregunta y fue a su traje. Por el rabillo del ojo seguía a Erneq, como si quisiera asegurarse de que no estuviera imaginando las cosas. Algo que Erneq también hacía, mirándolo de vuelta, pero mucho menos sutil.

—¿Vamos a ir por los trajes que prometió? —preguntó Adlar vistiéndose.

—Un interesante cambio de planes. El chico va a llevarnos a un meteorito.

—¡¿Qué?!

—Y no solo eso, va a enseñarnos a trabajarlo para crear los trajes que tu gente ha protegido durante generaciones.

—Ni siquiera tú caíste tan bajo. —Se rio Vincze bajo la máscara en forma de calavera, dando brincos sobre las mesas como un *chango*.

—¡Cierra la boca si no quieres que te meta en una jaula! —lo calló Adlar y Vincze bajó el rostro.

—No estaría tan seguro de eso —exclamó Serj—. Adlar nos dio casi treinta trajes, junto a mano de obra y exquisita carne cuando nos conocimos hace años. Yo diría que están empatados.

Erneq había oído esa historia antes. «El traidor de Aunra», pero no podía creer que en verdad estuviera frente al culpable. ¿Serían ciertas todas esas canciones? Su tribu lo había maldecido al grado de robarle su nombre y siempre lo mencionaban como «el traidor». Sintió una profunda curiosidad mezclada con rabia, por preguntarle por qué lo había hecho. El pitido de la alarma del reloj le recordó que no tenía tiempo que perder.

Sacó la fotografía de su mamá con mucho cuidado, y antes de guardarla. Vincze se la quitó. Rápidamente Erneq la pidió de regreso, pero el chico hiperactivo subió a una banca burlándose. A Adlar no pudo importarle menos y fue al vehículo.

Serj tomó la fotografía y dijo:

—¿Quién es tan horripilante mujer?

—¡Dámela! —gritó Erneq—. ¡Ella es mi madre! —Y Vincze ocultó una pequeña carcajada entre sus manos, lo que hizo que Erneq se molestara a un más, clavando su ojo rojo en los bandidos como si fuera un demonio que los quería muertos.

—Tranquilo, estrellita —se burló Serj al dársela de vuelta.

—Es t-todo lo q-q-que tengo de e-ella —dijo Erneq, aferrándose a ella como su tesoro más valioso—. Tú j-jamás l-lo entenderías.

Estas palabras molestaron a Serj, tanto, que se pudo sentir cómo hervía su sangre bajo su traje de acero. Rápidamente, Vincze apartó la mirada y se fue detrás de Adlar, como un pájaro que toma vuelo antes del estallido de un volcán. Serj fue hacia el pequeño tartamudo y lo empujó violentamente contra la pared. Una vez más, el bandido mutó hacia el padre de Erneq y el chico sintió ese temor acumulándose.

Con su gran fuerza, Serj levantó a Erneq unos centímetros y bramó:

—¡¿Por qué?! ¿Por qué los que vivimos en la tundra no somos más que animales sin corazón? ¿Salvajes enfermos de radiación? ¿Es eso? ¡Vamos! ¡Te mostraré mi fotografía, pequeña estrella!

Fueron a los vehículos blindados y salieron hacia la tundra. Aferrado violentamente al volante, Serj condujo lejos del Oasis hacia lo que parecía un páramo vacío, sin nada más que nieve en el horizonte. Se detuvo a mitad de la nada. Hizo bajar al chico a la fuerza y fue ahí cuando Erneq vio entre la nieve a una familia: el padre, la madre y dos niños pequeños aferrados los unos a los otros creando un pequeño domo de hielo.

—¿Quiénes son?

—Yo… no sé. Nunca-ca los he v-v-visto.

—Por supuesto que no, pequeña estrella. Ellos son mis padres y mis hermanos. Solíamos vivir en una mina no muy lejos de aquí, pero un terremoto casi nos entierra vivos. ¿Ves ese hueco? —Erneq notó el espacio vacío entre la familia que se abrazaba—. Yo era el más pequeño. Caminamos durante días. Jamás había sentido un cansancio así, el frío aferrándose a tu cuerpo, obligándote a detenerte. Pero teníamos seguir avanzando. «¡Sigan moviéndose!», bramaba mi padre hasta que se le fue la voz. Llegó un punto en que ya no pude más y me detuve y todos se detuvieron conmigo. Nos quedamos sin comida y sin combustible, cuando de pronto, vimos una luz acercarse. Esa fue la primera vez que vi sus trajes. Parecían dioses ante mis ojos, inmunes al frío y a la tormenta. Mi padre le pidió a ese hombre que nos llevara consigo, o al menos a mis hermanos y a mí. ¿Pero sabes cuál fue su maldita respuesta? «La luz de las auroras solo brilla por mi gente». ¡Y se fue como si fuéramos nada! Mi familia me abrazó para protegerme de la tormenta y sus cadáveres me mantuvieron con vida lo suficiente. A la mañana siguiente me encontró el Oasis y me llevaron consigo.

—Lo si-siento, pero mi gente… los Ancianos…

—¡Eres un hipócrita! ¡Cantando canciones sobre recordar a los que perdemos en la tundra! ¡Tú y tu tribu nos llaman bandidos y salvajes, pero ustedes no son mejores! Se creen superiores gracias a sus luces en el cielo, cuando la verdad es que se encerraron bajo tierra y abandonaron al resto de la humanidad a morir congelados.

—Lo-Lo siento. Yo, ja-ja...

—¿Jamás harías algo así? Sigues a las luces ciegamente como una mosca a la podredumbre. El color de tu piel y de tu ojo rojo pueden ser distintos, pequeña estrella, pero no eres diferente al resto. Las Auroras Perdidas no son más que luces sin sentido, no hay nada místico en ellas y por culpa de su incredulidad mi familia está muerta.

—¡No hables así de las luces! —gritó Erneq molesto y sin tartamudear.

—Vaya, ¿dónde quedó la pequeña estrella tartamuda? —Serj empujó a Erneq con ambas manos—. Vamos, pruébame que tengo razón. ¿Crees tanto en esas luces como para matar por ellas? ¡Vamos!

—No v-v-voy a pelear c-contigo.

—Por supuesto que no. —Lo empujó otra vez—. Porque eres débil y tartamudo. —Lo empujó de nuevo—. Mis padres eran fuertes, mis hermanos eran fuertes, pero ellos murieron y tú no.

Serj lo tiró a la nieve.

—Si m-me matas jamás encontrarás ese m-m-m-meteorito.

—Ese meteorito ni siquiera existe y tus luces no aparecerán para detenerme. ¡Anda, silba por ellas! ¡Veamos si tus ancestros en verdad velan por ti!

Serj aplastó la manguera de su máscara y Erneq sintió que le faltaba el aire. Su cabeza dio vueltas y su visión se hizo borrosa. Golpeó la nieve con las manos tratando de encontrar algo para salvarse. Nada. Serj en verdad lo iba a matar y en su desesperación, Erneq alzó la mano al cielo y silbó muy débilmente.

Fue ahí cuando la tormenta retrocedió, el viento y la nieve dejaron de moverse como si el tiempo se hubiera detenido, y las Auroras Perdidas aparecieron con su hermosa danza, trayendo consigo el cielo nocturno lleno de estrellas brillantes.

—¡Las luces! ¡Las luces! —gritó Vincze con el rostro pegado a la ventana del coche, como un niño pequeño en navidad.

A diferencia de Adlar, quien ahogó un grito dentro su máscara con temor. Aquellos colores brillantes le helaron la sangre y el hombre pudo sentir un escalofrío helado subir por su espalda, tan frío, como si alguien le pasara una navaja, amenazando con abrirle la piel. Su ya retrasado juicio estaba en puerta. Golpeó la bocina del volante una y otra vez pidiendo a Serj que regresaran.

—Ellas s-s-siempre aparecen —dijo Erneq a Serj. Se puso de pie, orgulloso y con una seguridad que no había sentido antes. Silbó al cielo y la serpiente de colores se hizo aún más grande.

Sorprendido, Serj no dijo nada. Seguramente, algo muy dentro de él lo estaba haciendo dudar de lo que sabía. Agarró al chico por el cuello y le regresó violentamente a la camioneta.

—¡Tenemos que regresar al Oasis! —exclamó Adlar, asustado. Erneq jamás lo había visto así.

—No —negó Serj—. Tenemos que encontrar un meteorito.

—No quiero estar aquí con... ellas.

—¡No me importa lo que quieras! —gruñó Serj—. ¡No me importa si ahí está tu hermana, o tu hermano o un maldito tatarabuelo! ¡No me importa si te asustan! ¡Harás lo que te digo que hagas, traidor!

Adlar apretó las manos contra el volante. Miró al pequeño Erneq por el reflejo del retrovisor, haciendo su mayor esfuerzo para ignorar las luces y sus ganas por partirle la cara a Serj, y preguntó molesto:

—¿Hacia dónde?

—Síguelas a e-ellas, n-nos mostrarán el c-c-camino.

—No voy a seguir esas tontas luces hasta quién sabe dónde —insistió, sintiendo el sudor caer por su rostro a medida que las luces danzaban sobre él como una guillotina—. ¿Dónde cayó el meteorito?

—Al s-sureste. Las auroras brillan hacia al sure-este, yo vi el m-m-m-meteorito caer hacia el sureste.

Adlar miró a su jefe buscando algo de cordura, pero Serj únicamente aceptó con la cabeza. No tuvo otra opción más que seguir esas serpientes de luz verde con amarillo y azul.

Viraron hacia una cadena montañosa y subieron por la ladera hasta un altiplano. Los reflectores alumbraron una extraña figura al frente y Adlar metió el freno. Era lo que parecía un interminable páramo lleno de hombres, mujeres y hasta niños con sus mascotas. «Un Cementerio de Cristal», pensó Erneq, quien no pudo evitar recordar la dura voz de su padre: «¿Cuál es la cuarta regla de la tormenta, muchacho?».

—Nunca e-e-entres a u-un Cementerio de C-Cristal.

—¿No me digas? —preguntó Adlar con sarcasmo.

—Crucemos —dijo Serj y Adlar hizo rugir el motor preparando el vehículo para la embestida—. ¿Qué diablos crees que haces? No vas a lastimar ninguna de esas estatuas. —Una postura que impresionó a Erneq—. No queremos enojarlas. Vamos a cruzar lento.

—Debes estar bromeando.

—¡Vamos a cruzar lento! ¡Es una orden!

Adlar apretó el rostro bajo su máscara y llevó el coche con cuidado, rodeando las estatuas como el río a una roca, temeroso a que el ruido despertara algo que no pudieran controlar.

Aquellas estatuas yacían congeladas en sus últimos momentos, capturados en una quietud terrorífica. Algunos acurrucados en un abrazo final y desesperado, mientras que otros se acercaban implorante a un salvador invisible. Algunos incluso estaban atrapados en contorsiones grotescas y retorcidas como si no hubieran sido humanos para empezar. Aquellos cadáveres embelesados en el hielo tenían una expresión de terror, sus ojos muy abiertos y sus bocas atrapadas para siempre en un grito silencioso.

Una hora más tarde ya casi habían cruzado, pero todos sentían una extraña presión en su pecho, como si la tétrica mirada de las estatuas les quitara el aire, les detuviera el corazón y les arrebatara el poco calor que tenían. De una u otra forma, todos habían oído las historias de gente que se perdía en los Cementerios de Cristal o que volvían locos, como si una enfermedad misteriosa rondara entre los cadáveres. Eran la representación física del hambre insaciable de la Tundra Eterna.

Adlar cruzó la mirada con una niña en el cementerio. Debía tener diez años. Su piel, su cabello, sus ojos y ropa estaban cubiertas de escarcha, pero lo diabólico era el gesto en su rostro, con las palmas al aire.

—Tú los dejaste entrar y todos murieron —oyó Adlar el susurro en la tormenta.

«No… por favor», suplicó, sin poder apartar la mirada de la niña.

—Nos fallaste a todos.

—No —murmuró débilmente mientras conducía—. Solo te fallé a ti.

Adlar perdió el control del vehículo y cayeron en una zanja. Molesto, Serj gritó a todos que salieran. No podían quedarse ahí mucho tiempo y tenía razón. Pusieron las manos sobre el coche y empujaron.

—Por favor, mamá, tengo mucho frío —empezaron los susurros.

—¡Ese es mi abrigo! ¡Mi hijo va a morir! ¡Por favor, regrésalo!

—¡Solo me queda una cerilla!

—¡No puedo mover las manos!

Los llantos erizaron la piel a tal grado que no se atrevían a regresar la mirada. Se oían tan reales, tan tristes y con una desesperación que les helaba los huesos.

—¡Por favor! ¡Abrázame! ¡Abrázame, maldita sea!

—¡Papá, despierta! Tenemos que seguir avanzando. ¡Despierta, por favor!

—¡Me voy a congelar! ¡Me voy a congelar! ¡Me voy a congelar!

Vincze era un par de años mayor que Erneq, y técnicamente ya no era un niño, pero los susurros lo llamaron como una polilla tentada por la luz.

—¿Por qué están tan tristes? —preguntó con el corazón acongojado.

—¡No! —le gritó Serj, tomándolo de los hombros—. ¡Concéntrate en mí! ¡Solo en mí!

—Pero… Pero… —Giró la cabeza hacia las estatuas.

Serj lo obligó a poner las manos sobre el coche y también a Erneq. No quería que ninguno se marchara hacia la tormenta siguiendo los susurros. Sin querer, Vincze cruzó la mirada con un hombre congelado en el cementerio, tenía enormes gafas protectoras en los ojos y un traje de esquimal. Con la boca muy abierta daba un grito mudo aterrorizante al cielo y de pronto, sin ninguna lógica o sentido, movió lentamente la cabeza y le regresó la mirada.

Rápidamente, Vincze se quitó la nieve del rostro tratando de controlar lo que veía y cuando miró otra vez, la estatua ya no estaba.

—¡Se movió! ¡Se movió! —chilló asustado.

—¡No pueden moverse! —gritó Adlar sacudiendo las manos que le ardían por el frío del coche—. ¡Están jugando contigo!

Vincze buscó al hombre de las gafas, al mismo tiempo que los susurros se hacían más fuertes dentro de su cabeza. Cuando por fin lo encontró, estaba a unos pasos de Serj, como si fuera un cazador entre la nieve, sonriendo de oreja a oreja y con los dientes a la vista.

—La t-t-t-tormenta nos ha-ce-ce ver cosas —tartamudeó Erneq tratando de ayudarlo, pero fue demasiado tarde.

La tormenta susurró una vez más y Vincze se perdió en su gélido acento: «Necesito que te quedes quieto, hijo, ¿sí?… No me dejes aquí. Por favor, mamá, no me dejes aquí. Tengo frío. ¡Mamá, regresa!».

Todos estaban tan enfocados en sacar el coche de la zanja, que nadie vio a Vincze dar un paso hacia el cementerio.

—Mamá, ¿por qué me dejaste?, ¿por qué no volviste por mí? —susurró caminando hacia las estatuas.

Tal vez fue la nieve, el viento o la tormenta misma, pero cuando Erneq se dio cuenta, pudo jurar que las estatuas levantaron los brazos dándole la bienvenida. Rápidamente corrió para ayudarlo y lo tiró a la nieve, pero Vincze estaba irreconocible, enojado como un adicto al que le quitan su droga.

—¡Maldita sea! —gritó Serj—. Concéntrate en mí. Solo en mí. —Quitó a Erneq de en medio y se montó él sobre Vincze—. ¡Cúbrelo de nieve, rápido!

—¿P-P-Por qué?

—¡Hazlo ahora!

Erneq echó tanta nieve como pudo hasta casi enterrarlo. No sabía para qué, hasta que Vincze gritó del ardor en su cuerpo, rompiendo la telaraña que lo arrastraba hacia la tormenta. Ahí fue cuando Erneq por fin entendió lo diferente que era la vida en el Oasis. Los trajes de los bandidos eran toscos, pesados y débiles; los protegían de la tormenta, pero no del frío. Serj, Adlar y Vincze tenían quemaduras en todo el cuerpo como prueba del hambre insaciable de la tundra en la que vivían.

Curiosamente, Erneq no llevaba su traje, sino uno mal hecho que solo lo mantendría con vida unas horas. Tomó un poco de nieve en sus manos, y mientras Adlar se quejaba cada vez que tocaba el coche, o mientras que Serj se sacudía la nieve que le quemaba, el chico tartamudo no sintió nada de eso.

—¡Vamos! —gritó Adlar cortando sus pensamientos.

El coche por fin salió de la zanja y la tormenta se enfureció. Las estatuas comenzaron a moverse, girando la cabeza, abriendo los ojos y levantando los brazos.

—Por favor, no nos dejen.

—Necesitamos un poco de calor.

—Dénoslo.

—Dénoslo.

—¡Dénoslo!

—¡Nos congelaremos sin ustedes! ¡Nos congelaremos sin ustedes! ¡Nos congelaremos sin ustedes!

Tenían que irse, ya.

—¡No es real! —chilló Serj con Vincze bajo el brazo—. ¡No les hagan caso!

—¡Vamos! —siguió Adlar desde el asiento del conductor.

Erneq tenía un pie dentro del coche cuando oyó de nuevo el susurro de aquella tétrica mujer con el cuerpo torcido. Su corazón se heló, lentamente regresó la mirada, y la vio entre el Cementerio de Cristal con su vestido y cabello blanco a merced de la tormenta.

—Erneq, mi hijo. ¿Por qué no me recuerdas? Estoy aquí en la tormenta esperándote.

Erneq se paralizó y fue Vincze quien lo metió a la fuerza. Adlar pisó el acelerador al fondo, el motor rugió e hizo añicos las pocas estatuas que aún les cerraban el paso. Serj no protestó. Nadie lo hizo. Solo la tormenta, cuyo viento rugió acompañado del lamento de miles de almas que había devorado.

Siguieron avanzando por varias horas, siguiendo la luz en el cielo, paralelo a un barranco de hielo, hasta que, de pronto, apareció a la vista un cráter poco profundo. Parecía una maravilla natural con las auroras danzando a su alrededor. Al fondo se encontraba un meteorito que emitía una etérea luz blanca.

Adlar detuvo el coche al borde del cráter y rápidamente se prepararon para subirlo. Serj le dio a un Vincze una fuerte cuerda de metal para que fuera hasta esa roca y la atara. Erneq, asombrado por la escena, pidió que si podía bajar también. Desconfiado, Serj preguntó:

—¿Por qué?

—Necesito saber que e-e-esté b-b-bien —mintió.

Pensó por un segundo que podía ganar distancia y huir, pero eso sería ser demasiado tonto. No era una opción. Aunque la verdad, Erneq se sentía atraído por luces que bailaban alrededor de esa roca espacial.

Serj aceptó con un gruñido.

Vincze y Erneq se pusieron unos crampones y con mucho cuidado descendieron por el cráter, enterrando la púas de metal contra el borde. Sus rostros se llenaron de una sensación de asombro y emoción, a medida que se acercaban a esa luminiscencia sobrenatural, que contrastaba marcadamente con el sereno y helado entorno. Al acercarse más, Vincze pudo sentir que el aire gélido se hacía cada vez más débil, y para cuando llegaron a lo más profundo, notó el suave calor que irradiaba de la superficie cacariza del meteoro.

Y como un gato con una bola de estambre, Vincze se arrojó sobre la roca.

«Si tan solo mi padre estuviera aquí», pensó Erneq. Desde que salió a la tundra solo había pensado en encontrar un meteorito para llevarlo de regreso a su tribu. Así pasaría la prueba y lo harían un cazador y dejarían de tratarlo como miedo y rabia. Soltó una pequeña risa, pues le dio gracia que iba a completar su misión después de todo, pero no para su tribu, sino para los bandidos que odiaban.

Levantó la vista y las Auroras Perdidas lo hicieron sentir tan diminuto. Desde donde estaba parecían un ojo de dimensiones inmensurables, juzgándolos desde el cielo y solo faltó que parpadeara para completar su comparación. «Nuestros Ancestros nos observan desde el cielo», recitó las enseñanzas.

—Aqsarniit —dijo Erneq para sí.

—Salud.

—¡No estornudé! —respondió molesto. Vincze dejó salir una pequeña risa que le molestó aún más—. Dije «Aqsarniit», s-s-significa «Luces del Norte». Su brillo son nuestros ancestros. ¡Respétalos!

—¿Puedo preguntarte algo, copito? —dijo sin prestar atención a su tono, mientras amarraba el meteorito con la cuerda—. ¿Cómo sabías que nos llevarían aquí?

—Antes del Evento Negro las Tribus nacían, vivían y m-m-morían en la tundra. Estábamos p-p-preparados para la tormenta mejor que nadie, pero perdimos al Sol y la Tierra se c-c-congeló. Íbamos a m-morir igual que el resto h-h-hasta que las luces regresaron.

—¿Regresaron? ¿A dónde se fueron?

—No lo sé. C-C-Cuentan los Ancianos que después del Evento N-N-Negro desaparecieron. Pensamos que nuestros a-a-ancestros se habían olvidado de nosotros hasta que K-Kaila las encontró de nuevo.

—¿Kaila?

—Ella fue una gran ar-ar-arte…

—¿Artesana?

Erneq respondió afirmativamente.

—Las l-luces que v-vemos s-s-son nuestros a-a-ancestros jugando con un c-cráneo de morsa.

Vincze alzó la mirada y muy seriamente confundido preguntó:

—¿No pudieron encontrar un mejor balón allá arriba?

—¡Es una tradición! —gritó Erneq enojado y Vincze lanzó otra pequeña carcajada—. ¡Les silbamos para que se acerquen y brillen con más fuerza!

—Hay mejores cosas que un cráneo de morsa, ¿no lo crees? Es lo único que digo.

—¡Cierra la boca! —exclamó Erneq—. Una noche, muchos a-a-años después del Evento Negro, Kaila las vio danzar y sintió c-cómo la llamaban. Así q-que las siguió p-p-p-por días caminando en la tormenta.

—¿Siguiendo el balón?

—¡Sí! —chilló de nuevo molesto—. Y la guiaron a una estrella caída.

—¿Un meteorito?

—Sí. Ella trabajó el m-m-metal, convirtiendo el n-n-negro del espacio en un blanco tan puro. Ella fue la primera en c-c-c-construir los trajes, pero lo impo-impo-impo… —Cerró los puños por su lengua tonta.

—¿Impotente? ¿Imposible? ¿Im… a… Im Imbécil?

—¡No! ¡Importante! —gritó más molesto haciendo reír a Vincze, lo que, a su vez, lo enojaba aún más—. No cualquier meteorito sirve. Muchos caen a la Tierra, pero solo aquellos guiados por las Aqsarniit pueden usarse en los trajes.

Por alguna razón Vincze se rio de nuevo de él.

—¡No te burles! —chilló Erneq—. Las Auroras Perdidas s-s-salvaron a las Cinco Tribus al llevarlas al Gran Lago de Sedna.

—Pero ahora solo quedan cuatro… y gracias a Adlar.

Erneq no dijo nada al respecto. Enfocó la mirada en la piedra brillante y Vincze supo que su comentario había estado de más. Levantó la vista hacia las hermosas luces que danzaban y silbó a ellas en agradecimiento, por dejarle sentir un poco de calor entre la gélida brisa de la tundra. Curiosamente, su silbido hizo que brillaran más y Vincze saltó de alegría.

—¡Copito! ¡Copito! ¿Viste? ¿Viste lo que hice?

—Las Auroras P-Perdidas siempre v-v-velan por no-so-so-tros —contestó sorprendido de que brillaran por alguien que no era de su tribu.

—¿Entonces cuando mueras te harás una Aqsar-mimit?

—¡Aqsarniit! —gritó molesto otra vez—. Si mis ancestros me lo permiten, un día me uniré a ellos y jugaré a su lado con un ¡cráneo de morsa! —Vincze se rio otra vez—. ¿Qué es tan gracioso?

Contuvo la risa y exclamó:

—¡Está bien! Te lo diré, pero solo porque me caes bien, copito. —Se inclinó hacia él como si quisiera contarle un secreto y dijo—: No tartamudeas cuando te enojas.

Vincze tenía razón. Erneq no tartamudeaba al enojarse. Era curioso, pues su lengua tampoco se entorpecía al cantar. Enojo y canto, extraña combinación, pensó Erneq, contento de ver otro camino fuera de su torpe balbuceo. Vio a Vincze de distinta manera, más allá de un bandido del Oasis. Su padre y su hermano siempre los habían llamado salvajes, animales sin corazón, pero a pesar de sus diferencias, eran personas tanto como él.

—¡Ustedes dos! —gritó Serj desde la cima del cráter—. ¡Dejen de agarrarse las bolas y aten ese meteorito!

Erneq y Vincze trabajaron juntos para asegurar el meteorito con la cuerda, cuando un rayo de luz azulada atravesó de repente el cielo oscuro y gélido. No eran las Auroras Perdidas, era algo diferente.

—No puedo creerlo —exclamó Vincze emocionado, aplaudiendo ante aquella estructura que se alzaba con un rugido ensordecedor—. Aún hay gente tratando de escapar.

Era una nave que intentaba escapar del planeta. Erneq había oído las historias que contaban los Ancianos, sobre cómo se lanzaron Arcas hacia el espacio profundo después del Evento Negro. No creía que aún hubiera gente dispuesta a hacerlo y aquella diminuta nave, no se parecía en nada a las ilustraciones que había visto antes en los libros. «Este es nuestro hogar, no hay otro», pensó, casi enojado, mientras veía la pequeña nave alzarse entre la luz de Auroras Perdidas.

Pero su enojo duró poco. Las Auroras Perdidas desaparecieron y sin ellas, la tormenta regresó hambrienta con un aullido helado y oscuro. El viento acarreó la nieve y el hielo hasta la pequeña nave y su furia helada penetró en los motores, abriendo el metal y destrozando todo desde adentro. Luego vino una explosión catastrófica. Los chicos solo pudieron observar con asombro cómo los escombros ardientes caían del cielo.

Luego vino el rugido del caos. La explosión de la nave provocó una onda choque que golpeó la nieve en las montañas, el suelo se sacudió y la nieve se vino abajo con una fuerza descomunal.

—¡Avalancha! —gritó Serj. Activó el motor en el riel para tirar del meteorito hacia el coche, y rápidamente Erneq y Vincze se agarraron de la roca.

Adlar pisó el acelerador a fondo y condujo en dirección contraria a ese muro de nieve, que rugía como un ejército de locomotoras a todo vapor. Erneq y Vincze se aferraron al meteorito, que se sacudía violentamente de arriba abajo y un lado a otro a medida que el vehículo tiraba de él, como como una manguera incontrolable por el chorro excesivo de agua.

Por un segundo parecía que iban a lograrlo, cuando la avalancha tomó velocidad. La nieve golpeó a los chicos con tal fuerza que rompió la cuerda, y los envolvió en ese torbellino de hielo, sacudiéndolos violentamente.

Desesperado, Erneq trataba de mantener la cabeza arriba, pero apenas podía ubicar dónde estaba. Perdió de vista el meteorito y a Vincze. La ola de nieve era caótica, golpeándolo sin piedad. La avalancha lo llevó hacia el barranco de hielo y Erneq se protegió la máscara a medida que caía hacia lo profundo, viendo cómo el muro de nieve lo seguía, amenazando con enterrarlo vivo.

CAPÍTULO XVI

«EL CEMENTERIO DE CHATARRA»

La bestia mecánica abrió su boca de par en par, revelando una cámara cavernosa llena de guillotinas. Devoró trozos de metal, pernos y fragmentos retorcidos de maquinaria, desapareciendo en sus fauces en llamas como hornos al rojo vivo.

Aury estaba atrapada en medio del torbellino de escombros, incapaz de moverse mientras el autómata parecía consumir todo a su paso, y cada vez más cerca de ella. Por fortuna, Céfiro llegó volando, y con aleteos desesperados le ayudó a liberarse.

—¡Ayuda! —Era el autómata oxidado que le había robado su collar.

Céfiro gorjeó diciendo: «¡No seas tonta, mujer, hay que salir de aquí!». Y tenía razón. La chatarra caía, amenazando con enterrarlos vivos y dejarlos a merced de los Autómatas Chatarreros.

—No me dejes aquí, por favor.

Aury miró el camino entre la chatarra, lejos de todo ese caos y el peligro, y luego regresó la mirada hasta el autómata semienterrado, quien movía los brazos como un náufrago a mitad del océano. Tenía que elegir. Se maldijo a ella misma por lo que iba a hacer.

—¡Debería hacerlo, lata vieja! —Y Céfiro chilló en aprobación.

—¡Cierra el pico, gallina!

—¡Dejen de quejarse y ayúdenme!

Entre los tres hicieron fuerza. La lucha por liberarlo se intensificó cuando la chatarra resistió, rehusándose a dejarlo libre. Las alas de Céfiro batieron ansiosamente y sus ojos esmeraldas se enfocaron en el Autómata Chatarrero que venía. El calor del horno se hizo más palpable y el tajante ruido del metal contra el metal resonaba por todo el vertedero.

La determinación de Aury la impulsó a preservar. Encontró un tubo viejo entra la chatarra, lo enterró bajo el autómata y con ayuda de Céfiro hizo una palanca. Se montó sobre ella con todo su cuerpo y el autómata logró liberarse, como una zanahoria brincando de la tierra.

El vertedero resonaba y los tres quedaron atrapados en ese laberinto de máquinas y escombros. Con un movimiento de cabeza, el autómata les dijo que huyeran y así lo hicieron. Juntos, corrieron a través del traicionero lugar, atravesando estrechos espacios entre montones de escombros, saltaron sobre tuberías retorcidas y se agacharon debajo de engranajes caídos.

Pero aun así las mandíbulas se acercaban, cerrándose con un ruido ensordecedor. En un giro inesperado, el autómata los llevó por el cuerpo de la enorme bestia de metal, trepando por las tuberías de cobre y entre los engranajes movidos por el vapor. Aury dio un paso en falso y el cuerpo se le fue hacia el vertedero, pero Céfiro la sostuvo lo suficiente para que el autómata oxidado la salvara.

—Suéltate el corsé, princesa, esta no es fiesta.

Siguieron subiendo hasta la misma cabeza del Autómata Chatarrero, donde Aury quedó sorprendida ante la extensión postindustrial de reliquias mecánicas, artilugios desechados y un montón de restos de chatarra vieja que se elevaban como dunas de arena. Los Autómatas Chatarreros trabajaban por todo lo ancho, recogiendo el metal y llevándolo al otro extremo donde se alzaba una poderosa fábrica.

«Los Altos Hornos»: la fábrica de la Casa MacCormont era un lugar formidable e imponente. Su fachada era adornada con colosales y ornamentados engranajes, e inmensos pistones impulsados por el vapor, que rítmicamente, los hacía golpear de arriba hacia abajo. Altas chimeneas como monolitos arrojaban columnas de humo tóxico hacía el cristal Domo.

Bajaron por la parte trasera del gigante chatarrero, lejos del peligro hacia un mosaico caótico de tuberías oxidadas, ruedas dentadas destrozadas y miembros metálicos de autómatas destartalados. En ese momento, la pierna del autómata lanzó una chispa y se dobló de nuevo por la mitad, con las tuberías de fuera chorreando aceite.

—Eres una tonta. No estaríamos aquí si no fuera por ti —se quejó sobándose la pierna, como un perro lamiéndose la herida.

—¿Por mí? Tú me robaste mi collar. ¡Y yo te salvé!

—¡Y yo también! Así que estamos a mano. Llévate tu cara llena de pecas de fruta podrida a otra parte.

—¡No hasta que me des mi collar, tostador con piernas!

La pelea estaba lejos de terminar, pero Céfiro agarró a Aury fuertemente de la ropa y la obligó a esconderse detrás de un muro de chatarra. Fue tan repentino que no tuvo oportunidad de responder, y menos lo hizo, cuando vio al grupo de encapuchados cercando su posición.

—Mira lo que tenemos aquí —habló una mujer con el cabello tieso por el polvo y una máscara de metal.

Cinco de ellos, todos con trajes muy sucios parcheados con placas de metal para hacer una armadura rústica y oxidada. Viajaban en una góndola de chatarra que flotaba en el aire gracias a chorros de vapor.

—El Autómata Rebelde —dijo uno de los chatarreros.

—Por fin te agarramos, pedazo de chatarra.

—Suerte de imbéciles, le llaman algunos. —Trató de ponerse de pie, pero su pierna expulsó un chorro de vapor y no pudo moverse.

Estaba a su merced y Aury pudo notar que les temía.

—Vamos a despedazarte muy lentamente.

—Y luego te venderemos a los Altos Hornos como chatarra vieja.

—¡Quiero verlos intentarlo, ratas de alcantarilla!

El autómata abrió una llave de paso, una chispa hizo ignición y lanzó una jabalina de fuego desde su palma. Hizo retroceder a los bandidos con un muro de fuego, pero se confió. Una mujer llegó por detrás con una vara muy gruesa que usaba el vapor para mover una pequeña bobina, y alcanzar un choque eléctrico. Lo golpeó con la punta y la electricidad calentó sus tuberías y engranes, haciendo el vapor en su interior más volátil, alterando por completo sus circuitos.

—No eres tan valiente ahora, ¿verdad?

Aury seguía escondida entre la basura cuando Céfiro le chilló para que se fueran. No era su batalla. Pero más allá de su collar, fue el recuerdo de Cogsworth y de cómo no pudo hacer nada por él en la ópera lo que la hizo quedarse. Jamás había visto de cerca los aerodeslizadores de los chatarreros, pero conocía muy bien su diseño y el motor tenía una falla.

—Pajarraco, ¿ves esa apertura de ahí? Donde brilla de color azul, va directo a la cámara de vapor. Es un modelo viejo. Ve y lanza esta varilla para taparlo.

Céfiro se negó rotundamente y cerró las alas diciendo: «¿Para qué me molesto, mujer?, si quieres morir, hazlo tú sola». Aury le dio un golpe en la cabeza y le regañó:

—¡No seas dramático! Anda, cuando te diga lo lanzas.

Céfiro tomó la varilla de mala gana.

Por su parte, el autómata oxidado lo vio ir cómicamente de brinco en brinco con su única pata, como una gallina borracha hasta el aerodeslizador. Aury dio la orden. Céfiro arrojó la varilla al motor haciéndolo estallar. El autómata aprovechó la distracción para disparar de nuevo su lanzallamas y los hizo huir.

—¡Eso se merecen por bravucones! —les gritó Aury sintiendo el corazón palpitar a mil por hora. Jamás había hecho algo así y estaba tan asombrada y asustada a la vez que sus piernas temblaban.

—¿Por qué me ayudaste? —le preguntó el autómata cuando Céfiro se paró en el hombro de la chica, acariciándole el rostro con su pico.

—No me gusta que se aprovechen de los débiles.

—¡Yo no soy débil! —gritó enojado y trató de levantarse, pero su pierna no dejaba de chorrear aceite.

Aury se acercó para examinarlo. En respuesta, el autómata apretó su cuerpo y se cubrió con los brazos, como un perro callejero cuando tratan de acariciarlo.

—Tranquilo, no voy a lastimarte, lata vieja.

—Como si pudieras —dijo orgulloso y confundido a la vez—. No necesito tu ayuda.

—Si eso es verdad, anda, párate y vete. Entonces deja de quejarte.

Su pierna estaba en muy mal estado. No podía repararla sin las herramientas necesarias, pero sí lo suficiente para que pudiera caminar.

Céfiro le llevó un desarmador y un martillo que encontró en la basura. Aury se puso sus gafas de soldador y se amarró el cabello. Luego entró de lleno a su pierna como un cirujano, le selló las mangueras de aceite, ajustó los tornillos sueltos y acomodó las tuberías de vapor.

—¿Estás segura de que sabes lo que haces?

—Es lo que hago, ¿verdad? —le preguntó a Céfiro con una sonrisa, y su amigo extendió sus alas presumiendo el trabajo de Aury—. ¿Por qué te perseguían esos hombres?

—No creas que vamos a intercambiar historias de nuestra vida... —Aury torció una de las mangueras a propósito y el pobre chilló como si le hubieran rasgado un músculo.

—Lo siento no te oí, ¿qué dijiste? —le preguntó con una sonrisa malévola y el autómata giró su único ojo funcional.

—Solo trabaja en silencio, princesa.

—¡No soy una princesa! —Y lo amenazó con el desarmador viejo—. Si quieres que te arregle empieza a hablar, me ayuda a concentrarme.

—¡Bien! —gruñó de mala gana—. Son chatarreros. Se divierten desbaratando autómatas. Para ellos no somos más que cosas de metal andante. El Cementerio de Chatarra está lleno de autómatas abandonados, sentados entre la basura esperando a descomponerse.

—Eso es horrible —dijo Aury recordando a Cogsworth y de ahí el tren en su mente salió hacia la ópera, luego al Palacio Real con Sóren, su familia, las hogueras y la gente gritando.

—¡No actúes como si te importara! —se quejó el autómata cortando sus sentimientos—. Todos los humanos son iguales.

—¡Pues yo no! Te estoy arreglando la pierna, ¿no es así?

—Vas a romperme antes de arreglarme.

—¡Eres tan odioso! —gritó la chica cuando terminó.

El autómata se puso de pie y para su sorpresa, no solo aguantó el peso, sino que también el malestar se fue, dándole un alivio a su cuerpo cubierto de óxido.

—Aún le falta, pero podrás caminar —siguió con el martillo en el hombro.

Aquel autómata notó las manos de Aury, feas y llenas de callos y golpes. Estaba sucia, cansada y no había comido en varios días, pero a través de todo eso, su sonrisa aún era cálida al igual que su cabello rojizo; como si cargara con un aire de realeza que la miseria del Domo Norte no podía tocar.

—No está mal, para una princesa.

—No soy una princesa —insistió.

—Sí lo eres y el Domo Norte no es para ti. Ahora lárgate antes de que...

Céfiro le gorjeó con fuerza, aleteó sus alas y sin piedad lo agarró a picotazos. El autómata trató de quitárselo de encima como si batallara con una mosca hasta que por fin dijo:

—¡Está bien! ¡Está bien! —Céfiro se paró en su única pata en la cabeza de Aury y extendió las alas—. Tu gallina tiene un buen punto.

—¿Qué dijo?

—Tú lo reparaste hace unos años cuando te conoció.

—Sí, mi… hermano… —su voz se detuvo cuando Sóren apareció en su mente y el autómata notó esa extraña sensación en la chica—. Él me lo trajo porque estaba roto y sabía lo buena que soy reparando cosas.

—Y ahora eres su mejor amiga.

—¡Oh! ¿En serio dijo eso? —Se le iluminaron los ojos—. Ven aquí, pajarraco tonto. Prometo hacerte otra pata. —Y trató de besarlo, pero Céfiro voló lejos sin dar su ala a torcer.

—También dijo que me salvaste dos veces, y ni siquiera te he dado las gracias.

—Le gusta el drama, pero es listo. —Le sonrió con su cara llena de tierra.

—Bueno, gracias por dos… ahora lárgate a casa.

Dio media vuelta, pero Aury se le adelantó y le cortó el paso.

—¿No lo entiendes? —exclamó con los ojos rojos—. No puedo ir a casa.

—Cualquier lugar es mejor que este, huye a otra parte. —Y la hizo a un lado.

—Estoy de acuerdo —extendió los brazos frente a él—, pero aun así no pienso irme sin mi collar.

—Mala suerte, ahora es mío.

—¡Devuélvemelo, lata vieja!

Céfiro estaba listo para pelear otra vez, cuando el autómata se volvió hacia la chica y pudo ver su desesperación.

—¿Por qué es tan importante? —le preguntó con interés.

—Porque es todo lo que me queda.

—Y yo necesito las unidades. Los autómatas no somos inmortales, ¿lo sabías? La mayoría se deja descomponer, pero no yo. ¡No yo!

—¡Debí romperte la pierna en lugar de arreglarla!

—Tal vez, pero estarías atrapada en el Domo Norte y nadie te llevaría con la Buitre.

—¿Con quién?

—Ella es la única en el Domo Norte que puede pagar lo que vale este collar— dijo sacudiéndolo en el aire.

—¿Estás loco? No lo quiero vender.

—Yo necesito las unidades y algo me dice, princesa, que tú también. —Aury pensó en comida y luego en el tren fuera del Domo Norte. Lo único que quería era irse de ahí y esconderse para que Sóren no la encontrara—. Este collar puede resolver todos nuestros problemas. ¿Tenemos un trato o no, princesa? ¿Qué dices? ¿50-50?

—Noventa y nueve – uno.

—No seas tonta, sesenta – cuarenta.

—Noventa – diez.

—Setenta – treinta

—¡Es mi maldito collar! Ochenta – veinte, es el pago por tu pierna.

—¡Bien! Pero con una condición. Yo lo mantendré conmigo hasta venderlo. No soy estúpido.

—Cierto, también estás oxidado.

A Aury no le agradaba mucho la idea de vender su collar y mucho menos ese autómata amargado, pero había algo que no podía explicar. Algo que la hizo confiar en él y le estrechó la mano para cerrar el trato. Este simple gesto sacó de balance al autómata, pues seguía sin acostumbrarse al cálido tacto de la chica.

—¿Cómo te llamas?

El autómata dudó por un segundo y contestó:

—Me... me llamó H-3R-0Nx9.

—¿Es en serio? ¿Así te llamas?

—¿Qué tiene de malo? —preguntó, tratando de pasar su vergüenza por disgusto.

—Es tonto. Y difícil de recordar.

—¡Tú eres la tonta y difícil de recordar! —reclamó—. Es mi nombre. Yo me lo di. No necesito que una bola de carne aguada me diga cómo me llamo.

—Tienes razón. Lo siento. Yo soy...

—No estaremos juntos lo suficiente para recordarlo —cortó de golpe.

—Eres tan... ¡Ay! Eso espero —respondió de malas, siguiéndolo muy de cerca.

En su camino por el Cementerio de Chatarra, Aury notó a los autómatas: algunos caminando sin rumbo y otros sentados esperando a que llegaran las máquinas o los chatarreros. Tal parecía que habían perdido toda razón de existir, y se dio cuenta lo diferente que H-3R-0Nx9 era a todos ellos. Avanzaba un poco encorvado y lento por el peso del metal. Bajo su abrigo deshilado resaltaban las placas soldadas una sobre otra, las extremidades oxidadas con las poleas y tuberías al aire. Parecía una quimera mítica con un solo ojo esmeralda.

—Necesitamos hacer una parada antes —habló con la mirada al frente.

—¿A dónde?

—No está lejos. Necesito encargarme de algo antes.

—Algo siniestro y amargo seguramente.

H-3R-0Nx9 siguió a través de un camino de carruajes que terminaba en un campamento. Al principio parecía desierto y venido a menos con las tiendas rotas y basura por doquier, pero en cuanto puse un pie dentro, renació con una decena de niños que salían de las tiendas y de entre la chatarra.

Todos gritaron emocionados y corrieron hacia él como si se tratara de Papá Noel, y quizás lo era hasta cierto punto. Lo jalaban preguntando por algún regalo o por música. Lo que más sorprendió a Aury fue cómo lo abrazaban con el único propósito de calentarse con el vapor que corría por su cuerpo.

—¡Anda! ¡Pon música!

—¿Sí? —insistieron los niños.

—¡Por favor!

H-3R-0Nx9 se sentó una vieja y destillada rueda de carruaje. Bajo el abrigo giró un par de engranes y se oyó la estática. Luego estiró una gran antena de su pectoral derecho para atrapar la señal.

—¿Tienes una radio ahí? —preguntó Aury, sorprendida.

—Sí, yo la puse ahí. —H-3R-0Nx9 cambió la estación, pero parecía que toda Solaria estaba llena de estática.

—¡Ahí! ¡Ahí! —gritó un niño al oír una ligera melodía y H-3R-0Nx9 ajustó la señal para oír.

CANCIÓN

«Los relojes de latón»
En el bullicio de calderas y vapor,
los relojes marcan la hora con rencor,
cada tic-tac es un suspiro del ayer,
cada engrane cuenta lo que fue y pudo ser.
¿Quién detuvo el tic-tac de tu corazón?
La agujas solo saben la hora
y en el suelo yace su creadora
entre la sangre y la sinrazón.
Cuando sus manos dejen de insistir,
ya no marcharán en un tic-tac interno.
Cuando haya dejado de sentir,
sus manecillas danzarán una última vez en secreto.
Los engranes chocan,
la melodía se rompe,
los resortes se enredan
y se detienen de golpe.
Relojes de latón en luto y desconsuelo.

Decidieron detenerse, su tic-tac, un duelo,
el latido se desvaneció,
su creadora en el vapor se perdió.

Aury quedó conmovida. Esos niños eran capaces de disfrutar las pequeñas cosas.

—Pensé que odiabas a los humanos —se burló la chica sentándose junto al autómata.

—Así es —respondió terco como siempre—, pero los pequeños no son tan malos. Ellos no son culpables del error de los adultos.

—Yo tengo… tenía hermanos pequeños como ellos dos —dijo Aury con voz triste.

Una niña vio a Céfiro brincando en las piernas de Aury y corrió a él emocionada. Su grito llamó a los demás y pronto todos cercaron a Aury para poder jugar con su pájaro. Algo que no le agradó al granuja de Céfiro, quien trepó hasta la cabeza de la chica y desde ahí les gruñó.

—¿Cómo se llama? —le preguntó un niño.

—Céfiro. Mi… hermano… lo llamó así. Pero yo prefiero decirle pajarraco. A veces también tonto, psicópata o dramático, dependiendo su humor. —Céfiro se cubrió con sus alas para no verlos.

—¡Yo quiero jugar con él! ¿Puedo?

—¡Claro! —exclamó Aury contenta y Céfiro chilló: «¿Quién eres para ofrecerme así, mujer?» y le pisoteó la cabeza—. ¡Ay! ¡No seas dramático! Ve a jugar con ellos.

Lo aventó al aire y los niños aplaudieron felices y se persiguieron unos a otros como si jugaran a las atrapadas.

Una vez solos, Aury se dirigió al autómata oxidado y le preguntó:

—¿A dónde querías llevar al niño que estaba en el callejón?

—¿Cuando me llamaste pervertido, pecas de plátano viejo?

—Cuando me robaste mi collar, lata vieja. —Se rio.

—Ese niño trabaja en los Altos Hornos al igual que otros cientos. Esperaba encontrarlo aquí, pero no está. Gracias a su tamaño pueden meterse en las máquinas para repararlas, pero hay accidentes. Muchos de ellos pierden las manos o las piernas entre los engranajes. Un niño no debería vivir así.

—Quién lo diría, el autómata rebelde tiene corazón. —Le sonrió y se levantó las gafas hasta su frente exponiendo sus grandes ojos turquesa.

—Así te ves más fea.

—Eres un malhumorado, ¿lo sabías?

Su estómago rugió tanto por el hambre que los niños dejaron de jugar con Céfiro.

—Lo siento —dijo apenada y su rostro se pintó como *jitomate*. Uno de los niños corrió hacia una bolsa de tela entre la basura y le llevó un pan.

—Toma, para ti. Por dejarnos jugar con pajarraco.

Lo aceptó con el corazón hecho puré y con ganas de llorar. El pan estaba rancio, pero fue el mejor que comió en toda su vida y lo devoró casi de golpe. Jamás se había detenido a pensar en lo que sufría el resto de Solaria, gastaba en boletos de primera clase, se la pasaba reparando y soldando cosas y su mayor preocupación era usar un vestido o el cotilleo de la alta sociedad. Se dio cuenta que ella y su familia siempre estuvieron envueltos en calor y lujos.

«Tal vez Sóren tenga razón», pensó recordando su discurso en el Palacio Real. «Tal vez si éramos los malos… No, Kelden no era malo, ni Kara. Elina… un poco, pero no. Él es quien está mal». Aury apretó los puños mientras la tristeza se iba convirtiendo en rabia. Una rabia enfocada hacia su hermano que estaba por mutar hacia lágrimas cuando la radio dentro de H-3R-0Nx9 echó chispa.

El autómata trató de apagarse a golpes y Aury le dijo:

—¡Detente! ¡Detente! Déjame ver.

Lo obligó a recostarse y los niños miraron asombrados cómo le abría la placa en el pecho y se metía entre los cables, las poleas y tuercas.

—Hiciste un trabajo horrible. No sé cómo aún sigues en pie.

—**Si tuviera manos de mecánico como las tuyas hubiera hecho un mejor trabajo.**

Aury logró componer la radio y todos le aplaudieron en cuanto regresó la música. Después de ver su proeza, un niño se acercó con un carro de juguete. Era de color rojo, hecho de metal, oxidado en las puntas y sin tres ruedas.

—¿Puedes arreglarlo también?

Con una sonrisa, Aury se tronó los dedos y se puso a trabajar. A su alrededor los niños formaron un círculo para ver cómo pulía un par de tuercas para redondearlas. En ese momento, no le molestó en absoluto ser el foco de atención. Cuando terminó, el niño la abrazó muy contento y no faltó mucho para que los demás fueran por los juguetes que tenían escondidos entre la basura. Aury pensó en Kelden y cómo le arreglaba sus anteojos o en Kara cuando le ayudaba en sus travesuras. Siempre vio por sus hermanos tal y como Sóren había visto por ella cuando era pequeña. Lo que hacía aún más terrible lo que hizo.

Estaba por llorar cuando Céfiro saltó a su regazo y les chilló a los niños para seguir jugando. Antes de irse, regresó la mirada diciendo: «Me debes una, mujer». Aury lanzó una pequeña risa y aspiró fuertemente por su nariz para calmar sus sentimientos.

H-3R-0Nx9 lo vio todo. No solo era la calidez, su sonrisa o porte de nobleza, sino algo en esa chica que inspiraba a la gente.

Alice Víper residía en el corazón del extenso vertedero, donde las dunas de maquinaria desechada parecían alcanzar el cristal del Domo lleno de humo. Su apariencia de ave carroñera, sumamente delgada de piel pálida con cabello negro hasta su espalda, más una nariz tan grande que podía rascarle el mentón, le atribuyeron el sobrenombre que ella misma adoraba: «La Buitre Bajo el Domo».

—Alice es una mujer complicada —habló H-3R-0Nx9 con la mirada al frente—. Tú te vas a quedar afuera.

—¿Acaso crees que soy tonta? —refunfuñó Aury.

—Sí, pero ese no es el punto.

—Es mi collar y yo voy a estar ahí.

—Eres una niña pequeña y rica.

—¿Y?

—Así es como le gustan —siguió adelante, dejando a Aury con una terrible sensación dentro de ella. Se cubrió el cabello con una bufanda vieja y rápidamente metió a Céfiro dentro de su ropa.

Acorazado era el nombre del cuartel general de Víper. Estaba construido de las ruinas de un Autómata Chatarrero, con la entrada principal en su boca abierta, y adornada por chimeneas de ferrocarriles. Las manos del autómata se extendían al aire, y de las cuales colgaban personas con la leyenda: «Ladrón» o «Asesino».

A su alrededor estaban los chatarreros que atacaron a H-3R-0Nx9, y muchos más. Todos vestidos con su armadura de piezas mecánicas oxidadas, lo que les proporcionaba una apariencia excéntrica e intimidante.

Dentro del cuartel la pandilla trabajaba sin cesar, operando artilugios y defensas mecánicas. Así como trueques y peleas como un pequeño pueblo. Avanzaron hasta la cámara principal iluminada por lámparas de gas parpadeantes, que proyectaban un brillo tenue y atmosférico sobre los intricados mecanismos del Autómata Chatarrero: tuberías y tubos de latón que serpenteaban por el lugar, canalizando el vapor y creando un telón de fondo inquietante.

—¡El Autómata Rebelde! —exclamó la Buitre desde su asiento de hierro forjado, frente a un escritorio hecho con mil piezas de autómatas—. Recuerdas nuestra última conversación, ¿no es así, cariño?

—Por supuesto.

—Eso significa que vienes a pagar tu deuda. —Aury pudo ver que el nombre hacía honor a sus ojos: enorme nariz y cabellera negra que parecían mechones de plumas. Parecía una mama buitre rodeada de sus polluelos—. ¿Qué tenemos aquí?

—Ella viene conmigo —cortó H-3R-0Nx9 parándose frente a Aury.

—¿Otra adición a tu club? —se burló.

—Algo así. Ella no es importante.

—Qué mala suerte, luce pura e inocente. Me gusta eso. —Se mojó los labios con su lengua, provocando en Aury una incomodidad que no había sentido antes.

En ese momento, afuera del cuartel, se oyó un fuerte rugido desde los Altos Hornos. Los engranajes se encendieron y con ellos una columna inmensurable de humo tóxico subió desde las chimeneas hasta el cristal, saturando aún más ese cielo oscuro que enfermaba al Domo Norte.

—¡Ese taladro va a matarnos a todos! —exclamó la Buitre yendo hacia una ventana para ver la fábrica.

Como un rayo, despertó en Aury la visión que tuvo durante el concierto de Víctor Woodward. Recordó la tétrica figura de ojos violetas que le ayudaba a tocar, así como la batalla en la nieve, el volcán en erupción y esa voz gritando: «¡Ese taladro va a matarnos a todos!». Reconoció su voz. No había duda de que era ella.

—¿Por qué? —le preguntó de golpe, dando un paso al frente.

—¿Acaso estás ciega, cariño? —Regresó a su escritorio y ordenó que le sirvieran un poco de licor—. No importa si crees en un Dios Constructor o no. ¡Vivimos bajo un maldito Domo! Cada vez que se enciende el taladro el Domo Norte se asfixia y a nadie parece importarle. Especialmente a Sóren. Todos parecen estar de acuerdo con él, amándolo y defendiéndolo como una estúpida rana hirviendo en una olla.

—¿Por qué mi…? —Tragó saliva nerviosamente—. ¿Por qué el visir decidió mantenerlo encendido?

—Nadie lo sabe —respondió cortante, bebiendo un poco—. Pero estoy convencida de tres cosas, cariño: una, las minas de los Soler están por acabarse, dos, ese taladro no está aquí para mantenernos calientes; lo están usando para construir algo en esa fábrica y tres, sea lo que sea, va a matarnos a todos.

—¿Qué están construyendo? —preguntó Aury con mucho interés.

La Buitre bebió del vaso y exclamó con sorna:

—¿Por qué no le preguntas al rey? Oh, cierto, no puedes, cariño. Ni a esos mocosos ricos que quemaron.

—¡No los llames así!

—¡¿Qué dijiste, niña?! —Golpeó el escritorio y se puso de pie. Los guardias en la entrada se alertaron.

—También eran estúpidos y consentidos —pensó con rapidez, tragándose su enojo.

—¡Ja! No voy a discutir esa lógica. —La Buitre se sentó de nuevo y los guardias bajaron sus armas—. Jamás me agradaron los Soler. Eran prepotentes e ignorantes y trataban a sus mineros peor que a esclavos. ¿Pero sabes algo, cariño? Vilhëm Soler quizás fue un viejo decrépito que no sabía sonreír, pero amaba a su hijo mayor más que a nada en Solaria. Estaba tan orgulloso de él que solía decir que su familia seguiría mil años más, gracias a su «Prodigio bajo el Domo». ¿Irónico, no es así? —se burló bebiendo hasta el fondo—. Fue Sóren quien exterminó a su propia familia.

Aury apretó el puño con el corazón a punto de romperse y dijo con tanta furia como sus pulmones pudieron aguantar:

—No a todos. —Tanto H-3R-0Nx9 como la Buitre se sorprendieron por su respuesta. Era claro que había algo más en esas simples palabras.

—Sí —suspiró la mujer con la mirada en la bufanda y en las gafas de soldar en sus ojos—. Aún queda otro Soler en Solaria, pero esa niña está sola. Yo no me preocuparía por ella.

—**Siempre ha habido un Soler, un Solaria** —comentó H-3R-0Nx9 con una extraña mirada en el cabello rojizo de Aury, como si también se hubiera dado cuenta de algo.

—Bueno, suficiente charla —insistió la Buitre sin apartar los ojos de la chica—. Estás aquí para pagarme, ¿no es así, autómata?

H-3R-0Nx9 dio un paso al frente y dijo:

—**Estoy aquí para venderte algo. Saldaré mi deuda y mantendré algo para mí.**

—Ese no fue el trato —aclaró, tocándose la puntas de los dedos—. Te he dado las unidades para mantenerte encendido y para alimentar a esos niños que amamantas. ¿Por qué te daría más cuando ya me debes una cantidad exorbitante?

—**Porque encontré una pieza del corazón.**

«¿Una pieza del corazón?», pensó Aury al momento en que H-3R-0Nx9 sacaba su collar.

—Amatista pura —exclamó la Buitre quitándole el collar de la mano—. ¿Dónde lo encontraste?

—En un contenedor de basura afuera del vertedero.

La mujer lanzó una mirada fugaz hacia a Aury con asombro, como si pudiera ver la realeza que se escondía entre toda esa tierra y mugre que manchaba su ropa. Hizo lo posible por mantener la emoción, se arregló su largo cabello emplumado y caminó a ellos.

—¿Sabes qué es esto, cariño? —le preguntó a Aury.

—Ella no es parte del trato.

—Lo sé, lo sé, tranquilo. —Se paró frente a la chica y Aury negó con la cabeza—. Debes preguntarte por qué tanto interés en un simple collar.

La Buitre les dio una señal a sus hombres para que salieran. H-3R-0Nx9 se tensó. Algo estaba por ocurrir.

—Hace unos meses, casi a la par del incendio en la Universidad Argenta, los mineros encontraron algo bajo el Volcán Ébano: una geoda redonda del tamaño de una pelota de fútbol. Dentro, su cavidad estaba tapizada por la amatista más pura jamás encontrada. El Corazón del Volcán le llamaron. Los mineros lo llevaron a su capataz, quien a su vez lo llevó a su jefe y este al suyo y así hasta el mismo Vilhëm Soler, quien supuestamente, encargó cinco piezas de joyería para sus cinco hijos.

Sus hombres regresaron con una radio y la pusieron sobre el escritorio. La Buitre la encendió y sorteó la estática sin apartar la mirada de Aury, hasta que se oyó la voz de Soren. El cuerpo de Aury reaccionó inconscientemente al oírlo de forma tan brutalmente obvia, que todos se dieron cuenta del temor que sentía hacia él.

[La voz se pierde un poco entre la estática, pero se entiende el mensaje]

Mi hermana, Aurora Soler, es el mayor peligro para el bienestar y futuro de Solaria. Sus crímenes contra el pueblo jamás serán perdonados. Cualquier información de su paradero o ayuda en su captura, será generosamente recompensada.

Prometo que ese monstruo sin corazón de cabello rojizo y ojos turquesas será quemado frente a todos.

[El mensaje está en bucle y se repite]

La Buitre recargó ambas manos en su escritorio y exclamó:

—Tu hermano en verdad debe odiarte… Aurora Soler.

Los guardias sacaron sus armas y los acorralaron.

—¡Atrás! —gritó H-3R-0Nx9.

—¿Qué haces, autómata? ¡Me trajiste el premio más grande en toda Solaria! —exclamó con una mórbida sonrisa—. Hazte a un lado y considera nuestra deuda saldada, es más, te pagaré lo que vale ese collar. No hagas tonterías y regresa con tus niños.

H-3R-0Nx9 procesó la oferta. Por un lado, tenía el instinto de entregar a aquella niña que apenas conocía, reclamar el collar e irse. Pero Aurora se veía confundida, asustada y sola. En ese momento su comportamiento parecía casi humano, atrapado entre las dos ideas. Su programación, precisa y lógica chocó con la apariencia emergente del libre albedrío que tanto valoraba.

Al final, y sin advertencia alguna, se encendieron luces afuera del Acorazado.

—Esta es la Guardia de Hierro. ¡Salgan todos con las manos en la cabeza! Están bajo arresto por resguardar a la fugitiva Aurora Soler.

—¡¿Qué diablos pasa aquí?! —gritó la Buitre.

El caos se desató. Afuera, los chatarreros comenzaron a disparar y la policía respondía. En poco se convirtió en una batalla campal entre la basura.

Aurora estaba confundida, no sabía qué estaba pasando y, para su suerte, Alice Víper tampoco. Vio una oportunidad para recuperar su collar y fue a por ella. Le saltó encima y ambas rodaron sobre el escritorio, luego al suelo bajo las balas, pasando entre los chatarreros y los autómatas que se abrían paso dentro del cuartel.

Céfiro le aleteó para que soltara esa tonta roca. En respuesta, Aury le mordió la mano a Alice tan fuerte como pudo y recibió un golpe en la cara, lo que le hizo apretar más la mandíbula. Sintió cómo se abría paso entre la piel, y el sabor cálido y metálico de la sangre se hizo presente.

Nada contentos, los hombres de la Buitre fueron tras Aury, y fue aquí cuando H-3R-0Nx9 por fin reaccionó. Sin pensarlo, chasqueó los pedernales en la punta de los dedos y una chispa encendió la pequeña llama en la palma de su mano. Dos líneas de fuego volaron sobre la cabeza de todos y Aury pudo oler las puntas de su cabello mientras se quemaba.

No le importó en lo absoluto.

—¡Suéltame, mocosa! —gritó la Buitre, y fue ahí cuando Céfiro le cayó en picado.

Aury recuperó su collar y el pequeño pájaro tiró de su ropa para llevarla entre el fuego y las balas.

—¿Cómo me encontraron? —preguntó con el rostro lastimado, pero feliz de tener de nuevo su collar.

—¿Qué importa? Tenemos una oportunidad, vámonos de aquí.

—¡Te hallaré, Aurora Soler! —gritó la Buitre a lo lejos con la mano y el rostro sangrando—. ¡Este es mi Domo! ¡Mío!

Lograron escabullirse hacia el vertedero lejos del Acorazado. Parecían estar seguros y Céfiro se elevó al cielo para asegurarse que nadie los siguiera. Pero sus problemas apenas comenzaban. De entre la chatarra apareció un grupo de mineros con máscaras de gas.

—Por fin te encontramos, princesa Soler.

Rápidamente los villanos los rodearon y fueron sobre ellos. Inmovilizaron a H-3R-0Nx9 con una macana eléctrica y Aury gritó lanzando patadas y golpes.

—Tenemos a la niña, señor —dijo el captor a una radio mientras los amordazaban y echaban dentro de un carruaje viejo—. Vamos para allá.

CAPÍTULO XVII

«ASESINATO #3»

SOBRE LAS LUCES DE NEÓN

[Mensaje en el Panel Cerebral]

...Diagnóstico de Sistema Completo...
Tres costillas rotas
Desgarre muscular general
Movimiento limitado de la mano derecha
Lesión corneal en ojo derecho
Sangrado interno
Columna dorsal comprometida
...
Panel Cerebral: DAÑADO
Hardware Anti-Psicosis: NO ENCONTRADO
Riesgo de Cyber-Psicosis: ELEVADO
...
¡ALERTA!

Daren despertó de golpe, bañado en sudor frío y con el corazón latiendo tan rápido que sentía que iba a explotar. No sabía dónde estaba ni recordaba cómo había llegado ahí. Su cabeza empezó a dar vueltas, arrojándolo en un vórtice sin fondo hasta que notó la extraña mancha en el techo. Ya la había visto antes y la verdad, es que esa mancha lo hizo sentir mil veces peor.

Estaba de vuelta en el Fénix de Naica. Giró rápidamente hacia el pequeño sofá en la esquina, esperando el rostro molesto Fénix, un regaño y discurso de lo idiota que era, pero, para su buena o mala suerte, no había nadie. O al menos eso parecía.

—¿Aún sigues aquí? —le gruñó a Serana cuando esta apareció en la habitación. Daren se puso de pie. El moretón en su pecho se hizo notar con un dolor agudo, y todos sus músculos le ardieron a la par.

—*No te preocupes, solo hasta que mueras* —murmuró la chica cruzando los brazos—. *Así que no será por mucho tiempo.*

Daren abrió las cortinas del cuarto y salió a un balcón con barandal que dejaba ver los grandes edificios de la caverna. La luz neón bañó sus huesos que apenas podían mantenerlo de pie. Respiró hondo y sus pulmones se agrandaron, pero al hacerlo, su garganta colapsó y tuvo que toser para componerse.

—Veo que ya despertaste —le dijo Fénix bajo la puerta, fumando una pipa delgada que escupía un humo violeta que olía a frutas.

—¿Fuiste tú quien me trajo aquí? —Fénix evadió la pregunta y admiró más de cerca los hologramas que bailaban entre los edificios—. ¿Cuánto tiempo estuve dormido? —siguió Daren. Claramente estaba enojada, pero no le importó, pues Darío estaba muerto y ahora Marren también.

—Un par de días —por fin contestó Fénix, expulsando una nube de Amatista Sintética que subió por los grandes edificios hasta desaparecer, llevándose las náuseas que le provocaba a Daren consigo—. Te dije que íbamos a posponer los asesinatos.

—Yo no maté a Marren, si eso te preocupa. Un león lo hizo por mí —dijo burlándose. Fénix apretó su pipa manteniendo la compostura—. Mi espalda me está matando y no puedo mover mi mano derecha, y uno de mis ojos está un poco ciego, pero valió la pena.

—¿En verdad piensas que todo lo que ha pasado ha valido la pena?

—Por supuesto —respondió seguro—. No me importa lo que me pase, siempre y cuando… —apartó la mirada hacia la chica de cabello rojo y ojos azul eléctrico, observándolo con una sonrisa triste en el otro extremo del balcón— ella pueda descansar en paz.

Fénix se acercó sutilmente con el pañuelo violeta de Serana a la vista, e instintivamente, Daren quiso tomarlo como si fuera alguna droga que necesitaba dentro de él.

—Ella no es la que necesita descansar en paz. Eres un perro demente, Daren, pero al menos tienes un corazón.

—¡Ja! —exclamó molesto, dándole la espalda al pañuelo, rehusándose a dejarse llevar por él—. ¿Sabes qué fue lo último que me dijo Serana esa noche, antes de que todo se fuera al carajo por esa porquería que fumas? Me dijo: «Tú eres un monstruo sin corazón». ¡Y ella tenía razón! Por eso yo estoy aquí vivo y mientras que ella…

No pudo terminar la frase.

Fénix se le acercó aún más, lo que a Daren le pareció muy extraño, pero no tanto como lo que dijo después:

—Tal vez hayas perdido la fe en ti, pero yo no.

Esta simple frase hizo que se sintiera aún más fuera de lugar. Era una sensación cálida a la que no estaba acostumbrado. Daren se hizo a un lado, tratando de pasar su incomodidad por enojo, y dijo con tono altanero:

—No me digas que estás enamorada de mí o algo.

—¡No es nada eso, idiota! —Lo empujó y luego dijo más seria—: Es más complicado de lo que parece, pero creo que puedes cambiar.

—¡¿Qué?! ¿Cambiar? No necesito cambiar. Que tú seas un demente que se cortó el pene y lo quemó, no significa que yo también quiera.

—¡No seas insolente! —le gritó con rabia—. No deseo que nadie pase por lo que yo he pasado, especialmente un muchacho ingrato que me hace querer partirle la cara cada vez que lo veo.

Daren apartó la mirada. No era la primera vez que oía cosas así y estaba seguro de que tampoco sería la última. Guardó silencio, esperando a que terminara el regaño para largarse de ahí. No iba a soportarla más.

—Un mocoso —siguió Fénix—. Uno que no sabe medir ni sus palabras ni sus acciones, uno que todos piensan que es un ladrón de segunda… excepto yo.

Daren alzó la mirada hasta ella, confundido por esa extraña sensación de antes, que se hizo presente bajo su pecho. Era cálida y agradable, pocas veces la había sentido y por alguna razón se rehusaba aceptarla.

—¿Por qué? ¿Por qué diablos te preocupas tanto por mí? —gruñó—. No te necesito. ¡Jamás necesité a nadie que creyera en mí! ¡Siempre he estado solo! ¡Siempre! ¿Me escuchaste?

—Tuviste a Serana —murmuró Fénix, mirando hacia donde Daren apartaba la vista de tanto en tanto, como si pudiera ver al fantasma de esa chica de cabello rojo que no lo dejaba en paz.

Daren, por su lado, decidió perderse en los espectaculares gigantes y los hologramas entre los edificios. Apretó el barandal, así como su corazón antes de decir:

—Jamás conocí a mis padres y mi recuerdo más lejano es con Ingmar. Él es lo más parecido que tuve a uno. Él me encontró entre la basura cuando era un bebé. ¿Lo sabías? —la voz se le cortó—. Eso es lo que todos piensan de mí, tarde o temprano. Seguramente les pasó a mis padres, le pasó a Serana y te pasará a ti. ¡Yo soy un monstruo sin corazón que no vale nada! ¡Y no entiendo por qué alguien que quemó su cuerpo se preocupa tanto por otro!

La sangre le hirvió a Fénix, tanto, que casi se ahoga con el humo violeta en su pipa, hasta que vio los ojos rojos y la inusual piel oscura de Daren. Luego su pierna, la que tenía al aire como un perro lastimado y la bala enterrada entre sus músculos calmó la rabia en su corazón.

—Sí, quemé mi cuerpo hasta las cenizas para poder renacer de ellas como un maldito Fénix —dijo orgullosa—. ¿Y sabes por qué lo hice? Porque sabía que mi cuerpo y mi alma eran diferentes: agua y aceite, hirviendo, amenazando con una explosión que iba acabar con los dos. No cambié a algo diferente, Daren, sino a lo que mi alma sabía desde el principio que era. Yo ayudo a la gente a cambiar, no tan radical como yo lo hice, pero los ayudo para que sean uno con quienes son por dentro. Eso no tiene nada que ver con el género y la sexualidad, nos pasa a todos. Sentimos que no pertenecemos, sentimos que somos menos, nos sentimos un fraude: ¡como un maldito impostor! Estoy orgullosa de quién soy y de lo que hice y por eso, si de toda la caverna yo digo que tú puedes cambiar, es porque puedes.

—Tú me salvaste esa noche y me cuidaste por medio año. Me ayudaste a caminar otra vez… me salvaste de la Policía de Zafiro después de lo que hice… esa noche. Yo te robé, te mentí, te desobedecí…

—… Y casi mueres. —Daren bajó la cabeza y por primera vez sintió el peso de sus heridas: sus huesos, sus músculos y órganos le suplicaron para que oyera a Fénix—. Cuando te trajeron hace unos días con el cuerpo roto, también se rompió mi corazón, pero incluso en pedazos un corazón verdadero sigue amando.

Le tomó varios segundos a su cerebro entender las emociones que lo inundaban, y aún más para poder articular una respuesta. Pero al fin expresó:

—No pensé que… en verdad te importara. Pero no voy a detenerme, Fénix. Nova e Ingmar siguen allá afuera y yo tengo que…

—… Lo sé —lo detuvo tomándolo de los hombros, conteniendo en él las lágrimas que se acumulaban—, y quiero ayudarte, pero por el amor a la maldita caverna, ¡escúchame y haz lo que te digo o vas a terminar muerto, mocoso insolente! No quiero que mueras. ¿Te quedó claro?

—Como usted diga… mi Señora. —Y le dio una pequeña reverencia llena de sinceridad.

—Antes de seguir con esto debes de saber algo —dijo Fénix—. Yo no te salvé. Estaba lista para dejarte morir en el Coliseo Rojo por ser tan estúpido e impaciente.

—Olvidaste guapo. —Y recibió un golpe de la pipa en la cabeza. Daren pudo oír la risa de Serana detrás él.

—Aséate y ve a verme a la recepción. Parece que, aparte de mí, aún te queda un amigo en Naica Negra.

Otro misterioso temblor golpeó la caverna. Este fue más intenso y duró más que los anteriores. Un par de edificios se sacudieron, e incluso Daren perdió el equilibrio y tuvo que sujetarse de Fénix.

Pero tan rápido como vino se fue.

Daren se encontró a quien menos esperaba, en realidad, a quien menos quería ver. Ese chico apuesto de cabello dorado, alto, con mentón cuadrado y un hermoso traje que brillaba con luz neón blanca.

—Mi amigo, me da tanto gusto que estés bien —dijo Erasmo con las manos detrás de la espalda, mientras Souma jugaba con su cabello de cables tratando de llamar su atención.

—¿Cuántas veces debo decírtelo? —gruñó Daren como un perro molesto—. Ya no somos amigos.

—Vamos, Daren, te traje aquí casi muerto. —Daren miró a Fénix para comprobar su historia: era verdad.

—*Aún es tu mejor amigo* —susurró Serana con una extraña mirada en Erasmo, como si ella también fuese víctima de su encanto.

—Para él nada es gratis —replicó Daren ignorando la voz de Serana en su cabeza—. Si lo hizo es porque quiere algo.

—¡Sí, tienes razón! —exclamó molesto dando un paso al centro—. Busco salvar a mi mejor amigo de su propia estupidez, y quiero vengar a la mujer que amé. —Souma hizo una mueca de amor y sus ojos brillaron por él como una colegiala.

—¡Oh cállate, niño bonito! —bramó Daren—. No dejes que su cabello dorado y estúpida sonrisa te engañen, Sou, este tipo es una sanguijuela.

—Sé lo mucho que me odias, Daren, pero es la verdad. Yo la amé y ella me amó hasta esa última noche… —hizo su mayor esfuerzo para no dejar que los recuerdos lo agobiaran. Recuerdos que guardaba muy dentro de él y que Daren desconocía por completo— pero también te amo a ti.

—Ella quería a todos —gruñó Daren, sintiendo cómo su corazón se hacía pequeño dentro de su pecho—. ¡Como un perro en la calle que le mueve la cola a cualquiera!

—*Eres un imbécil* —le regañó Serana por ese comentario.

Daren estaba listo para lanzar a Erasmo a la calle a golpes. Difícilmente hubiera podido con el terrible estado de su cuerpo, y hubiera terminado él en el suelo. Por suerte, Fénix intervino, obligándolo a oír lo que tenía que decir.

Erasmo se acomodó el bello traje y una vez más guardó las manos detrás de la espalda antes de hablar:

—Gracias, *madame* Fénix. Jamás creí que alguien pudiera matar a Marren. Por eso fui al Coliseo Rojo, porque temía por ti…

—… No necesité tu ayuda —lo interrumpió.

—Sí, puedo ver el botín de tu exitosa pelea. —Hizo énfasis en su cuerpo lastimado—. Marren era una bestia y me da gusto que esté muerto al igual que Darío, pero tú y yo sabemos que Nova es la más peligrosa de los cuatro. Por algo Ingmar la nombró su teniente. No sé por qué trabaja para el director de Obelisk, pero…

—¿No sabes? —intervino otra vez solo para molestarlo—. Supongo que no eres tan bueno recabando información como creías.

—¡La información lo es todo, Daren! Más peligrosa que Cybers-Psicópatas y Corporaciones. Ingmar lo sabe al igual que yo. Tomó el control de la Policía de Zafiro al exponer al antiguo comisionado, lo mismo con la familia Volans en el Bazar de las Luces y con el Coliseo Rojo. ¿Acaso no lo has notado? Ingmar está tomando control de los puntos clave en Naica Negra.

Fénix y el pequeño Fred intercambiaron una mirada dudosa. Algo sabían y Erasmo parecía confirmar sus sospechas.

—La Corporación Obelisk es la más grande —siguió Erasmo—. Nova es la más cercana a Emmanuel Sha'ahar, susurrándole al oído lo que Ingmar quiere. Eso no puede ser bueno.

Fénix aspiró una bocanada de Amatista Sintética, dando un paso como si quisiera que toda la atención fuera hacia lo que estaba por preguntar:

—¿Y qué quiere?

Erasmo negó triste con la cabeza. No lo sabía, pero dijo:

—Sea lo que sea, tiene que ver con el CMPI. Como sabemos, hace un mes trataron de expandir la caverna por primera vez en 500 años y un terremoto derrumbó la excavación sobre ellos. Esos temblores extraños, ¿los han sentido?

Todos recordaron los extraños temblores que estaban ocurriendo. Fue gracioso, pues no les habían dado la atención que merecían hasta que Erasmo lo dijo en voz alta, como si se tratara de una ignorancia colectiva ante un problema que nadie quería ver.

—Son secuelas del temblor. La Corporación Obelisk financió la excavación y el propio Emmanuel Sha'ahar estuvo ahí el día que colapsó.

Ese nombre fue suficiente para que el calmado temple de Fénix se rompiera unos segundos. Tomó mal el humo de su pipa y tuvo que toser para recuperar el aliento. Fue muy sutil y casi nadie lo notó más que el pequeño Fred.

—El Toro de Naica, lo llaman. Pero desde ese terremoto se recluyó de la vida pública como si estuviera avergonzado de lo que pasó. Sin embargo, hay algo más, mi información dice que desde el colapso le tiene miedo a la oscuridad.

Daren echó el rostro hacia atrás un segundo y luego lanzó una carcajada por lo estúpido que era todo eso. Pero su felicidad no duró mucho, sus débiles pulmones no pudieron con la carga de aire y tuvo que recargarse en la pared para retomar el aliento.

—Vivimos en una caverna llena de luz —señaló el chico—. ¿Qué clase de adulto le tiene miedo a la oscuridad aquí abajo?

—No lo sé, pero le teme tanto que no puede estar solo y tiene pesadillas al dormir. Algo con lo que tú puedes identificarte. —La sonrisa burlona de Daren desapareció y apartó el rostro enojado—. Por eso Nova está con él casi todo el tiempo y así es como vamos a acercarnos a ella.

Fénix sintió un escalofrío subir por su espalda, pues algo dentro de ella sabía hacia donde iba la conversación y lo que iba iban a pedir de ella. Erasmo la miró y dijo:

—La fuerte personalidad… y crueldad… del director de Obelisk es bien conocida en Naica Negra, tanto como su obsesión con *madame* Fénix.

Todas las miradas fueron hasta la mujer con el vestido rojo, como si las palabras de Erasmo fueran la pala que sacaban la tierra que cubría un secreto que debía mantenerse oculto. Pero Fénix, como siempre, mantuvo su porte elegante y aspiró el humo violeta de su pipa.

—Tengo entendido —siguió Erasmo—, que usted *madame* Fénix era amiga del director hace muchos años, pero algo pasó entre ustedes que los hizo enojar. ¿No es así?

—Eres bueno en lo que haces —lo elogió Fénix por su información, aspirando un poco de Amatista Sintética.

—Propongo que usemos eso para infiltrarnos en…

—¿Infiltrarnos en Obelisk? —preguntó de golpe el pequeño Fred por la osadía del plan, pero no era lo único. Él sabía la historia que nadie más conocía, y lo desgarradora que era para Fénix—. No pienso arriesgar a mi Señora por ustedes y su plan de venganza.

—Me temo que no es tu decisión, mi amigo —medió Fénix—. Pero tienes razón. Solo un tonto propondría algo tan descabellado.

—No si usted pide una reunión con él —dijo Erasmo removiendo aún más la tierra que Fénix quería usar para ocultar su pasado.

—Un segundo —por fin intervino Daren en la conversación—. Nova me conoce y su maldito ojo me verá llegar desde el otro extremo de la caverna. Jamás podré pasar por seguridad, incluso con Fénix. ¡Y no me quedaré atrás si ese es tu plan ni no dejaré que mi Señora vaya sola contigo!

Tanto el pequeño Fred como Souma se sorprendieron por el renovado respeto de Daren hacia Fénix, pero esto no impidió que intervinieran molestos:

—Tú y yo haremos el salto.

—¿Salto? —preguntó Souma con interés.

—Algo que solíamos hacer cuando trabajábamos juntos. Serana lo inventó para entrar a los lugares más difíciles. Ella era la mejor de los tres después de todo.

—Salté a Hikari sin problemas —lo contradijo Daren—. No te necesito.

—La distancia es mayor, necesitamos planear y tienes la mitad del cuerpo roto. Por favor, Daren, mi amigo, juntos podemos vengar a la maravillosa mujer que ambos amamos.

Daren sintió náuseas por la fachada romántica, Souma se desvivía por Erasmo y el pequeño Fred no estaba convencido del loco plan, pero entre toda esta mezcla de emociones, era Fénix quien tenía una misteriosa mirada silenciosa. No sobre Erasmo o perdida en la distancia, sino en la bala enterrada en el joven ladrón. «¿Cómo es posible?», se preguntó casi asustada cuando Daren cruzó su mirada. Olvidó sus pensamientos y dijo rápidamente:

—Entraremos a Obelisk.

La sede central de la Corporación Obelisk hacía honor a su nombre. Construida desde el techo de la caverna hacia abajo, en un testimonio de la fusión de la tecnología avanzada y la estética oscura e industrial que la definía. Pocos edificios en Naica Negra encarnaban la esencia del poder corporativo y la intriga que corría por sus pasillos. El monolito negro dominaba el paisaje a kilómetros de distancia, su superficie era una elegante extensión de obsidiana y materiales reflectantes que parecían absorber y emitir a la vez luces de neón. Su logotipo corporativo holográfico resaltaba sobre la fachada, así como vallas publicitarias que anunciaban las últimas innovaciones de Obelisk, proyectando un brillo inquietante en las paredes de la caverna.

Una caravana de siete coches blancos, brillantes de los remaches y en las llantas, cruzó por el puente que unía a la caverna con la entrada principal de la majestuosa Corporación. Primero descendió un pequeño ejército de ciberguerreros conocidos como «Los Shinigami». Todos vestidos con exotrajes blindados en una fusión perfecta entre samuráis tradicionales con tecnología y Cybers de vanguardia. Cada Shinigami llevaba un elegante casco blanco mate adornado con una vistosa visera estilo kabuto que ocultaba su rostro, dándole un aire misterioso. Su armadura era adornada por patrones de led, flexible y dura, dándole a cada uno protección y agilidad.

Uno de ellos se aproximó al coche que iba al centro de la caravana y abrió la puerta. Una joven mujer de rasgos asiáticos y con lentes redondos brillantes salió del coche y caminó hasta la entrada. Su nombre era Tanabe Yamashita. Tenía un rostro amable, casi como de niña, con sutiles mejoras cibernéticas, fluidas y elegantes que meticulosamente eran ocultadas por el cabello negro azabache.

Un grupo selecto de Shinigami la escoltaron hacia la entrada de Obelisk, donde los visitantes debían pasar a través de una imponente puerta de acero reforzada, custodiada por personal de seguridad vestido con armadura táctica negra. Un punto de control de acceso escaneaba retinas, huellas dactilares y chips de identidad en los Paneles Cerebrales, garantizando la entrada de solo personal autorizado.

Tanabe ignoró estas medidas por completo y entró sin prestar atención a los guardias y otras medidas de seguridad. Su fuerte y decidido paso mostraba en un carácter mucho más fuerte que las catanas de sus protectores.

Ella y su grupo entraron al entrar al vasto atrio con poca luz, uno quedaba envuelto en una atmósfera de decadencia de alta tecnología. El espacio cavernoso estaba sostenido por imponentes columnas esqueléticas y complejas pasarelas de celosía que se entrecruzaban en lo alto, brindando vistas de todo el complejo. Las paredes estaban adornadas con murales digitales interactivos que mostraban un ciberarte abstracto y fascinante. Ese lugar era una fusión estética entre la tecnología de Naica Negra y el lujo minimalista, con detalles en cromo pulido, muebles angulares y una sorprendente paleta de negros y morados intensos.

Fue ahí cuando se encontró con una hermosa mujer de cabello plateado eléctrico, peinado en cola de caballo hasta su espalda baja y cuyo ojo biónico disparó un haz de luz hacia el suelo, como si se tratara de la mira de un rifle.

—Bienvenida a Obelisk —la recibió Nova Víctor con una sonrisa y una respetuosa reverencia.

—Estoy aquí para hablar con el Toro de Naica —demandó Tanabe con una dulce pero enérgica voz—. No con una carcelera.

Nova sonrió petulante y un poco orgullosa de su título.

—Me temo que el director no se encuentra disponible. Le aseguro que cualquier negocio puede discutirlo conmigo.

—¿Y con quién estoy hablando, con una Cyber-Psicópata o el comisionado?

Tanabe se acomodó el alfiler neón en su pecho con el símbolo de Hikari, y los Shinigami sujetaron la empuñadora de sus catanas retráctiles, las cuales vibraban con una energía eléctrica capaces, según algunos, de cortar el acero con facilidad.

Pero Nova mantuvo la calma ante esa señal de peligro. Tanabe era un libro abierto para ella. Micro expresiones faciales: boca abierta, cejas levantadas y arrugas en la frente, labios fruncidos, distanciamiento físico, rigidez corporal, tacto en el codo y cuello. Tenía tanta información que Ingmar siempre bromeaba al decir que su ojo podía predecir el futuro.

—La relación entre Policía de Zafiro y Obelisk permanece igual que con cualquier otra Corporación. Nuestra ley dicta que, sin el Colegio de Megaproyectos de Ingeniería, la máxima autoridad en Naica Negra reside en el comisionado Ingmar Cromwell. Él jamás insultaría el cargo con… nepotismo ni corrupción… algo con lo que usted y la dulce Akiko deben estar acostumbradas.

—¡Mi hermana es la directora de Hikari! ¡No voy a permitir que hable mal de ella o de nuestra familia!

Los Shinigami tensaron los músculos alrededor de sus catanas, dejando ver los primeros centímetros del acero. El poderoso ojo de Nova vio a cada uno de ellos sin preocuparse. Ocultó las manos detrás de la espalda, aparentando sumisión, pero en realidad, las acercó al arma que tenía oculta.

—Me disculpo si la ofendí —mintió Nova—. Yo soy la jefa de seguridad de Emmanuel Sha'ahar, pero con la autoridad para tratar cualquier asunto en su ausencia.

—¿Ausencia? ¿De veras crees que soy tan estúpida? El Toro de Naica ganó ese apodo por una razón: arrogante, impulsivo... sanguinario. No recuerdo la última vez que Emmanuel se hiciera a un lado, en lugar de lanzarse con la cabeza por delante. ¡Voy a pasar y hablar directamente con él! ¡Muévete o te haré que te muevan, cíclope!

El ojo biónico de Nova lanzó un brillo blanco y decenas de rifles aparecieron de los niveles superiores, apuntando con láseres directamente a Tanabe y a su guardia. Por mero instinto protector, uno de los Shinigami fue por su espada: tensión muscular, respiración acelerada y un pico de adrenalina. El ojo de Nova lo vio mucho antes de que él supiera lo que iba a hacer. Con un movimiento rápido, Nova disparó con la mano enemiga un segundo antes de tomar la empuñadura.

Luego apuntó directamente a la cabeza de Tanabe. La situación subió de nivel. Los Shinigami sacaron sus espadas de acero brillante y color neón y los guardias arriba apuntaron a cada uno de ellos.

—¿Qué desea que le comunique al director? —preguntó Nova con una sonrisa.

Derrotada, Tanabe dijo:

—Alguien irrumpió en Hikari hace unos días.

—Pero no robaron nada —aseguró Nova, tirando del seguro del arma como si se preparara para disparar—. Al menos eso dijeron a la prensa: «Un intento fallido de robo».

—No importa que no robaran nada —mintió y Nova lo sabía. Respiración y pulso erráticos, sudor y nervios—. La simple acción es suficiente y Obelisk es culpable.

Nova guardó el arma, calmando el aire de lucha que inundaba.

—Una guerra entre las Corporaciones es lo último que la caverna necesita. Realizaremos una investigación junto a Hikari y si Obelisk es responsable, el Toro de Naica pagará el daño a usted y su dulce hermana. Lo garantizo. ¿Está de acuerdo con esto, señora Yamashita?

Sorprendida por la respuesta, Tanabe se quitó las gafas dejando ver sus ojos verdes, brillantes como esmeraldas por la Cyber cosmética en las pupilas. Con un gesto le ordenó a los Shinigami que guardaran las armas y los rifles de arriba también se replegaron. Se acercó a Nova lo suficiente para escuchar la Cyber del ojo biónico, como los engranes en un reloj y preguntó tan bajo que casi susurró:

—¿Como el comisionado afeitó al Toro de Naica? ¿Sueños de Neón? ¿Drogas? ¿Chantaje? ¿Mujeres? ¿Pyrocita?

Nova sonrió gentilmente y contestó:

—Miedo —Tanabe apartó el rostro, asustada—. Tenga un día tan tranquilo como la caverna lo quiera.

—Parece que la caverna ya no decide lo quiere… es decidido por ella.

Tanabe Yamashita y su guardia dejaron Obelisk a la par que un coche más se estacionaba en la entrada. Tanabe y Fénix cruzaron una mirada seria sin decir nada.

Serana lo llamó: «El salto sobre luces de neón» y era probablemente la tarea más difícil para todo aquel aspirante de cortabolsas. La tarea en sí era fácil, planear entre los edificios de Naica Negra, pero decirlo, era muy diferente a hacerlo.

Erasmo parecía haber nacido para eso, poniéndose el traje especial sin ningún problema y listo para la acción, mientras que Daren apenas movía moverse. No solo por el cuerpo lastimado, sino por su mano derecha prácticamente inútil. Marren le apretó tan duro los dedos que le hizo añicos el circuito de electrochoque y los dedos parecían hechos de plomo.

—¡Déjame en paz! —le gruñó a Erasmo cuando este quiso ayudarlo con el cierre.

El Panel Cerebral de ambos chicos mostró lo que parecía una pista de obstáculos en tres dimensiones, flotando sobre Naica Negra, dejando ver la ruta más segura entre los edificios y espectaculares gigantes hasta Obelisk. Segura era un decir, pues helicópteros de la Policía de Zafiro pasaban volando, al igual que la Oruga en sus rieles.

—Fénix ya debe estar hablando con el director —expuso Erasmo mientras Daren luchaba aún por ponerse el traje—. Souma encontrará la forma de escabullirse y nos dará la señal para saltar. Más vale que estés listo.

Daren iba a responder con un comentario sarcástico como de costumbre, pero no pudo. Una vez que levantó el cierre se recargó contra la pared a falta de aliento. Si algo tan simple lo llevaba al límite no podía imaginarse el saltar hasta Obelisk.

—*¿Por qué eres tan idiota?* —le preguntó Serana prestándole más atención a las luces de la ciudad.

—¿Por qué no… cierras la boca? —masculló con poco aire.

—¡Ahí está! —exclamó Erasmo—. Es la señal de Souma.

Un rayo de luz verde, casi imperceptible, que salía de una de las ventanas de Obelisk.

Ambos chicos se pararon al borde del tejado y respiraron profundo antes de dejarse caer, hacia el océano de luces de neón a sus pies. Pasaron a través del carril de la Oruga, extendieron la tela que llenaba el espacio bajo los brazos y entre las piernas, como una ardilla voladora, y se elevaron en el cielo.

Erasmo lo hizo con tal agilidad que podía atravesar por los espacios más angostos, como una flecha por un agujero, mientras que Daren estaba tan lastimado y rígido que incluso planear se le hacía una tarea imposible. En ese momento, mientras trataba de no estrellarse contra un cristal, el joven ladrón pudo verse a sí mismo correr sobre los techos. Su panel cerebral se llenó de estática y sintió un fuerte calambre en ambas piernas.

[Mensaje en el Panel Cerebral]
Hardware Anti-Psicosis: No encontrado
Carga cerebral corrompida al 7 %…

La ilusión se hizo más vívida hasta que se dio cuenta de que no era un espejismo, sino un recuerdo.

«¡Daren! ¡Por favor! ¡Regresa!», gritaba Serana y pudo sentir la angustia correr por su cuerpo, así como el terror en su corazón. Cerró los ojos, bien que podía oírla, pero siguió adelante, saltando de techo en techo hasta que una bala brillante como magma hizo añicos la pared frente a él.

Corrió hasta el canal bordeado por enormes terraplenes de hormigón y pilares de soporte, donde el agua serpenteaba a través de la ciudad, cortando un camino debajo de la red de pasarelas y caminos elevados. Extendiéndose por kilómetros y cuya superficie oscura y reluciente reflejaba las omnipresentes luces de neón y los anuncios holográficos.

A medida que se acercaba las enormes plantas de filtración, se alineaban en la orilla y resonaban en traqueteo sus máquinas. En sus paredes adornadas con pantallas digitales mostraban los datos en tiempo real sobre la calidad del agua y el progreso de tratamiento.

El agua del canal tenía un sorprendente tono turquesa intenso, tratada con nanotecnología avanzada para garantizar su pureza. Aquel brillo sobrenatural proyectaba un brillo inquietante sobre Daren, quien no sabía si saltar hacia él o dejar que lo atraparan.

Nova apareció con una sonrisa petulante en el rostro y ese maldito ojo biónico brilló con fuerza. No se molestó en decir una sola palabra y simplemente le apuntó orgullosa. Fue en ese momento, justo cuando Daren saltó hacia el agua, que la bala brillante se enterró en su pierna.

[Mensaje en el Panel Cerebral]
¡RIESGO DE COLISIÓN!

Daren regresó al presente y frente a él se levantaba un anuncio del tamaño de un edificio. Sus potentes luces neón lo cegaron, tenía que moverse y rápido. Debía inclinarse hacia la derecha para evadirlo, pero su cuerpo lastimado no le respondía.

Ahora, luces rojas se encendieron por todo su Panel Cerebral, acompañadas de estática molesta que no lo dejaba concentrarse. Para ese punto, ya no sabía si estaba imaginando cosas, si las estaba recordando o simplemente estaba perdiendo la cabeza, pero oyó la voz de Serana en su mente y por alguna razón lo hizo aceptar su destino. Y fue ahí, casi a unos metros de estrellarse contra la pantalla, cuando Erasmo lo tomó del brazo y lo ayudó a planear.

—¡¿Qué diablos haces?! —gruñó Daren.

—¡Salvándote la vida, idiota!

Daren y Erasmo planearon juntos hasta la ventana de Obelisk donde Souma los esperaba del otro lado. La chica pegó la primera mitad de un cortador laser y Erasmo la otra. Ambos dispositivos se sincronizaron y fueron conectados por un rayo de luz filoso que les abrió el camino.

—¡Rápido! —los apuró para entrar y pusieron el cristal de nuevo—. *Madame* Fénix ya está hablando con el director. No hay mucho tiempo.

—¿La dejaron pasar? —preguntó Erasmo, como si no lo creyera posible. Nadie había podido hablar con el Toro de Naica en meses.

—*Madame* Fénix tiene sus trucos. ¡Anda!

Erasmo le agradeció con un beso en el dorso de la mano y la chica se pintó de rojo. Rápidamente, Daren los separó y le dijo a Souma regresara con Fénix. No estaba de humor para esas escenas románticas y falsas.

Se escabulleron por los pasillos sin tener una idea clara de dónde empezar a buscar. Obelisk era enorme, pero la suerte parecía estar de su lado. Oyeron la voz de Nova a lo lejos y la siguieron de cerca, tratando de dar con el momento oportuno para salir, y siempre muy cuidadoso de no hacer mucho ruido manteniéndose lejos de su ojo biónico.

De pronto, Erasmo corrió en dirección opuesta hasta una habitación llena de servidores informáticos, idéntica a la bóveda en la que irrumpió Daren en Hikari. Se conectó a las computadoras y Daren se dio cuenta de la verdad: Erasmo no estaba ahí por Nova o Serana. Fue a él molesto y le tiró de los hombros.

—¡Por un demonio! —exclamó Erasmo quitándoselo de encima—. Sí, estoy aquí en Obelisk por esto. —Y le mostró la memoria portátil con el archivo que robó de Hikari.

—¿Esa porquería?

—No tienes la menor idea de qué es. El «Fuego de Prometeo» liberará a la gente de Naica Negra de la opresión de Obelisk y las demás Corporaciones. —Daren lo miró confundido, sintiendo cómo su Panel Cerebral se llenaba de estática molesta—. Pero está encriptado y necesito el poder de cómputo de Obelisk para romperlo.

—Tal vez pudiste engañar a Serana, a Fénix y a toda la maldita caverna, pero te conozco mejor que nadie. No eres un Robin Hood, eres un maldito egoísta y codicioso que haría lo que fuera por recuperar lo que perdiste.

Erasmo se carcajeó.

—¿Y tú no? No seas hipócrita, mi amigo. Tú y yo somos iguales, hasta que Serana me mostró otro camino.

—¡No digas su nombre!

—¡Es la verdad! Sí, yo era un maldito hijo de perra que vendería a su propia familia por algo de pyrocita, pero ya no más. Cambié por Serana y es por eso por lo que ella me eligió al final. ¡Cambié a diferencia de ti, Daren, y ese último trabajo lo demuestra! ¡Mataste a un bebé! ¡¿Y por qué?!

Daren recordó todo: el llanto del bebé y de sus padres, la sangre en el suelo, las llamas de la forja abandonada y las frías palabras de Serana: «Eres un monstruo sin corazón» cuando mató al recién nacido.

—Nosotros éramos ladrones. Tú, Serana y yo —siguió Erasmo—. No asesinos.

El Panel Cerebral de Daren estaba llegando al límite, la estática apenas y lo dejaba ver, los sonidos se distorsionaban y frente a él aparecían escenas retorcidas de recuerdos que había olvidado.

[Mensaje en el Panel Cerebral]
Carga cerebral corrompida al 15 %...

—Tú... Tú nos diste ese trabajo —masculló Daren con un fuerte dolor de cabeza.

—Yo les dije que Mictlán había convocado a uno, pero nunca lo quise hacer. Estaba mal y era peligroso. Serana tampoco quería, tú fuiste el único necio que aceptó.

—¡¿Y por qué Serana fue conmigo entonces?! —chilló Daren apretando los puños.

[Mensaje en el Panel Cerebral]
Carga cerebral corrompida al 23 %...

—¡Porque no quería dejarte solo!

Daren bajó la mirada sin poder dar una idea clara de qué estaba pasando. Erasmo tomó a su amigo de los hombros y dijo:

—Nadie los traicionó esa noche. Yo sé que deseas que fuese así y entonces la culpa no sería tuya, pero tomaste un trabajo y fallaste. Y Serana murió por tu culpa.

—*Está mintiendo* —intervino Serana de golpe, alterada y molesta como mimetizando el estado del Panel Cerebral, llenándose de estática opacando su voz—. *Algo pasó esa noche. ¿Por qué de todos los policías de la caverna llegaron Ingmar y sus monstruos? ¿Por qué Ingmar dijo algo de un trato? Alguien nos traicionó. ¡Daren, escúchame!*

La computadora terminó de desencriptar el archivo y Erasmo tomó la memoria, tan feliz de haberlo logrado que por un segundo olvidó que Daren estaba ahí. Se volvió a su amigo y dijo:

—Pero no todo está perdido. Nova está aquí en Obelisk, no mentí sobre eso. Voy a ayudarte a terminar el trabajo.

—¿Por qué? —preguntó Daren con la voz apagada.

—Porque eres mi amigo, lo quieras o no.

Daren aceptó con la mirada en el suelo, como si Erasmo hubiera roto su espíritu.

Una vez más, la suerte estaba de su lado. Nova estaba cerca. La siguieron hacia los ascensores ocultos detrás de las paredes de vidrio electrorresponsivo, que la llevaron silenciosamente hasta el punto más bajo del edificio. Sin dudarlo, Daren y Erasmo fueron por las escaleras hasta donde se encontraba la *suite* ejecutiva, el corazón de Obelisk.

Tenían que ser muy rápidos para adelantarse a su ojo. Erasmo sacó una pequeña navaja y justo antes de entrar, una bala atravesó la puerta y le tiró el arma de la mano.

—¿Qué están esperando? —preguntó Nova—. Pasen. La fiesta está por empezar.

Del otro lado se encontraba la oficina del Toro de Naica. Una amplia cámara rectangular con un ventanal gigantesco al fondo que ofrecía una impresionante y vertiginosa vista de las profundidades de Naica Negra. Una alfombra roja cruzaba la sala, adornada por pilares incrustados en la pared, hasta un enorme escritorio de ónix pulido donde Nova esperaba pacientemente.

—Daren, mi corazón, por fin llegas —lo saludó amablemente, cruzando una pierna sobre la otra y con una malévola sonrisa—. Te estaba esperando.

Su ojo biónico se encendió sobre él como un rubí en llamas.

CAPÍTULO XVIII

«LA VOLUNTAD DE LAS AURORAS»

Hogueras, música y risas. Todos estaban felices, comiendo y bebiendo, pero Erneq no era parte de la celebración. Incluso a la distancia, podía sentir las miradas de odio y disgusto. Miradas que fingían no verlo y que apartaban la mirada cuando se encontraban con la suya.

En el centro se alzaba una gran mesa de hielo meticulosamente tallada y adornada con intrincadas esculturas de morsas, focas y osos polares. Los Ancianos de la tribu estaban sentados a la cabecera, sus posiciones marcadas por tronos de hielo firmemente elaborados, símbolos de su sabiduría y liderazgo dentro de la comunidad. Erneq los vio envueltos en ropas forradas de piel de colores idénticos a las Auroras Perdidas, comiendo una gran variedad de pescados recién capturados del Lago Sedna y verduras cultivadas bajo Adliden.

Su padre acompañaba a los Ancianos y Erneq sabía que hablaban de él. Lo miraban, hacían muecas de disgusto y preocupación y luego volvían a hablar entre ellos.

—¿Cómo está mi hermano favorito? —apareció Ituko y le alborotó el cabello blanco.

—Soy tu-tu-tu único he-hermano —se quejó arreglándose el cabello—. T-Tengo que ser tu favorito.

—No necesariamente —se burló, mientras se llevaba a la boca un pedazo de carne—. ¿Por qué estás nervioso? —le preguntó, luego de ver cómo se acomodaba la máscara, asegurándose de ocultar su rostro.

—No e-e-estoy nervioso —mintió.

Ituko siguió la mirada de su hermano, pasando por los músicos, los adornos y el banquete, hasta la gran mesa de hielo al centro.

—Ya veo —dijo sin mucho ánimo—. Hoy van a decidir si te dejan hacer la iniciación. ¿No es así, hermanito?

Erneq se arregló la ropa y respondió muy enérgicamente. Quería ser un cazador. Molesto por la respuesta, Ituko preguntó:

—¿Cuántas veces ya les has pedido permiso? —Erneq bajó la cabeza, pues habían sido muchas y siempre habían dicho que no—. ¿En verdad quieres estar allá afuera? ¿Entre la oscuridad y los susurros y bandidos con cráneos humanos?

—P-P-Por supuesto.

—Apenas puedes cargar un traje de Tundra. Ni de caminar kilómetros en la nieve.

—Quiero que me-me d-d-dejen quitarme la máscara. Quiero que papá e-esté orgulloso de mí. Y que n-n-nadie me tenga miedo.

Acongojado, Ituko le agarró las manos para que dejara de peinarse y planchar excesivamente su traje, como si la menor falla resultara en su muerte. Se hincó frente a él para mirarlo a su ojo rojo y el otro blanco y dijo:

—Escúchame, hermanito, y escúchame bien. Hay cosas más importantes que agradarles a esos viejos sensibles.

—¡No digas eso! —exclamó molesto—. Los Ancianos son lo-los guardianes de nues-nuestras tradiciones y tabúes.

—Pero no de tu vida.

Erneq bajó la mirada hacia sus pies.

—T-Todos p-p-piensan que soy un Demonio Blanco. Lo v-v-veo en sus caras. No-No me quieren, pero si me con-convierto en un cazador dejarán de v-v-verme a-así. Q-Q-Quiero ser u-uno de ustedes.

Ituko pudo sentir las lágrimas en el pequeño cuerpo de su Erneq. Gentilmente le levantó el mentón, le limpió las mejillas y dijo:

—Me recuerdas tanto a nuestra madre. —Los ojos de Erneq se iluminaron—. No solo por su cabello y piel blanca, sino porque ella también era amable y cariñosa. Demasiado cálida para estar en la tormenta.

—¿Crees q-q-que ella me hubiese querido? —preguntó Erneq, jugando nerviosamente con sus manos—. Ya sabes… si yo no la-la hubiese…

Ituko se hincó frente a su hermano pequeño y lo obligó a mirarlo. Quería que sus próximas palabras las oyera bien y que las recordara:

—Incluso en el último momento, no puedes imaginar lo mucho que te amó. —Erneq abrazó a Ituko, escondiendo su lágrimas de felicidad en su pecho—. Vámonos de aquí, hermanito. Esos viejos pueden decidir por su cuenta. Esta noche es para celebrar y cantar.

[5h 45 minutos restantes], decía el reloj.
[4h 40 minutos restantes]
[4h]

Erneq por fin despertó gracias a la alarma de su traje. De inmediato sintió el cuerpo apretado por la nieve y no podía moverse. Se asustó. Su corazón empezó a latir fuertemente bajo su pecho, como un lunático contra el muro. Se iba a quedar sin oxígeno. Si el traje se había roto se congelaría. «Voy a morir», pensó, siendo presa del pánico, devorando más rápido el oxígeno que le quedaba. «¿Quieres saber qué significa ser un cazador?», recordó las palabras de Ituko. «Significa ser más inteligente que los monstruos que se ocultan en la oscuridad».

Respiró profundo para calmarse. Una vez que lo logró examinó que tanto podía moverse. Sus brazos estaban más o menos libres. Podía respirar. Eso significaba que el traje estaba intacto. Bien. Tenía que abrirse camino entre la nieve, pero primero tenía que saber hacia dónde. Juntó una buena cantidad de saliva en la boca y la escupió dentro su máscara. La pequeña gota cayó hacia la derecha. «Ahí está el suelo», pensó. Eso significaba que debía ir en dirección contraria y sabía cómo hacerlo. Al igual que en su traje de tundra el vapor corría dentro y podía usarlo para derretir la nieve, aligerar ese placa hermética de hielo y liberarse. En cuanto empezara, debía moverse rápido o la nieve caería sobre él, como una construcción que cae sobre sí misma y terminaría de enterrarlo.

Respiró profundo una vez más. Abrió la pequeña válvula, apuntó hacia la izquierda, y el vapor hirviendo golpeó la capa de hielo. Erneq oyó el crujido amenazador, como una bestia dormida que empieza a despertar. Siguió derritiendo la nieve. Poco a poco sintió cómo recuperaba el movimiento. De pronto, se abrió un hueco y la nieve le cayó en la cara. Desesperado, se levantó y rápidamente empezó a escalar a la superficie. Por suerte para él, no estaba tan lejos.

Sacó la cabeza de la nieve como un náufrago a mitad del océano y con dificultad sacó todo el cuerpo. Exhausto, se dejó caer de pecho sobre la nieve, tratando de controlar su frenética respiración. Ahí vio que la avalancha había tapado la entrada al barranco, creando un tipo de cueva con largas y vertiginosas paredes de hielo, atrapándolo en las profundidades.

Llamó a Vincze, incluso a Serj y a Adlar, pero no había ninguna señal de vida. Ni siquiera del meteorito. Estaba solo. A cada paso, sus botas crujían contra la nieve y el hiel compactados, creando una percusión rítmica que resonaban y hacía eco en las paredes heladas. En aquel lugar oscuro la soledad era palpable y un profundo silencio envolvía a Erneq, roto solo por el ocasional aullido del viento varios metros sobre su cabeza.

La luz de su máscara era su único consuelo y el tenue y enfocado haz de luz atravesaba la oscuridad del barranco, iluminando las paredes, y proyectando sombras alargadas y espeluznantes.

A pesar de su miedo y soledad, el pequeño Erneq siguió adelante, repitiendo la primera regla de la tormenta. «Sigue caminando y mantente caliente».

De pronto, oyó la nieve revolverse detrás de él seguida de la luz azul de otra máscara. Era Vincze. Se alegró de verlo y rápidamente lo ayudó a levantarse, cuando este reaccionó de golpe.

—¡Eso fue increíble! —chilló el chico—. Deberíamos hacerlo otra vez, copito. Hay que subir, pero ahora yo te empujo a ti. Y luego tú me empujas a mí. Y luego saltamos los dos.

Erneq lanzó una pequeña risa. De alguna forma aquella locura e hiperactividad de Vincze lo reconfortaba, como si él supiera algo que los demás no. Algo que le permitía reír y hacer bromas en una situación como esa. Luego, un tenue silbido detuvo sus pensamientos. Ambos chicos se miraron un segundo y bajaron la mirada, aterrorizados, hasta la fuga en el traje de Vincze.

—¿Voy a congelarme? ¿Voy a congelarme? ¿Voy a congelarme? —preguntó asustado, sacudiéndose violentamente como alguien que no sabe nadar a mitad del agua.

«¿Qué hago? ¿Qué hago?», se preguntó Erneq, con las manos en la cabeza mirando hacia todas partes. De nuevo, la voz de Ituko llegó a él y la de su padre: «Sé inteligente».

—Estás p-perdiendo oxígeno, n-no calor —dijo Erneq—. Puedo arreglarlo.

Sin perder más tiempo, Erneq compactó un poco de nieve en sus manos y luego la empujó contra el hoyo tratando de formar una especie de tapón. Funcionó, aunque solo era una solución parcial, pero era mejor que nada y el silbido se detuvo. Luego, Erneq desconectó una de sus mangueras y las conectó al traje de Vincze.

—¿Qué haces?

—Necesitas más oxígeno o la t-tormenta va a d-d-d-devorarte.

—Pero puedes morir.

Erneq no dijo nada unos segundos. La rabia de su padre contra los bandidos llegó a él, pero decidió ignorarla.

—O te puedo s-salvar —le dijo a su amigo—. Mi p-p-padre c-creó reglas para sobrevivir aquí afuera. La quinta dice: Salva lo sagrado y d-deja lo que no; la tormenta t-t-t-te hará ver la diferencia. Pero toda la vida es sagrada. ¿N-N-No lo crees?

Vincze sonrió conmovido y dijo:

—Creo que eres demasiado cálido, copito, demasiado cálido para estar en la tormenta.

Descansaron un rato y siguieron adelante. No había forma de subir ni de que los encontraran. Era una situación preocupante y ambos lo sabían. Hasta que, de pronto, a lo lejos vieron un camino estrecho y claustrofóbico del cual irradiaba un luz roja y brillante. Parecía algo tan extraño y fuera de lugar, que los dos chicos se miraron asustados y asombrados a la vez. Regresaron la mirada hacia la oscuridad del barranco sin fin y luego hacia aquella misteriosa luz que prometía mucho.

Entraron por aquel túnel tan estrecho que apenas los dejaba moverse. Se agacharon y estiraron para poder pasar entre el hielo, impulsados únicamente por aquella luz al final. Siguieron hasta lo más profundo de ese paisaje prístino, hasta dar con una impresionante y misteriosa caverna que parecía salida de un libro de fantasía. Una belleza surrealista brotaba de las formaciones de hielo que adornaban las paredes y el techo, brillante como un millón de diamantes.

Al acercarse aún más se dieron cuenta que se trataba de una especie de liquen, la combinación simbiótica entre un hongo y un microorganismo. Pero este brillaba de color fosforescente como si hubiera evolucionado a un mundo en la oscuridad.

Todo brillaba. Desde las estalactitas colgando desde arriba, cuyas puntas se asemejaban a delicados carámbanos, a las estalagmitas que se elevaban majestuosamente desde el suelo de la caverna, como árboles centenarios y congelados.

Siguieron avanzado con mucho cuidado de no resbalar, hasta que lentamente el suelo empezó a llenarse con agua. Más adelante sintieron la brisa caliente contra sus trajes. Esto era posible gracias a la red de géiseres y fuentes termales, que estallaban en intervalos irregulares, lanzando columnas de agua hirviendo al aire antes de caer en cascada. Todo el lugar era cubierto por una sinfonía sobrenatural de silbidos y chisporroteos, cuyo agua y vapor caliente moldeaban el hielo en intrincadas formas únicas y fantásticas, asemejando incluso a esculturas congeladas de criaturas irreales y nunca vistas.

Erneq y Vince avanzaron solemnemente entre aquel museo de hielo. «Son demasiado… perfectas», pensó el chico albino admirando aquellas figuras, como si no creyera que fueran el resultado del azar de la naturaleza.

Sin pensarlo, Vincze corrió hasta uno de los estanques y se quitó la máscara. Metió el rostro bajo el agua tibia y empezó a chapotear como un niño pequeño.

—¿Puedes imaginar estar caliente todo el tiempo? —preguntó Vincze, moviendo el vapor caliente de los géiseres contra su cuerpo—. Seguro que así se sienten los que viven bajo el Domo. Daría lo que fuera por vivir lejos de la radiación, los susurros y esa fría tormenta. ¿No estás de acuerdo, copito?

Más allá de los estanques había una intrincada red de túneles y hoyos profundos, que parecían bajar hasta el mismo núcleo del planeta. Erneq ignoró la pregunta de su amigo y se acercó al borde. Instintivamente, su mano se aferró a la pared al ver la oscuridad sin fondo. O al menos eso parecía. Cientos o quizás miles de kilómetros más abajo pudo ver el rojo del magma y contra toda lógica, creyó oír el vitoreo, rugidos y aplausos de personas.

—Anda, copito, quítate la máscara —insistió Vincze—. Se siente de maravilla.

Erneq negó con la cabeza.

—No-No deberías ver mi rostro.

—No es tan feo como piensas, tú tranquilo.

—¡No es eso! —exclamó Erneq—. Todos los que me v-v-ven, mueren.

Vincze ya estaba dentro de uno de los estanques, flotando en el agua. Meditó su respuesta durante unos segundos y por fin dijo:

—Si yo fuera tú, me tomaría fotos y se las mandaría a quien me cayera mal.

A Erneq no le produjo gracia.

—Yo… Yo maté a m-m-mi madre al nacer —respondió con tristeza, al mismo tiempo que pensaba en la fotografía—. Todos me t-temen y me odian, dicen que p-p-p-pertenezco a la tormenta por el color de mi p-p-piel, que por eso los e-e-espíritus detienen mi lengua al h-h-h-hablar como si tiritara de f-frío. Pero nunca mi hermano. Él siempre es bueno conmigo, paciente y amable, y a la vez fuerte.

—¿Está vivo tu hermano? —preguntó Vincze con genuino interés.

Erneq negó rotundamente con la cabeza.

—Mi p-p-padre t-t-tenía un hermano que fue d-d-devorado por la tormenta. Y a-a-ahora el mío t-t-también.

Vincze salió del estanque y fue hasta el chico. Se veía triste, pero a la vez contento.

—Creo que tienes mucha suerte —insistió con una sonrisa.

—¿S-S-Suerte?

—De tener a gente que te quiera entre tanto odio. Incluso si ya no está.

De pronto, un estruendo distante y siniestro resonó en la cueva. Ambos chicos se miraron asustados, a medida que se hacía más fuerte, resonando en el hielo. Algo se ocultaba en las sombras y sonaba pesado, grande y hambriento. Vincze se acercó al túnel cuando una figura monstruosa y sombría emergió de las profundidades de la cueva, con sus ojos brillando con intenciones malévolas. La criatura, cubierta de oscuridad, agarró a Vincze y, en un instante, lo arrastró a las profundidades, dejando solo los aterrorizados ecos de sus gritos.

Erneq chilló por su amigo, y con el pánico corriendo por sus venas corrió hacia adelante hasta que otra monstruosa figura salía hacia la luz. Era un enorme oso polar, con su pelaje enmarañado por la nieve y el hielo. Rugió con fuerza y se levantó en dos patas y el pobre de Erneq se fue hacia atrás, tropezando con el géiser.

Paralizado por el terror, Erneq hizo contacto visual con la bestia. En medio de esa terrible y surrealista experiencia, el chico sintió la belleza y el peligro que coexistían en aquel oso polar, seguramente uno de los últimos que existían. «Quizás son una pareja», pensó alegre. Este pensamiento calmó su corazón y el oso sintió lo mismo. Dejó de rugir y se acercó lenta, y gentilmente hacia él como un sabueso olfateando el aire.

Erneq alzó la mano y el oso gruñó de vuelta. Pero no se detuvo. Se acercó lentamente y el oso se acercó también. Poco a poco, hasta que por fin se tocaron. Erneq dejó salir una pequeña risita y el oso lo miró de vuelta, sin miedo y sin rabia como si pudiera ver algo dentro de Erneq. Algo amable y cálido.

De un instante a otro, el oso volvió a su estado salvaje y gruñó con fuerza. Al final del túnel se oyó el estampido de una bala y luego vino el disparo. El fuerte sonido resonó por todas las paredes, tan fuerte que Erneq se cubrió los oídos y se tiró al suelo.

—Los encontré —dijo Adlar a través de una radio.

—*Tienes dos horas. Recuerda* —le advirtió Serj.

El oso cayó herido contra el suelo. Aún vacilante por el estallido, Erneq fue hacia el oso para tratar de ayudarlo, pero no podía hacer nada por él. Adlar lo tomó del hombro y Erneq lo empujó de vuelta, molesto y gritó:

—¡¿Por qué lo hiciste?!

—Tuve que hacerlo. Iba a...

—No, n-n-no tenías. ¡No iba a lastimarme!

—¡No sabes eso!

—¡Claro que sí! —Acercó su rostro al del oso y trató de calmarlo para que no tuviera miedo, para demostrarle amor en sus últimos momentos—. Nuna: e-e-espíritu de la Tierra, Aunra; espíritu del c-cielo y Saranik...

Adlar se molestó tanto que empezó a gritar:

—¡Cállate! ¡Cállate! ¿Puedes cerrar la boca de una vez? Estoy cansado de esos rituales y tabúes de caza.

—Esos r-r-rituales y tabúes nos permiten d-dar gracias a los espíritus.

—Y se supone que también evitan su ira, ¿no? ¡Mira a tu alrededor, tartamudo! El mundo está muerto, los espíritus están muertos y nuestros antepasados también. ¡Esos tabúes, esas reglas y enseñanzas son una pérdida de tiempo!

—Los Ancianos nos e-enseñan que nuestros a-a-ancestros nunca nos dejan. Nos protegen y escuchan junto a los espíritus.

Oyeron a Vincze gritar a la distancia. No había tiempo para discutir y Adlar corrió en su ayuda. Erneq fue también, internándose más y más en esa caverna, hasta que llegaron a un lago con agua hirviendo. El pobre de Vincze acosado contra la pared por un oso.

Sin pensarlo, Adlar levantó su rifle, pero Erneq se puso en medio y dijo:

—No voy a dejar que lo mates.

—¡Quítate del camino!

—¡Es probablemente el último que queda! Debe haber otra forma.

—¿Prefieres que mate a Vincze? —preguntó cuando el oso rugió.

—¡No! ¡Pero toda la vida es sagrada! Los espíritus nos enseñan que...

—¡A la mierda los espíritus! —gritó Adlar—. ¡A la mierda los antepasados! ¡Y a la mierda tu tribu!

—¡ENTONCES DE VERDAD ERES UN TRAIDOR! —gritó desde lo más profundo de su pecho. Adlar apartó la mirada con ira y vergüenza.

Fue ahí cuando Erneq tomó la boca del rifle, forcejeó para quitárselo y se oyó el disparo. El oso huyó por un túnel y Adlar se paralizó con el dedo sobre el gatillo. Erneq dio un paso atrás con las manos en su abdomen y luego cayó al suelo. Sus sentidos se apagaron y solo quedó la extraña sangre, tan fría como la nieve, brotando de su estómago.

[1h 30 minutos restantes], marcó el reloj.

«Eso es imposible» dijo una extraña voz. Erneq trató de abrir los ojos, moverse o hablar, pero estaba cautivo dentro de su cuerpo. Pudo sentir la áspera tela de la cama y el olor rancio a alcohol etílico. Estaba en un hospital, pero no sabía cuánto tiempo llevaba ahí. Su mente no lograba medir el paso de los minutos… horas… o quizás días. Nada tenía sentido para él, ni siquiera las extrañas conversaciones que sucedían a su alrededor.

—Debemos regresar al Domo-Incompleto y encontrar al resto de su grupo —expuso Serj. Su voz gruesa y tosca era difícil de ignorar—. Yo sé que no venía solo.

No había duda. Estaba de vuelta en el Oasis, pero no recordaba cómo había llegado ahí. Luchó una vez más contra su cuerpo, impulsado por la respuesta a todas sus preguntas, pero mientras más se esforzaba, más parecía perderse en aquel espacio entre la vida y la muerte.

—También debemos ir a Adliden.

—¿Estás loco, Serj? —lo regañó una voz que no conocía—. Después de la carnicería de la tribu Aunra, Vöröz ordenó acercarnos al resto de las tribus.

El tiempo dio otro brinco, pero estaba vez fue acompañado de un fuerte dolor en su estómago, como si tuviera algo bajo su piel. ¡La bala! Erneq por fin recordó algunos fragmentos. El oso, el disparo y la sangre tan fría como la nieve.

—El grupo que enviamos no volvió —dijo una voz asustada y tan confundida como el pobre chico.

—¡Manden otro! —gritó Serj.

El tiempo se fragmentó de nuevo.

—Solo regresó uno. Dice que hay un monstruo. Uno que gruñe y sangra.

—¡Tráiganlo! ¡Vivo! —gritó Serj.

Hubo otro salto en el tiempo, tan repentino como un abrir y cerrar de ojos, pero esta vez Erneq por fin pudo abrir un párpado y vio el destello azul, verde y amarillo de las Auroras Perdidas entrando por la ventana.

—Este niño es la respuesta de todo —concluyó Serj con una risa endemoniada.

Después de eso, Erneq quedó solo. El reloj marcaba la medianoche y las luces se apagaron, a excepción de las Auroras Perdidas bailando sobre el Oasis. Oyó las voces entre la tormenta, susurrando al viento como si fueran asediados por un ejército de estatuas congeladas.

De pronto, la vio en el centro de la habitación. A esa mujer de largos cabellos blancos y con el cuerpo torcido. Erneq se armó de valor para preguntar quién era, pero el espectro guardó silencio. Arrastró las piernas y brazos rotos hasta la base de la cama, donde muy lentamente acarició las cobijas, dejando ver sus huesos marcados contra la piel.

—¿Quién e-e-eres?

Su pregunta al fin le permitió tomar control de su cuerpo y se levantó. Pero la mujer se había ido. En su lugar quedó Vincze, inconsciente en otra cama con una venda en el pecho y el pie enyesado.

Cuando Erneq puso un pie fuera de la cama, la tormenta se enfureció y golpeó el Oasis. Se oyeron las alarmas y las luces parpadearon como si la energía estuviera fallando. Fue entre ese caos que la mujer apareció del otro lado de la puerta, y con sus delgados brazos llamó a Erneq. Sin dudarlo, el chico cruzó la puerta y cuando lo hizo dejó atrás el Oasis. Las paredes ya no estaban llenas de sangre y suciedad, y el aire olía a hogueras y comida fresca. Una extraña magia lo había llevado de vuelta a Adliden.

El cabello blanco de la mujer se perdió detrás de un pasillo, dando pasos torpes y largos, como si estuviera acostumbrada a tener más piernas. Erneq apresuró el paso para alcanzarla. «¿Quién eres?», preguntaba apenas con voz en sus pulmones y aferrándose a las suturas.

Mientras caminaba, la deformidad de aquella mujer se desvanecía, su ropa, su cuerpo roto y extraño. Pero los pasillos de Adliden iban perdiendo su brillo, las paredes se hacían negras, cubiertas de hielo y telarañas. Mientras la mujer recuperaba el control de su cuerpo y se le componían los huesos, las risas y cantos se desvanecían entre la tormenta. Caos y horror se apoderó de Adliden cuando la mujer recuperó su belleza y fue en este momento, cuando Erneq frenó de golpe, asustado y confundido. Su lengua se atoró entre sus dientes y tuvo que forzar la pregunta:

—¿M-M-Mamá?

El símil de aquella mujer con la fotografía de su madre era sorprendente. Y difícil de ignorar.

—Mi hijo, Erneq, ven a mí —susurró con los brazos abiertos.

Erneq se llenó de una extraña alegría y corrió para encontrar su abrazo. Pero antes de llegar a ella, un par de manos lo tomaron bruscamente del hombro y lo tiraron al piso. Una rabia que no había sentido antes se apoderó de él, gritó y pataleó hasta que se dio cuenta de que ya no estaba en Adliden, sino en una habitación extraña que parecía el puesto de mando de una nave espacial, con muchas pantallas y botones de pared a pared.

Era la sala de control de la planta. Aquella que alguna vez fue el centro de operación, ahora parecía un conjunto desordenado de interruptores y monitores manipulados por un jurado ignorante.

—¿Qué diablos pasa contigo? —Era Tarabi, quien rápidamente le cubrió los oídos para que no oyera los susurros.

Funcionó y Erneq tomó control de lo que hacía. La visión se esfumó al igual que esa mujer... no... al igual que su madre.

—¡Trataste de abrir la ventana! —lo regañó, cortando sus pensamientos—. Entraste corriendo como si el mismo frío te persiguiera. ¡Malditos susurros!

Erneq trató de ordenar sus pensamientos y disculparse. No lo logró. Tarabi resopló molesta y fue hacia su escritorio. Pensaba que Erneq no se tomaba en serio lo que pasaba. Lo miró echando chispas. Sacó una botella de licor del cajón del fondo y se sirvió en un vaso.

—Tú y tu tribu. —Bebió todo de golpe—. Ese Domo allá afuera y cualquier ciudad bajo la superficie. Nadie sabe lo que vivimos aquí día a día. ¡La tormenta susurra y llama a los niños como un maldito flautista de Hamelin! Cubrir las ventanas y las puertas no sirve. Si no estamos atentos tratan de salir y nos matan a todos.

Estaba abrumada. Erneq notó las quemaduras por frío en sus manos. Incluso ella no estaba exenta del frío y de la radiación. No sabía qué hacer para consolarla y simplemente se acercó a ella.

—Es solo una maldita tormenta —siguió Tarabi, cubriéndose la cara con las manos, aferrándose a su mente racional—. El Evento Negro... nadie sabe qué fue ni qué lo causó... pero sabemos que empujó a la Tierra fuera de su órbita. Ahora vagamos por el universo como cualquier otro planeta errante. ¡No hay nada mágico ni sobrenatural en eso! ¡Nada! Pero... Pero... —se sirvió otro trago y lo bebió hasta el fondo—... Mi hermana.

Tarabi sacó una fotografía de un cajón. Era ella cargando a una niña pequeña en sus hombros, quien usaba una bata de laboratorio ridículamente grande. No fue difícil para Erneq atar los cabos después de eso, Tarabi había perdido a alguien en la tundra.

Se acercó con gentileza y dijo:

—Uno: Sigue c-c-c-caminando y m-mantente c-caliente. Dos: Ignora l-l-los s-susurros, pues la t-t-tormenta está h-hambrienta y todo quiere d-devorar. Tres: Dentro del hielo y la n-n-nieve, está el calor que nos arrebató la t-tormenta. Cuatro: Nunca entres a un C-Cementerio de C-Cristal. Y cinco: Salva lo sagrado y deja lo que no; la tormenta te hará ver la diferencia.

Con cada regla, la lengua de Erneq se fue adaptando hasta que terminó sin tartamudear, lo que hizo que Tarabi le mirara. El chico sacó la fotografía de su madre, aquella que tanto cuidaba y continuó:

—Mi madre está allá afuera. Mi h-hermano también. En la tormenta. Siento mucho lo que le p-p-pasó a tu hermana. Quizás seamos d-diferentes e-e-en algunas cosas, el Oasis y las Tribus, p-pero el frío de la tormenta nos une a todos.

Quizás fue su tacto, la calidez en su voz o la extraña e ingenua sonrisa, pero sea lo que fuese, ayudó a Tarabi a controlar sus emociones y se sintió mucho mejor. Hasta que Erneq colapsó frente a ella. Los puntos se habían abierto y el chico empezaba a sangrar a través de su bata de hospital. Rápidamente, Tarabi lo cargó hasta un sofá viejo y con los resortes fuera.

—No te vayas, Erneq. Ahora regreso.

A medio camino las alarmas se encendieron y se oyó la voz mecánica: «Tenemos un fugitivo. Un niño de ocho años, albino y con un ojo rojo y otro blanco. Esta tarea tiene una prioridad número uno. Vöröz quiere a ese niño. Encuentren al niño». A Tarabi le pareció una medida exagerada, pues Erneq no tenía a dónde huir y estaba herido. ¿Por qué poner en alerta a todo el Oasis?

La enfermería estaba vacía así que tomó un par de gasas y un kit de sutura. Eso serviría. Iba ya de regreso cuando, para su mala, o quizás buena fortuna, se encontró a Serj al mando de un grupo de búsqueda.

—Tarabi —la llamó. La mujer se volvió hacia él con una mirada llena de asco, sin limitarse a ocultarla—. Estoy buscando a la pequeña estrella.

—Lo sé y es gracioso que lo digas porque… —estaba por contarle lo sucedido cuando notó una extraña, casi tétrica sonrisa en Serj. Algo muy inusual—. ¿Qué pasa?

—Tú eres la ingeniera de esta planta. Mantienes los reactores y a nosotros vivos, pero eso va a cambiar pronto. Encontré algo en la tormenta.

Esa frase era imposible de ignorar.

—¿El meteorito? —preguntó Tarabi, deseosa de que esa fuera la respuesta. Pero no.

Serj negó felizmente y dijo:

—Ese maldito visir demandó el meteoro para dejarnos entrar. Está construyendo algo. Pero ahora, gracias al niño yo estoy construyendo algo también. Algo mayor que su Domo de cristal.

Serj se le acercó para evitar que los oyeran y le susurró algo al oído. Los ojos de Tarabi se abrieron del asombro y apenas pudo decir:

—Eso es… imposible.

—Debiste ver la cara de Adlar cuando tocó la sangre del chico —dijo Serj recordando el momento—. Se puso tan blanco que pareció haber visto un fantasma.

—Si lo que dices es cierto… Erneq… va a cambiarlo todo.

—No solo él. No estaba solo allá afuera. Debemos encontrar al resto de su gente.

—Escuché que algo atacó al grupo que mandaste. Una especie de monstruo…

—¡No importa! —la interrumpió—. Con ese albino la Tundra Eterna será nuestra. Podremos encontrar el Domo de Solaria, las Puertas-Blindadas de cualquier ciudad bajo la tierra. ¡Todo será para nosotros!

Tarabi recordó los susurros en la tormenta. Todo ese miedo y muerte. ¿Podría ser cierto? La promesa de dejar de temerle a la tundra era una idea maravillosa y su corazón se aceleró solo de pensarlo. Pero su mente recordó algo más: el árbol en la bóveda central de Oasis con los rostros llenos de sangre, a los bandidos y todas las atrocidades que ocurrían día a día.

—No importa si perdimos nuestra estrella —dijo Serj—. El mundo nos pertenecerá de nuevo.

—Primero necesita recuperarse —masculló Tarabi sobre Erneq.

—¡Tonterías! Debemos estudiarlo cuanto antes. ¡Abrirlo y hacer una vivisección si hace falta! ¡Arrancadle la piel! ¡Sacadle toda la sangre, sus ojos, todo!

—Es una locura. Es solo un niño.

—No. Él es la solución al Evento Negro.

Uno de los reactores lanzó una pequeña explosión que sacudió toda la planta. Tarabi tropezó y sin querer tiró una de las gasas al piso. Serj la vio y rápidamente la detuvo.

—Mi tarjeta —mintió Tarabi tranquilamente. Era la identificación con la fotografía de un hombre viejo de facciones muy parecidas a la de ella—. Soy la ingeniera del Oasis. —Y se la colgó en la bata fingiendo que se le había caído.

—Nunca usas la tarjeta de tu abuelo.

—Bueno, encontraste la solución para reconquistar la Tierra. ¿Por qué usarla una vez?

Otro estruendo sacudió la planta y Tarabi trató de irse de ahí, pero Serj la detuvo fuertemente del brazo. Sabía que algo ocultaba.

—¿Sabes dónde está el niño?

—¡Suéltame! ¿Oyes eso? —Era como una locomotora detrás de las paredes—. El reactor está sobrecalentándose. Necesita agua.

—Ya no necesitamos los reactores.

—Hasta que descubras lo que Erneq tiene, los necesitamos. ¡Ahora déjame ir si no quieres que la radiación nos mate antes!

Tarabi corrió de regreso y encontró a Erneq de pie ante todos esos botones y palancas. Quería hacer algo, pero no entendía cómo. Tarabi lo empujó de vuelta al sillón y empezó a trabajar en su herida.

—¿Son los reac-reac-reactores? —preguntó asustado, pensando que la planta estaba por estallar.

—Solo ignóralos —contestó Tarabi, poniendo atención a la piel albina del chico, a su ojo rojo, su cabello y cejas tan pálidas como la nieve.

Cuando terminó fue al panel de control y tiró de una única palanca. Las alarmas se detuvieron y todo regresó a la normalidad.

—¿Quieres saber un secreto, Erneq? —preguntó Tarabi ante todos esos botones, palancas y monitores que iban de pared a pared—. ¿Ves todas estas cosas? No sé qué hace la mitad de ellas. Soy la tercera generación de teléfono descompuesto que aparenta ser ingeniero. Soy un chiste.

—No tienes que saberlo todo —dijo el chico, con una mano sobre su herida—, p-p-para saber qué es lo importante.

—¿Cómo eres tan sabio? —preguntó con sorna para esconder su preocupación.

—Mi hermano. —Y le regaló una sonrisa—. Soy lo que s-s-soy gracias a él. Cómo tú g-gracias a tus a-a-ancestros. —Tarabi vio con melancolía el gafe de su abuelo—. Si no f-fuera por ti, el Oasis no seguiría aquí.

—«El Oasis» El Oasis no tarda en explotar—susurró con tristeza y rabia, sabiendo que los reactores estaban en su punto de quiebre—. Después del Evento Negro, después de todas las guerras, hambrunas y éxodos masivos en busca de calor, las Últimas Naciones se reunieron en el Parlamento de las Velas. Ahí se debatió y votó por los Domos y las Ciudades-Subterráneas. Otros dejaron el planeta en Arcas. Quién sabe qué son de ellos, ahora a la deriva entre las estrellas. —Dejó salir un pequeño suspiro—. Pero hubo una propuesta más. Una mujer, una verdadera ingeniera propuso la idea los «Oasis Nucleares». Ella dijo que teníamos suficiente material radioactivo para sobrevivir milenios, pero nadie la escuchó. ¿Sabías que cinco gramos de uranio producen la misma cantidad de energía que una tonelada de carbón, o quinientos sesenta y cinco litros de petróleo o cuatrocientos ochenta metros cúbicos de gas natural? Mi abuelo trabajó en el Oasis siguiendo sus instrucciones e insistió en traer un árbol para proteger una pequeña parte de la naturaleza del terrible invierno. Ese era el propósito de esta planta: «Otro faro de luz para toda la humanidad». Pero un faro atrae a todos, a los buenos y los malos. Así es como la familia Vöröz tomó el poder y nos convirtió en lo que somos hoy.

—Las p-p-personas…

—¡Las personas son malas, Erneq! Está en nuestra naturaleza, como los simios, mal evolucionados que somos. Tienes que entender eso. Eres demasiado ingenuo, demasiado noble… demasiado cálido para estar en la tormenta… y un día te darás cuenta y tendrás que hacer cosas terribles si quieres salvar a los que amas.

—Las p-p-personas son malas por m-muchas razones, pero nacer no es una de ellas. Y tú n-n-no eres mala. Tú eres buena. —Y le mostró el vendaje que le cambió.

—Te ayudé hoy. Eso no significa que no vaya a arrojarte a los lobos mañana.

—No importa. E-E-Elijo creer que no lo h-harás. Porque tú eres f-f-fuerte e i-i-inteligente, y esa es una buena combinación.

Tarabi sonrió y se tapó la cara con las manos en un último intento por combatir la idea que estaba tomando lugar en su cabeza. Al final, dio un pequeño grito entre sus dedos, suspiró y dijo:

—Muy bien, primero es lo primero. Necesitas ropa limpia, suministros y, sobre todo, tu traje estrellado.

—¿P-P-Para qué?

—Te voy a ayudar a escapar.

CAPÍTULO XIX

«ENTRE MINAS, HORNOS Y ENGRANES»

[La voz de Sóren Soler reemplaza la estática]

Querida Solaria. El Dios Constructor erigió los Domos y por mil años hemos vivido bajo ellos. Por mil años hemos estado a salvo de la tormenta. Y por mil años la codicia, corrupción y enfermedad de unos pocos, ha llevado las riendas de nuestra ciudad. Pero no más. Ha llegado la hora de que todos seamos iguales bajo los Domos.

He dado la orden de abrir los túneles para que el humo tóxico de la fábrica, producto de nuestro taladro, se distribuya de forma equitativa en cada Domo de Solaria. Nadie volverá a pensar que puede aprovecharse del débil o el desamparado.

Madres, abracen a sus hijos. Padres, tengan la certeza de que mi única intención es salvaguardar nuestra especie. Son tiempos oscuros, pero les aseguro que nuestro futuro es más brillante que nunca.

Mientras el Domo Norte aclamaba a su visir, el resto de Solaria quedó muda ante el humo que cruzó los túneles, entre las locomotoras, los andenes y estaciones. Se arrastró como una bestia por las calles y subió por los engranajes hasta el cristal. Todos los Domos quedaron a merced de nubes tóxicas de tormenta, que parecían devorar todo rastro de luz y esperanza.

«¡Van a llevarme con Sóren!», pensó Aury aterrada cuando le ataron las manos y le taparon el rostro con una bolsa de tela. Su corazón se aceleró, su respiración se hizo pesada y su mente no pudo evitar recordar la amenaza de su hermano.

—¡Por favor! ¡Por favor! ¡No me lleven con él! —gritó recordando las hogueras, tratando de liberar las manos de esa cuerda fea y áspera que le raspaba la piel como una lija de metal.

La descarga eléctrica calentó las tuberías y engranes de H-3R-0Nx9, obligando al vapor a salir violentamente por un escape en la base de la espalda. Era una medida de seguridad muy común, pero una que dejaba a los autómatas inmóviles, incluso hasta por horas. Como si se reiniciaran. Esto le pasó a H-3R-0Nx9, quien yacía como una pila de chatarra junto a Aury.

El carruaje salió del Cementerio de Chatarra hacia la calle y pudo distinguir la luz de las lámparas de gas. «¿A dónde me llevan?» se preguntó. No iban a la estación del tren. En su lugar, tomaron un camino de grava que sacudía violentamente el carruaje y hacía mucho ruido.

Llegaron a su destino.

Primero sacaron a H-3R-0Nx9 y no supo más de él. Luego vinieron por ella y la llevaron por un camino terroso, hasta que dejó de sentir el viento y los pequeños destellos de luz que alcanzaban su vista se desvanecieron. Olía muy extraño, como si el aire estuviese detenido sin lugar a dónde ir. Murmullos, martillazos y picos contra la roca. Era lo único que pudo distinguir en ese lugar, hasta que oyó el crujir del óxido en las bisagras de una gran puerta frente a ella.

—Avanza —por fin se hizo notar uno de sus captores y la amarró a una silla.

Los murmullos se hicieron mucho más fuertes y Aury pudo sentir cómo era ella el centro de atención. «¿Quiénes son? ¿Qué está pasando? ¿Sóren viene en camino o ya está ahí, observándome en silencio?». Todas estas preguntas la agobiaron haciéndola sudar y tragar saliva para contener sus nervios. Por suerte, una persona más entró al cuarto.

—Perdón por traerla de forma tan abrupta, señorita Soler —habló un hombre de voz grave, al mismo tiempo que le quitaban la bolsa en la cabeza.

A Aury le tomó unos segundos acostumbrarse a la luz y pudo notar los rieles para carros mineros, el armazón de metal en los túneles cavados profundamente en la montaña y, sobre todo, a sus captores: con máscaras de gas idénticas a los villanos que atacaron a la Sala de Ópera. El miedo se apoderó de ella cuando el jefe minero se acercó con un cuchillo. Se sacudió violentamente, pidiendo que por favor la dejaran ir, que no tenía nada que ver con Sóren ni mineros enojados ni taladros.

—U-U-Ustedes...

—No tiene de qué preocuparse —habló el hombre cuando le cortó el lazo en sus muñecas.

Aury no confiaba en él.

—¿Qué les hicieron a mis amigos? ¡H-3R-0Nx9! ¡Céfiro! —los llamó por sus nombres—. Ustedes secuestraron a mi familia y se la llevaron a Sóren. ¡No voy a dejar que me lleven con él! —gritó con una mezcla de miedo y rabia.

Una mujer intervino. Llevaba el rostro descubierto y parecía más una profesora, por su traje modesto y los lentes de medialuna frente a sus ojos.

—Aurora. Yo soy la institutriz Josefina Brock de la Universidad Argenta. —Parecía tener la misma edad de Sóren, pero su porte indicaba que era más inteligente de lo que aparentaba—. Por favor, escúchame.

Su calma era contagiosa y Aury dejó atrás esa actitud de perro asustado. Aceptó de mala gana, abrazándose el cuerpo y mirando a todos lados con aprensión.

—Te aseguro que el Sindicato Minero no atacó la ópera.

—¡Por supuesto que sí! —se defendió Aury—. Yo los vi. Llevaban máscaras iguales a esas. Me persiguieron hasta mi casa, quemaron todo y... y... mataron a mi amigo.

En una esquina de la habitación descansaba una gran caja de madera, y sobre ella, uno de los mineros. Al oírla resopló molesto y se unió a la conversación:

—No fuimos nosotros, princesa. —Aury reconoció su voz. No había duda de que él la había tomado prisionera junto a H-3R-0Nx9—. Si fueras más inteligente lo sabrías.

Definitivamente odiaba que la llamaran así y una pequeña chispa nació en su interior. Pero una que amenazaba en convertirse en mucho más:

—¡Princesa, tu trasero! Yo no soy una damisela en apuros. D-D-Desátame y comprueba de lo que soy capaz.

—Dura como el hierro —susurró el jefe minero descubriéndose el rostro.

Aquel era un hombre de piel negra con el cabello en rastas que caían hasta sus hombros; un cuerpo lleno de tatuajes con las manos cubiertas por callos, pero con una extraña mirada cansada.

El resto siguió su ejemplo y Aury se sorprendió por el matiz de edades, la piel plomiza y desnutrida de todos los mineros que, sin excepción, compartían la mirada de su capataz.

—Mi nombre es Abdulrazak Payne, señorita Soler, líder del Sindicato Minero y le aseguro frente a mis hombres y por el Dios Constructor, que nosotros no atacamos la ópera.

—Pero… pero han secuestrado gente y robado. Lo escuché en la radio. Ustedes…

—Eso es mentira —la detuvo con tristeza—. Hemos luchado por el bien de los mineros, de sus familias, pero jamás hemos lastimado a nadie.

—Sóren lo hizo creer así —dijo Josefina.

—¿Por qué? —preguntó Aury confundida.

—No puedes ser el héroe si no hay villanos —contestó Abdulrazak—. Tu hermano contrató criminales de los Merodeadores Mecánicos, una pandilla horrible para secuestrar a tu familia, y al mismo tiempo tener una razón contra el Sindicato Minero. Quiere incrementar las jornadas de trabajo, desaparecer a los líderes sociales y mantener al Domo Norte sometido. Todo para conservar su taladro.

Aury no tenía la menor idea y su rostro no se molestó en ocultar su ignorancia.

—¿Ven? Ni siquiera sabe de qué hablamos —se quejó el minero que la llamó princesa. Un chico joven y fuerte, pero demacrado por la falta de alimento. A sus dieciséis años el trabajo forzoso había marcado su piel oscura con hollín y tierra—. Es una princesa del Domo Central que no sabe ni le importa lo que sufrimos aquí. ¿Por qué deberíamos confiar en ella? Todas esas familias ricas son iguales. ¡Están cómodos gracias a nuestro trabajo, mientras nosotros nos asfixiamos con el humo tóxico de los Altos Hornos y morimos de hambre!

—¡Lester, es suficiente! —lo calló su capataz—. Por favor, Aurora, dime, ¿sabes algo sobre el taladro?

Extrañamente las palabras de Lester le afectaron a Aury. No pudo evitar pensar en los niños del Cementerio de Chatarra, a la gente pidiendo comida o calentándose en barriles. Aunque no le gustaba admitirlo, Lester sí tenía razón: ella era una princesa que jamás hubiera imaginado lo que vivía el resto de Solaria.

—Aurora —insistió la profesora.

—Yo… S-Solo sé lo poco que he oído en la radio. Honestamente jamás me preocupé por cosas así. Lo único que quería era construir cosas, jugar con mis hermanos y pelear por vestidos tontos —esa era la primera vez que hablaba en voz alta sobre su familia y su voz empezó a quebrarse—. Después de la ópera solo me he enfocado en estar lejos de Sóren. Y-Y-Yo no quiero que me queme —dijo con lágrimas en los ojos.

—Y no lo hará. Te lo aseguro —dijo Abdulrazak con una gentileza casi paternal que la hizo sentir mucho mejor. Como el primer consuelo y la promesa de que todo iba a estar bien.

—Supongo q-q-que no me secuestraron para llevarme ante Sóren, ¿cierto? —preguntó limpiándose la cara—. ¿Entonces qué hago aquí?

Abdulrazak compartió una extraña mirada con sus hombres y luego en la institutriz Brock. Esta última se acercó a la chica con un tono melancólico y dijo:

—Tal vez no lo sepas, pero tu hermano ha ordenado distribuir el humo tóxico de los Altos Hornos por toda Solaria…

—Y por mí está bien —intervino de nuevo Lester con su pésimo tacto y los brazos cruzados—. Toda mi vida me he sofocado por el humo de la fábrica. Ya era hora que esos niños ricos del Domo Central se atraganten como nosotros.

—¡Suficiente, Lester! —lo volvió a callar el capataz y el chico apartó la mirada—. Sóren tal vez haya perdido la cabeza, pero tiene razón en una cosa: Todos vivimos bajo las mismas cúpulas de cristal. Lo que le pase a uno, les afecta a todos.

La institutriz Brock se aclaró la garganta para tomar el control de la conversación, y se acomodó los lentes de medialuna antes de continuar:

—Aurora, escucha bien. Si el taladro no despierta, el Volcán Ébano va a asfixiarnos, literalmente.

Fue en ese momento cuando Aurora recordó la sombra junto al deforme violinista, su visión en la tormenta y el grito de Alister Víper: «¡Ese taladro va a matarnos a todos!». Y aunque no entendía cómo ella formaba parte, todo parecía indicar que lo que vio aquella noche en la Sala de Ópera, tenía más un aire profético que de pesadilla.

—Eso no responde mi pregunta —aclaró Aury—. ¿Por qué estoy aquí? —Algo dentro de ella empezó a preocuparla. Sóren había ofrecido una jugosa recompensa por ella después de todo. Y las extrañas miradas que compartían los mineros le preocupaban.

Hasta que Abdulrazak dio un paso al frente y preguntó:

—¿Por qué sus hermanos? —La chica abrió los ojos sorprendida—. Conocí a vuestros padres, y no estoy del todo seguro si participaron en el asesinato del rey Ilúson. Por respeto a usted, señorita Soler, no voy a decir nada acerca de ellos, pero ¿por qué sus hermanos? —insistió con fuerza—. ¿Cuál fue el crimen de un niño inválido, de una niña pequeña y de una bailarina como para que los quemaran de tal forma? ¿Por qué mandar a toda la policía en contra suya como si fuera una criminal?

Aurora no tenía una respuesta.

—Porque tú, Aurora, eres la única que puede detener el taladro de Sóren —dijo la institutriz Brock.

—¿Yo? —preguntó confundida y hasta molesta. Le parecía una completa estupidez. Jamás había visto ni estado cerca del taladro. ¿Cómo ella podía ser la única en toda Solaria capaz de detenerlo?

—El taladro está construido en una instalación subterránea bajo los Altos Hornos —dijo Abdulrazak—. La única forma de entrar es con los biométricos de la familia Soler. Al quemar a sus padres y hermanos, Sóren se aseguró de que nadie pudiera detenerlo.

—¿Cómo saben todo esto? —preguntó Aury cuando el recuerdo fugaz de las hogueras cruzó por su mente, haciéndola sentir como si cayera sin control.

—Cuando el rey fue asesinado y Sóren tomó su lugar en el Trono de Vapor, en verdad pensamos que todo iba a mejorar. Pero luego tomó el control de la Guarida de Vapor, nos declaró culpables de un crimen que no cometimos y decidió mantener esa monstruosidad encendida. Cuando quemó a su familia y a usted, una niña, la nombró el peor peligro para la ciudad y nos hizo pensar en otras posibilidades.

—Desde entonces te hemos estado buscando, Aurora —dijo la institutriz Brock—. No te tomes esto a mal, pero sin quererlo, te convertiste en la persona más valiosa en toda Solaria.

El cerebro de Aury aún no terminaba de procesar lo que había oído, pero alcanzó a preguntar:

—¿Y qué quieren de mí? ¿Cortarme una mano… o sacarme un ojo?

—Ese era mi plan —intervino Lester con una sonrisa mórbida—. Sería lo más sencillo.

—¡Pero claramente no va a pasar! —aclaró Abdulrazak de golpe—. Somos mineros, no salvajes. Quiero que usted, señorita Soler, y un pequeño grupo se infiltre en la fábrica, que abra la puerta que lleva hacia el taladro y que lo destruyan de una vez por todas. —Lester levantó al aire unas varas de dinamita.

La historia de Abdulrazak empezaba a tomar sentido en su cabeza, pero Aury sabía que, si aceptaba, entraría en ruta de colisión con Sóren. Ya no habría forma de evitarlo y tarde o temprano se verían cara a cara.

—Me gusta construir y reparar cosas, no soy una minera, mucho menos un soldado. Lo s-s-siento...

—¿Cree que soy un soldado, señorita Soler? —intervino Abdulrazak—. No. Soy un minero que saca carbón para mantener a mi familia y a la ciudad caliente. Pero no puedo quedarme con los brazos cruzados cuando el Domo Norte muere de hambre. Quiero una mejor vida para todos nosotros. Dice que le gusta reparar cosas, ¿no es así? No es diferente a lo que queremos lograr. Sóren y el taladro están rompiendo a Solaria y queremos repararla.

—Por favor, te necesitamos —le suplicó la profesora al hincarse frente a ella y tomarla de las manos. Josefina pudo sentir la aspereza de su piel, dedos gordos y llenos de moretones.

El miedo cayó como agua helada sobre la chispa dentro de Aury, amenazando con extinguirla de una vez por todas. Y hubiera pasado de no ser por Lester, quien no solo la regresó a la vida, sino que avivó la llama de la forma más simple: enojándola.

—¿Eres una Soler, o no, princesa? —dijo el muchacho con ese tono engreído.

—¡Por supuesto que lo soy!

—No lo creo. Toda mi vida he oído historias sobre tu familia. En especial de tu hermano. «El Prodigio Bajo el Domo». Cuando era niño pensaba en él como superhéroe, pero ahora veo que estaba equivocado. Los Soler son monstruos. Y tú solo eres una princesa consentida del Domo Central, demasiado asustada e inútil como para hacer algo al respecto.

—¡No soy una princesa!

—Entonces ayúdanos a vencer al tirano de tu hermano.

No hubo marcha atrás de eso. Aurora aceptó y ahora era parte de la revolución minera. Pero con una condición.

—Quiero a mi amigo —dijo dura y fríamente.

—Dura como el hierro. —Abdulrazak sonrió con orgullo.

Acompañaron a Aury hasta una sala de operaciones en una porción profunda y olvidada de la mina. En ella había personas y autómatas arreglando las luces, preparando estaciones de radio clandestinas y para su fortuna, H-3R-0Nx9 estaba ahí. Se sintió tan feliz de ver a ese autómata amargado y lleno de óxido como nunca y corrió hasta él.

—El pedazo de chatarra está bien —dijo Lester sin prestar mucha atención.

—¡No tenían que ser tan salvajes! —refunfuñó la chica.

—Una vez más —intervino Abdulrazak—. Una disculpa por traerlos de tal forma, señorita Soler. La Guardia de Hierro estaba muy cerca y no teníamos tiempo. Pero su amigo está bien, se lo aseguro.

—¡Yo voy a decidir eso!

De inmediato revisó a H-3R-0Nx9 para asegurarse que no tuviera alguna falla: le alzó los brazos, le estudió la pierna y la espalda y poco faltó para que le abriera el panel de acero en el pecho.

—¡Oye! ¡No seas indecente, niña! —le chilló H-3R-0Nx9 como un niño avergonzado al que quieren desvestir—. Estoy bien. Estos topos necesitan más para detenerme.

Aury lo abrazó. Algo que H-3R-0Nx9 definitivamente no esperaba. No estaba acostumbrado a ese tipo de emociones y reaccionó como su cuerpo de metal mejor le dejó: unas palmaditas en la cabeza como a un perro y la echó para atrás.

—¿Céfiro está contigo? —preguntó Aury, pero con un rostro serio H-3R-0Nx9 negó con la cabeza. Céfiro había volado alto cuando los mineros aparecieron y había logrado escapar.

—Y por eso mismo debemos irnos.

Aury estaba preocupada por Céfiro y quería ir a buscarlo, pero tenía algo muy importante en sus manos. Los mineros a su espalda esperaban mucho de ella y respondió acorde:

—No puedo irme —le dijo a H-3R-0Nx9, quien la miró confundido—. Voy a ayudarlos a destruir el taladro y quiero que me ayudes.

—¿Desde cuándo eres parte de su tonta revolución?

—Necesitan mi ayuda.

—No voy a ser un mártir en su revolución. Y tú tampoco, niña. Estos mineros están locos, créeme.

—Pero no tanto como mi hermano. ¡Voy a hacer esto! Por favor, quédate —le pidió de nuevo.

H-3R-0Nx9 rehusó. Había luchado abiertamente contra la Buitre y eso ya era suficiente con qué pensar, como para también unirse a una revolución minera. No. Ya tenía suficiente y lo dejó muy claro al partir hacia la salida.

Pero no pudo evitar regresar la mirada hacia aquella niña de cabello rojizo, aferrada al collar bajo su blusa. Puso atención a su atuendo y su piel llena de tierra, al moretón en el rostro encima del ojo derecho, por el puñetazo que recibió de Alice cuando le mordió la mano. «Es ruda», pensó. Su ojo esmeralda barrió la mina y puso atención a ese grupo rebelde, a esas caras desconocidas y potencialmente peligrosas; Aurora se quedaría sola con ellas. «Es la última Soler, va a estar bien», volvió a decirse a sí mismo al partir.

Abdulrazak se acercó a Aury y le puso la mano en el hombro con un aire paternal, como si tratara de consolarla. Aury levantó el rostro ante el capataz y le regresó una sonrisa triste. Dentro de ella sentía que se había quedado más sola que nunca.

Pero no fue así.

—¿Y qué gano yo? —regresó H-3R-0Nx9 con ese tono engreído y amargado de costumbre.

—¿Siempre eres tan convenido? —refunfuñó molesta, pero por dentro se sentía feliz de que regresara.

—No voy a arriesgar mis tuercas solo por una causa muerta y una niña tonta.

Aury pensó seriamente en la pregunta de H-3R-0Nx9 y no le tomó mucho decidir. Se inclinó un poco para asegurarse de que nadie pudiera verla y le señaló su collar.

—Si me ayudas, es tuyo. —Le sonrió triste, pero a la vez orgullosa de ella misma.

Y este gesto fue suficiente para borrar todas las dudas en el viejo autómata. «No es solo una Soler, es mucho más eso», pensó H-3R-0Nx9.

Lester se paró frente a un pizarrón y explicó el plan. Mientras hablaba, Aury pudo notar cómo todas las miradas se posaban en ella. ¿Y cómo no hacerlo? A pesar del hambre y la suciedad, la chica parecía de otro planeta con su ropa de buena marca, su cuerpo bien alimentado y, sobre todo, su cabello rojo y ojos turquesas. Odiaba ser ese centro de atención, pero poco sabía, que estaba a punto de enfrentarse a uno de los errores de sus padres.

—Esta princesa es Aurora Soler —dijo Lester.

—¿Tú eres Aurora? —le preguntó un chico. Aury apenas pudo responder con un movimiento de cabeza—. Siento mucho lo de tus hermanos.

—Aquí estás a salvo, princesa —dijo otro minero. A Aury no le gustó que ese apodo estuviera ganando fuerza, pero no dijo nada.

—No dejaremos que ese tirano te queme.

—¿¡Y por qué no?! —gritó Hesna Brownlow.

Todas las miradas se centraron en aquella mujer de casi setenta años, con cabello plateado y largo sobre su cara redonda y claramente afligida.

—El visir la está buscando, ¿por qué no entregarla y pedir a cambio a mi hijo?

Rápidamente, Abdulrazak le pidió que dejara esa conversación para otro momento. Pero Hesna era una madre afligida que veía a Aurora como la culpable de todo.

—Todos aquí hemos perdido a alguien —dijo Hesna—. Ya sea en un derrumbe en la mina por culpa de ese taladro, por hambre y frío o porque la Guardia de Hierro se los llevó. ¿Vamos a confiar en esta niña así de fácil? ¿Después de todo lo que sus padres y su hermano nos han hecho pasar?

Empezaron murmullos entre los mineros y estaba por empeorar:

—¡Tu padre nos torturaba!

—¡Nos hacía trabajar hasta rompernos las manos!

—¡O en la oscuridad! ¡Si queríamos luz teníamos que pagar por una vela!

—¡Nos encadenaba al piso! ¡Mi madre murió aplastada en un derrumbe cuando el capataz perdió la llave!

Abdulrazak pidió orden ante la rabia que lenta, pero segura, subía por el corazón de los mineros. Todos querían sangre para saldar sus deudas y qué mejor sangre que la de Aurora.

H-3R-0Nx9 lo sabía y su cuerpo de hierro se preparó para lo peor. Los gritos y reclamos subieron a un nivel preocupante, la turba dio un paso al frente hacia la niña y solo esperaban el grito de guerra de Hesna.

—¡¿Por qué deberíamos confiar en ti?! —preguntó la anciana, lista para lanzar a todos como perros salvajes.

Y ahí es donde la chispa de Aury por fin se hizo presente. Dio un paso y respondió con una furia que nadie había visto antes... ni siquiera ella misma:

—¡Porque yo soy una Soler! —gritó tan fuerte como pudo. Sorprendida, bajó el tono y siguió con calma—: Pero no soy dulce como Kelden, tan fuerte como Kara o hermosa como Elina, ni tan brillante como... como el visir. En un par de días mi vida cambió tanto que no la reconozco. No sé qué hicieron mis padres, pero desde lo profundo de mi corazón, les ofrezco una disculpa por todo y les prometo, que cualquier cosa que pueda hacer para enmendar los errores de mi familia, lo haré. Sé que viniendo de una... —le dolió decirlo— una princesa del Domo Central, mis palabras pueden no significar mucho. Tienen todo el derecho a no confiar en mí, pero quiero lo mismo que ustedes.

—¿Cómo sabes lo que queremos? —replicó Hesna con el corazón afligido, recordando al hijo que le arrebataron.

—No puedo recuperar a mi familia y probablemente tampoco puedo regresar a la suya —su voz estuvo a punto de quebrarse, pero se contuvo—. El visir nos ha hecho los villanos y toda Solaria lo ama por eso, pero nosotros sabemos lo que en verdad es. Un monstruo. ¡Juntos, le demostraremos que, si no oye nuestras súplicas, definitivamente oirá nuestra rabia!

Los mineros gritaron a su favor con los puños arriba y se oyó el canto: «¡Destruyamos el taladro!». Así, lo que antes era una turba de personas enojadas, ahora era un grupo unido con un solo objetivo.

Fue ahí cuando alguien tomó a Aury del hombro con gentileza, la chica alzó la mirada y dejó de oír las voces, los ruidos y cantos; todo se alentó como si el tiempo dejara de avanzar. Era Sóren. El corazón de Aurora soltó un latido y un grito se le atoró en la base de la garganta, pues no podía comprender siquiera cómo había llegado él ahí.

Sóren la miró con una sonrisa melancólica y repitió las palabras que le dijo la última vez que se vieron.

—La realeza debe inspirar a todos a su alrededor. Y tú, pequeña hermana, inspirarás a miles.

La imagen de su hermano se desvaneció, y en su lugar estaba Abdulrazak, quien la miraba como un padre orgulloso.

—¿Está lista, señorita Soler? —Aury parpadeó para borrar esa extraña visión y aceptó enérgicamente—. Dura como el hierro. Buena suerte y gracias.

Más de mil personas trabajaban en los Altos Hornos, distribuidas en un turno matutino y otro vespertino. El plan de Lester y los mineros consistía en mezclarse entre los trabajadores durante el cambio de personal en la tarde. Era un plan arriesgado y a H-3R-0Nx9 no le gustaba.

—Primero lo primero —dijo Lester—. Tenemos que parecer trabajadores.

—Por favor —exclamó Aury contenta, cuando le ofrecieron un overol de mecánico lleno de tierra—. Nací para estar así de sucia.

—¡No me construí a mí mismo para esto! —se quejó H-3R-0Nx9 cuando vio que pretendían meterlo en un carro lleno de piezas oxidadas para fundir y reciclar.

—Finge estar muerto —le dijo Aury mientras le empujaba la cabeza entre la chatarra.

Se acercaron a los Altos Hornos por una avenida ancha y cercada por faroles encendidos, elevando esa apariencia mística que rodeaba las altas chimeneas. Lentamente el grupo de trabajadores se acumuló frente a la puerta con una gran M entre los barrotes. Se oyó un horrible silbato y la puerta se abrió.

El aire estaba denso con un sabor metálico, subproducto de la fábrica. Las imponentes chimeneas se alzaban entre el humo tóxico haciéndolos sentir diminutos e indiferentes.

Todos avanzaron hacia el patio central al mismo tiempo que el grupo matutino salía en dirección opuesta. Al principio, Aury estaba impaciente por entrar, su naturaleza mecánica la obligaba a querer ver las máquinas de vapor, los hornos, calderas y engranes.

Hasta que vio al grupo saliente.

La ropa hecha jirones se pegaba a sus cuerpos, y sus pies descalzos, callosos y fríos susurraban contra los adoquines. No había diferencia alguna con muertos en vida. Todos agotados, arrastrando los pies al caminar, la mirada en el suelo y sin luz en sus ojos. Pero lo peor fueron los niños. Fácilmente constituían la mitad de la población de la fábrica. Muchos de ellos sin dedos, manos, hasta sin brazos ni piernas.

Mientras se acercaba a las puertas, una sensación de presentimiento se apoderó de Aury. La entrada, custodiada por enormes puertas de hierro forjado, se abrió con un chirrido de mala gana, revelando el corazón oscuro de los Altos Hornos.

Antes de cruzar el umbral, su mirada se dirigió hacia arriba y notó una ventana poco iluminada. Detrás del cristal empañado, una figura misteriosa la observaba. La silueta estaba adornada con un traje que parecía absorber la débil luz, un sombrero de copa alto que rozaba en el techo y un bastón retorcido.

Sintió una extraña molestia. No podía explicar qué era ni por qué. De pronto, los ojos de aquella sombra brillaron de color violeta, iluminando inquietantemente un rostro con rasgos endemoniados.

Aury se estremeció cuando un escalofrío recorrió su cuerpo. Fue peor cuando lo figura se levantó el sombrero con una mano aguantada, invitándola a la fábrica. Aury vaciló, dividida entre el plan de los mineros y el miedo que le infundía ese enigmático ser. Se frotó rápidamente los ojos para aclarar su vista y la sombra se esfumó como si nunca hubiese estado ahí.

—Esta es una terrible idea —susurró H-3R-0Nx9 dentro del carro.

—Cierra la boca —lo calló Lester—. Todo va a estar bien.

El silbato se oyó de nuevo con un sordo final y resonante, las pesadas puertas se cerraron detrás de ellos. La mortecina luz luchaba por penetrar el oscuro interior de la fábrica, y Aury y los demás quedaron a merced de los enigmáticos mecanismos que les esperaban dentro.

CAPÍTULO XX

«TRES BALAS AL CORAZÓN»

El pequeño Fred abrió la puerta del coche y Fénix descendió elegante frente a la entrada principal de Obelisk. Muchas cosas pasaban por su cabeza en ese momento, la gran mayoría en Daren y sus asesinatos, pero todo desapareció en cuanto vio a Tanabe Yamashita. La segunda al trono de Hikari era conocida por muchas cosas, menos por sonreír. Al cruzar a su lado, Fénix notó la extraña sonrisa, llena de orgullo y hasta cierto punto, de tranquilidad. Sentimientos que nadie sentía al hablar con Emmanuel Sha'ahar.

Fue tal el asombro, que Fénix regresó la mirada hasta la joven chica, escoltada por sus Shinigami hasta su caravana de vehículos. Mientras estos partían a toda velocidad, Fénix bajó la mirada hasta sus pies y todas las piezas empezaron a entrar en su lugar y pudo ganar perspectiva del rompecabezas que Daren y el comisionado habían puesto ante sus pies.

Fue el pequeño Fred quien la regresó al presente con su pregunta:

—El Toro de Naica, ¿de verdad piensa hablar con esa bestia?, mi Señora, ¿después de lo que le hizo? Primero no quería que ese ladrón de segunda matara a Darío, luego a Marren y ahora estamos aquí por la tercera. Es demasiado peligroso y...

Fénix alzó la mano derecha y el pequeño Fred guardó silencio. Sacó su larga pipa y Souma, quien los acompañaba, le acercó el encendedor para calentar la Amatista Sintética. Luego, Fénix se acercó gentilmente a su guardaespaldas y dijo:

—Sé cómo luce esto, mi amigo, pero tengo miedo. Necesito hablar con Emmanuel y averiguar lo que creo está pasando. Toda Naica Negra va a cambiar. Vamos, vayamos adentro.

Pasaron los retenes de seguridad y fueron a la recepción, donde un joven chico atendía las llamadas. Al ver a Fénix, se puso nervioso y la saludó muy cordialmente, sorprendido de verla ahí. La conocía muy bien y era claro que la admiraba. Incluso balbuceó algo de pedirle su autógrafo hasta que, gentilmente, Fénix accedió a cambio de un favor.

—L-Lo siento *madame* Fénix. La nueva jefa de seguridad fue muy clara. Nadie puede ver al director sin su permiso. De hecho, tengo que avisarle que usted...

—No te preocupes, mi querido —lo interrumpió con una sonrisa gentil—. Estoy segura de que ella ya sabe que estoy aquí. —Alzó la mirada hasta la cámara de seguridad en el techo—. Dile que estoy dispuesta a cooperar con el comisionado, si me deja ver a mi hermano.

El joven tecleó rápidamente en la computadora frente a él y luego sus ojos brillaron por el mensaje que acababa de recibir en su ComSet. Luego metió la información de Fénix al sistema e imprimió una tarjeta de pase para ella y sus acompañantes. Se la entrego nervioso y dijo:

—La jefa de seguridad desea hablar con usted en la oficina del director, *madame*.

—Por supuesto, pero después de que vea a mi hermano.

—Habitación 105, *madame* Fénix. Mis sinceras disculpas, nunca supe que usted y el director eran familia.

Fénix tomó el pase, le sonrió y luego se alejó de ahí. Pero antes de alejarse más regresó la mirada hasta la chica de la recepción y le dijo:

—No necesitamos ninguna escolta. Sé perfectamente dónde está todo.

Se cerraron las puertas del elevador y Fénix soltó un grito ahogado, respirando con dificultad como si hubiera estado aguantando la respiración todo este tiempo. El pequeño Fred y Souma trataron de ayudar, como pudieran, hasta que Fénix, con una mano contra la puerta y la otra en su pecho, les dijo:

—Souma, en cuanto se abra la puerta quiero que busques un pasillo solo, lejos de todo y le des la señal a los muchachos. ¿Quedó claro? —La chica aceptó segura. Luego se dirigió al pequeño Fred—: Voy a ver a mi hermano sola.

—Pero *madame* Fénix, ese monstruo…

Fénix lo calló con la mirada.

—Entendido.

Se abrió la puerta y Souma se fue de ahí sin decir nada. Fénix y el pequeño Fred, por otro lado, siguieron las indicaciones en las paredes hasta encontrar la habitación 105. Fénix entró sola y se vio a sí misma en un cuarto modesto con una sola cama sobre una plataforma con luces de neón. Bajo las sábanas se veía la silueta de un hombre corpulento, como un oso que gemía de dolor, girando de un lado a otro sin poder acomodarse.

—Nova… Nova… Nova —susurró cada vez más fuerte.

Fénix se acercó con mucho cuidado, como si se tratara de una bestia a la que no quería despertar. Mientras tanto, aquel hombre seguía gimiendo cada vez más fuerte.

—Tranquilo. Aquí estoy —fingió ser Nova, sentándose a su lado, acariciándole por encima de la tela.

—Un taladro… fue un taladro… en la superficie —exclamó sin lógica aparente—. El CMPI… están vivos. El comisionado… los vio… comiendo.

Se oyó un pitido que venía de un disco de metal pegado a la sien del director. Se estaba acabando la pila. Fénix sabía perfectamente de qué se trataba y ahí, al ver ese pequeño dispositivo, supo exactamente qué estaba pasando.

Los gemidos empezaron a bajar de intensidad y Emmanuel parecía recuperar la compostura. Rápidamente, Fénix buscó en el buró junto a la cama y encontró un cubo extraño con caras móviles como si fuera un juguete. Movió los lados un par de veces hasta exponer un compartimiento secreto con algo parecido a un pastillero. Sacó otro disco idéntico al primero, le quitó la tela cubierta de pegamento y con suma delicadeza la adhirió a la sien de aquel hombre.

El disco se encendió, liberando una descarga eléctrica que recorrió el cuerpo de Emmanuel Sha'ahar sacudiéndolo violentamente desde la punta de los pies hasta la cabeza. Sus músculos se tensaron a la par que su cuerpo entero se iluminaba por la descarga, como si un rayo le atravesara las venas, dejando ver cada órgano y hueso, debilitando su cerebro y pensamientos.

—Sigue durmiendo.

Nova Víctor, la teniente de Ingmar, y la más peligrosa de los cuatro, se puso de pie y caminó muy lentamente hacia Daren. Su ojo biónico lanzó un haz de luz roja y una sonrisa malévola se formó en su rostro. Pues para Daren, verla ir hacia él provocó algo en su interior. Su Panel Cerebral produjo estática y como película descompuesta, empezó a mostrar escenas y voces del pasado: vio al bebé que mató. Oyó a Serana gritarle cuando iba hacia él con un cuchillo en mano. La sangre. El llanto. Los dedos. «Eres un monstruo sin corazón, Daren», oyó la voz de Serana.

[Mensaje en el Panel Cerebral]
Carga cerebral corrompida al 32 %...
***Hardware* Anti-Psicosis: No encontrado.**
PELIGRO

—Me alegra que hayas venido, mi niño —dijo Nova sacudiendo la pistola en el aire, asegurándose de que no la olvidaran—. Y con un amigo tan guapo. —El ojo se posó sobre Erasmo y lo examinó de pies a cabeza—. No sabía que aún te quedaran amigos. ¿No vas a presentarnos?

Erasmo apretó la mandíbula y miró a Daren inquieto, pero este último sacudió la cabeza tratando de borrar las imágenes y las voces de su Panel Cerebral. Una rabia profunda empezó a arder dentro sus venas, como ácido concentrado y le dio la poca claridad que le quedaba.

—¿Sorprendida de verme con vida? —preguntó Daren, ignorando las palabras de Nova.

Curiosamente, Nova lanzó una pequeña carcajada al aire. Su ojo biónico se alargó como un catalejo de pirata y negó con la cabeza. La luz roja de su ojo barrió a Daren como una máquina de rayos de X y exclamó:

—Siempre supe que sobreviviste. Lo que me sorprende es verte de pie.

—¿De qué hablas? —preguntó Daren con una jaqueca que iba en aumento.

—Donde pongo el ojo, pongo la bala. —Y su ojo biónico se alargó aún más fuera de su cabeza—. Ingmar me ordenó que te matara esa noche, pero no fallé. Te disparé en la pierna por una razón. —El escáner rojo se detuvo en la pierna derecha de Daren, justo donde tenía la bala enterrada—. Quería que vivieras con un espíritu roto. ¡Como un león inválido sin poder correr! ¡Sin poder saltar!

Inconscientemente, Daren miró a Serana en la habitación. La chica estaba en silencio, con una cara preocupada como si supiera que algo muy malo estaba por ocurrir. «Eres *dsff* un monstruo sin corazón *dqwertyusf* Daren». Los mensajes se distorsionaban aún más como síntoma de que el Panel Cerebral estaba fallando.

—Una simple bala… jamás romperá mi… espíritu —se defendió Daren con dificultad.

De mejilla a mejilla se notaba esa mórbida felicidad en Nova, como si hubiera esperado mucho para ese momento. Dio un brinco infantil hacia atrás y se sentó de nuevo en la silla del director. Luego, mostró a los chicos un cargador para su pistola, pero era diferente: negro y con destellos rojos. Daren y Erasmo habían oído sobre esas balas, pero solo Erasmo entendió lo que significaba, y de inmediato miró la pierna íntegra de su amigo.

Nova puso el cargador en la pistola, y luego tiró de la corredera de su arma, botando una esfera de cristal llena de lava carmesí, mucho más grande que una bala común. La atrapó en el aire y dijo:

—Esa noche te disparé una bala de magma. ¿Lo sabías, corazón? Son muy parecidas a los Núcleos de Magma. Las prohibieron por ser tan… inhumanas.

La jaqueca de Daren subió de nivel y el pobre luchó para mantener los ojos abiertos. El ojo de Nova supo que Daren sufría y aquella sonrisa se hizo más grande.

—La diferencia con una bala convencional es obvia —dijo Nova, pasando la bala entre sus dedos como si fuera una moneda—. Cuando el cristal se rompe dentro del cuerpo, la lava derrite la piel, los músculos y el hueso sin dejar nada atrás. Es una agonía sin igual.

—¡CAÍ AL CANAL! —exclamó Daren casi gritando, más para calmar el dolor de cabeza que para expresarse—. El agua me salvó. Creo que tu estúpido ojo no vio eso.

—Tal vez —respondió, sin estar del todo convencida, mirando la inusual piel oscura del chico y la bala petrificada entre sus músculos.

Una vez más, Daren buscó a Serana por el rabillo del ojo. La chica estaba pegada a la pared, moviendo los labios tratando de hablarle, pero su voz estaba cubierta de estática:

—*Vete de aquí, Daren, por favor, vete.*

El ojo de Nova detectó ese sutil movimiento. Daren miraba a la nada acompañado del dolor de cabeza, sudor frío y diminutos espasmos en todo el cuerpo: Cyber-Psicosis. Su sonrisa se hizo más grande y guardó la pistola pues sabía que ya había ganado.

—¿Qué soy, Daren? —preguntó segura de sí, recargando todo el cuerpo contra la silla, cruzando una pierna sobre la otra dejando ver su hermoso cuerpo—. ¿El tercer asesinato de cuatro? —Se rio—. Me sorprende que hayas matado a Darío y a Marren, pero no voy a dejar que llegues a Ingmar. Yo soy la última.

—Ahí es donde te equivocas. —Daren levantó el brazo, apenas podía tenerlo quieto, amenazándola con los cables de alta velocidad—. Tú solo eres un escalón más para llegar a la cima.

Erasmo se puso en alerta. Nova tenía un arma letal después de todo y una precisión inigualable. Debían tener mucho cuidado.

—¿Y qué hay en la cima, Daren? —preguntó Nova sin alterarse siquiera un poco—. ¿Satisfacción? ¿Gozo? ¿Culpa?

Daren miró a Serana otra vez, cuya figura se desvanecía y aparecía entre estática. Nova puso las manos detrás de la cabeza dejando a los chicos apoderarse de la habitación, y Daren cayó en su trampa.

—Venganza —contestó aún con el brazo arriba, caminando vacilante hacia ella—. Por lo que le hicieron a Serana. ¡Todos ustedes!

—Oh, Daren, mi niño. Yo jamás le puse un dedo encima. Lo juro por la caverna.

—¡Mentiras! La capturaron… Ingmar siempre habló de lo que haría si la agarraba… y lo hizo. La capturó porque yo la… yo la…

Daren buscó a Serana otra vez, sintiendo cómo la jaqueca empujaba las lágrimas por su pecho hacia sus ojos. Nova supo que ese era el momento. Iba a destruirlo y sin disparar una sola bala. O al menos no balas de verdad.

—Daren, mi pequeño, yo no le hice nada. Pero sí disfruté ver cómo otros lo hacían. Creo que grabé algunas cosas, ¿te gustaría verlas?

Su ojo disparó un haz blanco al centro de la habitación y toda la ira e impulso en Daren se esfumaron como el humo de la Amatista Sintética. Era un holograma a solo unos centímetros de él, tan real que mostraba una celda y una chica de cabello rojo recargada en la pared, aferrada a sus piernas en el suelo.

—Hola, Serana —se oyó la voz gruesa de Ingmar como un demonio en la oscuridad.

—¡Teníamos un trato y lo rompiste! —exclamó la chica levantando el rostro lleno de moretones y con el cuerpo débil, pero aun con su espíritu indomable.

«¿Un trato?», pensó Daren confundido y buscó a Serana en busca de respuestas. Pero la ilusión que lo atormentaba apartó la vista llena de vergüenza.

—Aún hay algo que me debes. ¿Recuerdas? —preguntó Ingmar quitándose el cinturón del pantalón—. ¿Cuánto tiempo más piensas aguantar?

—Tanto como sea necesario. Erasmo sabe que estoy aquí, va a venir a salvarme.

Esta frase fue la primera bala que perforó dentro del corazón de Daren, abriendo su piel y quebrando sus músculos. Le dolió tanto que Serana no pensara en él que su Panel Cerebral lanzó un carga eléctrica que le dobló el cuello.

[Mensaje en el Panel Cerebral]
Carga cerebral corrompida al 45 %...
Hardware **Anti-Psicosis: No encontrado.**
PELIGRO

—Fue una yegua difícil de romper —siguió Nova—. Tomó varias semanas hasta que un día simplemente se rindió. ¿Acaso crees que fue rápido?

Nova rio de nuevo y esta fue la segunda bala contra el corazón de Daren, dejándolo apenas unido por tiras de cartílago débiles y delgadas, como las cuerdas de un violín.

[Mensaje en el Panel Cerebral]
Carga cerebral corrompida al 51 %...
Hardware **Anti-Psicosis: No encontrado.**
PELIGRO

Esta vez Daren buscó a Erasmo, pero tal era el dolor en su cabeza que olvidó para qué. ¿Información? ¿Ayuda? Sabía que era importante.

Nova cambió el holograma a una escena donde Serana gritaba a merced de Darío y luego a otro donde estaba Marren dentro de la celda. Serana peleaba y parecía que podía seguir toda su vida hasta que, por último, Nova mostró un holograma donde por fin la habían vencido. Serana yacía en su cama, murmurando sin sentido con la mente muerta y su cuerpo a solo horas de acompañarla.

Nova ganó. Lágrimas descendieron por el rostro de Daren y estaba por aceptar la derrota cuando en su arrogancia expresó entre risas:

—Algo te asustó esa noche en la vieja forja. ¿No es así? Vaya sorpresa. No me importa. Lo que quiero saber, mi dulce niño, es por qué Serana llamó a Ingmar esa noche.

Daren la miró confundido y con su corazón a nada de romperse. Erasmo intervino, pidiendo a Daren que no la escuchara, que eran mentiras, pero Daren estaba demasiado alterado para oírlo.

—Ella llamó a Ingmar y rogó que te llevara lejos. ¿No lo sabías? —Daren negó con la cabeza pues no lo creía—. Creo que Serana finalmente te vio como el perro loco que eres. Quería deshacerse de ti como todos los que te conocen. Tirarte a la basura.

Nova se puso de pie y fue hacia Daren como un elegante y hermoso demonio de lengua bífida.

—¿Qué se siente averiguar que la razón de tu fracaso, de tu cruzada de venganza, el porqué de la bala en la pierna, es la mujer que tanto amabas?

—¡Mientes! —gritó.

Y esta fue la tercera bala que terminó de abrir el corazón de Daren, de hacerlo trizas y dejar su pecho vacío, libre para que una masa negra como la brea tomara su lugar.

[Mensaje en el Panel Cerebral]
Carga cerebral corrompida al 67 %...
***Hardware* Anti-Psicosis: No encontrado.**
PELIGRO

Nova comenzó a reír, segura de haber destrozado su espíritu cuando Daren se tocó el perdigón atorado en sus músculos. Daren montó su ira en Nova, ignorando por completo las señales de alerta. Pulso errático, pupilas dilatadas y la contracción de sus músculos. Nova se dio cuenta de lo que estaba por ocurrir y rápidamente disparó una bala de magma contra Daren. Primero vino el rayo de luz y luego el estruendo. Daren disparó los cables de alta velocidad hacia la bala no para desviarla, sino para envolverla y regresarla como una honda asesina de gigantes.

Asustada, Nova disparó de nuevo y ambos proyectiles se encontraron en una fuerte explosión que los aventó contra las paredes y que bien pudo echar todo el edificio abajo. Las alarmas se encendieron y los rociadores automáticos liberaron el agua apagando el fuego y obligando a todos a salir.

Daren abrió los ojos y por un instante el caos lo abrumó. No supo qué había pasado, dónde estaba ni por qué, parecía un recién nacido, ignorante del mundo que lo rodeaba hasta que su vista enfocó algo. El «Fuego de Prometeo», tirado en el suelo junto a él. Quizás verlo le recordó el hurto en Hikari, como fue su moneda para comprar la información a Erasmo y de ahí cayó en picada por los asesinatos de Darío, Marren y ahora… Nova. O quizás no fue nada de eso.

Estiró el brazo, pero estaba fuera de su alcance. Sus oídos recuperaron un zumbido molesto, las alarmas, y su Panel Cerebral lleno de estática, así que bien pudo ser su imaginación. Serana pateó la memoria hacia a él, le dijo algo que no pudo oír y luego se fue de ahí, solemnemente, entre el agua que caía del techo y las llamas.

Daren guardó la memoria, se puso de pie y cruzó por el cuarto destruido hasta que dio con lo que parecía un monstruo. Era Nova. La explosión le había tirado ambos ojos que resultaron ser falsos, dejando expuesta la verdadera cyber enterrada a la altura de ambos ojos, con cables, luces y tiras de metal alrededor de un solo ojo biónico enorme como un cíclope. Para fortuna de Daren, estaba atrapada bajo el escritorio, luchando por alcanzar la pistola a solo unos centímetros de ella.

Daren tomó el arma, listo para acabar el trabajo. Erasmo llegó, apartando el humo de su cara y tosiendo. Daren alzó la pistola cuando pasó algo que no había previsto: Fénix apareció y lo tomó de la muñeca. Detrás venía el pequeño Fred y Souma.

Fénix le ordenó al pequeño Fred que levantara el estante. Incluso Nova estaba tan sorprendida que le tomó unos segundos captar su buena suerte. No esperó a que se la explicaran y echó a correr en cuanto pudo. Nadie le puso atención, pues los gritos y rabia de Daren sonaban sobre las alarmas, al grado que el pequeño Fred trataba de controlarlo como si fuera un gato cabreado, lanzando arañazos por la risa de Nova a la distancia.

Fénix no tuvo otra opción más que darle una cachetada para traerlo de vuelta, y los ojos rojos de Daren la miraron como un demonio que añoraba su sangre.

—¡¿POR QUÉ?! —gritó tan fuerte que les lastimó los oídos.

—El comisionado… Nova… no puedes matarlos. Marren y Darío no debieron morir —susurró como si ella tampoco creyera lo que estaba diciendo—. Naica Negra va a…

—¡NO ME IMPORTA TU CIUDAD!

—¡Te pido que confíes mí!

Fénix sacó a la vista el pañuelo de Serana, tratando de que sirviera como amortiguador contra la rabia del chico. Pero en vano.

[Mensaje en el Panel Cerebral]
Carga cerebral corrompida al 78 %...
Hardware **Anti-Psicosis: No encontrado.**

—Te lo regreso —insistió Fénix con el pañuelo—. Por favor, si vas a confiar en mí una vez en tu vida, hazlo hoy, Daren. Todo esto es…
—¡POR ELLA! —chilló tirándole el pañuelo de la mano.

[Mensaje en el Panel Cerebral]
Carga cerebral corrompida al 85 %...
Hardware **Anti-Psicosis: No encontrado.**
PELIGRO INMINENTE.

Daren apretó los ojos para controlar el terrible dolor de cabeza y le gritó:
—¡Ni siquiera sé por qué estoy hablando contigo, Fénix! ¡Una falsa mujer como tú jamás podrá entender lo que esos monstruos le hicieron!
Enojado, el pequeño Fred fue por él para hacerlo tragarse sus palabras. Fénix trató de parar a su amigo, restándole importancia, pero fue demasiado tarde. Cuando el pequeño Fred agarró a Daren del hombro y tiró de él, el chico disparó los cables justo hacia arriba, abriendo la piel del guardaespaldas desde el mentón, pasando por la nariz hasta la frente, dividiendo su rostro por la mitad.
Pasó tan rápido que cuando el pequeño Fred cayó al piso, sujetándose la piel llena de sangre con ambas manos para mantenerla unida, Daren ya había echado a correr por el pasillo. No le importó a quién empujaba, ni si tenía que pisar a los pobres que se habían caído con la explosión de las balas de magma. No le importaba nadie.

[Mensaje en el Panel Cerebral]
Carga cerebral corrompida al 99 %...
Hardware **Anti-Psicosis: No encontrado.**
PELIGRO INMINENTE.

Daren salió a la calle junto al resto de los empleados. Buscó a esa horrenda mujer entre la multitud. De pronto, su Panel Cerebral se llenó de susurros y golpes de cadenas, golpeando contra el suelo y arrastrándose. Su corazón se aceleró y rápidamente dio media vuelta hacia aquella borrosa criatura, invisible para los demás, pero pálida, con cicatrices en lugar de ojos, orejas y colmillos largos y con la piel chupada hasta los huesos.

—¡Déjame en paz! —gritó antes que alguien lo noqueara con la culata de una pistola.

Daren despertó con un balde de agua fría y un puñetazo en la cara. No le tomó mucho darse cuenta de que estaba atado de pies y manos a una silla de metal. A su espalda, pudo sentir el pozo de lava líquida, tan cerca que su ropa empezaba a incendiarse.

—¡Dije que despiertes! —Y otro puñetazo se le plantó en el rostro.

Era Nova. La mujer se sentó sobre las piernas del chico para verlo a la cara, y su único ojo biónico como de cíclope lo examinó. Daren apenas pudo reaccionar al respecto, pues la sangre le caía por el rostro. Estaba por desmayarse otra vez cuando Nova se acercó a su oído y le susurró que no había escapatoria. Su voz era dulce y ácida a la vez, y ayudó a Daren a mantenerse en el presente. Abrió un poco los ojos y le escupió una buena cantidad de sangre que había acumulado en su boca.

Disgustada, Nova se levantó y se limpió la cara. No iba jugar a más. Le apuntó con su pistola y Daren pudo oír el pequeño clic del gatillo al acercarse al punto de disparo. De pronto, una voz gruesa se oyó por un altavoz.

—¡Comisionado! —exclamó Nova, sorprendida—. No sabía que ya había regresado.

Daren levantó la mirada hasta los ventanales adheridos a la pared roca. Detrás, la figura negra de Ingmar Cromwell lo observaba todo, con una pose firme y las manos en la espalda. Se activó el altavoz de nuevo y preguntó:

—¿Qué hace el chico aquí?

Nova tragó saliva, preocupada por dar esa respuesta.

—Darío y Marren. Este mocoso los mató. Por su culpa, nuestro plan...

Ingmar apretó de nuevo el interruptor, llenando ese extraño lugar con estática para que Nova guardara silencio. Su postura firme se mantuvo y Daren pudo distinguir su gorro de policía entre su silueta.

—Ven. Necesitamos hablar.

Sin perder tiempo, Nova obedeció y dejó a Daren solo, dándole los segundos que necesitaba para poner en orden sus pensamientos. Curiosamente, no se oían los Núcleos de Magma de los vehículos, ni el traqueteo de la Oruga o los anuncios publicitarios. Tal parecía que había dejado atrás Naica Negra y por un segundo lo creyó, hasta que retumbaron los gritos sobre su cabeza. Era el Coliseo Rojo y supo perfectamente dónde estaba: debajo del anfiteatro.

Tiró de las ataduras y tambaleó un poco sobre la silla, pero estaba tan cerca del borde que una de las patas casi resbala hacia el pozo de lava. Se le agotaban las opciones y nadie iría por él. O al menos eso pensó.

Una trampilla en el techo se vino abajo, seguido de una figura negra que trepó por la pared de roca. Primero, Daren pensó en los monstruos de sus pesadillas y su corazón se aceleró, hasta que notó el cabello rojo balancearse hasta el suelo. Era Serana.

—Gracias a la caverna, por fin te encontré, idiota —suplicó agradecida, pero Daren apartó la mirada. No quería verla. Estaba molesto y confundido.

—No estás aquí —dijo, aceptando por primera vez que no era Serana, sino un mórbido espejismo que no lo dejaba en paz—. Yo sé que tú estás…

De pronto, pasó algo que era imposible. Serana le tomó el rostro con sus manos frías como el hielo y le obligó a mirarla.

—Te equivocas. Estoy aquí.

Los ojos de Daren se llenaron de lágrimas, al darse cuenta de que no era un espejismo de su Panel Cerebral roto. En verdad era ella, con sus ojos azul eléctrico, su piel clara y hermosa sonrisa bajo su cabello escarlata. Podía sentirla.

—No hay tiempo que perder. —Y le desató—. Tenemos que irnos. Nos están esperando. ¡Vamos!

El corazón de Daren se reparó y se bañó de un líquido cálido y agradable, bombeando un sentimiento de júbilo que no había sentido en mucho tiempo. Lo primero que hizo fue abrazarla con fuerza, como si no quisiera perderla otra vez. Le susurró cuánto la extrañaba y Serana le regresó el gesto, envolviendo al chico con su cuerpo frío y tieso.

—Tengo… mucho que decirte —balbuceó Daren—. Yo… —quería disculparse y contarle todo, pero Serana le puso el dedo en los labios para que no hablara.

Lo tomó de las manos y lo llevó hacia una extraña puerta que Daren no había visto antes. No le dio mucha importancia, pero al acercarse más se le hizo conocida: los remaches, tornillos y el metal. Serana abrió la puerta y con un gesto simple lo invitó.

En ese momento, Daren se tapó los ojos, luego se apretó los oídos y quería arrancarse la piel para desaparecer. Pues del otro lado, se encontraba su pequeña sala de operaciones en la casa de Erasmo, seis meses antes de robar el «Fuego de Prometeo» en Hikari.

Serana entró a esa sala cuadrada, con una mesa debajo de un tipo candelabro de luces de neón. Tomó su lugar frente a Erasmo y ambos chicos miraron en silencio a Daren, aún en la puerta rehusándose a entrar. Rendido, Daren aceptó.

—¿Está todo bien? —preguntó Erasmo al notar la cara de pocos amigos de Daren y de Serana.

—¿A ti qué te importa? —bramó Daren molesto y cruzó los brazos.

Serana, por otro lado, saludó a Erasmo de un beso, alebrestando más Daren y con un gesto le pidió a Erasmo que no insistiera más. La chica tenía los ojos rojos por las lágrimas y tampoco tenía ganas de revivir la pelea. Erasmo entendió perfectamente y cambió la conversación:

—Mictlán tiene un trabajo. Mucha pyrocita —hizo pausa para enfatizar que era una cantidad considerable—, pero mucho riesgo. Para ser honesto creo que no deberíamos…

—¿Cuál es el trabajo? —cortó Daren.

—Amatista Sintética. Hay una nueva fórmula en las calles y Mictlán la quiere.

—Eso no suena complicado —siguió Serana.

—No. Para los tres sería un trabajo sencillo: entrar y hurtar. El problema es que Mictlán trató de comprarla, pero el alquimista se rehusó. Dijo, públicamente, que no quería nada que ver con una Corporación que destruye la vida de las personas. Mictlán ahora no solo quiere la fórmula, quiere dejar un mensaje: matar al alquimista. Esa es la condición del trabajo.

Serana pensó que era horrible. Ni por un segundo consideró aceptar la propuesta, al igual que Erasmo. Daren, por su parte, tampoco estaba muy de acuerdo, pero verla tomarse de la mano con el chico, recargarse en él y compartir sus sentimientos lo hizo enojar. Su lastimado corazón saltó adelante:

—¿Cuánto? —Erasmo sabía que preguntaba por la recompensa—. Dije, ¿cuánto, niño bonito?

—Suficiente para una vida nueva —contestó preocupado, pues sabía que Daren no pensaba las cosas antes de actuar. Se adelantó a su locura y dijo—: Este trabajo está mal y lo sabes. ¡Somos ladrones, no secuestradores ni asesinos! La Policía de Zafiro no ignorará algo así, Daren.

—Yo lo haré y después me iré y nunca más tendrán que verme. —Miró a Serana con rabia como si le doliera terminar la frase—: Los dejaré solos.

Esta vez Serana habló en favor del plan. Lo cual le pareció increíblemente raro a Erasmo, hasta que entendió lo que pasaba. No iba a dejar a Daren solo, incluso en una misión suicida como esa.

—Si surge un problema. Lo que sea —le dijo a Serana, tomándola de las manos—, llámame. Yo iré por ustedes, lo prometo.

Serana y Daren partieron, sabiendo que ese sería el último trabajo que harían juntos. Aquella visón terminó, Erasmo y Serana se esfumaron y Daren quedó solo, agobiado por el recuerdo y la terrible jaqueca. Su Panel Cerebral estaba lleno de estática y fue en este momento cuando oyó a alguien gritando su nombre. Era una mujer. No podía ubicar quién era, pero por alguna extraña razón se le hacía conocida, como si la hubiera escuchado en una vida pasada.

La voz fue reemplazada por la de alguien más. Alguien que sí conocía:

—Daren. Daren. ¡Reacciona, maldita sea! —pidió Erasmo a gritos, hasta que por fin abrió los ojos, aún atado a la silla de metal frente al pozo de lava—. ¿Dónde está? Daren, responde. ¿Dónde está? —Erasmo le metió las manos bajo su ropa, sudando y sintiendo el calor abrasador contra su piel.

—De... Desátame —le pidió escupiendo sangre, tratando de sobrellevar el palpitar de sus venas hinchadas en su rostro.

—No hasta que me entregues... ¡Sí! —exclamó aliviado como el tóxico romance entre un alcohólico y una botella de licor, al encontrar la memoria con el «Fuego de Prometeo».

Daren entendió que no fue a salvarlo.

—No viniste por mí, ¿cierto? —susurró, empezando a deshilar el plan de su supuesto amigo.

—Vine por los dos, así que deja de quejarte.

Erasmo le desató una pierna y Daren aprovechó para patearle el estómago. El impulso casi lo tiró al pozo de lava, pero logró mantenerse.

—¡¿Qué diablos pasa contigo?!

—¿Por qué no salvaste a Serana? —preguntó Daren, ignorando la estática en su Panel Cerebral. Erasmo gruñó con una mano en el abdomen—. Solías decir que nada pasa en Naica Negra sin que te enteres. Tú le dijiste a Serana que te llamara si algo salía mal. Lo hizo, ¿no es así?

El rostro de Erasmo cambió a una expresión fría y lúgubre. Se arregló la ropa como si estuviera barriendo un disfraz que detestaba. Luego, se arregló el cabello y lo peinó hacia atrás para dar esa imagen limpia y pura, aunque sus ojos contaban una historia completamente diferente.

Estaba por contestar cuando se abrió la puerta y salieron Ingmar y Nova. Rápidamente, Erasmo sacó su arma, pero la destreza de Nova se la arrebató con un disparo.

Ingmar Cromwell por fin apareció. Un hombre de sesenta años y con arrugas, y una gran cicatriz que subía del mentón hasta su ojo derecho. El cuerpo erguido con traje negro y azul neón, lustroso en las articulaciones muy buen cuidado. Su cabello y barba rojiza complementaba maravillosamente su boca. Se quitó el sombrero, lo sujetó detrás de su espalda y dijo con un tono solemne:

—La historia se repite, ¿no es así, joven Erasmo?

—Ese trato —gruñó Daren con tal fuerza que la silla rechinó—. Fuiste tú, ¿no es así?

—Los busqué por días —empezó Erasmo su historia—. Hasta que oí el rumor de una chica de cabello escarlata en una arena privada bajo el Coliseo Rojo. Irrumpí en ella y la encontré. A Serana. Golpeada, sucia y con hambre, pero aún con vida como una llama que no podía apagarse. —Bajó el rostro avergonzado—. Busqué la llave, donde también encontré la fórmula por la que Mictlán iba a pagar una fortuna y ahí fue cuando…

—Lo encontré —cortó Ingmar al dar un paso al frente—. Llegó tan lejos como para fallar, así que le di a elegir: la fórmula o la chica.

—¿Qué es el amor de una mujer contra toda la pyrocita de la caverna? —preguntó Erasmo—. ¡Nada! Recuperaré todo lo que perdí y tendré mil como ella si lo deseo. Eso fue lo que pensé y lo mantengo.

—Ella era… —«todo» quiso decir, pero la ira le quemaba el cuerpo como ácido vivo—. Te mataré. ¡Lo juro por la caverna y sus luces de neón que te mataré!

—Los dos somos unos monstruos, Daren, y la tonta de Serana pagó el precio por no verlo a tiempo.

—Después de eso, Serana se rompió —intervino Nova con una sonrisa mórbida—. Daren la abandonó y ver a su última esperanza marcharse también, le destrozó el alma.

Nova le arrebató la memoria a Erasmo y se la entregó a Ingmar. Aquel pedazo de metal barato y cables no significaba nada para él. Elevó la memoria a contraluz como si tratara de ver a través de ella. Si hubiera sabido lo que guardaba dentro... quién sabe. Tal vez hubiera matado a todos los presentes, incluyendo a Nova. O quizás los hubiera liberado y les hubiera contado todo lo que sabía, evitando la desgracia que estaba por ocurrir en Naica Negra. Sea el caso, no hizo ninguna de las dos.

—¿Qué va a ser, joven Erasmo? —preguntó Ingmar con ese tono solmene tan característico suyo—. ¿Su amigo o esto?

El chico regresó la mirada hacia Daren, quien seguía gruñendo como un perro, mostrando los dientes y luchando por liberarse de la silla. Su decisión fue fácil.

—Hagan lo quieran con él. No me importa.

El comisionado le regresó la memoria y con un ademán simple dejó que Erasmo se marchara. Así lo hizo, sin mirar atrás, poniendo poca atención en los gruñidos y maldiciones que Daren lanzaba contra él.

Una vez solos, Nova lo ató nuevamente y lo amordazó. Ingmar acercó otra silla y se sentó frente a Daren, para verse cara a cara, poniendo suma atención a sus ojos rojos y piel oscura. El hombre sacó un puro de Amatista Sintética, cortó la base y Nova se lo encendió. Todo esto sin apartar la mirada al chico, quien le gruñía y babeaba como un perro con rabia.

Ingmar dejó su sombrero sobre las piernas, se peinó el cabello hacia atrás con ambas manos y preguntó al aire:

—¿Qué voy a hacer contigo, muchacho?

Daren contestó con un gruñido indescifrable. Estaba demasiado molesto para dialogar y mucho menos para preguntarse cómo Ingmar se hizo esa extraña cicatriz en el rostro. Daren era una bestia que no sentía el calor abrasador a su espalda, ni el dolor en su cuerpo.

—Me lastimaste, Daren, como tres balas al corazón —dijo Ingmar, limpiándose el sudor que le caía por la frente—. La primera fue cuando te marchaste con Serana, después de todos los planes que tenía para ustedes dos. Eran mis favoritos, ¿lo sabías?

Daren gruñó de vuelta.

—La segunda cuando mataste a ese bebé. ¿Y para qué? ¿Pyrocita? ¿Un corazón roto? No puedo creer que aspires tan bajo, muchacho.

Los músculos de Daren se tensaron tratando de reunir fuerza para librarse. El metal de la silla crujió.

—Y la tercera, hoy. Darío y Marren… ¡No tienes idea del daño que hiciste! —De pronto, la imagen calmada desapareció, dejando a la vista la verdadera rabia de Ingmar—. Naica Negra necesita una mano firme, mi mano. ¡Mía! ¡Y tú lo destrozaste todo! ¡Años de planes pendiendo de un hilo! ¡Todo mi control sobre Naica Negra! ¡¿Y por qué?! ¿Por el culo de una mujer que te mintió toda tu vida? ¿Que te temía tanto que te despreció como a un perro rabioso?

Daren gruñó, gritando con la rabia hirviéndole las venas.

Ingmar arrojó el puro de Amatista Sintética a la lava. Nova inclinó la silla hacia atrás, y Daren apretó las manos al oír el burbujeo del magma, con su corazón velozmente por el golpe de adrenalina.

Nova lo regresó a tierra firme. Ingmar se limpió de nuevo el sudor y dijo:

—Siempre fuiste tan estúpido, muchacho. ¿Pero sabes qué es lo más triste? Que tú y yo no somos tan diferentes. —Daren rugió bajo el pedazo de tela en la boca diciendo que no era cierto—. ¡Pero lo somos! Los dos nacimos sin nada. Dispuestos a hacer lo que fuera para obtener lo que queríamos: egoístas, prepotentes, estúpidos que no se detienen a pensar en las consecuencias de sus acciones… hasta que esas consecuencias regresan a desfigurarte por dentro o por fuera.

Ingmar giró la cabeza, exponiendo la cicatriz de tono rojizo y negro que contrastaba con su pálida piel, retorciéndose como un relámpago dentado dividiendo cruelmente su rostro hasta desaparecer bajo el cuello.

Nova volvió a tirar de la silla y Daren pudo ver con temor la lava burbujeante que le esperaba. Lo empujó de nuevo hacia delante y esta vez Ingmar lo tomó del rostro con sus manos, acercándose tanto a él que respiraban el mismo aire. Daren pudo ver de cerca esa horrible cicatriz, que parecía latir con una energía malévola propia. Era como si la cicatriz fuese un mapa de malevolencia, una ruta hacia la oscuridad en su interior.

—¡Lo creas o no, Daren, yo soy el menor de todos los males! ¡Y no voy a quedarme quieto mientras tu inútil cruzada de venganza destruye todo por lo que he trabajado! ¡Naica Negra me pertenece y yo voy a salvarla!

Ingmar tomó el respaldo de la silla y la arrastró lenta, pero decididamente hacia el borde. Daren entendió que la conversación había llegado a su fin, y con una desesperación que no había sentido antes, dio sus últimas fuerzas tratando de salvar su vida. No pudo.

—Ahora muere tan tranquilamente como la caverna lo quiera.

Lo arrojó al pozo de lava.

CAPÍTULO XXI

«DESGASTE NUCLEAR»

Adlar no podía dejar de pensar en Erneq. Se levantó de la cama, aferrado al diario con cubierta de cuero de violeta, desgastado por tantas veces que había escrito en él la misma historia. Una después de otra, como si escribirla le diera sentido a lo que pasó años atrás. Fue hacia la ventana y apartó las cortinas para dejar entrar el haz de luz verde, azul y amarillo de las auroras en el cielo.

—¡¿Por qué están aquí?! ¿Qué diablos quieren de mí? —Golpeó el cristal con su diario y recargó la frente—. No tengo nada en contra del niño, es ingenuo y tartamudo, pero… es un Saranik.

Miró a las auroras, suplicando a sus antepasados que dejaran de jugar su estúpido juego de pelota, y que respondieran, al menos una vez de forma clara. Los rayos de luz serpentearon en la oscuridad en silencio, tan majestuosos e intocables, indignándose a contestar.

—Los odio. A todos ustedes, pero sé lo que tengo que hacer. «La tribu antes que la sangre». Ese niño… no, ese Demonio Blanco… debe morir.

Las alarmas sonaron y una voz llamó a la búsqueda de Erneq. «No debe escapar», pensó, asustado por la pequeña posibilidad de que se fuera. Rápidamente, dejó el diario sobre la cama y tomó su rifle. Sabía perfectamente a dónde ir. Aquello que Erneq necesitaba antes que cualquier cosa.

Entró a la armería donde guardaban los trajes y Erneq ya estaba ahí, listo, con su traje estrellado a excepción de su máscara.

—¿Qué haces? —le preguntó Adlar a Tarabi, ayudándolo a escapar.

Adlar estaba furioso. Se veía en su respiración y en su mirada penetrante, como un cazador al que le amenazan con quitarle a su presa. Sin dudarlo, Tarabi levantó un muro frente a Erneq con su cuerpo, extendió los brazos y exclamó:

—¡Déjalo ir! No es su culpa.

—Lo sé —respondió con el corazón roto—. Pero hago esto por todos nosotros.

Y alzó el arma.

Tarabi trató de detenerlo, se lanzó sobre él, pero Adlar era mucho más grande y fuerte. Sin problemas la hizo a un lado, tirándola al suelo. Fue hacia Erneq victorioso y, por alguna razón, Erneq no huyó. Quizás el chico sabía que era inútil, quizás quería enfrentar su destino con el rostro arriba, pensó Adlar. Pero no.

—Tú… Tú t-t-también —tartamudeó con los ojos llenos de lágrimas y el dedo de Adlar se detuvo fuertemente sobre el gatillo—. Tienes la misma mirada. Mi p-padre y el resto de mi-mi t-tribu. Todos. Siempre me h-h-han visto así. Como si fuera un m-monstruo.

—Eres un Demonio Blanco.

—No —chilló Erneq, harto de no entender por qué. Harto de siempre luchar contra ese odio que no entendía—. Solo soy un n-n-niño que t-trata de ir a c-c-casa.

El cuerpo de Adlar se tensó sobre sí mismo. Algo dentro de él le pedía que no lo hiciera. Que eso estaba mal. «Debo hacerlo», se dijo, obligando a su dedo a moverse. Erneq se limpió la nariz y preguntó:

—¿Por qué t-traicionaste a n-nuestra t-t-tribu?

Sorprendido por la pregunta, Adlar alejó aún más el dedo del gatillo.

—¿Estoy a punto de matarte y eso es en lo que piensas?

—Por f-f-favor. Quiero saber q-q-qué pasó.

Sin saberlo, Erneq hizo la pregunta, cuya respuesta cambiaría su vida para siempre.

—¿En verdad quieres saber? Bien. Mi tragedia comenzó con los susurros. Esas voces perdidas entre la nieve y la oscuridad nos llaman a todos, pero por alguna razón los niños son más susceptibles. Las siguen como abejas a la miel. Así que los Ancianos decidieron que algo debía hacerse. Algo terrible. Algo que iba en contra de todos los tabúes. Decidieron formar un pacto con la tormenta y ofrecer voluntariamente a un niño para calmar su hambre.

—Eso n-no puede ser cierto.

—Eso fue lo que pensé, cuando supe a quién planeaban el sacrificar.

—¿A q-q-quién?

—Los Ancianos ofrecieron a mi hermana, la dulce y pequeña Qannit, a la tormenta —contestó, recordando con dolor el pasado—. Las Auroras Perdidas brillaron esa noche bendiciendo su locura, mientras la tormenta iba por ella. Mientras la devoraba. ¡Nuestros antepasados la vieron morir y no hicieron nada!

—¿Pero p-por qué ella? N-No entiendo.

—¿Sabes la historia del Sol y Luna? —preguntó Adlar, superando lentamente la parálisis de su cuerpo, preparándose para disparar.

—Sí —respondió Erneq con sorpresa, pues curiosamente la conocía muy bien—. Había una vez dos hermanos, Tukik un h-hombre y Saranik, su hermana. Tukik se enamoró de ella y c-cuando d-declaró su amor, ella lo r-rechazó. Enojado, la persiguió hacia la t-t-tundra y ella se convirtió en el Sol y él en la L-L-Luna.

—Correcto. Tú eres Erneq Saranik.

—¿C-C-Cómo sabes…?

—Oí de ti hace años, aunque nunca pensé conocerte. Perteneces a una de las familias más viejas de nuestra tribu. Aquella que carga el nombre de la estrella que perdimos. Mi hermana fue sacrificada a la tormenta porque su nombre también era Saranik.

A Erneq le tomó poco darse cuenta de lo que significaba. Su lengua fue aún más torpe de lo habitual y trató de hacerle la pregunta que tenía atorada en la garganta, cuando Adlar se adelantó y dijo:

—Fui ciego y estúpido, pero todo tuvo sentido cuando te disparé y vi tu sangre fría caer contra la nieve. «La tribu antes que la sangre». No hay por qué ocultarlo, mi nombre es Adlartok Saranik, tu tío.

—P-P-Pensé… P-Pensé —balbuceó Erneq, sin poder aclarar sus ideas y mucho menos hacer a su lengua cooperar—. ¿T-T-Tú eres mi tío? Pero…

—No me sorprende tu confusión —respondió Adlar, envolviendo el gatillo del rifle con su dedo—. La tribu y sus tabúes se convirtieron en todo para mi hermano, la noche Qannit fue ofrecida a la tormenta.

—L-Lo siento —masculló Erneq con absoluta sinceridad.

—No, Erneq. —Adlar levantó el rifle con el corazón acongojado, pero listo para disparar—. Yo lo siento.

Erneq cerró los ojos esperando el disparo, pero por suerte o desgracia, algo lo salvó. Una explosión en el otro extremo del Oasis, fuerte y localizada, los tiró al piso. Todo el Oasis quedó a oscuras unos segundos, y luego, las luces de emergencia se encendieron pintando los pasillos de color rojo. Sonó la alarma:

«Reactor 3 en condiciones críticas. Desgaste nuclear. Todo el personal debe abandonar las instalaciones inmediatamente».

—No puede ser —exclamó Tarabi, poniéndose de pie.

Puso una mano contra el muro, sintiendo el vibrar de las paredes y los rugidos distantes del reactor nuclear. Cruzó mirada con Adlar y con Erneq, y su terror era real. Ninguno de los dos la habían visto así antes.

—No... —miró a Erneq—... corre.

Tarabi abandonó la escena, corriendo por los pasillos hacia la sala de control. Erneq, sin apartar la mirada a su tío, tomó la máscara de su traje y se dio el valor para echar a correr. Una vez que ganó control de su cuerpo, corrió tan rápido como pudo, echando el rostro hacia adelante.

El caos reinaba mientras las estridentes alarmas sonaban en lo alto, y sus penetrantes gemidos resonaban en los pasillos. Erneq se encontró en medio de una escena de pánico. Buscando desesperadamente la forma de salir, tropezó con un mar de adultos y niños, chocando con todos los que se cruzaban en su camino. Rápidamente, su pequeño cuerpo fue devorado por las imponentes figuras que lo rodeaban, quienes corrían hacia la salida.

Un fuerte golpe en la cara lo hizo perder el equilibro y la máscara de su traje.

—¡No! —chilló con la mano arriba, tratando de recuperarlo. Lo necesitaba para poder salir.

El segundo golpe lo tiró por fin al suelo. Se hizo a un lado como pudo, evitando que lo pisaran. Logró escabullirse hasta pegar el pecho contra la pared, evitando por milímetros la estampida de gente en batas de laboratorio, cascos y trajes anti-radiación. Sonó la alarma otra vez.

«Reactor 3 en condiciones críticas. Desgaste nuclear. Todo el personal debe abandonar las instalaciones inmediatamente».

El corazón de Erneq se aceleró y su respiración se volvió entrecortada, a medida que la urgencia de la situación se apoderaba de él. Las luces rojas parpadeaban y el suelo bajo sus pies parecía temblar con la creciente catástrofe.

La estampida por fin lo dejó atrás y pudo ver su casco tirado a mitad del pasillo. Fue hacia él, cuando una bala se lo arrebató de las manos. Era

Adlar, quien se movía con una determinación deliberada, pasos calculadores y rápidos con los que sorteaba a la muchedumbre asustada. Cargó otra cámara en el rifle y Erneq sintió el temor.

Erneq corrió en dirección contraria a la salida, acercándose más y más al reactor agonizante, huyendo de su tío y los disparos. Dio vuelta en una esquina y tomó escondite en un armario lleno de escobas y cajas. Tenía poco tiempo. Adlar era un cazador y pudo oír los pasos acercándose. Por suerte, dio con una rejilla que conectaba los conductos de ventilación. Apiló las cosas del armario y se metió ahí antes de que Adlar pudiera verlo.

No tenía idea de adónde ir y solo se guio por su instinto, arrastrándose por el conducto lleno de tierra y ratas que pasaban huyendo sobre él, como si supieran lo que estaba por venir.

Oyó a Tarabi por el altavoz, acompañada del desesperante tecleo y el sonido de los computadores detrás de ella: «¡Todo el personal debe evacuar inmediatamente el Oasis! ¡Prepárense para la tormenta!». El miedo en su voz era palpable. Hablaba en serio.

De pronto, una bala atravesó el conducto de ventilación y casi le dio en la cara. El suelo que lo mantenía colapsó y cayó a una habitación oscura y maloliente. Sintió pisadas junto a él y el aroma rancio difícil de ignorar de la vaca que lo miraba.

—Lo siento, amiguita, f-fue sin querer —se disculpó, cuando se oyó un disparo y el pobre animal cayó muerto.

Erneq se dio a la huida entre los mugidos temerosos. Otra explosión ensordecedora atravesó la cámara y la onda expansiva arrojó a Erneq al suelo. Sus instintos actuaron y se puso de pie.

Alcanzó un pasillo que terminaba en una gigantesca puerta, de acero duro, y pistones a su alrededor. Un hombre en bata gritaba a sus compañeros del otro lado para que salieran de ahí rápidamente. El sistema automático estaba por cerrarla, dejándolos atrapados del otro lado.

—¡Necesitamos apagar el reactor! —se oyó la voz de Tarabi en la radio de aquel científico—. ¡Regresa ahí dentro!

—¡El reactor está muerto! ¡El Oasis va a explotar! —chilló el hombre.

La bala voló cerca de Erneq, empujándolo hacia aquella escena. Todos los científicos salieron y huyeron de ahí, chocando con el pobre chico. «¿Qué haces? «¡Sal de aquí!», «¡Vas a tu muerte!», oyó que le decían, pero Erneq le temía más al cazador detrás de él que al desgaste nuclear.

Erneq se escabulló entre los centímetros que aún quedaban de la puerta. Adlar lo alcanzó del pie y lo detuvo antes de que entrara.

—¡Suéltame! —chilló Erneq, en el suelo, tirando fuertemente para soltarse. El mecanismo automático crujió sobre la puerta y el pesado acero vibró.

—¡No puedes irte! ¡No puedes vivir! ¡Demonio! —gritó Adlar un segundo después de que las cerraduras golpearan la pared.

La puerta se cerró y Erneq se puso de pie, asustado y con el corazón golpeando contra su pecho. Fue hasta ese momento, lejos de su tío, que su instinto de supervivencia se apagó y pudo pensar en lo que hacía. Regresó la mirada hacia aquella enorme cámara de poca luz, llena de laberínticas pasarelas metálicas y maquinaria zumbando.

Se inclinó hacia delante y pudo una enorme piscina llena a la mitad con agua azul de un brillo metálico, casi fosforescente. Sumergido en el fondo, estaba el reactor nuclear. Su superficie metálica desgastada y maltratada, con las cicatrices de años de funcionamiento y la carga de un poder incalculable. La ominosa presencia del reactor fue subrayada por el tenue y espeluznante brillo de las luces de emergencia que arrojaban reflejos en la superficie de la piscina.

Del otro lado de la piscina, cruzando por una pasarela, Erneq dio con otra puerta de salida. La maquinaria se había roto y podía ver la luz del otro lado. Se agarró con fuerza a la barandilla de la pasarela, con los nudillos mojados del sudor. Su corazón se aceleró mientras contemplaba las barras de control, saltando fuera del reactor como ratas abandonando el barco.

Cuando llegó a la mitad, el reactor gruñó a sus pies y toda la planta empezó a quebrarse, viniéndose abajo. Las alarmas se detuvieron y en su lugar se oyó la voz de Tarabi:

—¡Erneq! ¡No te vayas! —El chico alzó la mirada confundido, hasta una pequeña cámara de vigilancia en la pared, apuntando directamente hacia él—. ¡Necesito tu ayuda!

Erneq siguió adelante hasta que cruzó la piscina hasta la puerta. La voz de Tarabi se oyó por otro canal lleno de estática. Cambió de frecuencia pensando que Erneq lo oyó antes. De nuevo, le pidió su ayuda. Del otro lado de la puerta Erneq pudo ver el camino de regreso a la armería. Podía tomar una máscara, aunque no fuera la suya y escapar o cambiarse el traje. Tenía la oportunidad.

—Por favor... Erneq... te necesitamos —suplicó Tarabi al ver que Erneq no iba a quedarse. Había oído a los científicos. No había forma de apagar el reactor.

Erneq recordó la historia de Serj. Cómo un miembro de su tribu lo había abandonado a él y a su familia a mitad de la tormenta. «Sexta regla», se dijo Erneq a medida que tomaba su decisión. «Las Auroras Perdidas brillan por todos». Regresó hacia la piscina y alzó la mirada hacia la cámara de seguridad, decidido a hacer lo que pudiera.

—Escúchame muy bien —le pidió Tarabi, agradecida en su voz—. Puedo apagar el reactor desde aquí, pero necesito que hagas exactamente lo que te digo. Vamos, no tenemos mucho tiempo.

Con manos temblorosas, Erneq siguió las instrucciones. Su corazón latía con fuerza ante la implacable cuenta regresiva. Los minutos parecieron horas. Toda la planta oía a la antena, rezando y suplicando en medio de las alarmas y los zumbidos, mientras Tarabi hacía manipular las barras de control, ajustar los sistemas de refrigeración y redirigir la energía.

Al terminar, una palanca al centro del cuarto se activó. Lo último que tenía que hacer era bajarla, y Tarabi podría iniciar el apagado de emergencia desde la sala de control. Rápidamente, Erneq fue a ella, cuando el rugido del reactor lo hizo tropezar fuera del puente. Se sujetó del borde antes de caer a la piscina, colgando de una mano. Tarabi lo llamó asustada y las luces se fueron. Erneq quedó solo, tirando hacia arriba con todas sus fuerzas, pero su brazo era débil. Sintió cómo sus dedos se soltaban, uno en uno. Dejó de luchar. En cambio, cerró los ojos y pidió ayuda a sus ancestros, quienes pintaban el cielo sobre el Oasis.

—Por el amor a los espíritus —oyó la voz de Adlar—. Más vale que no estés rezando, muchacho.

Le dio la mano y lo ayudó a subir. Confundido y agradecido, la lengua de Erneq no pudo darle las gracias.

—Vamos. Aún tenemos algo que hacer.

Fueron a la palanca y entre los dos tiraron fuertemente. El reactor rugió como si supiera lo que hacían. Los temblores se hicieron mucho más fuertes y parecía que ellos habían dado lo último que necesitaba para explotar. Asustado, Erneq se aferró a su tío y este, conmovido, lo protegió con su cuerpo, esperando el final. De pronto, se oyó el sistema de emergencia, el agua comenzó a fluir a la piscina, cubriendo el metal radiactivo. Las luces se encendieron a medida que las barras de control entraban al reactor y poco a poco su rugido se convirtió en suave ronroneo hasta apagarse.

A lo lejos se pudo oír el grito de felicidad del Oasis y cómo reían de felicidad.

Una vez a salvo, Erneq soltó a su tío y se alejó unos pasos de él. Pensaba que iba a reanudar la persecución y necesitaba esos pocos centímetros de ventaja. Pero Adlar suspiró con una pequeña sonrisa y le dijo:

—Vamos, hablemos afuera.

Salieron por la puerta dañada hacia el pasillo. Adlar le pidió a Erneq que se detuvieran bajo una ventana y, por unos segundos, contemplaron a las Auroras Perdidas, brillando majestuosamente sobre el Oasis.

—Erneq… sobrino —empezó Adlar—. Hay algo que debes saber sobre nuestra familia. Tienes que entender la tragedia que nos acecha, por qué hice lo que hice y por qué todos te tienen miedo.

El corazón de Erneq se sobresaltó esperando la respuesta.

—Tienen miedo de lo que puedes hacer. Tienen miedo a lo que estás destinado a hacer. Tú eres…

La tormenta rugió con tal fuerza sobre el Oasis que las luces parpadearon. El viento renació con nieve y hielo tan profundo que bloquearon la luz de las Auroras Perdidas. Aquellas hermosas serpientes de luz se apagaron bajo la oscuridad, como si las hubieran matado. Luego, vinieron los susurros.

—Mi hijo, Erneq, ven a mí —se oyó la tétrica voz al final del pasillo.

Bajo la parpadeante luz, apareció aquella mujer de piel y cabello blanco, con el cuerpo roto.

—¡Mamá! —exclamó Erneq con una gran sonrisa.

Aterrorizado, Adlar pudo ver cómo la mujer alzaba los brazos, llamando a su hijo. Detuvo a Erneq y lo puso detrás de él.

—¡¿Qué haces aquí?! —gritó Adlar con un verdadero temor en su voz, sintiendo cómo se le erizaba la piel.

—Mi hijo —susurró la mujer, dando un paso torpe y terrorífico hacia delante, impulsando su cuerpo roto, bamboleando torpemente como si le faltaran más piernas.

—¡No puedes estar aquí! —bramó Adlar—. Nos aseguramos de eso hace años. No puedes… ¿cómo escapaste?

Confundido, Erneq vio cómo Adlar preparaba su rifle. Apuntó a la mujer y antes de disparar se oyó de nuevo el susurro:

—Erneq, mi hijo. Te he estado buscando por años.

—¡Atrás, maldita araña! —Adlar disparó, pero la bala pasó a través de la mujer sin hacerle daño.

Erneq se llenó de una profunda tristeza y corrió a aquel espectro en la oscuridad. Adlar lo detuvo y Erneq se convirtió en una bestia. Comenzó a gritar y a patalear, suplicando que lo soltara y que lo dejara ir su madre. Erneq regresó el brazo con un golpe, pero falló. Adlar lo levantó al aire para que dejara de moverse. Pero Erneq no iba a rendirse tan fácil. Se inclinó hacia delante recargando ambas piernas en el muro y luego se impulsó con todas sus fuerzas hacia una ventana.

Adlar tropezó, llevándose a él mismo y a su sobrino contra el cristal, hacia afuera del Oasis a merced del frío, la oscuridad y los susurros.

CAPÍTULO XXII

«LA PRINCESA DE HIERRO»

Céfiro voló detrás de la carreta tan rápido como pudo. La siguió por una calle, dobló en la siguiente y tuvo que cortar por un callejón para no quedarse atrás. Por más que trató de mantenerla a la vista, la carreta dio la vuelta y la perdió. Desesperado, alzó el vuelo para tratar de encontrarla otra vez, pero el humo tóxico del Domo Norte no dejaba nada a la vista.

Pasó todo el día buscando y las luces del Domo empezaban a apagarse. Se paró sobre el toldo de una tienda pensando en que había fallado. Estiró las alas como si lanzara puñetazos, cuando oyó un golpe de estática, pero no venía de fuera, sino de él mismo. Sintió el vapor correr, los engranes moverse a voluntad y luego una voz fugaz y diminuta que decía: «Ella te necesita». Céfiro aleteó las alas y dio un par de brincos tratando de encontrarle sentido. La voz habló de nuevo: «Aurora te necesita». Esta vez reconoció la voz.

Un piso más abajo, el tendero abrió la puerta y dejó oír la radio encendida. Al principio era la voz de Félix Novar, luego estática y luego la tétrica voz de Sóren:

«A toda la Guardia de Hierro, Aurora Soler ha sido vista en los Altos Hornos. La fábrica está en llamas. Todos los oficiales disponibles deben ir ahí de inmediato. Esa niña es sumamente peligrosa y todo quien la ayude será castigado también.

¡Tráiganla con vida al Palacio Real!».

Céfiro supo exactamente a dónde ir. Llevó sus alas y cuerpo de hierro al límite pensando en que Aury estaba sola. Pasó entre el humo tóxico y sobre el Cementerio de Chatarra hasta la enorme fábrica que vomitaba humo contra el Domo. Las alarmas de la policía sonaban a la distancia y los trabajadores salían corriendo asustados. Céfiro aprovechó la confusión para meterse por un gran ventilador pegado a la pared, cuyas hélices se movían lentamente como las aspas de un molino.

Una vez dentro, el sonido de las máquinas era ensordecedor, pero logró abrirse camino entre los travesaños, las cadenas que colgaban del techo y las enormes calderas. La fábrica entera se sacudió como si se viniera abajo.

Unas horas antes, Aury y su grupo fueron recibidos por una fábrica sucia, llena de humo tóxico y por el traqueteo de las máquinas de vapor a toda potencia. Las estaciones de trabajo estaban colocadas en una planta central, atiborrada de tuberías, poleas y engranes girando en el aire. Un piso más abajo se oía el paleo del carbón hacia los hornos. El vapor chillaba mientras corría por las tuberías, empujando los pistones dentro los cilindros, moviendo los balancines, las bielas y ruedas, acarreando el hierro hacia crisoles gigantes para fundirlo en autómatas, carruajes, armas y cualquier cosa que existiera en Solaria. Soldadores, virutas de fuego, martillazos, gritos y máquinas.

Todos los trabajadores hicieron fila para chequear la entrada. Lester aprovechó el momento y empujó el carro de chatarra por un pasillo.

—¿Dónde está el taladro? —preguntó Aury.

—No está lejos —contestó Lester siguiendo un mapa muy mal dibujado—. Es por aquí, y luego hay que bajar hasta lo más profundo de la fábrica.

Dos autómatas doblaron en una esquina hacia ellos. El grupo trató de perderlos virando hacia algún lado, pero les fue imposible. Bajaron la mirada, esperando que sus disfraces fueran lo suficientemente buenos. Cruzaron codo a codo con esas máquinas cuyos ojos esmeraldas los examinaron cuidadosamente. Siguieron adelante y parecía haber funcionado, hasta que la rueda del carruaje se atascó, Lester perdió el control del coche y lo lanzó contra la pared. Adentro se oyó el quejido de H-3R-0Nx9 y los dos guardias frenaron de golpe.

—Alto ahí —dijo uno de ellos. Rápidamente los mineros formaron un muro frente a la chica, y fue Lester quien tomó la conversación—. ¿Cuál es tu propósito?

—¿Mi propósito? Sí, yo... nosotros llevamos esta chatarra a los hornos para fundirlos.

El autómata examinó el carro y luego miró al resto del grupo. Aury pudo sentir la fría mirada sobre ella e hizo lo posible por esconderse.

—La fundición es en esa dirección —dijo el autómata—. Solo uno empujará el carro. El resto, vayan a trabajar.

El guardia dejó caer un látigo de cuero áspero, con la punta ceñida por un pedazo de hierro filoso. Alzó el brazo y golpeó sin pensar a Lester. Hizo lo mismo con los otros mineros.

—Tú, niña —habló el otro guarida.

Aury apartó la mirada y el guardia le examinó detenidamente. «Sabe quién soy», pensó asustada. ¿Podía echar a correr? Por suerte, no tuvo que hacerlo.

—Una máquina de vapor en el piso de abajo necesita un niño que se meta entre los engranes y la repare. Ven conmigo. Ahora.

Lester y Aury compartieron una mirada rápida, sabían que no podían separarse. Pero no tuvieron otra opción.

Aury se vio atrapada por el autómata de hierro. Sus miembros metálicos la rodearon, transportándola con fuerza al corazón de una máquina destrozada, donde las ruedas dentadas y los pistones giraban y siseaban siniestramente.

Muchos trabajadores esperaban pacientes a su lado, con una mirada triste. Aury, una vez enamorada de la intricada belleza de las máquinas, ahora se enfrentaba a su naturaleza hostil. El autómata, desprovisto de emoción o comprensión alguna, la mantenía cautiva como si fuera un titiritero guiando a una marioneta.

Le ordenó amenazante que metiera el brazo entre los engranes, pero la naturaleza peligrosa de la tarea se hizo evidente. A la distancia oyó los llantos de un niño, que agregaron una capa inquietante a la atmósfera sombría. Aterrada, vio la sangre manchada entre los engranes y pedazos de carne y hueso. Por primera vez en su vida, la sinfonía metálica le provocó un terrible disgusto y temor.

Aury supo que no tenía más opción que afrontar la tarea entre manos. Las historias susurradas por los trabajadores pintaban un cuadro espantoso de lo que le había ocurrido al niño que metió el brazo entre los engranes.

Mientras ajustaba los pernos sueltos, una oleada de disgusto brotó dentro de Aury. La máquina de vapor parecía deleitarse con el sufrimiento que había causado, rehusándose a cooperar. Sus dedos se apretaron alrededor del frío mango de acero de su destornillador mientras pensamientos contradictorios luchaban en su mente.

¿Debería reparar esa malévolo artilugio, o debería oponerse a la monstruosidad por el bien de todos los que pudieran ser víctimas? El peso de su decisión la presionaba, pero con un profundo suspiro, Aury se llenó de valor. Cogió el destornillador y, con una mezcla de repulsión y determinación, buscó entre los engranes manchados de sangre. Sus dedos se movieron hábilmente, manipulando los intricados mecanismos.

No podía quitarse de encima las imágenes de todo el dolor que había visto en el Domo Norte. La miseria, hambre, los niños del Cementerio de Chatarra y ahora los Altos Hornos. La historia manchada de sangre de la máquina susurró entre risas la advertencia de que volvería a hacer lo mismo. Sin embargo, la joven ingeniera siguió adelante, impulsada por un extraño sentido del deber y la creencia de que podría burlar la amenaza mecánica.

Con una engañosa sensación de logro, Aury dio un paso atrás como si su misión estuviera completa. Guardó el desarmador en su ropa y la máquina, una vez inactiva, ahora zumbaba.

—¡Regresen a trabajar! —gritó el autómata de hierro.

Pero cuando los engranajes comenzaron a girar y el zumbido se convirtió en un rugido amenazador, los tornillos que había dejado sueltos a propósito actuaron como saboteadores silenciosos dentro del corazón de la máquina. Una serie de explosiones metálicas le siguieron, enviando una metralla volando en todas direcciones.

Cuando la máquina se detuvo repentinamente, los trabajadores intercambiaron miradas de sorpresa y una chispa de esperanza brilló en sus ojos. Alguien se había atrevido a desafiar la autoridad implacable que regía en la fábrica. El aire crujió cuando Aury se paró frente a la máquina silenciosa, su expresión era una mezcla de desafío y determinación.

Sin embargo, con una rápida retribución, el guardia de hierro la detuvo. Arrastrada ante la asamblea de trabajadores, Aury fue atada a un poste, como claro símbolo de las consecuencias de desafiar el sistema.

Se hizo un silencio entre la multitud cuando el látigo cayó de la mano del guardia. Sin dudarlo, golpeó. Aury pudo sentir cómo la piel se le incendiaba, como si una placa ardiente le rebanara hasta los huesos. Pero no gritó. El chasquido del látigo resonó por toda la fábrica como un cruel signo de puntuación para silenciar cualquier susurro de resistencia. Aury apretó la mandíbula y su cuerpo se tensó con estoica resolución.

Los trabajadores, en presencia de este acto de desafío, sintieron que una chispa de inspiración se encendía en su interior. La fuerza silenciosa de Aury dura con el hierro, resonó con su deseo colectivo de libertad.

—¡Suficiente! —se oyó un hombre a lo lejos.

Esa voz. Esa voz. Esa voz penetró dentro de Aury mucho más que el látigo. «¿Sóren?», pensó aterrada y el miedo ocultó por completo el ardor que sentía.

Aquella figura de autoridad y opulencia apareció como una nube oscura en el horizonte. Los trabajadores, sintiendo el peso de su opresión, instintivamente bajaron la cabeza cuando él pasó junto a ellos hacia la chica. Vestido con un traje impecable, adornado con un sombre alto y blandiendo un bastón de cobre pulido, exudaba un aire de control y autoridad.

Con su brazo derecho mecánico detuvo el castigo. Ranlyn MacCormont pareció desempeñar el papel de salvador, interviniendo para rescatar a Aury de una mayor represalia. Los trabajadores, mirándose a otros con temor, se preguntaron si tal vez esta poderosa figura había encontrado por fin una pizca de misericordia.

Ranlyn se acercó a Aury, su rostro ilegible cambió cuando se dio cuenta de quién era. No una chica común y corriente, sino la propia Aurora Soler. Sin embargo, sus verdaderas intenciones pronto quedaron claras. En lugar de ofrecer clemencia por compasión, trató de extinguir la llama incipiente de la rebelión antes de que pudiera encenderse por completo.

Se presentó a sí mismo como una figura benévola, que evitó que Aury sufriera un duro castigo, pero el mensaje subyacente era claro: la disidencia no sería tolerada y el sistema permanecería incuestionable.

Los trabajadores, extinguido su breve rayo de esperanza, regresaron a sus puestos, con las cabezas inclinadas en señal de sumisión. Y Aury, aunque aparentemente salvada del castigo inmediato, sintió una punzada en su estómago cuando Ranlyn le susurró con una extraña y tétrica risa: «Tu hermano te está esperando».

En los pasillos poco iluminados de la fábrica, Lester caminaba con dificultad, empujando el pesado carro cargado de chatarra y H-3R-0Nx9. El ruido de la maquinaria y el zumbido distante del suelo formaban una sinfonía disonante.

Su cuerpo se tensaba contra el peso del carro, y una capa de sudor adornaba su frente. El guardia de hierro reflejaba detrás de él su autoridad y severa disciplina, con una mirada distante que contradecía su monótono ser.

Lester inspeccionó su entorno, buscando la forma de escapar. Su mirada se movía entre los estrechos pasillos, cada opción era una barrera. La realidad de su situación pesaba sobre él.

Lo condujeron hacia los hornos rugientes, donde irradiaba un calor intenso, proyectando sombras siniestras sobre las gastadas paredes y tuberías de cobre.

«¿A dónde diablos me llevas, mocoso?», pensó H-3R-0Nx9 al oír cómo otros descargaban la chatarra en los voraces fuegos. Negándose a seguir oculto, emergió de la chatarra como un ave fénix de las cenizas. En ese momento crucial, H-3R-0Nx9 reveló dos cuchillas de hierro que salían de sus puños. El guardia, desconcertado por el giro inesperado, dudó por un fugaz segundo, pero demasiado tarde. Las cuchillas se enterraron en su cuello, y con un movimiento feroz, H-3R-0Nx9 le arrancó la cabeza.

—¡Suficiente de esto! —gritó—. ¿Dónde está Aurora?

En perfecta sincronía, los altavoces se encendieron y se oyó la voz de un hombre que gritaba desesperado, como una bestia malherida y muy peligrosa:

«Todos los guardias, ¡atención! La criminal Aurora Soler se encuentra en la fábrica. ¡Busquen a esa maldita niña y tráiganmela aquí! ¡ENCUÉN-TRENLA!».

—Ahí quedó nuestra misión sigilosa —comentó Lester con sarcasmo.

Ranlyn llevó a Aury a una gran sala llena de bombillas colgando del techo. Un escritorio de madera pulida adornaba el lugar frente a un ventanal adosado que dejaba ver la planta de producción.

—Por favor, pasa —le pidió a la chica con un gesto de su mano de hierro.

A medida que se acercaban al escritorio, Aury pudo notar que la ventana detrás estaba tallada con el símbolo de un autómata sosteniendo una pequeña fábrica en las manos, símbolo de la familia MacCormont, acompañado del lema en latín: *A sanguine unsque ad ferrum* – De la sangre al hierro.

—¿Dónde está Sóren? —preguntó Aury apretando el rostro, por el ardor de su espalda.

Ranlyn ignoró su pregunta y examinó sus heridas. La ropa le había protegido, pero no lo suficiente. La sangre supuraba y sin taco, Ranlyn puso su dedo de hierro en la herida abierta, haciéndola gemir de dolor.

—Dos latigazos y no gritaste. Estoy impresionado.

Ranlyn se sentó en el escritorio y con su mano cortó un puro y lo encendió. Con un gesto le pidió a la chica que sentara. Aury lo había visto por última vez en la ópera, pero parecía diferente: cansado, harto y enfermo con rayos violetas en sus ojos.

—¿Recuerdas mi oferta? Podría cambiar el dolor de la carne, por la dureza del hierro.

—¡¿Dónde está el visir?! —preguntó Aury molesta—. Dijiste que estaba esperándome.

—El visir está esperándote. En el Palacio Real —contestó tranquilo tomando una bocanada de humo. Le pareció curioso que no llamaba a Sóren por su nombre—. Aún no le dije que estás aquí.

Aury hizo lo posible por ignorar el ardor de su espalda y preguntó confundida:

—¿Por qué no?

—Porque el visir me advirtió que vendrías. Yo le dije que no serías tan estúpida. Supongo que él tenía razón después de todo, como siempre. Dime, ¿nunca has estado celosa de tu hermano?

—Ya no es mi hermano. Yo… Yo, ¡lo odio!

—Y no puedo culparte. Probablemente lo odiaría también estando en tu lugar. Cuando Sóren me contó su plan, jamás imaginé que lo hiciera tan «público».

—¡¿Qué plan?! —gritó—. ¿Mató a mis padres y hermanos por un taladro? ¿Por qué es tan importante? ¡Dime! ¡Merezco saber!

Ranlyn aspiró el humo de su puro con un rostro ilegible, lo que la hizo enojarse aún más. Contra el ardor de sus heridas, Aury se puso de pie y demandó golpeando el escritorio con sus manos ásperas.

—¡Dime o juro por los Domos que destruiré tu horrible fábrica!

Tranquilamente, Ranlyn apagó el puro en el cenicero y dijo:

—Tal vez estuve equivocado todo este tiempo. No necesitas reemplazar tu carne. Ya eres dura como el hierro. Pero no importa. La carne y el hierro son lo mismo para las llamas, solo necesita más tiempo y más de calor.

La puerta se abrió detrás de Aury y algo entró a la sala. Algo tan grande e imponente que el suelo vibraba por su peso. Las bombillas colgando se tambalearon y varias se cayeron, como si se hubieran desmayado ante aquel ser.

Asustada, Aury regresó la mirada a lo que era un autómata plateado de ojos rojos brillantes. No se parecía en nada a la Guardia de Hierro, a la Servidumbre Automatizada de Vapor ni a los guardias de la fábrica, ni siquiera parecía impulsado por vapor; era algo muy distinto, algo más fuerte y mucho más peligroso.

—¿Quieres saber qué hace tan importante al taladro? ¿Por qué vale la pena matar por él? —preguntó Ranlyn siendo víctima de unas horribles náuseas, cosquilleo horribles y dolor de cabeza—. Los estamos construyendo a ellos. No importa cuántos tengan que morir, la industria y el progreso requieren sacrificios.

—No, el progreso sin compasión no vale nada —dijo Aury con la mirada en los ojos rojos y en el rostro geométrico del autómata, sin un rastro de humanidad—. ¿P-Por qué necesitan algo tan… grande?

Ranlyn sacó un pastillero negro y de él una pastilla con una N grabada. Su cuerpo se estremeció y la alzó al aire, mientras las náuseas se hacían más fuerte y el dolor de cabeza era tal que le hacía borrosa la vista.

—Hay cosas… cosas oscuras que susurran en la oscuridad. Cosas que no sabes que existen, pero están allá afuera, acechando. Cosas con las que debemos luchar o nos volverán… locos.

Con un movimiento ágil y feroz, el autómata plateado empujó a Aury contra el escritorio. Sin compasión le arrancó la ropa rasgada, dejándola semidesnuda contra la madera. Luego, de la palma de su mano salió un chorro de gas congelante que le ciñó arduamente la piel. Aury gritó por un ardor que no había sentido antes, mientras el helado gas le congelaba las heridas en la espalda.

Mientras Aury sufría, Ranlyn se restregó la pastilla N contra su piel, de tal forma enfermiza que parecía amarla. La puso entre sus dientes y la saboreó con la punta de su lengua. La metió en su boca con un placer mórbido y antes de tragar dijo:

—Sóren ordenó que te lleváramos con vida y sin lastimar, al Palacio Real. Fue brutalmente claro en eso. Extraño, ¿no lo crees? Supongo que te quiere íntegra, para deshacerte él mismo.

Aury cayó al piso, aferrada a sí misma, casi inconsciente. Sin cambio alguno, Ranlyn le ordenó al autómata plateado que enviara un mensaje a Sóren diciendo que preparara la hoguera, su hermana iría con él pronto. Luego, cuando quedó solo con la chica, se puso de pie y caminó alrededor del escritorio hasta ver la silueta semidesnuda y llena de una escarcha blanca.

Se hincó junto a ella y pasó su mano de hierro contra la piel de Aury, expulsando vapor de las articulaciones. Empezó en la parte alta de su espalda, luego hacia abajo tocando cada centímetro de ella hasta sus caderas. Al terminar, se quitó el abrigo para cubrirla y al hacerlo, susurró débilmente:

—La carne es tan frágil.

Y fue ahí, con Ranlyn a centímetros de ella, cuando Aury se volteó hacia él y le enterró su desarmador oculto directamente en el ojo izquierdo. Furioso y sin poder ver, Ranlyn se arrastró por el suelo, gritando y desperado.

Con trabajo se puso de pie, y volvió su otro ojo hacia la chica. Aury había actuado por mero impulso, y verlo ahí, a esa cosa monstruosa viéndolo de vuelta la hizo sudar. Los rayos violetas en el ojo restante de Ranlyn se hicieron más fuertes, casi brillando como bombillas.

—¡ERES UNA IDIOTA! ¡NO TIENES IDEA DE LO QUE HACES! ¡NO TIENES IDEA DE LO QUE SIGNIFICA TODO ESTO! ¡NO TIENES IDEA DEL PODER DEL DOMO!

Bamboleante, Aury corrió hacia la puerta y la cerró de golpe en su cara. El metal empujó el destornillador más profundo en su piel, y Ranlyn cayó al suelo, desesperado.

Poco después sonaron las alarmas en toda la fábrica y Ranlyn gritó por los altavoces, llamando a atrapar a la chica.

—Oh, mierda. Oh, mierda, ¿Ahora qué hago? —se preguntó Aury con el corazón latiéndole a mil por hora, huyendo por los laberínticos pasillos.

Alzó la mirada hacia las tuberías de cobre que llevaban el vapor hacia las calderas. No conocía la fábrica, pero sabía cómo funcionaba una máquina de vapor. «¡Debo estar loca!», se gritó por el plan que tenía en la cabeza.

Oyó la estampida de guardias a los lejos.

—¡Sí, estoy loca!

Siguió las tuberías pues aún le quedaba un truco bajo la manga. Entró a una sala llena de calderas alimentadas por las tuberías de agua, carbón y el vapor saliente que movían las máquinas. Abrió una válvula y luego otra, abrió una llave de paso para dejar correr el vapor a libertad y de inmediato los medidores indicaron el aumento de presión hacia las calderas.

Por último, Aury agarró un gran martillo que apenas podía levantar y fue hacia la caldera principal del cuarto. En un costado había una válvula de seguridad que sacaba poco a poco el vapor para evitar que se acumulara. Aury levantó el martillo y llevó todo su peso adelante para romper el escape. Las alarmas se encendieron, pero no se detuvo ahí. Fue hacia la siguiente caldera e hizo lo mismo y luego a la siguiente. La presión se fue acumulando, ensanchando las tuberías y quitando las tuercas. Para cuando terminó todas las alarmas se encendieron.

Luego buscó el sistema de alarma y lo activó. El silbido se oyó por todo el lugar. Se aclaró la garganta antes de hablar por el sistema de radio:

«Habla Aurora Soler. Al igual que el tirano de mi hermano, esta fábrica ha oprimido a la gente por mucho tiempo. Pero no más. Todos deben evacuar inmediatamente. Hay aumento de presión hacia las calderas y todo este horrible lugar va a explotar. ¡Viva Solaria!».

Todos dejaron sus estaciones de trabajo y corrieron hacia las salidas de emergencia. La fábrica entera temblaba y las luces se apagaron. Los travesaños, las tuberías y engranes se caían. Aury y los demás se escabulleron entre la turba de trabajadores que salió hacia el patio central de la fábrica justo cuando las calderas hicieron explosión llevándose consigo las ventanas, paredes, el techo y las enormes chimeneas, cortando de raíz el humo tóxico que sofocaba a toda Solaria.

—¿Qué estás haciendo? —le preguntó Ranlyn llegando a la sala, con una mano sobre el rostro sangrante—. ¡Estás demente!

Y se fue contra ella.

En ese momento Céfiro descendió en picado y enterró su pico en el siguiente ojo de Ranlyn, cegándolo por completo.

—¡Pajarraco! —gritó Aury contenta de verlo y Céfiro voló y la acarició con su pico de metal—. ¿Cómo sabías que estaba aquí?

Pero tenían mayores problemas.

Toda la fábrica estaba en alerta y podían oír las sirenas de la Guardia de Hierro acercándose. Salió de ahí a toda prisa y chocó con el fuerte y oxidado cuerpo de H-3R-0Nx9.

—¿Qué diablos hiciste? ¿Y tú de dónde saliste? —le preguntó a Céfiro.

—No hay tiempo para eso —intervino Lester—. Todo el lugar se va al demonio. Hay que salir de aquí mientras tengamos la oportunidad, princesa.

—¿Qué? ¡No! No podemos irnos. —Estaba tan llena de adrenalina que ni ella misma se conocía—. Ya estamos aquí, terminemos el trabajo.

—Sóren va a saber que fuimos nosotros. No.

—¡Bien! Quiero que sepa que yo destruí su taladro.

—Eres una demente, ¿lo sabías, princesa?

—¡Dame eso! —Y le quitó el mapa de la fábrica y la dinamita—. Te gusta llamarme princesa, ¿no es así? Pues mira lo que una princesa es capaz de hacer. Céfiro, H-3R-0N… ¡Es demasiado largo y difícil! Te voy a llamar Herón, ¿te parece?

—¡Por supuesto que no!

—¡Vamos! ¡No tenemos mucho tiempo!

Aprovecharon la confusión para escabullirse por los pasillos siguiendo la ruta de Lester. No tardaron en llegar a lo que era una extraña puerta, construida de un metal negro y brillante, como el cielo estrellado. Tenía un aire místico y a la vez se podía sentir lo grueso y la resistencia del metal, como si… de alguna forma… viniera de otro planeta.

A un lado estaba el escáner, donde teóricamente Aury debía poner la mano, pero parecía más la trampa de algún templo antiguo. «Esta cosa va a arrancármela», pensó antes de meterla. Las luces se encendieron y el mecanismo de la puerta cimbró con el movimiento de engranes y el vapor. Un instinto primitivo obligó a Aury a quitar la mano, pero rehusó a ceder hasta que sintió una aguja enterrarse en su piel.

La lectura terminó.

—¿Y bien? —preguntó Herón—. ¿Funcionó?

—No lo sé —se quejó chupando la sangre de su herida.

Una voz desde de la puerta dijo: Identificando marca «lito-métrica». Análisis completo. Espécimen desconocido. ¡ALARMA! ¡ALARMA! Llamando a seguridad.

«¿Lito-métrica? ¿Qué diablos es eso?», pensó Aury cuando se encendieron las luces, seguidas de las enérgicas alarmas. Estaba tan confiada que no estaba preparada para algo así. Rápidamente, Herón pidió que se fueran.

Pero Aury no iba a rendirse fácilmente, ella sabía que debía haber una forma de abrirla, incluso aunque fuese a la fuerza. Aury le pidió a Herón que hiciera justo eso, pero el hierro del autómata se dobló.

—¿De qué diablos está hecha? —preguntó sacudiendo la mano.

Se oyeron las sirenas de la policía rodeando la fábrica. Se les acababa el tiempo y Aury no sabía qué hacer, hasta que tocó el collar de su padre en su cuello. «Marca lito-métrica», pensó. Y como un rayó recordó a Kelden y el libro de geología que estaba leyendo en la Sala de Ópera: «Litosfera… litos… roca». La voz de Sóren resonó en su cabeza: «Fueron sumamente caros y solo con verlos sabrán que son un Soler». «El Corazón del Volcán» «Cinco piezas de joyería para sus cinco hijos», recordó la voz de la Buitre.

—¡Eso es! —gritó emocionada.

—Niña, no hay tiempo, debemos salir de aquí.

Aury puso el collar en el escáner, cerró los ojos esperando que funcionara y para su sorpresa así fue. «Marca lito-métrica validada: Bienvenida, Aurora Soler» dijo la voz del escáner y se abrió la puerta ante un túnel oscuro.

Herón alumbró el camino con la luz de su ojo, hasta que más adelante sintieron el calor y el rugir del taladro. Poco después llegaron al corazón de una colosal cámara cavernosa, formada por un laberinto de niveles circulares, cada uno formado por engranajes entrelazados que giraban con precisión rítmica, creando una sinfonía de movimiento mecánico. El aire estaba cargado de olor a aceite y el zumbido ambiental de la máquina resonaba en la caverna.

Al centro se encontraba el taladro. Un gigante imponente que parecía desafiar las leyes mismas de la física. La columna central era una obra tallada en cobre, que descendía profundamente a las entrañas de la tierra, desapareciendo en el abismo. Sus engranes, meticulosamente diseñados y entrelazados con los niveles circulares, giraban con una danza sincronizada, impulsando el colosal taladro en el sentido de las agujas del reloj.

Se acercaron al borde y el calor que emanaba de las profundidades era abrasador. La propia columna de cobre parecía absorber y reflejar las altas temperaturas, añadiéndole un brillo casi mágico.

De no ser porque estaban ahí para destruirlo, Aury quedó fascinada por esa obra de arte y funcionalidad, donde la belleza de la artesanía se encontraba el poder crudo de la maquinaria. Por su parte, Herón vio ese lugar como la evidencia de la mente macabra humana y del terrible poder que blandía.

—¿Cómo vamos a destruir esa cosa?

—Ahí —señaló Herón la estructura que mantenía la columna de cobre verticalmente sobre el hoyo—. Si destruimos esa unión, colapsará.

Pero a su espalda oyeron las pisadas fuertes y amenazadoras de un autómata blanco, que fue hacia ellos con calma consciente de su superioridad.

—Están arrestados por crímenes en contra de Solaria —habló el autómata con una voz estilizada pero fría.

—¿Q-Qué diablos es esa cosa? —preguntó asustado

—Ten cuidado —le pidió Aury—. Esa cosa… el taladro… los están construyendo.

—Yo me encargo de él. Niña, coloca las cargas.

Herón atacó con sus cuchillas, pero estas se rompieron contra el duro metal como si fueran de vidrio. Luego lanzó un puñetazo, pero su mano se torció y el vapor en sus articulaciones salió en chorro. El nuevo modelo ni siquiera sintió los golpes y le regresó el gesto con una fuerza bruta.

Herón abrió una llave de paso en su brazo derecho, se oyó la chispa y la llamarada golpeó al autómata. El inmenso calor lo hizo detenerse y por un segundo H-3R-0Nx9 creyó que había ganado, pero a través de las llamas, emergió la mano del autómata, le sujetó la muñeca y con un movimiento rápido se la rompió.

—¿Crees que ese es el único truco que tengo? —Le apuntó a su enemigo con la otra mano. Dentro, los engranajes se movieron y el vapor activó el arma de fuego, pero el proyectil de plomo apenas le hizo algo.

Aury fue tambaleando por el engrane móvil que servía como pidió, brincando entre los huecos hasta alcanzar la viga que unía a la columna principal. Debajo de ella había un abismo oscuro y siniestro que terminaba kilómetros abajo en una piscina de lava ardiente, como si se tratase del mismo núcleo. Se dio el valor para seguir y al acercarse al taladro sintió su calor y su furia. El sudor empezó a caerle por el rostro y el aire era tan seco que sus ojos le ardían, incluso con sus gafas puesta. Ya estaba por alcanzar el taladro cuando oyó los disparos de Herón contra el autómata blanco. Regresó la mirada y vio a su amigo pegado contra la pared, a merced de esa cosa.

No lo pensó más y regresó. «¿Qué haces, mujer?», la regañó Céfiro aleteando desesperado para que siguiera hacia el taladro.

Abajo en la batalla, la munición se acabó. El autómata plateado tomó a Herón por la cabeza y empezó a apretar, aumentando la presión poco a poco, deformando el metal oxidado de Herón amenazado con estallar como una sandía. Las tuercas saltaron y con ellas el vapor que silbaba y el aceite como sangre. El único ojo de Herón estaba por salirse de su cráneo cuando Aury apreció por detrás y abrazó al autómata como un koala. Una niña no podía hacer nada contra semejante monstruo, ¿qué diablos estaba pensando? El autómata plateado se sacudió violentamente hasta que pudo tomarla de la ropa. Se la quitó de encima y la aventó contra Herón.

Aury soltó los ganchos de seguridad de los explosivos. Detrás del autómata el cronómetro estaba por llegar a cero y rápidamente H-3R-0Nx9 puso a la chica entre sus brazos y le dio la espalda a la explosión que los aventó contra la pared.

—¡Sí! —gritó Aury en el suelo, con el cabello en punta, llena de pólvora y con media ceja quemada.

—¡Pudiste morir! —la regañó Herón.

La voz de Aury casi se rompió en lágrimas y gritó:

—¡No voy a dejar morir a nadie más! ¿Entendiste, lata vieja?

Pero aún no estaban a salvo.

De los restos de la explosión vieron a medio autómata aún funcionando, arrastrándose hacia ellos con ambas manos y medio rostro. Sus garras de metal alcanzaron a Aury y le apretó la pierna cuando Céfiro bajó en picado y se metió por el cuerpo roto del autómata tirando de las tuberías y engranes que quedaban. El autómata blanco por fin se apagó.

Herón ayudó a Aury a ponerse de pie. «No voy a dejar morir a nadie más» repitió en su cabeza las dulces y tristes palabras de la niña que hacía lo posible por no romperse en llanto. Le levantó el mentón gentileza para que lo mirara y exclamó con mucha calma:

—Aurora... Ya no tenemos con qué destruir el taladro.

Aury gritó al darse cuenta de que era verdad.

—¿Qué vamos a hacer ahora?

—No me preguntes a mí. Todo esto era tu idea.

Fue ahí cuando oyeron a Céfiro jugar entre las entrañas del autómata destruido, sacando más tuercas, más tubos y engranajes como si fuera un roba órganos.

—¡Pájaro psicópata, sal de ahí! —lo regañó Aury, pero Céfiro no le hizo caso y se metió aún más.

Curiosamente, por dentro el autómata estaba hecho del mismo metal de la puerta, negro y estrellado como el cielo nocturno, pero había algo mucho más interesante. Algo que, sin saberlo todavía, cambiaría la vida de Aury y de toda Solaria para siempre; Céfiro sacó el corazón: un núcleo de cristal con lava líquida.

—«Hikari, la luz de la caverna» —leyó Aury la inscripción en la base—. ¿Cuál caverna?

—Ni idea, pero creo que podemos usarlo.

Subieron al travesaño y ataron la esfera a la estructura principal. Herón tomó una tuerca del autómata destruido y la puso en el arma de su brazo. Dieron un paso atrás y Herón disparó. La esfera de cristal se hizo añicos y la onda explosiva los tiró al suelo, pero fue la lava quien derritió el metal, desbaratando cada una de las piezas hasta que todo el taladro se desprendió hacia el abismo.

Aury y el autómata se dieron cuenta simultáneamente: el taladro planeaba llevárselos consigo. La explosión fue tal que la cámara comenzó a derrumbarse. Y en una carrera contra el tiempo, corriendo a través de la cámara. El suelo temblaba bajo sus pies mientras los engranes comenzaban a chirriar, echando chispas unos contra otros.

Con movimientos ágiles, escaparon por poco del caos, y subieron a la fábrica, llena de maquinaria, ruidos y vapor ondulante. Aún no estaban a salvo. Los trabajadores corrían a la salida, las alarmas sonaban y la Guardia de Hierro empezaba a acordonar el lugar. De pronto se encontraron en medio de la confusión, sin saber a dónde acudir.

—¡Rápido, princesa! ¡Por aquí! —Era Lester.

Con un rápido intercambio de asentimientos y palabras de alegría, el grupo navegó a través de la laberíntica fábrica que se caía a pedazos. Pero no fueron a la salida. Lester los llevó más profundo hacia un oloroso escape por las tuberías de desechos. Impulsados por las explosiones a su espalda, se aventaron al agua pantanosa que los arrastró fuera de los Altos Hornos hasta el vertedero de chatarra.

Regresaron con Abulrazack y los otros mineros, donde para su sorpresa, fueron recibidos entre aplausos, gritos de apoyo y chiflidos. Abdulrazak dio un paso al frente y dijo:

—Lester me contó lo que hiciste y ahora toda Solaria sabe de lo que eres capaz. —Tomó el brazo de Aury y orgulloso se levantó al aire—. ¡La princesa de hierro! —Y todos lo siguieron en aplausos.

—¿La qué? —preguntó enojada.

—Y claro —siguió Abuldarazk—. El autómata rebelde H-3R-0... ¿qué iba después?

—Herón —contestó orgulloso—. Mi nombre es Herón.

La celebración dio inició y Aury le pidió a Herón que la acompañara. Una vez lejos de los demás, se quitó el collar y se lo ofreció. Ese había sido el trato después de todo. Conmovido, se hincó frente a ella y gentilmente le cerró lo mano para que lo conservara.

—Es tuyo, Aurora. Quédatelo. Y si quieres... yo también... podría quedarme a tu lado.

Feliz, Aury lo abrazó tan fuerte como pudo, sintiendo el óxido contra su piel y el vapor caliente. El gesto fue demasiado para Herón en un principio, no supo cómo reaccionar, pero esta vez le regresó al abrazo con gentileza.

—¿Sabes algo? Un viejo y amargado autómata una vez me preguntó sobre mis manos —dijo Aury, limpiándose la lágrima de la mejilla. Luego miró sus dedos llenos de golpes—. Me dijo que no eran las manos de una princesa.

—No, definitivamente no lo son. —Herón le tomó las manos y pasó sus dedos de hierro por los callos y cicatrices—. Pero tampoco son las manos de una gran mecánica. Ni de una rebelde minera o una renombrada criminal —se burló y Aury rio con él—. Estas son tus manos. Lo que decidas hacer con ellas te define a ti, y solo a ti.

Céfiro se paró sobre su hombro y con aleteos y brincos se burló de ella. Aurora se sintió a salvo entre esos guardianes de hierro, sabiendo que jamás la abandonarían. Sabiendo que no estaba sola.

—Tuvimos suerte de tener ese collar —dijo Herón al verla aferrada a él.

—Fue un regalo de mi... —Aury se quedó callada al darse cuenta de algo muy importante—. Mi padre me lo regaló.

—¿Qué tiene de raro?

—Mi padre no era el tipo de hombre que diera regalos a sus hijos. Fue Só... el visir quien me dio este collar diciendo que era de mi padre.

—Sin ese collar jamás hubiéramos destruido el taladro. ¿Por qué él te daría algo para detenerlo?

—No lo sé —dijo viendo el collar—, pero le preguntaré cuando lo vea.

Josefina Brock dejó el Domo Norte esa noche y fue en tren al Domo Este. Salió de la estación donde la esperaba un carruaje que la llevó por un hermoso prado lleno de animales de granja, caballos y muchas luciérnagas hasta un bosque espeso de pinos.

Se quitó las lentes de medialuna que no le dejaban ver, se quitó la peluca para revelar su verdadero cabello de color blanco, se quitó las iris postizas que ocultaban sus ojos amarillo como el ámbar y, por último, la máscara de piel falsa.

El carruaje se detuvo frente a una mansión de madera, resguardada por una reja de metal con una C en la cima. Un mayordomo humano, de apariencia misteriosa, la recibió.

Aquella mujer terminó de desprenderse su disfraz de Josefina Brock, se arregló la ropa y el cabello mientras avanzaba velozmente por los pasillos elegantes.

—Están ansiosos de oír su reporte, *madame* —habló el mayordomo con un voz apagada, casi como si estuviera llena de estática.

Dieron con una gran puerta y el hombre la dejó entrar a una habitación oscura con un candelabro al centro lleno de velas encendidas. Debajo, descansaba una peculiar mesa hexagonal hecha de engranes negros que giraban de forma lenta y tosca, raspando los dientes unos con otros como si estuviera mal calibrada.

En cinco de las seis puntas reposaba un engrane de color muy diferente al resto, y cinco dueños que esperaban pacientemente, rodeados de un aire de misterio.

La Mesa de los Engranes

Eira Sangrey

Thaddeus MacCormont

Almyra Lavergene

Marcellus Absalom

Eleanor Cordelia

—Estamos muy orgullosos de ti, mi querida Joanna —la saludó la arzobispa Eira Sangrey—. Tu padre y yo. —Claramente, ella era la líder de ese grupo.

Joanna Absalom reverenció a la anciana con un gesto grande y solemne.

—Es mi placer, arzobispa Sangrey.

—No, el placer es nuestro. Gracias a ti, el Sindicato Minero destruyó el taladro de los Soler. Muy bien hecho.

—¡Y mi fábrica en el proceso! —explotó Thaddeus MacCormont. Un hombre calvo y obeso con un gran bigote bajo la nariz manchado con vino tinto—. Ese no era el plan. ¡¿Qué diablos estabas pensando?!

—Lo juro que fue un error, señor MacCormont. La niña actuó por cuenta propia. No pensé que fuera a hacer algo así.

—Podemos reconstruir tu fábrica, Thaddeus —intervino Marcellus Absalom, padre de Joanna. Un hombre viejo, de apariencia curtida, pero de aspecto muy bien cuidado: traje militar y un gran bigote bajo la nariz que subía hasta las patillas—. Sin tu monstruosidad, Sóren no puede sofocar a Solaria con el humo tóxico. Para mí, la niña hizo un trabajo mucho mejor del esperado.

—Estoy de acuerdo —habló Almyra Laverge. Una mujer envuelta en un abrigo sumamente grande de piel de animal—. Además, tú estás aquí para responder a una pregunta Thaddeus, dado que fue tu hijo mayor quien ayudó a Sóren a tomar control de la Guardia de Hierro y del Palacio Real. ¿Está tu familia en contra de nosotros?

—¡Por supuesto que no! —Thaddeus se puso de pie con el puño bien puesto sobre la mesa—. Ranlyn siempre ha sido un imbécil. Débil como la carne. Arreglaré esto, lo prometo, por el engranaje de mi familia. —Y señaló el engranaje rojo en la mesa girando junto al resto.

—Suficiente de esto. —Eira Sangrey los calló con un gentil gesto de su mano. Thaddeus tomó asiento—. Nada de eso importa ahora. Lo que debe importarnos es que Sóren perdió el taladro y la fábrica, gracias a ti, Joanna.

—La Cámara de Vapor está a punto de actuar sobre él —dijo Joanna, muy segura de sí—. Recuperaremos el Palacio Real y salvaremos a Solaria de su locura.

—¿Locura? —preguntó el último miembro, Eleanor Cordelia. Una mujer de piel negra con actitud menos intimidante que el resto y la hospedera de esa noche—. Mi querida Joanna, Sóren tal vez haya roto tu corazón al cancelar su compromiso…

Joanna apretó la mandíbula molesta.

—… Pero no dejes que el enojo nuble tu mente. Sóren es muchas cosas: un tirano, un hermano, un pródigo, pero no está loco. Aún no. El asesinato del rey y la Noche de las Velas fue una jugada magistral por su parte. No solo unió a toda la gente de Solaria bajo su bandera y tomó el control de la ciudad, mostró su fuerza al destruir todas las terrazas. Secuestró a su familia y como bien vimos, no dudó en quemarlos. ¿Qué hará con nosotros si nos encuentra? Consiguió justo lo que quería… asustarnos.

Todos bajaron la mirada hacia la mesa, menos Eira Sangrey quien mantuvo la compostura y dijo:

—Entiendo lo que dices, Eleanor. Sóren definitivamente comprobó su reputación. Era nuestra esperanza para salvaguardar nuestra ciudad, pero Vilhëm Soler cometió un error crucial al traerlo antes de tiempo. A diferencia de ti, mi dulce Joanna, Sóren no estaba listo para recibir el Poder del Domo.

—*Madame* Sangrey tiene razón —intervino Marcellos Absalom—. El amor de Vilhëm por su hijo fue su ruina y ahora los Soler están casi extintos. El amor es peor que el óxido, siempre lo he dicho.

—Sí —continuó la arzobispa, balanceando una daga de cobre entre sus dedos—. Pero olvidan algo importante. Sóren no sabe quiénes somos. Solo conocía a sus padres. Por eso, lo único que puede hacer es ladrar, no morder. Y nosotros tomaremos ventaja de eso. Sóren lamentará el día en el que decidió desafiar a la Mesa.

Con aplausos todos apoyaron estas palabras. Al terminar, Eleanor se volvió hacia Joanna.

—¿Y cómo está la chica? ¿Aún tiene consigo ese horrible pájaro de hierro? —preguntó Eleanor.

—Está bien. El Sindicato Minero la recibió y ahora la llaman la Princesa de Hierro.

—Bien —cortó la arzobispa—. Cuida a la chica por ahora. Se da por entendido que Sóren perdió su asiento y ahora ella es la última Soler. Desde la construcción del primer Domo esta mesa ha tenido seis miembros, que el Dios Constructor me aplaste con su martillo si muero antes de que esté completa nuevamente.

—Lo haré, arzobispa Sangrey. Cuente con ello.

—Excelente. Supongo que eso es todo por ahora. Puedes irte.

Joanna se molestó por la invitación a retirarse. Se acercó a la arzobispa y demandó un lugar en la mesa. Eira respondió con una mirada fría. Inconscientemente, Joanna buscó ayuda en su padre, quien también la miraba enojado.

—Retírate, hija —le ordenó Marcellus con un gentil gesto de su mano, pero con una voz dura.

Los cinco miembros quitaron sus respectivos engranajes y la mesa dejó de girar.

Eleanor Cordelia le hizo una señal a su mayordomo, y este a su vez, dio la orden para que los camareros llevaran un plato cubierto por una tapa de metal. Junto a ellos, entró un hombre desfigurado con una joroba y un violín bajo el brazo.

—Pensé que sería bueno tener un poco de música esta noche —dijo la arzobispa.

—Me encanta la música de su violinista —la elogió Almyra.

—Solo corto a los mejores, ¿no es así, Víctor? —preguntó Eira, sacudiendo su navaja de cobre en el aire.

El pobre violinista llevó su cuerpo desfigurado hacia el centro de la sala y dijo con voz susurrante:

—Es mi placer tocar para los magnates, arzobispa Sangrey.

Joanna cruzó miradas con Víctor Woodward al salir y pudo ver cómo odiaba lo que estaba por hacer. Antes de cerrar la puerta, Joanna hizo una reverencia al grupo, pero alcanzó a ver en los platos una única pastilla de color negro con una N marcada.

—Por el Poder del Domo —dijo Eira.

—¡Y por la gloria de nuestra ciudad! —gritó el resto con la pastilla en el aire.

CAPÍTULO XXIII

«LA CALAVERA DE FUEGO»

Las luces de neón bañaban las calles con un brillo etéreo, proyectando un aura de otro mundo sobre Naica Negra. En medio de este paisaje onírico distópico, el sistema ferroviario de la Oruga se hizo presente con sus poderosos Núcleos de Magma, serpenteando por las laberínticas calles y entre los altos edificios como si desafiara la gravedad.

Daren y Serana treparon ágilmente por los enormes pilares de soporte, adornados con anuncios holográficos y grafitis, que sostenían los rieles de metal negro brillante construidos por encima de las bulliciosas calles debajo y arriba. Dispararon sus cables de alta velocidad a una casa que colgaba del techo de la caverna y la usaron para volar y aterrizar ágilmente sobre el vagón.

—Este será el último trabajo que hacemos juntos —le advirtió Serana a Daren cubriéndose el rostro—. Ya no eres el mismo.

—Dime algo que no sepa.

Daren se columpió hasta la ventana y de un golpe entró al vagón en movimiento. Disparó su arma contra el techo, obligando a todos a bajar la cabeza asustados. Cruzó por el vagón adornado con superficies reflectantes con el brillo de neón, y lleno de pantallas que proporcionaban un flujo constante de entretenimiento y anuncios.

—Un gusto conocerlos Sr. y Sra. Berrocal —dijo el chico, confundido y amenazándolos con el arma, pues el alquimista debía ir solo en el vagón, pero iba con su esposa y su recién nacido. Erasmo se había equivocado.

Todo pasó tan rápido después de eso.

El alquimista entregó la fórmula en un pequeño disquete. Serana y Daren compartieron una mirada pues ambos sabían qué venía después: asesinarlo tal y como Mictlán quería. «No lo hagas», le pidió Serana con los ojos puestos en él, gritando en su interior, pero Daren no hizo caso. El chico alzó el arma y ese fue el momento en el que todo se vino abajo. Serana empujó a Daren, el chico regresó y le dobló el brazo para detenerlo, Serana dio una voltereta y se miraron fijamente sabiendo muy bien que ya no eran amigos. A partir de ahí la pelea comenzó, y ambos ladrones se golpearon y patearon frente a todo el vagón para ver quién tomaba el control del arma, que iba pasando de mano en mano con cada pirueta y salto, hasta que Daren dio el golpe de gracia tirándola al suelo.

Apuntó al pobre alquimista cuando un pasajero tiró del freno de emergencia y el tren se detuvo violentamente, arrojando a todos contra la punta del vagón. Poco después se oyó la alarma de la Policía de Zafiro acercándose en helicóptero.

El alquimista fue contra Daren y forcejeó con él para quitarle el arma. Serana alzó la suya. No tenía un tiro claro y rehusó a disparar, pero se oyó un disparo. Todos se cubrieron el rostro asustados y otros buscaron a dónde había dado la bala. Los horripilantes gritos de la esposa les dieron la respuesta. Su bebé yacía muerto en sus brazos.

Serana se paralizó ante la escena y dejó caer su pistola contra el suelo. Daren tiró de ella, gritándole, obligándola a salir de ese trance. Cuando uno de los pasajeros fue a por el arma de la chica, Daren la empujó y la obligó a huir con él.

En medio de la expansión distópica de la ciudad, los dos ladrones se encontraron en una persecución implacable por parte de la Policía de Zafiro. Los letreros de neón y anuncios holográficos iluminaban las calles laberínticas mientras los dos chicos se fusionaban con las sombras de la ciudad, planeando su escape a través de la peligrosa red de las imponentes megaestructuras y pasarelas interconectadas.

Serana desenfundó un gancho de agarre, una versión desactualizada de los cables de alta velocidad, cuyas bobinas de metal brillaron con detalles led azules cuando el ruido sordo magnético la elevó por el aire, ágil y elegante, seguido de cerca por Daren. Cuando aterrizaron agazapados, el sonido de las sirenas y los helicópteros policiales resonaron cerca.

Los ladrones navegaron por el terreno irregular de tejados con asombrosa precisión, saltando al abismo y saltando muros bajos con agilidad. Su Panel Cerebral buscó el camino más seguro, identificando posibles rutas de escape y monitoreando los movimientos de sus perseguidores.

Drones, tanto policiales como de seguridad corporativa, zumbaban amenazadoramente sobre sus cabezas, pero Serana se apresuró a desplegar codificadores, volviéndose invisibles a los ojos electrónicos curiosos. La Policía de Zafiro dio con ellos y la luz blanca de los helicópteros bajó entre los edificios. Granadas de humo salieron de la mochila de Serana, ocultando aún más sus movimientos, mientras se movían como fantasmas.

Su ruta los llevó a un edificio abandonado, parcialmente derrumbado. En el interior encontraron grafitis holográficos parpadeantes y restos de tecnología y Amatista Sintética. Los dos chicos intercambiaron una mirada, su determinación compartida tácita, pero palpable.

O al menos eso creyó Daren hasta que Serana le plantó un puñetazo en la cara.

—¡¿Qué diablos pasa contigo?! —le reclamó sobándose el mentón.

—¡Mataste a ese pobre bebé! ¡Y ahora toda la Policía de Zafiro está tras nosotros! ¿Cómo puedes estar tan contento?

Sí, Daren sonreía orgulloso. Lo único que parecía importarle era la memoria con la formula del alquimista.

—Voy a llamar a Erasmo. Esto tiene que acabar.

Enojado exclamó:

—¡¿A quién le importa un tonto bebé o sus padres o cualquiera en esta maldita caverna?! Te lo dije muchas veces: Estamos solos. Nadie importa más que nosotros.

—No, Daren. Tú estás solo.

—¡Entonces lárgate con tu novio y vive feliz para siempre salvando niños y pobres! ¡Yo voy a entregar la mercancía a Mictlán y seré rico y no volveré a comer pan mohoso ni verte temblar o con hambre! ¡Lárgate, niña estúpida!

Serana salió a la calle y encendió el ComSet.

Daren se quedó solo. Por un momento sintió la tristeza también, que rápidamente fue intercambiada por rabia. Comenzó a patear la basura y hasta le dio puñetazos a la pared con las manos limpias. Descargó sus emociones, hasta que, por alguna extraña razón, Serana regresó a él.

—¿Qué? —bramó Daren.

—Erasmo dijo que Mictlán cambió el punto de encuentro. Quieren vernos en la vieja forja. Vamos. Terminemos esto de una buena vez.

—¿Al fin te diste cuenta de lo que hay hacer para sobrevivir?

Después de eso Serana hizo algo que sorprendió a Daren. Lo abrazó tan fuerte como pudo, sintiendo el calor que emanaba del chico de piel morena, como si fuera un pequeño boiler. Y dijo con el corazón roto:

—Eres un monstruo sin corazón.

—Dime algo que no sepa.

Con una hábil maniobra de pirateo, Serana accedió a un hueco de ascensor olvidado y descendieron a los túneles del edificio. Los pasadizos laberínticos de cámaras ocultas eran perfectos para evadir la persecución. Cuando la Policía de Zafiro irrumpió en el edificio abandonado de arriba, los ladrones se fundieron en la oscuridad de abajo, desapareciendo en el alcantarillado.

Huyeron hacia lo más lejos del corazón de Naica Negra, donde las luces de neón y los imponentes rascacielos desaparecían. Aquí existía una vieja y abandonada forja de pyrocita. Un enclave de la industria e innovación. Para acceder a ella, Daren y Serana navegaron por una red laberíntica de callejones poco iluminados y cubiertos de grafiti, evitando figuras sombrías con gabardinas e implantes cibernéticos.

Abrieron la pesada puerta acompañada de un silbido neumático. Al entrar, se encontraron con una vasta cámara de piedra con el aire cargado de olor a grasa, matices metálicos y el inconfundible zumbido de corrientes eléctricas. Martillos enormes y taladros neumáticos yacían dormidos, como el remanente de lo que una vez fue la ola de ingenieros y reparadores expertos que meticulosamente trabajaban la pyrocita cruda extraída de las minas profundas en la Garganta de Harpgar.

Pero no estaba sola.

—Debo admitir, mis niños, que estoy muy decepcionado —dijo Ingmar dando un paso al frente.

De un salto, Marren llegó hasta ellos y olfateó con fuerza, como un toro salvaje a punto de embestir. Tomó a ambos chicos del cuello y los obligó a hincarse frente al capitán. Luego fue Darío, cuyas manos como arañas les revisaron el cuerpo, desde los tobillos, las piernas, los brazos y el pecho. Darío se acercó mórbidamente a Serana mientras lo hacía, acariciando su largo cabello y mojándose los labios.

—¿Qué diablos haces aquí? —preguntó Daren, molesto.

—Yo les dije lo que había allá afuera —contestó, señalando hacia el corazón de la ciudad—. No solo corporaciones corruptas, sino Cyber-Pandillas y el alquimista al que robaron y mataron a su bebé, es muy amigo de una de ellas.

Darío encontró la memoria. Sus dedos ágiles examinaron la información y aseguró que estaba completa. Se la entregó a Nova y ella se la llevó al capitán.

—Acepto el trato. Ahora mata al perro rabioso —dijo Ingmar.

—¿Qué? ¡No! —gritó Serana.

Marren sacó una pistola y en ese momento una fuerte explosión estalló bajo los hornos. El pozo de la lava subió de nivel y en poco tiempo se vieron amenazados por ella. Serana no perdió tiempo, tomó un tabique que se había venido abajo y lo estrelló en la nariz de Marren para poder escapar. Luego apretó el segundo botón en el control remoto que tenía oculto, detonando la segunda bomba en el techo para que toda la forja colapsara.

—¿Qué fue eso? —preguntó Daren confundido.

Serana le tomó la mano y lo hizo correr. A pesar de seguir enojados, eran un equipo sin igual. Lo demostraron haciendo frente a ese infierno que se venía sobre ellos, ayudándose a saltar, columpiándose en equipo en cadenas colgantes sobre la lava y apartándose cuando un escombro caía del techo.

Serana trepó por la pared hasta un pequeño balcón con barandal, atoró las piernas contra el acero y bajó los brazos para subir a Daren. Alcanzaron un puente, sujetado por varas de acero que remontaban hasta el techo como lianas. En el otro extremo una ventana un nivel más arriba dejaba entrar las luces de neón. Esa era su salida.

Pero Nova tomó posición debajo de ellos, su ojo biónico calculó la trayectoria y le dio a una de las vigas que mantenía el puente. Arriba, Daren tropezó y estaba por hacer a la lava cuando Serana lo ayudó sin siquiera dudarlo. Cruzaron el puente. Serana pegó la espalda a la pared, cruzó las manos y con un impulso lo ayudó a alcanzar el nivel de arriba.

En ese momento, Daren oyó un susurro a su espalda. Se le erizó la piel y por un segundo pudo ver su aliento salir de su boca, como si se hubiera robado todo el calor de la caverna. Regresó la mirada, aterrado, y fue ahí cuando una de esas tétricas criaturas pálidas… o eso parecía… salió de sus pesadillas y tomó lugar en la realidad. «No son reales. No son reales».

Aquella criatura era diferente a las que siempre veía, no tenía cadenas, más pequeña y con facciones jóvenes, albina y de un solo ojo rojo, con el pecho negro como si se tratara de un vacío sin luz.

—¡Aléjate de mí! —gritó asustado cayendo sobre su espalda.

Serana volvió a pedirle ayuda con la mano en el aire, pero Daren no la oyó. Estaba muy asustado. Toda su atención estaba en esa cosa que le susurraba con una extraña voz, acercándose más y más a él acompañada de un frío que le helaba hasta los huesos.

Daren perdió el control de su cuerpo. Se puso de pie, rompió la ventana y salió de ahí despavorido y sin poder oír nada más que los gritos de Serana.

Corrió hasta el canal, sintiendo la adrenalina en cada uno de sus músculos, obligándolo a seguir adelante. Alcanzó la orilla y se aventó al agua fosforescente cuando Nova disparó a su pierna.

Al caer, el agua se transformó en lava ardiente, regresándolo al momento en que Ingmar lo arrojó al pozo. Se preguntó «¿Cómo diablos terminé aquí?», esperando ver su vida pasar, pero no vio nada. Ni siquiera una escena, ni un rostro o un sonido, como si su vida entera hubiera sido en vano.

Una figura apareció en la cima. No era Ingmar ni Nova. Era Serana. El calor elevaba su cabello rojo y sus lágrimas brillaban como estrellas. La silla tocó roca fundida y le tomó solo un segundo devorar el metal. Luego fue por Daren, pero toda su atención estaba en la chica, tan arriba de él y a la distancia como un ángel y él un demonio en el infierno.

Iba a morir, estaba listo para morir y quería morir por todos los errores que cometió, pero la parca nunca llegó por él. Abrió los ojos y sus pupilas descansaron sin problema entre el magma, sus manos bailaban sobre la roca fundida como si se tratara de un líquido común y corriente, y su piel se mantuvo inmutable ante esa cama carmesí y amarilla como el Sol.

Sorprendido, Daren nadó con fuerza a través del líquido viscoso hasta la cima y sacó la cabeza. «Es imposible», se repitió muchas veces mientras metía y sacaba la mano de la lava como un niño jugando en un estanque.

—*Ya sal de ahí, tonto* —le dijo Serana desde una pequeña orilla pegada al borde del cráter.

—Estoy muerto, ¿no es así?

—*Apenas.*

—Tiene que ser lava falsa. No hay otra explicación. Esos maestros del juego me engañaron. Siempre creí que los gladiadores caían en lava real. ¡Malditos mentirosos!

Serana señaló su cuerpo con una pequeña risita. Miró abajo y estaba completamente desnudo. Rápidamente, se cubrió la entrepierna, sonrojado. Por alguna extraña razón completamente imposible y lejos de toda lógica, Daren era inmune a ella.

Serana se recogió el cabello rojo detrás de su oreja, dejando a la vista sus ojos, su piel y su bella sonrisa. Daren tenía tantas cosas que decirle y hacer, que ignoró su pregunta y decidió empezar por lo más importante:

—Lo siento mucho.

—*Yo soy la que tiene que disculparse. Por mi culpa, esa noche…*

[Mensaje del Panel Cerebral]
HARDWARE ANTI-PSICÓSIS: NO ENCONTRADO
Activando Programa de Emergencia…
Nombre código:… MADRE…

—¡No! —exclamó sintiendo cómo el dolor de cabeza se hacía intenso, luego agudo y después comenzó a disiparse—. No voy a caer en sus juegos. Ellos mienten. Tú jamás hubieras hecho algo así. No hiciste ningún trato con Ingmar. ¡Lo sé! Escapé esa noche gracias a ti y yo… yo…

—*¿Tú qué?*

—Te dejé atrás. Vi… vi algo que me asustó y hui. —Bajó la mirada y sus ojos se llenaron de lágrimas.

—*Está bien* —trató de consolarlo.

—¡No lo está! Tú moriste por mi culpa. Por mis decisiones y errores y lo siento mucho. ¡Lo siento!

No pudo contenerse más, estaba hecho un mar de lágrimas.

[Las alarmas menguaron]
Liberando carga cerebral corrompida…
80 %… 79 %… 48 %… 12 %…
«NIVELES NORMALES»
No hay Cyber-Psicosis

Serana lo abrazó y el alma de Daren descansó por primera vez en meses. No podía sentir el calor de la chica, pero sí sintió cómo un peso se le quitaba de los hombros. Levantó alto la mirada y dijo:

—Vamos, debemos alcanzarlos.

—*¿Aún sigues con eso? No, debemos de ir con Fénix.*

—¿Después de lo que hice? Ella jamás volverá a hablarme. Pero no, no voy a matarlos. Tú hubieras querido que llevaran a Ingmar a prisión. Eso voy a hacer. Luego me entregaré a la Policía de Zafiro.

—*Te encerrarán para siempre si lo haces, o quizás te tiren al Hoyo.*

—Dime algo que no sepa.

No le resultó difícil trepar hasta la cámara donde lo ataron. La Bala de Magma brillaba bajo su piel, pero no le dolía en absoluto. Le pareció muy extraño, pero no pensó mucho en ello. Cruzó la puerta de metal hacia unos vestidores, muy parecidos a los del Coliseo Rojo. Encontró un poco de ropa, un casco de Electroger de las Calaveras de Fuego y un arma. Cruzó miradas con Serana al momento en que revisaba la munición. «Solo por si acaso», se dijo al tomarla.

Afuera del Coliseo Rojo, la prensa bombardeaba al comisionado con preguntas y las incesantes cámaras. Ingmar subió al podio y con un gesto ceremonial pidió a todos que guardaran silencio. Luego aseguró con un poderoso y elocuente discurso que todo estaba bajo control y que él mismo se haría cargo de poner a Naica Negra en el camino correcto. No aceptó más preguntas ni dijo nada más, pero fue lo suficientemente bueno como para calmar el creciente caos que se estaba apoderando de la caverna.

Nova lo escoltó a su vehículo personal y los dos partieron por una avenida llena de luces de neón que volaba entre dos grandes edificios, cada uno con una pantalla gigante de extremo a extremo. En una apareció una locutora de noticias y dijo:

—Después del terrible accidente del nuevo líder comercial del Bazar de las Luces, Darío Lacroix, la familia Volans recuperó el control del Bazar.

—Ese no fue un accidente, Madelaine —apareció un hombre en la pantalla del edificio de enfrente como si estuviesen platicando—. Testigos afirman que se vio al Sr. Lacroix correr y gritar por los pasillos del Havana Java antes de caer del balcón.

—Sea al caso —siguió la mujer—. La familia Volans reinstauró las antiguas políticas en el Bazar de las Luces, restringiendo el acceso de los Baños de Luz, poniendo en riesgo la salud de más un cuarto de la caverna. ¿Qué opinas de eso, Norm?

—La familia Volans es una Cyber-Pandilla capaz de mucho por recuperar su imperio. La caverna entera se alegró con el cambio de gerencia al Sr. Lacroix, veamos qué pasa ahora —dijo el hombre en la otra pantalla—. En otras noticias, el Toro de Naica ha regresado a la vida pública con una interesante historia. Culpa a la Comparación Hikari de irrumpir en sus oficinas con amenazas y blasfemias infundadas en su contra, declarando una guerra comercial entre ambas corporaciones. «Primero los cuernos», dijo el director.

—Por su parte —siguió la mujer en la otra pantalla—. Hikari ha puesto en pausa su plan de los Bosques Naica a partir el anuncio de Obelisk. Parece que tendremos que esperar un poco más por ese oxígeno fresco.

—El Coliseo Rojo cerró sus puertas desde la misteriosa desaparición del capitán Magnus. Ahora, sin Baños de Luz, guerras comerciales y apuestas. El nuevo comisionado tiene mucho por delante. ¿No es así, Madelaine?

—Absolutamente, Norm. Si no se arreglan las cosas pronto, nuestros sueños de neón se convertirán en pesadillas. Ese es el avance informativo de NBT: Noticias Bajo Tierra.

Adentro del coche, Ingmar Cromwell se recargó contra el asiento, sobándose la frente pensando en todo lo que tenía por delante. Le pidió a Nova, quien conducía, que lo llevara directamente a la comisaría y sin detenerse.

—Me temo que eso no será posible, señor —respondió Nova al fijar la mirada en una motocicleta que les pisaba los talones.

La persecución comenzó cuando los dedos de Daren bailaron a través de la holo-interfaz incrustada en el manillar de la motocicleta robada, enviando una oleada de potencia al motor. La motocicleta respondió con una repentina aceleración, lanzándose hacia adelante a través de los demás vehículos.

Con una hábil maniobra, Nova llevó el coche hacia una calle pequeña y de ahí hacia laberínticos callejones y pasos elevados tratando de perder al perseguidor.

Daren encendió el casco y dejó que el fuego pintara las facciones de la calavera, la nariz hueca, facciones alargadas y dientes expuestos. Lo hizo para que el ojo de Nova no pudiera reconocerlo y luego aceleró hasta ponerse a la altura de los pasajeros. Demandó que se detuvieran cuando Nova inclinó para embestirlo. Daren alcanzó a frenar y cruzó miradas con el ojo biónico de Nova por el espejo lateral.

No faltó mucho para que dos motos de policías llegaran y abrieran fuego contra el ladrón. Rápidamente, Daren se vio superado y tuvo que tomar otra ruta para tratar de perderlas. Subió por un puente y manejó en dirección contraria a los coches. Izquierda a derecha y a la izquierda otra vez, a centímetros de que lo embistieran. El destino, la suerte o quizás algo más peligroso le sonrió a Daren. Otro extraño temblor golpeó la caverna justo antes de que le dispararan al Núcleo de Magma de su moto. Los policías perdieron el equilibrio y Daren saltó por la autopista para caer justo detrás del coche de Ingmar.

Con la adrenalina corriendo por las venas y mejoras con cables cibernéticos, Daren llevó la moto al límite. La persecución alcanzó su clímax en una vía suspendida muy por arriba de la ciudad. Daren le disparó a las llantas y el vehículo se volteó hasta estrellarse contra un local de comida. Una atronadora explosión resonó por las calles e Ingmar se arrastró fuera del coche en llamas. Al ponerse de pie, con tierra y sangre en el rostro, vio la tétrica calavera de fuego que iba hacia él. No le importó Nova o las personas a las que les había caído encima y simplemente echó a correr.

Nova, por su parte, estaba atorada entre el volante y su asiento. No podía moverse y el fuego estaba creciendo bajo el Núcleo de Magma.

—¡Que alguien me ayude! —gritó con sangre en los dientes cuando las llamas la envolvieron desde abajo, cubriendo todo el coche y sus gritos horripilantes mientras era calcinada viva.

Daren no podía hacer nada y fue tras Ingmar, quien pensó que estaba a salvo, cuando chocó con el cuerpo de la moto que surgió repentinamente por la calle. Daren subió el nivel de su máscara hasta el punto máximo, en el que las llamas envolvían completamente su cabeza. Los gladiadores jamás hacían esto pues el calor era tan extremo que los sofocaba y su uso prologando podía matarlos, pero no a Daren. Él era inmune a las llamas.

Ingmar primero pidió por su vida, asustado de ese monstruo que iba tras él. Le ofreció dinero, poder y muchas cosas más, hasta que vio la Bala de Magma brillando bajo la pierna.

—¿Daren? —preguntó sorprendido—. ¿Cómo no te has sofocado ahí dentro? ¿Cómo… cómo estás vivo?

Daren se quitó la máscara y mostró sus ojos rojos y piel morena intacta. Ingmar ató los cabos en menos de un segundo: la bala enterrada, el pozo de la lava, la máscara, incluso las pesadillas, todo tuvo sentido. Al menos hasta cierto punto. Se puso de pie y exclamó con una sonrisa:

—¡Me alegra tanto que estés vivo!

—Me arrojaste a la lava.

—Sí y mírate. En verdad eres un diamante en bruto, juntos tú y yo…
—Pero Daren levantó la pistola—. Tranquilo, tranquilo. Está bien.

Daren amenazó con llevarlo ante la Policía de Zafiro y con encerrarlo por todos sus crímenes. A lo que Ingmar dejó salir una pequeña carcajada y dijo con sorna:

—Yo soy el comisionado, mi muchacho. ¿De verdad crees que puedes lograrlo?

—Es lo que Serana hubiese querido.

Ingmar giró los ojos y abrió los brazos, como si pidiera al cielo que alguien le ayudara con tal basura.

—Serana, Serana, Serana. Siempre es lo mismo. ¿Cómo es que te obsesionaste tanto con esa mocosa? ¿Te quitó la virginidad o algo? Porque no era tan buena, créeme.

Molesto, Daren le acercó el arma solo unos centímetros de la frente, y exigió que no hablara así de ella. Ingmar debió hacerle caso, pero estaba más impresionado por Daren que simplemente siguió:

—¡Esa perra te vendió, mi muchacho! ¿Cómo no puedes verlo?

—¡Mientes!

—¡Ella y yo hicimos un trato, semanas antes de esa noche! ¡Ella te temía! ¡Ella te quería fuera de su vida!

—¡Te equivocas!

Rápidamente, Ingmar movió las archivos en su Panel Cerebral y sacó un microchip de la sien.

—¿Quieres pruebas? Tómalo —se lo ofreció a Daren—. Escucha la grabación tú mismo y libérate de su fantasma. ¡Descubre quién era en verdad!

—No lo hagas —le pidió Serana, pero Daren introdujo el chip en su Panel Cerebral.

[Grabación: Archivo: La oferta de Serana]

—*Capitán Ingmar, por favor, escuche. Usted y yo tenemos nuestras diferencias, pero estoy dispuesta a olvidar el pasado por lo mejor de la caverna. Quiero hacer un trato.*

—*Debo admitir mi intriga, Serana. Te escucho.*

—*La información lo es todo aquí abajo. Usted lo dijo. Le daré la información que busca: La familia Volans, las Calaveras de Fuego, los miedos del director de Obelisk y...* —*hizo una pausa*—... *los secretos del comisionado actual. Yo robaré la información que lo hará el hombre más poderoso de Naica Negra.*

—*¿Y a cambio de tan generoso regalo?*

—*Yo tenía razón acerca de él, en lo que se está convirtiendo, en el monstruo que es Daren, siempre me ha aterrado desde que usted y yo lo encontramos en la basura hace años. Debimos dejarlo ahí. Le ruego mate a ese monstruo y libéreme de él.*

Terminó la grabación.

—En verdad es ella —susurró Daren al dar media vuelta hacia la pared, donde Serana lo observaba en silencio—. ¿Por qué lo hiciste?

—Eso ya no importa —intervino Ingmar—. Tú eres un sobreviviente, siempre lo has sido.

Le quitó el arma.

—Pasé toda mi vida protegiéndote —siguió Daren hacia Serana ignorando a Ingmar completamente—, ganándome palizas por ti, pasando hambre por ti, todo para que tuviéramos lo que siempre quisimos. ¿Y para qué?

Ingmar notó cómo Daren derramaba lágrimas hacia la pared vacía y pensó que estaba loco. La noticia lo afectó mucho más de lo que esperaba.

—Olvídate de ella, mi muchacho. Serana siempre quiso salvar a Naica Negra y con tu ayuda ahora podemos lograrlo. ¿Y sabes lo bueno de eso? La caverna está repleta de mujeres. Ya olvidarás a esa perra.

Ese fue su último error.

[Mensaje del Panel Cerebral]
Diagnosticando...
... Carga cerebral corrompida detectada...
Carga cerebral corrompida al 5 %...ce1...100 %
«NIVELES CRÍTICOS»
Cyber-Psicosis: CONFIRMADA

Daren regresó la mirada hacia el comisionado. Una mirada iracunda que nadie en Naica Negra había visto antes. Le asustó tanto, que Ingmar no pudo moverse cuando Daren le estrelló el casco de Electroger, tirándolo al suelo con la nariz rota. Daren fue hacia el motor de la moto y expuso algo parecido a un reloj de arena con lava que chorreaba de una cámara a otra. Era el Núcleo de Magma.

—¡No! ¡No! ¡No! ¿Qué haces? —gritó Ingmar cuando Daren estrelló el núcleo contra la pared y agarró la lava líquida con sus manos desnudas.

Tomó a Ingmar por la cabeza, embarrándole la roca fundida contra la piel, apretando tan fuerte como su odio. El cabello se incendió y el cartílago se desprendió de la cara como la cera en una vela. Siguió apretando y los ojos de Ingmar se salieron de sus cuencas, los dientes cayeron de sus encías y la lengua se chamuscó. Todo esto mientras gritaba hasta que la lava entró por su garganta, rompiendo sus cuerdas vocales e incendiando sus pulmones. Daren no se detuvo hasta que el cráneo se aplastó como puré entre sus dedos y el comisionado Cromwell dejó de existir.

Cuando terminó, miró sus manos cubiertas de esa extraña mezcla de lava, sangre y hueso. De pronto, comenzó a reír. Primero fue una risa pequeña que fue subiendo de nivel poco a poco hasta convertirse en carcajadas incontrolables, que salían de un rostro tétrico con los ojos muy abiertos.

—*¿Por qué estás sonriendo?* —le preguntó Serana, aterrada. Sabía que ese chico ya no era Daren. Era algo más. Algo siniestro.

Daren levantó los brazos para que la lava pasara de sus dedos a su muñeca, hasta su codo y, por último, a su cara. Siguió riendo como un maniático mientras esta le recorría la piel sin lastimarlo.

—Voy a quemarlos a todos —por fin dijo con su mano sobre la cara curtida, su ojo rojo bien abierto y una tétrica risa de extremo a extremo—. A todos ellos. —Miró los grandes edificios de obsidiana, los anuncios brillantes y a toda la gente de Naica Negra—. Tú me lastimaste, así que ahora me toca lastimarte a ti… Es justicia poética. ¿No lo crees?

—*Daren, por favor…* —le suplicó.

—Ya no puedo quemarte porque estás muerta. ¡Así que voy a quemar lo que más amabas! ¡A cada hombre, mujer y niño de esta asquerosa ciudad de neón! ¡VOY A QUEMARLOS A TODOS!

—*Eres un monstruo.*

—Dime algo que no sepa.

En lo más profundo de la caverna se encontraba un edificio muy diferente al resto. A diferencia de los demás, no crecía hacia arriba ni colgaba de la pared de roca. Mictlán se leían con letras verdes y doradas en la majestuosa fachada incrustada en la pared. Estalactitas y estalagmitas sintéticas sobresalían del muro de roca como dientes en una boca abierta, proyectando sombras alargadas y espeluznantes sobre el extenso complejo de varios niveles de la Corporación, cada uno conectado por pasarelas de acero industriales.

Erasmo entró a la recepción donde se encontraba una enorme computadora cristalina rodeada por una red de servidores y torres de datos interconectados. Tenía brazos robóticos que se movían a la par como si fuera un gigantesco ciempiés. Frente a ella, sentado frente a un escritorio descansaba un solo hombre. A medida que se acercó a él, notó que era extremadamente delgado, con una piel tan blanca que casi era transparente, sin pigmentación en las cejas, uñas ni cabello, a excepción de sus ojos negros sin pupilas, como dos vacíos sin fondo.

—¿Puedo ayudarlo? —habló el hombre levantando el rostro hacia el chico.

Erasmo tragó saliva asustado y sintió un instinto muy primitivo por salir de ahí corriendo. Aquel hombre estaba conectado a la supercomputadora detrás, quien tenía sus largos brazos mecánicos incrustados en su piel. Era difícil saber con quién estaba hablando, ¿con el recepcionista o con la computadora?

—Sí… —Erasmo dudó un poco, pero luego se dijo a sí mismo que no iba a repetir sus mismos errores. Se compuso y su postura cambió por completo—. ¡Por supuesto que sí! La directora de Mictlán. Vengo a verla.

Los brazos de la computadora lanzaron señales led como si fuera algún tipo de tentáculo inyectando información dentro del recepcionista. El hombre abrió y cerró rápidamente los ojos y luego preguntó:

—¿Lo está esperando?

—Tengo el «Fuego de Prometeo». Tal y como lo prometí.

—Un momento, por favor.

Los brazos metálicos volvieron a brillar por el paso de información. Luego invitó a Daren a que esperara. En menos de cinco minutos apareció una mujer albina, con un traje de cuero y capa roja brillante. Su cabello era tan corto que parecía estar calva, resaltando las molduras de su cráneo vacío, a excepción de un extraño chip con una lucecita parpadeante a la altura de la sien.

—Joven Erasmo —lo saludó—. Un gusto tenerlo de vuelta en Mictlán.

—Vicedirectora Le Rouge. El «Fuego de Prometeo», tal y como lo pidieron. Tal y como prometí que lo conseguiría. —Le entregó la memoria.

—Muy bien hecho, joven Erasmo. Mi compañero le entregará su pago.

La extraña mujer hizo una seña para que se acercara a recepción. El acuerdo había terminado, pero Erasmo no estaba satisfecho. El chico respiró profundo, llenándose de valor para la siguiente fase de su plan:

—No lo quiero —respondió tajantemente—. Quédense con la pyrocita. Quiero algo más. —La mujer alzó la ceja con intriga—. Sé que el «Fuego de Prometeo» no es para Mictlán.

—¿Eso es así? —preguntó con calma.

—El «Fuego de Prometeo» es el esquemático del Núcleo de Magma más poderoso jamás diseñado. Pero mis fuentes me indican que Mictlán solo es el intermediario. Quiero realizar la transacción y probar mi valor a la directora Rosenbel.

La luz del chip parpadeó intensamente como si estuviera sufriendo un cortocircuito. Los párpados de aquella mujer se abrieron y cerraron rápidamente como si sufriera un ataque. Por un segundo, Erasmo se preocupó hasta que el chip dejó de parpadear y la mujer regresó de nuevo a su temple tranquilo.

—Tú eras el heredero de una naciente y prometedora corporación hasta que lo perdiste todo.

—Incorrecto. Mis estúpidos padres lo perdieron todo. Yo no. Yo no pierdo. Les traje la nueva fórmula de la Amatista Sintética y ahora el secreto corporativo más importante de Hikari. Quiero trabajar para la directora Rosenbel.

Una vez más el chip de Beatriz parpadeó como si estuviera vivo y compartiendo información para ella. Cuando terminó, el inexpresable rostro albino de la vicedirectora Beatriz Le Rouge permitió esbozar una curiosa sonrisa y dijo:

—Estamos oficialmente impresionados con usted, joven Erasmo. Muy bien. El comprador es… difícil… de tratar. Para ser honesta no hay como él en toda Naica Negra. Incluso la directora Rosenbel lo considera alguien de cuidado. ¿Se cree capaz?

—Por supuesto que puedo.

Al día siguiente, Erasmo regresó a las oficinas de Mictlán y ya lo esperaba la vicedirectora Le Rouge, acompañada de una araña de metal brillante que cargaba en su lomo un ataúd plateado. Subieron por un elevador que los llevó hasta el punto más alto de Naica Negra. Luego atravesaron un largo y extenso pasillo hasta otro elevador, que los llevó aún más arriba. «¿A dónde vamos?», pensó Erasmo cuando se vio a sí mismo frente a un largo y oscuro túnel de roca.

De pronto, las lámparas se encendieron, así como los ocho ojos de la araña de metal, mostrando el camino empinado hacia arriba. ¡Seguían subiendo! Caminaron por horas hasta que el túnel dobló repentinamente hacia la derecha, luego de varias horas más, a la izquierda, y así continuaron zigzagueando hasta encontrarse con una monstruosa puerta de dimensiones titánicas.

Erasmo ahogó un grito en la base de la garganta. «Las Puertas Blindadas», pensó impresionado y aún más aterrado. «No, no puede ser», se dijo calmando su corazón. El CMPI resguardaba las puertas y por muy grandes que eran, no se comparaban a las reales. Estas eran «Otras Puertas Blindadas».

Su corazón latió con fuerza y tragó saliva asustado al preguntarse: «¿Quién diablos es el comprador?». De pronto, se oyó el mecanismo de poleas y tuberías empujando el vapor y los contrapesos. Erasmo supo que había otro elevador detrás de aquellas puertas.

Antes de que se abrieran, la vicedirectora se acercó al chico y dijo:

—Solo hay una regla. No menciones Naica Negra.

El aire se llenó con el distante zumbido de la maquinaria, engranes y poleas, y el parpadeo ocasional de las pantallas holográficas del grupo de Erasmo arrojaron un brillo entre el vapor. Se abrió la puerta y una nube blanca cubrió el túnel. Primero se oyó el chillido y luego las resonantes pisadas y los autómatas de hierro que emergieron como centinelas.

El marcado contraste elegante y luminoso de Naica Negra, contrastaba seriamente con el arte industrial y antiguo de aquel misterioso grupo de la superficie. El vapor y el neón juntos, como si fueran dos especies distintas, encontrándose por primera vez, ya no a la orilla del mar a pie de barco, sino ahora a pie de ese elevador en las profundidades de la Tierra.

El estómago de Erasmo se revolvió. Estaba acostumbrado a las líneas austeras y futurísticas, y miró con asombro los toscos y limitados, pero seguros movimientos de aquellos hombres de hierro forjado. Inconscientemente, tocó el cable USB en su muñeca y pensó en su Panel Cerebral, mientras intercambiaba miradas con los engranajes y válvulas de latón pulido.

Mientras los dos grupos se encontraron en este improbable encuentro, Erasmo miró atrás hacia Beatriz buscando respuestas, pero la mujer levantó el mentón indicando que él estaba a cargo. Esta era su prueba.

Una mujer salió del elevador. Era baja de estatura, con largo cabello y ojos color café. El corpiño de su vestido era de un rico y profundo tono de terciopelo color burdeos, adornado con intrincados botones de latón y apliques en forma de engranaje que captaban la luz y brillaban como un tesoro antiguo. Contrastando fuertemente al brillo neón y futurista de la estilizada ropa de Erasmo y de la vicedirectora.

—Bienvenida a las profundidades —saludó Erasmo a la mujer con un pequeño gesto—. Tenemos la entrega. ¿Dónde está nuestro pago?

—Esta es tu primera vez lidiando con cosas de adultos, ¿no es así, niño? —Erasmo se molestó mucho que le hablara así—. Abre el ataúd primero. Esas son las reglas.

Erasmo se peinó el cabello hacia atrás y contestó con un tono de arrogancia:

—Mi suposición son estos túneles de servicio abandonados. Son tan viejos como el Evento Negro, pero ese elevador —lo señaló con el dedo—, es nuevo. ¿Quieres saber cómo lo sé? El metal. Aún está limpio, puro y débil. No sé de dónde vienen, pero no tienen la presión ni el calor ni las vetas para fundir un metal como el nuestro. Esto significa que nosotros no los construimos, eso significa que ustedes nos necesitan más que nosotros a ustedes. Recuerda eso la próxima vez que me llames niño.

Aquella mujer echó el rostro hacia atrás, molesta, y estaba por contestar cuando se oyeron aplausos muy lentos dentro del elevador. De inmediato, los autómatas de hierro se tensaron y pusieron los dedos en los gatillos.

Salió un hombre vestido de traje meticulosamente confeccionado con lana índigo intensa, lo que confería una apariencia distinguida. La chaqueta y pantalones del traje presentaban una silueta esbelta y bien ajustada, con un cuello alto adornado de intricados patrones de engranajes bordados en el hilo. Encima de su cabello impecablemente peinado descansaba un sombrero de copa de color marrón oscuro, adornado con una lente de un telescopio, reflejando su fascinación por el cosmos.

—Mi visir, por favor déjeme hacerme cargo.

—Está bien, Elva. No te preocupes.

Al acercarse, se oyó el leve susurro del cuero y el suave tintineo de los detalles metálicos en su ropa, una sinfonía armoniosa que encapsulaba el espíritu intelectual y brillantez imaginativa que encarnaba.

—Mi nombre es Sóren Soler, soy el visir de Solaria. Un gusto —dijo con cordialidad real y le estrechó la mano. Erasmo no la aceptó—. Es de mala educación dejar a tu socio con la mano arriba.

Los ojos turquesas de Sóren se mostraban sinceros, y al momento en que Erasmo le dio la mano, Sóren le agarró con fuerza y tiró al chico hacia él para verlo mejor. Fue tan rápido y con tal agilidad que Erasmo no pudo hacer nada.

—Tú no eres un niño, eres un hombre —dijo Sóren, apretando fuerte el puño, incomodándolo con su penetrante mirada—. Un hombre con grandes aspiraciones, ¿no es así? Quieres probar lo que vales… no, no es eso. Quieres recuperar lo que perdiste. Puedo verlo porque te eligieron para hacer el intercambio.

Sóren le soltó la mano, roja y entumecida por la fuerza de su agarre. Luego, caminó alrededor del chico, examinando su ropa y su temple, como un buitre saboreando su cena.

—Así es —contestó Erasmo con la poca seguridad que le quedaba—. Ahora haga lo que digo y...

—Pero estás equivocado en una cosa —lo interrumpió Sóren mostrando su agilidad mental—. Este elevador no es prueba de nuestra sumisión, sino de nuestra superioridad. A diferencia de ustedes, nosotros podemos caminar en dos mundos y destruir el suyo si nos place. Podemos derrumbarlo con terremotos, desde arriba como dioses. Pero no estamos aquí para pelear. A no ser que me des una razón para hacerlo.

—Nosotros n-n-n-nunca haríamos algo así, estimado visir —tartamudeó Erasmo por un segundo—. Estamos honrados de tenerlo en las profundidades, pero usted debe...

—Excelente —volvió a interrumpirlo—. Estamos aquí para hacer un intercambio en beneficio de ambos, no para probarnos a nosotros mismos qué tan hombres somos.

Se acercó a la araña robótica y ocultó su asombro por esa rara y avanzada tecnología. Regresó la mirada hacia Beatriz y dijo muy seguro:

—La vicedirectora Le Rouge está aquí para asegurarse que este intercambio se lleve a cabo, contigo o sin ti. Eso significa que tú eres prescindible. ¿Crees que la directora Rosenbel se arriesgará a perder nuestro acuerdo por alguien como tú?

Erasmo perdió y no pudo contestar.

—Ahora, si eres tan amable, abre el maldito ataúd.

Erasmo tiró de los seguros y abrió la caja, en cuyo interior, reposaban diez Núcleos de Magma de Hikari, dispositivos elegantes y cilíndricos que parecían siniestros y atractivos a la vez. Sóren tomó uno, fascinado por la tecnología.

La vicedirectora Le Rouge dio un paso al frente y dijo:

—El magma en sí no es lava cualquiera. Se le han infundido nano-bots y materiales superconductores, convirtiéndolo en un conductor de electricidad altamente eficiente. Junto a la cámara de magma hay series de bobinas magnéticas y conductos de plasma, diseñados para aprovechar la energía bruta generada por la sustancia sobrecalentada. El núcleo no es solo un símbolo de poder, sino también un arma mortal en manos de...

—¿Cuánto tiempo? —la interrumpió Sóren de golpe, guardando el Núcleo de Magma en el ataúd.

—Nuestros estudios indican que pueden durar más de un siglo sin la necesidad de recargarse. ¿Está satisfecho, visir?

Sóren recargó ambas manos en el ataúd, reflejando el conflicto interno por el que pasaba. Esto solo duró unos segundos, tan fugaz para todos excepto para Erasmo, quien notó algo que le pasaba en la cabeza al visir. De pronto, Sóren tronó los dedos y sus soldados de hierro sacaron a dos hombres y dos mujeres jóvenes. Tenían los ojos vendados y las manos atadas por la espalda.

—Por favor —chilló una mujer—. No me lastimen, por favor.

—Quiero regresar con mi mamá —pidió un joven—. Solo soy un minero que quería alimentar a su familia. No soy mala persona, lo juro.

—Reconozco su voz, visir —siguió otro entre llantos—. ¿Por qué nos hace esto? ¡Usted es nuestro Prodigio bajo el Domo!

«¿Domo?», pensó Erasmo. ¡Eso era! Venían de una Ciudad-Domo en la superficie. No había otra explicación. Rápidamente, Sóren levantó una mano para que sus autómatas los amordazaran. Luego se dirigió a la vicedirectora Le Rouge:

—Están limpios, se lo aseguro.

—Perdóneme, visir, pero ahora yo necesito asegurarme.

Sóren le extendió el brazo para que actuara con confianza. Para este punto, Erasmo ya no participaba en el intercambio, lo cual no le agradó en lo absoluto. Beatriz sacó un cuchillo y le cortó el brazo a una mujer, recuperando su sangre en una pequeña copa de plata. Esperó a que se llenara un poco y luego estudió el color, su aroma y calidez antes de probarla como un catador de vino profesional.

—¿Cree que la directora Rosenbel estará complacida? —preguntó Sóren.

—Más que complacida, visir. Su viñedo es siempre exquisito. No está manchado con… tecnología. —Sóren agachó ligeramente la cabeza en agradecimiento—. Acerca del otro asunto, visir…

—Mantendré el taladro encendido tal y como prometí —se adelantó a la pregunta—. Siempre y cuando su tecnología pruebe ser de fiar.

Con esto dieron fin al acuerdo. Erasmo no podía quedarse sin tener la última palabra y exclamó su interés por hacer otro intercambio.

—¿Cómo sabes que habrá otro?

—Nuestra tecnología no lo va a decepcionar, sé que regresará. Quiero saber cuántos Núcleos de Magma requiere.

—Diez mil quinientos setenta siete. ¿Crees que puedes con la tarea?

—Le demostraré que sí.

—Interesante chico el que eligieron. A la directora Rosenbel le gusta mantener las cosas interesantes. Envíale mis saludos.

Ambos grupos partieron y en cuanto la puerta del elevador, el rostro amable y seguro de Sóren desapareció. Se recargó en la pared, agobiado por lo que acababa de hacer, acompañado del terrible dolor de cabeza y náuseas en su estómago. Rápidamente Elva sacó un pastillero y le ofreció una pastilla N. Sóren rehusó a tomarla y soportó los síntomas como lo hacía ya desde hace tiempo. Se enderezó y puso una mano sobre el ataúd de metal.

—Lo que hacemos aquí es difícil, pero es necesario, Elva.

—Lo sé, mi visir, pero si me permite preguntar, ¿por qué negociamos con estos monstruos?

Sóren mantuvo la mirada al frente y respondió con absoluta seriedad:

—Estoy dispuesto a hacer un trato con el diablo bajo tierra, porque le temo más a lo que se oculta en la tormenta.

Se oyó un pitido y Elva contestó a una radio.

—¿Qué sucede? —preguntó Sóren, agobiado por el dolor de cabeza y las náuseas—. Por favor, dime que no es el taladro. Lo necesitamos ahora más de lo que piensas.

—Es el mirador del Domo Sur, al parecer hay… hay… una mano hecha de nieve y sangre sobre el cristal. Desde afuera.

Por tercera vez en su vida a Sóren se le erizó la piel y exclamó nervioso:

—¡Cierra el mirador! No quiero a nadie ahí. Envía a un grupo fuera del Domo de inmediato, encuentren a la criatura. ¡Ahora! Llama al rey y dile que haremos la rueda de prensa.

—Mi visir, ¿está seguro de que quiere hacerlo hoy? Una vez empezado… no hay marcha atrás.

—Estoy seguro, Elva. El rey y yo lo planeamos. Dile que haga tiempo en la rueda de prensa, que alargue el discurso hasta que llegue. Pero antes, debo de ir a casa y a hablar con mi padre una última vez. ¡Necesito que entienda!

—¿Y si no lo hace, mi visir?

—Necesitamos evolucionar, Elva. Todos nosotros si queremos sobrevivir a este planeta errante. Incluso mi familia. Incluso si tengo que quemarla para que todos entiendan.

CAPÍTULO XXIV

«EL CAZADOR BLANCO»

Erneq atravesó la ventana y la tormenta se hizo presente con miles de alfileres de hielo contra su piel. Aterrizó junto a su tío en el pequeño jardín del Oasis, lleno de estatuas congeladas a los pies de las torres de refrigeración. Por mero instinto, se cubrió el rostro en un intento inútil por protegerse del frío. Sin el resto de su traje solo era cuestión de segundos para que la tormenta lo devorara.

Pero esto jamás pasó.

Se puso de pie, temeroso, como un recién nacido ante lo que solía ser la dura e indomable tormenta, pero ahora, amable y cariñosa con él. Erneq abrió, se frotó los ojos para asegurarse de que estaba despierto, luego abrió los brazos y dejó que el viento acariciara su cuerpo. Una gota de sangre cayó desde su cabeza. Esa pequeña gota de color carmesí tocó la capa de nieve y se mantuvo perfecta e inmutable, como un Sol ardiente. De alguna forma, era inmune.

Respiró profundo y el viento helado entró a su cuerpo, acariciando sus pulmones, abrazando su corazón y sus músculos sin causarle daño.

«Tal vez es un sueño o estoy muerto», pensó para darle algo de sentido a lo que pasaba, pero la realidad era clara: Erneq podía caminar en la tormenta.

Aunque esto no fue nada en comparación a lo que vino después. Los susurros aparecieron y esas voces que solían darle miedo y lástima, de hombres y mujeres y niños lamentándose y llorando, ahora no sonaban tristes. Tal vez era porque Erneq no tenía su máscara y podía oírlas con claridad, o quizás era algo que no tenía lógica ni explicación. Los susurros parecían cantar como la música solemne de las grandes catedrales de antaño.

—Una muestra... del destino —cantó el viento.

Erneq dejó atrás la Tundra Eterna y de pronto, se vio a sí mismo en un lugar que ni en sus sueños más locos hubiera imaginado. A sus pies yacía una espesa capa de tierra dando vida a un pasto verde y frondoso, el aire olía a corteza de árbol y frutos de primavera bañados por una hermosa luz que bajaba del cielo. O al menos eso creyó. Era tan blanca y cálida que tuvo que cubrirse los ojos. Cuando por fin pudo ver, notó que no se trataba de una estrella, sino de un faro de mármol tan brillante en la cima que creaba un Domo de Luz.

A su alrededor, los susurros se convirtieron en personas que bailaban y rápidamente lo hicieron bailar con ellos. Erneq se llenó de alegría y no le importó lo inverosímil que era todo.

De pronto, se oyó un alarido en la cima del faro y su bella luz se desvaneció, dejando ese paraíso a merced del frío. En su lugar, apareció la estatua de una mujer rodeada de rascacielos bajo una cúpula de cristal rota, por donde la nieve caía hasta la ciudad congelada y sin rastros de vida. La estatua tenía las manos alzadas sosteniendo una estrella, y un cartel envuelto en escarcha. Le costó trabajo, pero logró leer el mensaje: «Mil años sin estrella y bajo los Domos».

—¿Mil años? —preguntó confundido. La fecha estaba increíblemente mal. El Evento Negro no llevaba más de cien de años en su línea de tiempo. ¿Qué diablos significaba?

Erneq caminó por la ciudad hasta que se dio cuenta de que no estaba solo. Extrañas y terroríficas figuras encapuchadas caminaban a la par de él. Todos llevaban máscaras violetas y parecían caminar lentamente, arrastrando los pies como muertos en vida.

Al fondo de una calle, todas se reunían en lo que parecía una gran mansión de madera, elegante, pero venida a menos por la nieve y rodeada de pinos congelados. Se asomó por una ventana y su corazón se detuvo al ver un ritual maligno. Aquellas personas encapuchadas entre velas y el tétrico sonido de un violín. Todas paradas en círculo alrededor de una

Doncella de Hierro, ese ataúd en forma de mujer lleno de picos filosos para torturar y matar. En su interior, se oían los gritos y golpes de una chica, pidiendo desesperada que la sacaran.

Erneq rompió la ventana para ayudarla, pero al cruzar reapareció en un lugar completamente diferente. Era una enorme caverna llena de edificios oscuros y anuncios de neón destrozados y echando chispas, como si un cataclismo hubiera acabado con todo. Al frente, reposaban los vestigios de un coliseo hundiéndose en un lago de fuego y roca. Se oyeron los gruñidos de miles de bestias en la oscuridad y sobre el coliseo, apareció un esqueleto blandiendo una espada en llamas.

—Acepto el trato. Ahora mata al perro rabioso —se oyó la voz extraña.

—¿Qué? ¡No! —gritó una chica.

Esas misteriosas voces aparecieron detrás de él y se sintió atraído por ellas. Dejó atrás la caverna por un túnel largo que terminaba en una luz roja.

—¡Daren, apúrate! —gritó una chica en medio de una fábrica extraña, con paredes de piedra y llamas y explosiones por todas partes.

Erneq se encontró con un chico más grande que él, de piel morena y un ojo rojo, que curiosamente completaba el suyo. Cuando se vieron, Daren se fue de espaldas aterrado, pero Erneq sentía una extraña atracción hacia él. No podía explicarlo y tampoco podía explicar la luz que brillaba desde su pecho, como si ese joven tuviera un sol enterrado.

—¿Quién e-e-eres? —le preguntó, al dar un paso.

—¡Daren! ¿Qué esperas?¡Ayúdame a subir!

Aterrado por su presencia, el chico de piel morena se puso de pie y huyó por la ventana, seguido de una mujer con un extraño ojo.

Las alarmas sonaron con fuerza y trajeron a Erneq al presente. El Oasis estaba en caos. La tormenta había entrado por la ventana, el frío congelaba las paredes y los bandidos luchaban desesperados con lanzallamas, antorchas y lo que pudieran quemar para mantener a raya las tétricas voces en el viento.

Recordó a su tío y lo encontró tirado contra la nieve, con las manos contra el rostro, desesperado por tratar de cubrirse del frío. Erneq olvidó los susurros de esa extraña mujer y corrió a él, pero sin su traje, la tormenta devoraría a Adlar y así empezó. Su rostro estaba marcado por la angustia y sus ojos brillaban con lágrimas no derramadas, mientras emitía agonizantes gritos. El sonido atravesó la quietud del paisaje invernal y todos en el Oasis vieron esa expresión de la tormenta, cruda y visceral.

La nieve se deslizó sobre Adlar con un destino inevitable, encerrándolo en una tumba helada, sus cristales royendo su piel expuesta. Sus movimientos eran laboriosos, como si sus extremidades hubieran quedado encerradas en un cemento pesado y congelado. Sus dedos arañaron la nieve, tratando inútilmente de escapar. Su respiración se hizo más superficial, el ardor de su pecho solo era comparable al ardor de su corazón.

Mientras los gritos de desesperación de Adlar resonaban en ese desierto helado, Erneq se sentía completamente imponente, viendo ser devorado por la tormenta. No había nada que hacer. O al menos eso pensó. Enojado, miró hacia el cielo y silbó con fuerza, llamando a las Auroras Perdidas, pidiéndole su ayuda. Erneq se montó sobre su tío, tratando de ser servir como escudo de calor. De pronto, las luces aparecieron, pintando el cielo con su bello color y Erneq pudo sentir cómo la nieve se retraía. Sin saber exactamente cómo, puso sus manos frías y pálidas en el rostro de Adlar. El hielo y la nieve comenzaron a retraerse hacia su piel, como si estuviera chupando el veneno de la herida. Pero sintiendo su propia fuerza vital desvanecerse, intercambiado una vida por otra.

Adlar dejó de gritar y una pequeña cúpula se formó a su alrededor, protegiéndolo del frío de la tundra. Las luces del Oasis se encendieron y para la fortuna de Erneq habían logrado sellar la ventana, y ahora todos veían esta escena, asombrados.

Se oyó la gruesa voz de Vöröz por los altavoces:

—Tráiganlos adentro. A los dos.

Rápidamente los bandidos salieron al patio y los arrastraron de vuelta al Oasis. Erneq alcanzó a ver el cuerpo petrificado de su tío, quien apenas daba señales de vida.

Mientras el personal de seguridad y los ingenieros lo conducían al interior del Oasis, Erneq podía sentir la mirada colectiva de todas las personas fijas en él. Sus expresiones era una mezcla de asombro, gratitud y admiración. Por un momento, Erneq se sintió abrumado, no acostumbrado a ser el centro de tanta consideración… positiva.

El cabello y piel albina, su ojo rojo, tan a menudo objeto de crueles burlas y comentarios groseros ahora enmarcaban su rostro como un halo. Antes apartaban la mirada y fingían no verlo, ahora, para el Oasis era un rayo de esperanza.

No tardó mucho para que la sala rompiera en aplausos espontáneos y el sonido de gratitud se expandió como una ola. Las manos aplaudieron y las voces resonaron en genuina celebración. Definitivamente, un marcado contraste con los susurros, las miradas y el aislamiento que había experimentado a lo largo de su vida.

Algunas personas incluso se acercaron a Erneq y extendieron sus manos, como si fuera alguna clase de deidad descendida de los cielos. Su corazón se hinchó con una abrumadora mezcla de emociones: incredulidad, alegría y una inmensa sensación de validación que siempre buscó en su tribu, y ahora, la había encontrado en el Oasis.

Erneq entró a la sala del Cacique con toda la gente, como si se tratara de un profeta y su rebaño. Al fondo, el gran Vöröz aplaudía también, asombrado por su hazaña. Al lado del trono estaban Tarabi, quien lo recibió con un fuerte abrazo, examinando que no estuviera herido. También estaba Serj, quien, con una cara de pocos amigos se rehusaba aceptar al chico. Él era el único que mantenía la antigua mirada de preocupación, miedo y rabia.

—Acércate, mi niño —le pidió el Cacique.

Erneq se inclinó ante él y dijo:

—L-L-Lo siento, señor Vöröz n-n-no traje el me-me-meteorito.

El Cacique se echó a reír, levantando el rostro y con las manos en su enorme abdomen desnudo. Le parecía agradable que Erneq siguiera pensando en eso. Pero Serj, el cazador, cruzó los brazos molesto como si fuera una burla a su persona.

—Me engañaste por completo, debo admitirlo —dijo el Cacique—. Eres mucho más inteligente de lo que pareces, mi niño. Jugaste tus cartas magistralmente y sobreviviste una y otra vez. Dime, es por el color de tu piel, ¿no es así?, ¿cómo puedes sobrevivir a la tormenta?

—Y-Y-Yo no lo sé —contestó con la voz baja—. No s-s-sabía…

—¡No me mientas! Serj me dijo que debíamos estudiarte, vivisección si era necesario. Lo estoy considerando. Dijo que debíamos mantener secreto a la fuerza.

Erneq cruzó miradas con Serj, quien apretaba la mandíbula, como un perro encadenado.

—Pero no lo haremos —dijo Vöröz. Confundido, Serj regresó la mirada al enorme señor—. Tú pediste unirte al Oasis cuando te encontraron, haya sido verdad o mentira, sin importar qué te impulsó a hacerlo, hoy nos salvaste a todos. Eres un bandido del Oasis y estás bajo mi protección.

La gente aplaudió las palabras del Cacique, menos Serj. Por primera vez en su vida sintió que pertenecía a algún lado y regresó el gesto a Vöröz con una pequeña reverencia. Hasta que el señor habló:

—Pero tengo una condición.

La sala quedó en silencio.

—Requiero de tus servicios.

—¿S-S-Servicios?

—Hay algo oculto en la tundra que yo deseo. Algo mucho más valioso que meteoritos. Algo que mi gente necesita desesperadamente para sobrevivir a la tormenta y la radiación. Una joya hecha de cristal, hierro y de luz: la única que logró completarse a tiempo.

—¿Una j-joya? —preguntó Erneq confundido.

—El Domo de Solaria —contestó Vöröz recargándose en el trono y agarrando fuertemente el descansabrazo—. Sal allá afuera, conviértete en un cazador para mí y encuentra las luces del Domo. A cambio, por hoy y siempre, seremos tu tribu y tú uno de nosotros.

—¡Tonterías! —por fin intervino Serj a gritos—. Mi Cacique, él nunca será uno de nosotros. A ellos no les importamos. Solo somos animales salvajes y nos dejan morir en la tormenta. ¿Cree que él es diferente solo por su piel albina? ¿Por su torpe lengua que es más astuta de lo que parece? ¡No! ¡No deberíamos confiar en él! ¡En ninguno de ellos!

—¡Suficiente, Serj! —Golpeó fuertemente su trono. Serj guardó silencio—. Entiendo tu odio hacia su gente. Pero el Oasis es más importante que tu odio.

—E-E-Estoy de a-acuerdo—intervino Erneq, dando un paso al centro—. N-No e-entiendo por qué-é l-la tormenta es más amable c-c-conmigo, pero he visto s-s-su hambre voraz. N-No importa de donde vengamos, l-l-la t-t-tormenta nos une y la l-luz de las Auroras Perdidas b-b-brillan para todos.

Erneq luego se dirigió hacia toda la gente:

—Les p-p-prometo que encontraré el-el Domo y nos r-resguardaremos b-bajo su c-calor. Voy a s-s-salvarlos a todos.

Le aplaudieron felices y sus rostros se llenaron de esperanza. La oportunidad, por fin después de generaciones, dejar atrás el frío y la oscuridad de la tormenta. Pero Serj no estaba convencido y estuvo a punto de hablar en contra cuando Vöröz dijo:

—Y Serj te va a acompañar. —Ambos se miraron sin creerlo—. Él se encargará de guiarte hasta donde hemos cartografiado y me avisará de cualquier cosa que ocurra.

El trató quedó hecho.

Erneq esperaba paciente junto a la cama de Adlar. La enfermería estaba vacía y solo se oían los pitidos de las máquinas. Tomó la mano de su tío, quien seguía inconsciente desde que cayeron a la tormenta, con todo el cuerpo vendado y apenas con señales de vida.

Por culpa de esos susurros, Erneq lo había arrojado a la tormenta, pero también lo había salvado. No entendía qué pasaba y pedía a su tía porque abriera los ojos. Se sentía tan abrumado. «¿Estoy destinado a qué?», pensó.

—¿Qué q-q-querías decirme? —le preguntó a su tío, esperando oír su voz. Pero no lo hizo—. T-T-Todo va a estar b-b-bien. Lo prometo.

—Espero que sepas lo que haces —le dijo Tarabi desde el marco de la puerta.

Se sentó junto a Erneq y pudo notar la confusión en el pequeño chico. Sacó un diario de cuero violeta y dijo en voz baja:

—Te traje un regalo de despedida.

Erneq vio el diario.

—Es de tu tío. No sé qué escribió en él, pero todos lo vimos atesorar este diario por años. Escribía y escribía como si no hubiera final. Creo que tú... creo que tú deberías cuidar de él, hasta que despierte.

Erneq tomó el diario con miedo y emoción. Incluso sus manos tardaron en reaccionar. Abrió con delicadeza la portada llena de arrugas y rota en los bordes. En la primera hoja había una anotación que le hizo tragar saliva asustado: «Aquí está escrita la Tragedia de los Saranik».

Erneq cerró el diario, sin atreverse a mirar más allá. Tarabi empezó a dudar de su regalo, y pensó en una forma de ayudar a Erneq, o al menos de aminorar su miedo. Juguetonamente se acercó a su oído y preguntó:

—¿Cómo lo haces? ¿Cómo puedes sobrevivir allá afuera?

—Yo-Yo no lo sé —susurró, bajando la mirada a sus rodillas, apretando el diario—. Pero c-c-creo que mi madre tiene algo que ver.

—¿Ella era como tú?

—Su c-c-cabello era blanco como el mío. Su piel p-p-pálida. Está a-a-allá en a-a-algún lugar de la t-t-tundra y voy a encontrarla también. Y a mi hermano. Y a m-m-mi padre.

Tarabi cruzó los brazos.

—Vas a ir allá afuera para encontrar un Domo y una familia. Es una extraña combinación. ¿Por qué?

—Porque soy u-un c-cazador —respondió Erneq con una sonrisa sincera bajo esa misteriosa piel albina suya.

Erneq juntó ambas manos y comenzó a cantar.

CANCIÓN

«En el invierno sin fin»

El invierno sin fin, la luz parece apagar.

En cada despedida, una estrella nace en el azar.

La esperanza como un faro en la tormenta,

guiando el camino, aunque la noche sea cruenta.

El corazón pesa, pero el amor sigue latiendo.

Y la esperanza sigue creciendo.

El tiempo traerá un nuevo amanecer,

donde la tristeza se apague y la luz vuelva a nacer.

La primavera espera en algún lugar

donde el invierno ceda, y encontremos un hogar.

El corazón hallará su razón,

porque en cada invierno, habita una nueva canción.

Cuando Erneq terminó de cantar, Tarabi sintió las ganas de abrazarlo, pero se contuvo.

—En verdad eres demasiado cálido para estar en la tormenta. ¿Lo sabías? —le dijo con sarcasmo, ocultando su s verdaderos sentimientos—. No sé qué te vas a encontrar allá afuera, pero prométeme algo. —Erneq alzó la mirada con curiosidad—. Prométeme que mantendrás esa sonrisa, tanto como puedas.

Y fue Erneq quien la abrazó, abriéndose camino en su dura coraza. Este pequeño gesto hizo que Tarabi recordara a su hermana menor y le regresó el abrazo, deseándole en silencio la mayor de las suertes.

No lo sabían, pero Serj estaba afuera de la enfermería oyendo todo desde la puerta. Antes de oírlos, estaba decidido a gritar y a cumplir con su tarea de mala gana, pero algo dentro de él lo contuvo.

Entró a la habitación y Erneq y Tarabi se pusieron en alerta. Serj se acercó y dijo con un tono más amable de costumbre:

—Cien trajes parecen redundantes ahora. ¿No lo crees? Prepárate, pequeña estrella. Saldremos en la mañana.

Con una extraña sonrisa, Serj sacó un rollo de papel. Se lo dio a Erneq orgulloso, como un gato que entrega un ratón muerto a su dueño. Era un mapa. Erneq quedó fascinado por las extrañas figuras y lugares que nunca había visto antes. Por un segundo la emoción de verlas se apoderó de él.

—No estaría tan contento si fuera tú, pequeña estrella—intervino Serj—. Ahí solo está la mitad de los horrores que se ocultan en la Tundra

Eterna —se burló y por primera vez, Erneq y Tarabi lo oyeron reír—. Pero no te preocupes, yo te enseñaré cómo sobrevivir a todos ellos, pues la tormenta está hambrienta y todo lo quiere devorar.

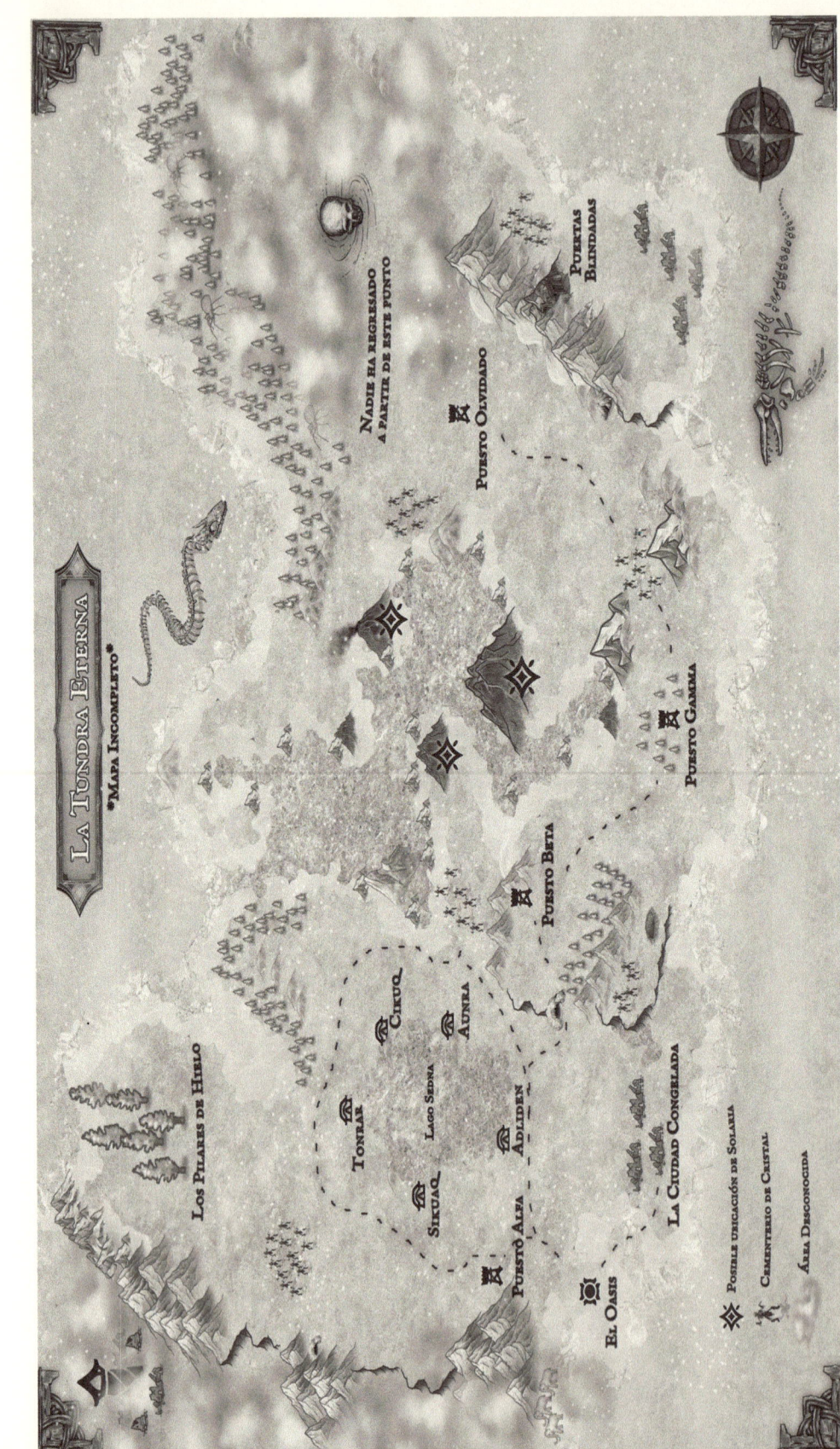